"十四五"职业教育河南省规划教材

动物病理学

DONGWU BINGLIXUE

陈宏智 何书海 主编

U0376157

化学工业出版社

·北京·

内 容 简 介

本书是首批"十四五"职业教育河南省规划教材，是河南省省级精品课程配套教材。全书设计为基础病理、系统病理和疫病病理三大模块。基础病理模块为动物病理学基本知识，重点讲授各种基本病理过程的发生原因、发病机理、病变特征。系统病理和疫病病理模块则以病理诊断技术应用为支撑，重点介绍主要系统器官疾病和畜禽常见疫病的发生原因与机理、病变特征和病理诊断要点。

本教材实施项目化编排，每个项目设计有目标任务、学习内容、分析讨论（或案例分析）等教学环节。部分项目还增加有"技能拓展"，突出相关应用知识，增强教材的实用性。本书附有真实高清的病理解剖彩图 400 余幅，使读者更加清晰、直观、形象地理解动物病理学课程。扫描项目前二维码即可查看。

本教材可作为职业本科动物医学专业学生教材，也可以作为应用型本科动物医学专业学生教材，同时也可以作为其他动物科学类、生物医学相关专业学生和行业企业兽医工作者的参考书。

图书在版编目（CIP）数据

动物病理学 / 陈宏智 , 何书海主编 .-- 北京：化
学工业出版社 , 2024. 7. -- ISBN 978-7-122-45835-3
Ⅰ . S852. 3
中国国家版本馆 CIP 数据核字第 2024MC7405 号

责任编辑：张雨璐　迟　蕾　李植峰
责任校对：王鹏飞　　　　　　　装帧设计：孙　沁

出版发行：化学工业出版社
　　　　　（北京市东城区青年湖南街 13 号　邮政编码 100011）
印　　装：北京科印技术咨询服务有限公司数码印刷分部
787mm×1092mm　1/16　印张 18$\frac{1}{2}$　字数 454 千字
2024 年 10 月北京第 1 版第 1 次印刷

购书咨询：010-64518888　　　　售后服务：010-64518899
网　　址：http://www.cip.com.cn
凡购买本书，如有缺损质量问题，本社销售中心负责调换。

定　　价：56.00 元　　　　　　　　　　版权所有　违者必究

《动物病理学》编写人员

主　编　陈宏智　何书海

副主编　康静静　徐之勇　武世珍

编　者　（按照姓氏汉语拼音排序）

白　瑞　山西农业大学

陈宏智　信阳农林学院

郭东华　黑龙江八一农垦大学

何书海　信阳农林学院

康静静　河南牧业经济学院

李　根　青岛农业大学

马春霞　广西壮族自治区兽医研究所

盛金良　石河子大学

王学理　内蒙古民族大学

武世珍　山东畜牧兽医职业学院

徐之勇　河南科技学院

前　言

本书是"十四五"职业教育河南省规划教材、河南省省级精品课程配套教材。本教材是根据中共中央办公厅、国务院办公厅印发的《关于推动现代职业教育高质量发展的意见》文件精神，并按照《河南省教育厅办公室关于开展"十四五"首批职业教育河南省规划教材建设暨"十四五"首批职业教育国家规划教材遴选推荐工作的通知》（教办职成〔2021〕364号）的要求编写的。本教材编写坚持立德树人、面向实践、强化能力、德技并修，为全面建设社会主义现代化国家提供有力人才和技能支撑。

教材编写基于"以应用为主旨，以能力为本位"的教育理念，按照职业本科人才培养要求，注重培养目标的职业性、教学内容的实用性和教学方法的实践性。本教材既有普通高等教育人才培养的特征，又具有高等职业教育的个性。在保持教材内容科学性和系统性的基础上，突出了内容体系的实用性和教学方法的实践性。针对动物疾病病理诊断岗位技能要求，全书设计为基础病理、系统病理和疫病病理三大模块，突出病理诊断思维的培养和病理诊断应用技术的训练；并将马克思主义立场、观点、方法贯穿教材始终，体现人类文化知识积累和创新成果，弘扬劳动光荣、技能宝贵、创造伟大的时代风尚。

基础病理模块为动物病理基本知识，其重点是让学生掌握各种基本病理过程的发生原因、发病机理、病变特征，为系统病理疫病病理和后续专业技术课程的学习奠定良好基础。系统病理和疫病病理模块则以病理诊断技术应用为支撑，重点介绍主要系统器官疾病和畜禽常见疫病的发生原因与机理、病变特征和病理诊断要点，让学生掌握动物主要疾病和常见疫病的病理诊断技能。

整个教材将以往章节构架改变为项目化编排，每个项目设计有目标任务、学习内容、分析讨论（或案例分析）等教学环节。部分项目还增加有"技能拓展"，突出相关应用知识，增强教材的实用性。本教材满足项目学习、案例学习、模块化学习等不同学习方式要求，便于各校教师在教学过程中以病理诊断实际工作任务为驱动，构建基于工作过程、工学结合和教、学、做一体化的教学模式，扎实培养学生的病理诊断技术和职业素养。

本教材编写过程中，坚持以教材建设为主体，配合课程网站建设和教学资源建设，进一步丰富和完善教材的各种数字化资源。教材中附带的数字资源，可扫描二维码观看。动物病理学河南省精品在线课程可登录中国大学 MOOC（慕课）官网学习。本教材既有系统的理论阐述，又有具体的技能方法描写；内容丰富，结合课程网站，既可方便教师教学，又可方便学生学习。

本教材可作为职业本科动物医学专业学生"动物病理学"必修课的教材，也可以作为应用型本科高校动物医学专业学生"动物病理学"的教材，还可以作为其他生物医学相关专业学生和行业、企业兽医工作者的参考书。

本书编写学习和借鉴了书后所附参考文献，在此向原著作权人表示衷心感谢！同时，向对支持本教材建设和出版的各个单位和个人表示衷心的感谢！

由于编者经验不足，水平有限，书中难免存在疏漏和不足，恳望广大读者批评指正。

编　者
2024 年 1 月 30 日

目 录

模块二 系统病理

模块三　疫病病理

项目十八　畜禽常见病毒病的认识与病理诊断 / 227

项目十九　畜禽常见真菌及霉形体病的认识与病理诊断 / 240

绪论

【目标任务】

知识目标 熟悉动物病理学的基本任务、基本内容及其在兽医学科中的地位与作用，了解动物病理学的发展简史与发展趋势。

能力目标 掌握动物病理学的研究方法，明确学习目标并建立本课程的正确学习方法。

素质目标 树立马克思主义世界观和方法论，并将其作为学习动物病理学的指导思想。以高度使命感和责任感继承和发扬我国动物病理学事业。

一、动物病理学的主要任务

动物病理学是研究动物疾病的发生原因、发病机制及其发生发展规律的科学，其研究任务是以马克思辩证唯物主义观点、方法研究动物疾病的发生原因、发病机理、疾病经过与转归，以及疾病过程中患病动物机体所呈现的形态结构和机能代谢变化，借以阐明疾病发生、发展及其转归的基本规律，揭露疾病的本质，为认识疾病和疾病的诊断与防治提供科学依据。

学习动物病理学的主要目的在于树立辩证唯物主义疾病观，科学理解疾病的发生原因与发病机理，掌握各器官系统常见的病理变化和常发病、多发病的病变特点，学会动物尸体剖检、病理组织与病变材料的采集、保存与检验技术，为学习后续专业课程以及进行临床病理学诊断奠定良好基础。

二、动物病理学的基本内容

动物病理学包括病理生理学和病理解剖学两个分支学科。病理生理学主要研究患病动物体机能、代谢改变及其变化规律，而病理解剖学则主要研究患病动物体组织器官形态结构的变化。由于动物机体是一个完整的有机体，其形态结构和机能代谢是密切相关的，任何形态结构的变化必将引起相应机能代谢的改变，而机能代谢异常也必然会导致形态结构的变化。所以，病理生理学和病理解剖学是不能分开的。

动物病理学总体上分为基础病理、系统病理和疫病病理三大模块。基础病理模块为动物病理基本知识，主要阐述疾病的一般规律，疾病过程中所呈现的各种基本病理过程。系统病理模块主要阐述由一般病因所引起的各个生理系统和主要器官的病理过程和病理学特征。疫病病理模块主要阐述由一些生物性因素引起的常见传染病和寄生虫病的病理学特征。

本教材最后一个项目为病理诊断技术，主要阐述动物尸体剖检与病理诊断的一般知识和技能。通过本项目的学习，掌握畜禽尸体剖检，病理组织切片制作，病料采集、保存与检验等基本病理诊断技能，旨在突出实践，强化技能训练，全面培养动手能力和解决问题的能力。

动物病理学是一门重要的专业基础课，而且是介于专业基础课（动物解剖学、动物组织与胚胎学、动物生理学、动物生物化学、动物微生物与免疫学等）与专业课（兽医临床诊断学、兽医内科学、兽医外产科学、动物传染病学、动物寄生虫病学、动物性食品卫生学等）之间的一门桥梁课程或核心课程，在整个专业课程学习过程中发挥着非常重要的作用。

三、动物病理学的研究方法

（一）研究材料

研究材料包括患病的活体动物、动物尸体、病变器官与组织、实验动物、细胞组织培养物以及临床检验或尸体剖检送检的血液、尿液、肠内容物等，以便于全面地对患病动物机体机能代谢和组织器官形态结构的变化进行系统、深入的病理学研究。

（二）研究方法

1. 尸体剖检

尸体剖检是指对病死的动物尸体进行解剖检查的方法。通过尸体剖检对各系统、器官和组织病变的直接观察，研判其病变性质，分析其死亡原因，确立病理诊断。特别是对一些传染病、寄生虫病、中毒病、代谢病等群发性疾病的尸体剖检，有利于尽早确定诊断并及时采取有效的防控措施。

2. 肉眼观察

肉眼观察主要通过肉眼或借助放大镜及各种称量工具，对尸体、器官和组织的病变性状（大小、形状、色泽、重量、质量、质地、分界、表面和切面状态等）进行直接细致的观察或检测，分析病变性质，确立病理诊断。

3. 显微观察

显微观察包括组织学观察、细胞学观察、超微结构观察和组织细胞化学观察等。

（1）组织学观察　将病变组织制成病理切片，染色后借助普通光学显微镜，观察其组织和细胞的病理变化，从组织学水平认识和分析患病机体的微观变化，借以增强病理诊断的准确性。

（2）细胞学观察　利用采集器采集或穿刺术吸取等方法，从活体内获取病变细胞，经过涂片、染色后，镜下观察组织细胞的形态与病理变化，为疾病诊断提供精确依据。

（3）组织细胞化学观察　通过利用某些化学物质与细胞组织内相关化学物质结合后的呈色反应，或抗原与抗体特异性结合的特性，显示细胞组织内的某些化学成分（如蛋白质、酶类、核酸、糖原、病原体等）的变化，以及对某些化学物质的定性、定位、定量分析，借以提高对病变诊断的精确性。

（4）超微结构观察　应用超薄切片技术将病变组织做成超薄切片，借助于电子显微镜（透射电镜或扫描电镜）对组织、细胞，以及一些病原因子内部或表面的超微结构进行观察，从亚细胞（细胞器）水平上观察细胞的形态变化，为疾病的诊断与研究提供支持。

4. 活体组织检查

活体组织检查是指通过局部切除、穿刺、抽取、刮取、摘除等方法，从患病动物活体内采集病变组织，进行病理学检查，称为活体组织检查，简称活检。这样取得的组织新鲜，可进行肉眼观察和组织学检查，作出及时准确的病理学诊断。

5. 动物实验

动物实验是指通过利用实验动物，复制疾病或病理过程，借以研究疾病发病机制的一种研究方法。这种方法可人为控制各种条件，并可重复试验，便于对疾病的发生原因、发病机理、发展规律和病理过程中组织器官的形态结构与机能代谢变化进行全方位观察与研究。

6. 组织与细胞培养

利用细胞组织培养的方法，取活体组织或单个细胞，在适宜的培养基与培养环境下进行体外培养，借以观察和研究组织或细胞病变的发生发展与变化情况，为疾病诊断与研究提供技术支持。

四、学习动物病理学的指导思想和方法

（一）学习动物病理学的指导思想

1. 以动态和发展的观点认识疾病

疾病是一个不断发展、不断演变的过程，在任何病理过程中所观察到的病理变化往往仅代表其相应阶段的状态。所以，必须以动态和发展的眼光去认识疾病，既要观察现状，又要分析原因、疾病的发展去向与结局等。只有这样，才能把握疾病的全貌，真正掌握疾病的本质。

2. 正确认识局部与整体的关系

动物机体是一个完整的有机体，在生理情况下，通过神经与体液的调节作用，可维持全身各部的协调统一。在疾病过程中，某一局部病变势必影响到机体的其他部分或全身，而全身状态也必然影响到局部病变的发展。局部与整体二者之间并非彼此孤立，而是互相影响、互相依存。机体出现任何局部病变，都应视为机体的整体反应，脱离整体的局部病变是不存在的。

3. 正确理解机能代谢与形态结构变化的关系

在疾病过程中，动物机体会出现机能代谢与形态结构的改变，三者之间往往互相联系、互相影响和互为因果。机能的改变势必影响到相应代谢过程的改变，以及组织器官形态结构的变化；代谢的改变必然引起相应机能和形态结构的变化；形态结构的改变同样也会影响到相关机能与代谢的正常进行。必须注意三者之间的内在联系与辩证关系，才能准确理解和认识疾病的本质。

4. 正确理解疾病内因与外因的关系

任何疾病或病变的发生都是由一定原因引起的。引起疾病的原因既有来自外界环境的外在致病因素，又有存在于体内的内在致病因素，二者互为影响。外因对疾病的发生、发展、性质与特点起重要作用，没有这些外因，疾病就不会发生。而内因对疾病的发生发展起决定性作用，外因必须通过内因，才能发挥致病作用。只强调内因而忽视外因或只重视外因而不顾内因都是错误的。只有运用辩证的观点来看待外因和内因之间的关系，才能正确地认识疾病和防治疾病。

（二）学习动物病理学的方法

1. 掌握扎实的理论基础

首先要概念清楚，在理解的基础上掌握各种病理过程的基本概念；其次要厘清各种疾病或病理过程的发生原因与机理，要知其然并明白其所以然；再次要把握重点，在理解的基础上，重点掌握各种疾病或基本病理过程的主要病理变化特点。

2. 树立实践第一的观点

动物病理学是一门实践性很强的课程，必须强化实践。通过病理标本、病理切片的观察，以及动物实验、尸体剖检、病理检验等实践过程，加强实践教学，强化技能训练。多观察、多实践，借以提高对疾病的观察识别能力，掌握病理学诊断的基本技能。

3. 把握知识模块的内在联系

动物病理学分基础病理、系统病理和疫病病理三大知识模块，三者之间具有密切的内在联系。其中基础病理模块主要阐述疾病的一般规律和基本病理过程，是学习器官病理和疫病病理的必备基础；系统病理和疫病病理则是阐述各种疾病的特殊规律及动物机体系统器官的病变特征，是基础病理内容的延伸和运用。三者之间相互联系，密不可分，因此学习时要前后联系，融会贯通，有机结合。

五、动物病理学的发展

人类和动物自其诞生之日起始终与疾病共存，病理学即在人类在探索和认识自身及动物疾病过程中应运而生，它寓于医学的发展之中。自人类存在以来，人们通过各种方法和途径认识和诊断疾病。中国是世界上最早开始做尸体解剖的国家，早在春秋战国时期就有人做过尸体解剖，并记载于秦汉时期的《黄帝内经》。公元 610 年，隋朝巢元方著《诸病源候论》，该书对天花、疟疾、麻风、结核等多种危害严重的传染病，从症候到病源都进行了细致的探讨。从当时的情况考虑，诚不失为中国早期的一部病理学名著。

公元 1～2 世纪，一些医学家根据临床实践的启示，对动物和人体器官的构造和功能进行了探索，在解剖学和生理学方面取得了宝贵的知识。如埃及著名医学家 Herophilos 及 Erasistratos 发现脑和脊髓是相连的整体，并从它们发出神经。Galen 还对神经系统各部分功能进行过科学实验，他认为疾病是病因作用于局部的结果。这些朴素的唯物主义萌芽学说，在西方影响甚大。而在中国，南宋时期著名法医学家宋慈所著《洗冤集录》（公元 1247 年）对尸检、伤痕病变以及中毒等均有详述。这一举世闻名的法医病理解剖学著作是世界上最早的一部法医学著作，曾被翻译成荷、法、德、英、俄诸国文字，先后被朝鲜、日本、印度及东南亚诸国奉为法医病理解剖学的权威著作，为病理学的发展做出了重要的贡献。

1761 年，意大利的 Morgani（1682—1771）医生通过 700 多例尸体解剖，提出了器官病理学的概念，由此奠定了医学及病理学发展的基础。奥地利病理学家 Rokitansky（1804—1878）根据大量尸体解剖的观察材料写成了第一部《病理解剖学》专著。19 世纪中叶，随着显微镜的发明和使用，德国病理学家 Virchow（1821—1902）创立了细胞病理学。法国学者 Claud Bernard（1813—1878）编写了《病理生理学讲义》，为病理生理学的始基。此后，经过世界各国学者近一个半世纪的探索，逐渐形成并完善了今天的病理学学科体系，如大体解剖病理学、组织细胞病理学、超微结构病理学等。

近现代以来，免疫学、细胞生物学、分子生物学以及免疫组织化学、流式细胞术、图像分析技术等理论和技术的应用，极大地推动了传统病理学的发展。中华人民共和国成立后，特别是改革开放以来，我国的动物病理学事业有了很大的发展，进入了历史发展的最好时期。张荣臻、朱宣人、朱坤熹、陈怀涛等动医病理学界老前辈们的开创性、奠基性的工作，特别是极有远见的人才培养工作及几代人的共同努力和不懈追求，我国的动物病理学事业今天也有了一个较好的基础和局面。他们的名家风范、人格魅力一直在激励着动物病理学后继人才的苗壮成长。

学科间的互相渗透使病理学出现了许多新的分支学科，如免疫病理学、分子病理学、遗传病理学和计量病理学等，使得对疾病的研究从器官、组织、细胞和亚细胞水平深入到分子水平；并使形态学观察结果从定位、定性走向定量，更具客观性、重复性和可比性。纵观当今世界，科技发展日新月异，病理学也与其他学科相互交叉、渗透融合。随着 5G 网络时代的到来，借助图像数字化以及数字存储传输技术的发展，将病理学切片转化为切片数字化图像进行数据存储已成为现实。人工智能技术在病理学中的研究和应用更已成为今天的一个热点。这些发展大大加深了对疾病本质的认识，同时也为许多疾病的防治开辟了新的途径和发展空间。

（陈宏智）

模块一　基础病理

项目一 疾病概述

单元一　疾病的概念与分类

一、疾病的概念

疾病与健康是两个相互对应的概念，二者之间可相互转化，但却无绝对界限。动物机体可随着环境的变化而发生相应的适应性反应（或变化），借以保持与环境间的动态平衡。动物机体的形态结构与机能代谢保持相对完好与协调统一，生命活动得以正常运行，这种状态称为健康。当动物机体在一定条件下，受到某些内、外致病因素的作用，使上述的协调统一发生破坏时，就会发生疾病。

对疾病本质的认识，随着社会发展与科技进步而逐步深化和完善。现代医学认为，疾病是机体与内、外致病因素相互作用产生的损伤与抗损伤的复杂矛盾斗争过程。在这个过程中，由于各种内、外致病因素的损伤作用，必然会引起动物机体一系列机能、代谢和形态结构的改变，机体与环境的适应能力降低，机体与环境间的协调统一发生破坏，生命活动受到不同程度的影响，继而出现一系列的临床症状，就称为疾病。针对患病动物而言，必然导致其生产能力以及经济价值的降低。

上述概念，反映了疾病具有以下特征。

（一）疾病是在一定条件下由病因作用于机体的结果

任何疾病的发生都是由一定的原因引起的，没有原因的疾病是不存在的。因此，在临床上查明疾病的原因是有效防治疾病的先决条件。尽管目前仍有一些疾病的病因还没有搞清楚，但随着科技的进步和人类认识水平的不断提高，任何疾病的病因都会被阐明的。

（二）疾病是完整机体的反应

任何疾病基本上都是整体疾病，都有局部表现和全身反应。在疾病过程中局部与整体相互影响，相互制约。尽管许多疾病所造成的形态结构和机能代谢的变化仅表现在某一局部，但均可通过神经 - 体液因素影响到全身，并且整体的状况也会通过神经 - 体液因素影响到局部病变的发展。所以，任何疾病都是完整机体的反应。

（三）疾病是一个矛盾斗争过程

在致病因素的作用下，机体内发生了机体机能、代谢障碍和形态结构改变等损伤性反应，妨碍了机体的正常生命活动，不利于机体的生存。与此同时，机体也会针对其损伤性反应而出现相应的抗损伤反应，借以抵抗和消除致病因素及其所造成的损伤。在疾病过程中，以致病因素及其损伤为一方，以机体抗病能力为另一方的矛盾斗争过程贯穿于疾病的始终，疾病就是在这种矛盾斗争中发生、发展和变化的。

（四）生产能力与经济价值降低是动物患病的标志

动物患病时，由于机体的适应能力降低，机体的形态结构发生破坏和机能代谢发生障碍，必然导致动物的生产能力（劳役、产蛋、产乳、产毛、繁殖力等）下降，就会造成其经济价值的降低，这是动物疾病的重要特征。

二、疾病的分类

疾病的种类繁多，为了便于对疾病进行研究和采取行之有效的防治措施，需要对疾病进行科学分类。疾病的分类方法很多，通常采用以下三种分类方法。

（一）按疾病的经过分类

按疾病的经过分类即根据疾病过程病情发展的缓急和病程长短的不同，又可将疾病分为以下四类。

1. 最急性型

病情发展急速，病程短促，仅数小时，表现突然发病或突然死亡，生前无明显症状，死后也常无明显病理变化。例如炭疽、绵羊快疫、巴氏杆菌病等可见此种病型。

2. 急性型

病情进展快速，经过时间由数小时至两三周不等。此类疾病常伴有急剧而明显的临床症状，如出现发热、疼痛、食欲减退等现象。如急性猪瘟、鸡新城疫、急性炭疽等传染病即属此类。

3. 亚急性型

病情进展较为缓慢，病程约 3 ～ 6 周，临床症状较轻，介于急性型和慢性型之间的一种中间类型，如疹块型猪丹毒等。

4. 慢性型

病情发展极为缓慢，经过时间较长，从 6 周以上至数年不等，症状常不明显，患病动物日渐消瘦。如结核、鼻疽、慢性马传染性贫血等均属此类疾病。慢性型疾病在临床上是比较难以对付的，病程可迁延数年，甚至终身不愈。因此，有病必须及时治疗，如果其转为慢性时则更加难以应对。

在临床实践中，急性、亚急性与慢性型之间并没有严格界限。在一定条件下，急性型可转变为亚急性型其至慢性型，反之，慢性型也可因病情加重而呈现出急性发作。

（二）按疾病发生的原因分类

1. 传染病

传染病指由致病性微生物侵入机体，并在体内进行生长繁殖而引起的具有传染性的疾病，如口蹄疫、猪瘟、猪丹毒、禽流感、鸡新城疫等。

2. 寄生虫病

寄生虫病指由各种寄生虫（包括原虫、蠕虫和节肢动物等）侵入机体内部或侵害体表而引起的疾病，如球虫病、焦虫病、蛔虫病、疥螨病等。

3. 普通病

普通病指由一般性的致病因素所引起的非传染性疾病，如由一些非传染性因素引起的各器官炎性和非炎性疾病；机械性、物理性因素引起的外伤、骨折、冻伤、烫伤等；由维生素、微量元素等营养物质缺乏引起的代谢性疾病；某些有毒物质引起的中毒性疾病等，都属于此类疾病。

（三）按患病器官系统分类

按照患病系统不同将疾病分为心血管系统、造血与免疫系统、呼吸系统、消化系统、泌尿生殖系统和神经系统等疾病。按照患病器官不同将疾病分为心脏疾病、肺脏疾病、肝脏疾病、肾脏疾病、胃肠疾病等。事实上，动物有机体是一个协调统一的整体，当某一器官或系统发生病变时，其他器官系统往往也会发生不同程度的变化，因此我们对疾病的认识和分析要综合考虑。

单元二　疾病的发生

任何疾病的发生都有其相应的原因，引起动物疾病的原因种类繁多，大致可分为内因和外因两方面。除此之外，不同的社会条件及自然条件对疾病的发生常常起到诱导或影响作用，即疾病发生的诱因。

一、疾病发生的外因

疾病的外因是指来自外界环境的各种致病因素。按其性质可区分为生物性致病因素、化学性致病因素、物理性致病因素、机械性致病因素和营养性致病因素等。

（一）生物性致病因素

生物性致病因素是临床上最多见的也是最主要的致病因素，它包括各种病原微生物（如细菌、病毒、霉形体、立克次氏体、真菌等）、寄生虫（如原虫、蠕虫等）等。生物性致病因素可以引起传染病、寄生虫病、中毒病和肿瘤病等疾病。生物性因素的致病作用具有如下特点。

1. 致病作用有一定的选择性

主要表现在感染动物的种属、侵入门户、感染途径和作用部位等方面。如牛对猪瘟病毒不易感；人类不患牛瘟；破伤风梭菌只有通过有创伤的皮肤、黏膜才能进入体内而引起发病；痘病毒主要侵害皮肤和黏膜等。

2. 引起的疾病有一定的特异性

有相对恒定的潜伏期，比较规律的发病经过，特异性的临床症状和病理变化。如鸡传染性法氏囊病毒引起法氏囊出血、坏死，腺胃的点状出血，肌肉条纹状出血斑块等。

3. 有一定的持续性和传染性

生物性致病因素侵入机体后，可在体内不断繁殖和产生毒素，持续性作用于机体和影响整个疾病过程。有些病原微生物还可排出患病动物体外，传染给其他个体，具有传染性。

4. 机体的反应性及抵抗力起着极其重要的作用

生物性致病因素的致病作用不仅决定于其种类、数量及其产生的内外毒素的毒性，同时也决定于机体的抵抗力和感受性。当机体抵抗力强时也不一定发病；反之，若机体抵抗力弱，体内平常无致病作用的常在菌也会乘虚异常繁殖，发挥致病作用而引起疾病。

（二）化学性致病因素

化学性致病因素是指对动物机体有致病作用的化学物质，主要包括强酸、强碱、重金属盐类、农药、化学毒剂、植物毒、动物毒等。化学性致病因素也可来自体内的代谢产物和毒性产物等。畜禽常受侵害的化学性致病因素多来自农药、饲料添加剂以及调制利用不当的饲料添加剂。化学性致病因素对机体作用的特点如下。

1. 蓄积作用

化学性致病因素进入机体后蓄积到一定量时才起致病作用，在疾病发生发展过程中一直起作用，直至其毒性被解除或排出。

2. 选择作用

有些化学物质对机体的毒害有一定的选择性，据此可将化学毒物分为：肝脏毒，如四氯化碳、有机氯等；血液毒，如亚硝酸盐、棉酚等；神经毒，如有机磷、有机氯等；原浆毒，如砷、氢氰酸等。

（三）物理性致病因素

物理性致病因素包括高温、低温、电流、光能、电离辐射、大气压和噪声等，这些因素达到一定强度或作用时间较长时，都可使机体发生物理性损伤而引起疾病。

1. 温度

（1）高温　高温作用于机体局部可引起烧伤；作用于全身则引起热射病和日射病（临床上统称为中暑）。炎热季节，畜禽舍通风不良时常发生的热应激就是因高温所致。

（2）低温　低温作用于机体局部可引起冻伤，作用于全身可使机体受寒，抵抗力降低，易诱发疾病。如风寒易引起感冒和肺炎。

2. 电流

电流作用于机体主要引起电击伤，严重时可造成死亡。电流的致病作用有以下三种。

（1）电热作用　电能转化为热能，引起局部烧伤（电灼伤）。

（2）电解作用　改变细胞外离子浓度，使细胞膜外离子分两极聚积（电极化）。神经末梢发生这种变化时，呈现过度敏感，神经肌肉出现过度痉挛。电解作用还可使体内的氯化钠解离，产生强酸、强碱而损害机体。

（3）电机械作用　即电能转变为机械能，引起机体机械性损伤。电流对机体损害程度取决于电压、电流强度、电流性质（交流或直流）、作用时间、电流通过机体的途径和机能状态。

3. 光能

阳光为动物生长所必需，一般无致病作用。如果动物体内有光敏感物质，如卟啉、荧光素、叶绿素等，就会对紫外线产生感受性增高的现象，称为光照病或光感过敏症。例如，家畜吃了荞麦等蓼科或三叶植物，又在阳光下暴晒，就会使体表皮肤无色素部分发生炎症，出现疹块、水肿或坏死，严重者引起神经系统机能紊乱和"光溶血作用"等。

4. 电离辐射

电离辐射主要是引起机体放射性损伤，导致染色体畸变，从而诱发畸胎、流产、癌变，以及某些基因突变等。电离辐射可直接引起细胞死亡、器官功能障碍，全身出血，以致神经功能紊乱，并易继发感染，甚至引起动物死亡。

5. 噪声

环境的噪声对畜禽的不良影响，可使动物的生理功能发生明显的改变，特别是引起交感神经兴奋，导致血压升高，心跳、呼吸加快，物质代谢增加，消化道分泌及蠕动减弱。动物出现兴奋、惊恐等症状，生产性能下降，严重时可引起动物行为失常，出现顽固性病态。

（四）机械性致病因素

一定强度的机械力，可引起机体损伤，如锐器或钝器的撞击、爆炸的冲击波、从高处坠下、动物之间角斗等，都可引起机体的各种创伤。此外，体内的肿瘤、异物、结石、寄生虫等长期存在也可对正常组织产生压迫作用而造成损伤。机械性致病因素对组织作用无选择性、无潜伏期及前驱期；对疾病只起发动作用，与疾病的进一步发展无关；机械力的强度、性质、作用部位和范围决定引起损伤的性质和强度，很少受机体的影响。

（五）营养性致病因素

正常机体所必需的营养物质如糖、脂肪、蛋白质、维生素和微量元素的缺乏、不足或过多，畜禽的营养不能得到合理补充和调剂时，也可引起疾病的发生。如鸡饲料中动物性蛋白质过多，可引起痛风；雏鸡缺乏维生素 B_1，可发生多发性神经炎；饲料质量低下时，动物常出现贫血、消瘦、营养不良性水肿；饲料的突然更换等，均可以引起疾病。

此外，应激性因素在疾病发生上的作用也日益受到重视。动物受到应激源的刺激后，可引起机体一系列的机能代谢改变，借以适应外环境的改变和维持内环境的稳定。强烈和持久的应激源刺激能引发应激性疾病。

二、疾病发生的内因

引起疾病发生的内因，一般是指机体的防御免疫机能降低，机体的反应性异常和遗传性缺陷等，可直接引起疾病或促进疾病的发生。

（一）机体的防御免疫机能降低

1. 屏障结构破坏及机能障碍

健康动物的皮肤、黏膜有机械性阻止病原微生物入侵的作用；皮肤角质层不断脱落更新，有助于清除皮肤表面的微生物；皮脂腺及汗腺的酸性分泌物有抑菌与杀菌作用；黏膜分泌的黏液及其酶类，有冲淡和杀灭病原微生物的功能；淋巴结可将进入体内的病原微生物和某些异物加以滞留，防止其扩散蔓延；由脑软膜、脉络膜、室管膜及脑血管内皮细胞所组成的血 - 脑屏障，能阻止某些细菌、毒素以及大分子有害物质进入脑组织内；孕畜的胎盘屏障可阻止母体内某些细菌、有害物质等通过绒毛膜进入胎儿血液循环，对胎儿起保护作用。当上述屏障结构与机能受到破坏时，就容易发生感染，病原微生物容易在体内扩散蔓延。

2. 吞噬和杀灭机能降低

广泛存在于机体内各器官组织中的单核 - 巨噬细胞系统，是机体内具有较强吞噬与防御能力的细胞系统。它们能吞噬侵入体内的病菌、异物颗粒及衰老的细胞，并以胞质内的溶酶体中所含的各种水解酶，将吞噬物破坏、溶解、消化。此外，血液中的嗜中性粒细胞也能吞噬细菌、细胞碎片以及抗原抗体复合物等，并以其胞质内溶酶体中的各种水解酶、过氧化物酶、溶菌酶将吞噬物溶解、消化。嗜酸性粒细胞能吞噬抗原抗体复合物，并通过溶酶体酶（过氧化物酶、酸性磷酸酶）的消化、分解作用，消除其有害作用。还有胃液、唾液、泪液以及血清中都含有破坏与杀灭病原微生物的物质等。当机体内这些吞噬和杀菌机能减弱时，就容易发生某些感染性疾病。

3. 解毒机能障碍

肝脏是机体的主要解毒器官，从肠道吸收来的各种毒性物质，随血液运转到肝脏，在肝细胞内可通过氧化、还原、甲基化、乙酰化、脱氨基以及形成硫酸酯或葡萄糖醛酸酯等方式予以分解、转化或结合成为无毒物质。肾脏可借助脱氨基等功能发挥解毒作用，当肝、肾损伤或功能破坏，其解毒和排毒机能障碍时，就会使机体发生中毒性疾病。

4. 排除机能减退

消化道的呕吐、腹泻，呼吸道黏膜上皮的纤毛运动、咳嗽、喷嚏，肾脏的泌尿等，都可将各种有害物质排出体外。若机体的这些排除过程受阻，则体内有害物质不能及时排出，以致发生相应的疾病。

5. 特异性免疫反应异常

特异性免疫反应包括细胞免疫和体液免疫。在特异性抗原刺激下，以 T 细胞活动为主，产生致敏淋巴细胞的免疫反应，称为细胞免疫；以 B 细胞活动为主，产生特异性抗体的免疫反应，称为体液免疫。这两种免疫机能降低时，容易发生病毒、真菌和某些细胞内寄生菌的感染，并且可引发恶性肿瘤。

（二）机体的反应性改变

机体的反应性是指机体对各种刺激发生反应的特性。它对疾病的发生及其表现形式有重要影响。机体反应性不同，对外界致病因素的感受性和抵抗力也不同。

1. 种属反应性

不同种属的动物，对同一致病因素的反应性常不一样。如马不感染牛瘟病毒，牛不感染马鼻疽杆菌，雏鸭对黄曲霉毒素很敏感，羊对黄曲霉毒素则敏感性较低。

2. 品种反应性

在实践工作中常发现不同品种或品系的同类动物，对同一刺激物的反应强度差异甚大。如一些品种与品系的鸡对白血病相当敏感，易患鸡白血病，而有些品种与品系的鸡则敏感性和发病率低。绵羊的肺腺瘤病、布鲁氏菌病等，也存在着动物的品种或品系不同，发病率差异颇大的现象。这也提示了通过育种途径可以改善动物的先天免疫性。

3. 个体反应性

不同个体由于营养状况、抵抗力等的不同，对外界致病因素的反应性也不一样。如同一动物群体发生某种传染病时，有的病重，有的病轻，有的病死，有的体内带菌或带毒而不呈现临床症状。

4. 年龄反应性

幼龄动物的防御屏障及免疫机能发育不完善，容易患消化道和呼吸道疾病，并且病情比较严重。成年动物的各方面机能发育完善，抵抗力较强。如成年鸡对马立克氏病病毒感染的抵抗力比 1 日龄雏鸡大 1000 ～ 10000 倍。老龄动物因各种机能逐渐衰退，免疫力降低容易患病，一旦感染往往病情较重，损伤组织也不易修复。

5.性别反应性

性别不同，某些组织器官结构不一样，内分泌激素也有差异，对同一致病因素的反应也有不同表现。如畜禽白血病的发病率，雌性高于雄性。

总之，机体反应性不同，其抗病力就存在差异。机体反应性改变，可能会促进疾病的发生发展，也可能会阻止疾病的发生发展。例如，机体致敏后再接触同一致敏原时，容易发生过敏性休克，甚至导致死亡。人们可以利用免疫接种方法改变机体的反应性，提高机体的抗感染能力，而阻止疾病的发生。

（三）遗传性缺陷

遗传性缺陷在一定程度上直接影响着动物的体质和对各种刺激物的反应性，或直接引起遗传性疾病。所谓遗传性疾病就是由于基因突变或染色体畸变，导致动物体某些结构或代谢产生缺陷而引起的疾病。如马和猪的某些基因改变，可引起血友病、猪的肛门闭锁；牛的某些基因突变则可引起牛的短腿、裂唇和斜视等。

三、疾病发生的条件

在致病原因存在的前提下，影响疾病发生发展的非特异性因素称为疾病的条件。疾病的条件虽然不直接引起疾病，即不是疾病发生所必需的因素，但条件对许多疾病的发生发展有重要的影响，从而对疾病的发生发展起着促进或阻抑作用。例如，结核杆菌是引起结核的病因，但体外环境中存在的结核杆菌并不会使每个人都发生结核病，这时候条件往往影响疾病的发生率。在营养不良、过度疲劳或空气污浊的条件下，机体对结核杆菌的抵抗力明显降低，结核病的发生率明显增高。条件既可以作用于机体，也可以作用于病因，疾病的条件是非特异性的。能够通过作用于病因或机体促进疾病发生发展的因素称为疾病的诱发因素，简称诱因。诱因是疾病条件中的一部分。某些可促进疾病发生的因素，但未阐明是该疾病的原因还是条件，这些因素被统称为危险因素，如高血压、糖尿病被认为是动脉粥样硬化的危险因素。

（一）自然条件

自然条件是指季节、气候、地理位置和自然环境等因素，对疾病的发生、发展有着明显影响。例如低洼、潮湿、通风不良的厩舍容易使畜禽发生某些疫病或寄生虫病；冬季因气候寒冷，使机体抵抗力下降，易发呼吸系统疾病；夏季因气候炎热易发生中暑和消化道疾病；工业发达的地区，三废既会污染自然环境，也会威胁人、畜健康。

（二）社会条件

社会条件通常是指社会制度、经济状况、科技水平等方面的因素。如果社会制度不健全，科技水平落后，对疫病无法预防和控制则疫情多发。中华人民共和国成立后，国家颁布了疫病防治相关条例及检疫相关规程，扭转了动物流行病暴发流行的局面，而且研制了各种疫苗，有的达到了世界先进水平，对动物流行病的控制起了关键作用，使我国畜牧业达到了空前的蓬勃发展。

四、疾病内外因的辩证关系

动物疾病的发生外因是重要的，没有相关的外因不可能发生相应的疾病，例如没有猪瘟病毒存在就不可能发生猪瘟。然而即使有猪瘟病毒的存在，是否发生猪瘟还要看猪群或个体本身的情况和条件因素。经过猪瘟疫苗免疫的猪群一般不会发生猪瘟，而未经免疫的猪只则可能发生猪瘟，这时猪的内因起着重要的作用。即使有易感的猪只，也有猪瘟病毒，如做好环境卫生与消毒，使病毒无法与猪只接触，也可控制疫情在猪群中的传播。所以，疾病的发生是外因、内因和条件综合作用的结果。但具体到某一疾病来讲，外因与内因哪个因素起主导作用，不可一概而论，也应视不同的疾病作具体分析。

单元三　疾病发生发展的基本规律

一、疾病发生的一般机制

致病因素（病原刺激物）作用于动物体，主要是通过以下三种机制引起疾病的发生发展。

（一）致病因素对细胞组织的直接损伤作用

致病因素对机体细胞组织可起到直接损伤作用，造成疾病的发生发展，此种作用又称为组织机制。如高温、低温、强酸、强碱、电击、强机械力等作用于机体组织，可造成局部组织的直接损伤。又如猪瘟病毒侵入体内后直接作用和损伤血管内皮细胞，造成血管管壁结构的破坏，引起全身性出血等病理过程等。

（二）致病因素通过神经作用

有些致病因素和病理产物作用于神经系统的不同部位，引起神经系统机能的改变，而发生相应的疾病或病理过程，此种作用又称为神经机制。在感染、中毒等情况下，致病因素直接作用于脑和脊髓等中枢神经，引起中枢神经机能障碍。如一些嗜神经性病毒可直接侵入和侵害脑神经元，引起中枢神经机能障碍和运动失调等神经症状；饲料中毒时，则是通过神经反射作用而引起患病动物呈现呕吐与腹泻等临床表现。

（三）致病因素通过体液作用

体液是维持机体正常生命活动的内环境。某些致病因素可通过作用于体液引起体液成分发生质或量的改变，使机体内环境的稳定性受到破坏，导致机体发生相应的疾病或病理过程，此种作用又称为体液机制。如垂体前叶激素和肾上腺皮质激素在很多疾病的抗损伤反应中起着重要作用。在临床上，体液成分发生质和量的改变往往同时存在，如严重腹泻，可能会引起脱水和酸中毒。

此外，致病因素还可通过酶和核酸的改变而发挥致病作用，分别称之为酶机制和核酸机制。动物体内的物质代谢过程都需要酶的参与，酶缺乏或酶的活性受到抑制，都会导致代谢障碍，称为疾病发生的酶机制。核酸是细胞组织生命过程中最主要的分子基础，当某些致病因素的作用导致核酸分子的结构或数量发生改变时，就会引起相应的疾病过程，称为疾病发生的核酸机制（或分子机制）。研究发现，白血病、乳腺癌、淋巴肉瘤等都是通过改变DNA遗传信息而引发的。

以上几种作用机制在疾病过程中不是孤立存在的，相互间往往有着密切的联系。当致病因素对组织直接作用时，也作用于该组织的神经，同时致病因素引起组织损伤后，产生的病理产物及组织崩解产物亦可进入体液，生物性致病因素（如病毒）可引起核酸结构改变而引起发病等，均可体现出各种作用机制的相互依存和密切联系。

二、致病因素在体内的蔓延途径

如前所述，机体的内外屏障机能对致病刺激物的入侵和蔓延有着非常重要的阻止作用，但是，这种机能是有限的。当外界致病因素的强度过大或数量过多，或机体的抵抗力被削弱时，致病因素就突破机体的内外屏障，并在体内扩散和蔓延。

（一）组织扩散

致病刺激物沿着组织或组织间隙直接扩散蔓延，称为组织扩散。例如感冒时的上呼吸道炎症如控制不及时，其炎症就会沿着细支气管向下扩散，引起支气管性肺炎，甚至引起大片肺组织发炎。

（二）体液扩散

致病刺激物，特别是生物性致病因素突破外部屏障后，可以侵入血液或淋巴，经血道或淋巴道等途径进行扩散蔓延，称为体液扩散。血道扩散常引起菌血症、病毒血症，甚至引起全身性的败血症。淋巴道扩散则多伴发淋巴管炎和淋巴结炎，并可进一步转为血道扩散。血道扩散的速度较快，危险性也较大，常可引起病变的全身化。

（三）神经扩散

可分刺激物扩散和刺激扩散两种形式。刺激物扩散是指刺激物沿着神经干内的淋巴间隙扩散蔓延，如狂犬病病毒和破伤风毒素在体内的扩散即属于刺激物扩散；有时刺激物作用于神经形成神经冲动，并传递至相应的神经中枢，使中枢的机能发生改变，从而引起相应器官的机能改变，此种通过反射途径扩散的方式称为刺激扩散。

必须指出，上述三种扩散方式在疾病发生上往往是交互进行或同时存在的。掌握致病因素的扩散途径对于疾病的防治具有重要意义，在兽医临床实践中，应对具体情况进行认真分析，以便及时有效地阻止有害刺激物的扩散和蔓延，并采取相应措施增强机体的屏障机能，严格控制致病因素的扩散和防止疾病的进一步发展。

三、疾病发生发展的一般规律

（一）损伤与抗损伤的矛盾斗争贯穿于疾病的始终

致病因素作用于机体，引起机体各种损伤性变化，如细胞变性、坏死，血管结构破坏，组织水肿或脱水，以及食欲减退、呼吸困难等。与此同时也激发起机体一系列抗损伤性反应，如适度发热、血管充血、外周血白细胞增多、单核-巨噬细胞系统机能增强、抗体生成增加等。这种损伤与抗损伤的矛盾斗争推动着疾病的发展，贯穿于疾病的始终。双方力量的对比决定着疾病的发展方向和结局，当损伤作用占优势时，病情就会不断加重，甚至导致病情的恶化直至死亡。反之，抗损伤作用占优势时，病情就会逐步减轻直至痊愈。

疾病过程中的损伤与抗损伤这对矛盾在一定条件下可以相互转化。如急性肠炎时出现腹泻，有利于排出肠内的细菌和有毒物质，属于抗损伤性的反应。但是剧烈的腹泻则可导致机体脱水和酸中毒等，从而转化为损伤性的反应。所以，必须善于区别疾病过程中的损伤与抗损伤反应，并观察和掌握它们相互转化的规律，只有这样才能采取科学合理的诊疗措施。

（二）疾病过程中局部变化与整体反应相互影响

局部是整体的组成部分，局部与整体有着相互依存和相互影响的关系。在疾病过程中，局部病变可反映到全身，全身反应又会影响着局部病变的发展，二者是互相影响、密切联系的。例如体表急性炎症时，局部表现为红、肿、热、痛和机能障碍，同时可表现出体温升高、外周血白细胞增多、单核 - 巨噬细胞系统机能增强等全身性反应。这种全身性的防御反应又可增强局部的抗炎能力，控制局部炎症的进一步发展，消除或修复炎症的损伤。否则，局部炎症就会不断加重，并继续扩散，甚至全身化。因此，要正确处理疾病过程中局部与整体之间的辩证关系。

（三）疾病过程的因果转化与主导环节

因果转化规律是各种事物发展矛盾对立统一规律的一种表现形式，也是疾病发展过程的基本规律之一。在疾病发生发展过程中，原始的病因作用于机体后，会引起相应的病理变化，而这一结果又可成为新的病因，而引起新的病理变化或新的结果。病因与结果如此交替发展，循环往复，形成一个螺旋式的交替链（或循环链）。例如，风寒是动物感冒的原始病因，引起上呼吸道黏膜抵抗力降低的"果"；上呼吸道黏膜抵抗力降低这一"果"，又可使上呼吸道常在微生物乘虚繁殖并损伤黏膜，这又可作为"因"，引起上呼吸道黏膜发炎的"果"；黏膜发炎又可作为"因"造成黏膜充血、肿胀、感觉过敏、分泌增强和体温升高的"果"。如此因果循环交替，形成螺旋式的因果交替发展过程。这个螺旋式的发展方向，可以是良性的，也可以是恶性的。在疾病过程螺旋式的因果交替链上，各个环节所起的作用是不同的，有些是主要的，有些则是次要的。其中主要环节影响疾病的全过程，所以称为"主导环节"。如感冒过程中呼吸道黏膜炎症和体温升高，即是两个主导环节。在临床实践中，抓住疾病主导环节，结合上述损伤与抗损伤矛盾转化规律，适时采取科学合理的治疗措施，阻断疾病向恶化方向发展，促使机体快速康复。

单元四　疾病的经过与转归

一、疾病的经过

疾病从发生到结束，称为疾病经过（或疾病过程）。在疾病过程中，由于损伤与抗损伤矛盾双方力量的不断消长，使疾病的表现呈现出不同的阶段性，特别是由生物性因素引起的疾病表现最为明显，一般可将疾病过程分为相互联系的四个发展阶段。

（一）潜伏期

潜伏期是指从病因作用于机体时起，至疾病的第一批症状（早期症状）出现时止，又称隐蔽期。潜伏期的长短根据其病因的特点和机体本身状况不同而表现不相一致。侵入机体的病原微生物数量多、毒力强或机体抵抗力弱时，则潜伏期较短，否则较长。例如，狂犬病的潜伏期最长可达一年以上，而炭疽病多为 1 ～ 3 天。在潜伏期中，机体要动员自身的抗损伤力量与致病因素的损伤作用进行斗争。如果机体的抗损伤力量战胜了致病因素的损伤作用，疾病就会停止发展。否则，就会出现疾病的早期症状，并进入第二阶段。

（二）前驱期

从疾病出现早期症状，至主要症状开始显现的时期，又称先兆期。在这一阶段中，机体的功能活动和反应性均有所改变，一般只出现某些非特异性症状，称为前驱症状。如精神沉郁、食欲减退、心脏活动及呼吸机能增强、体温升高和劳役或生产力降低等。此期通常为几个小时到一两天。机体进一步动用一切防御力量与致病因素作斗争，若机体抗损伤的力量战胜病因的损伤力量，加之适当的治疗护理，疾病就会开始好转而康复，否则疾病继续发展，进入下一阶段。

（三）明显期

明显期是指疾病的主要或典型症状充分表现出来的时期。由于疾病不同，所表现症状的特征和持续的时间也有所不同。患畜体内的防御适应能力得到了应有的发挥，同时，致病因素的损伤作用也更加显著，损伤与抗损伤的矛盾激化，从而使疾病的特征性症状显现出来，对疾病的诊断有重要意义。此期具有较长的持续时间，如大叶性肺炎为 6～9 天，猪丹毒为 3～10 天。

（四）结局期

结局期是指疾病的结束阶段，又称转归期。在此阶段中，有时疾病结束得很快，症状在几小时到一昼夜之内迅速消退，称为"骤退"；有时则在较长的时间内逐渐消退，称为"缓退"。有时可因抵抗力下降而使形态结构损伤和机能代谢障碍加剧，其症状更加严重，称此为疾病的"恶化"；若疾病症状在一定时间内暂时减弱或消失，称为"减轻"；若在某一些疾病过程中又伴发有另一种疾病，称为"并发症"，例如幼畜副伤寒时可以并发肺炎。此外，有些疾病在恢复后，经过一段时间又重新发生同样的疾病，称为"再发"或"复发"。

二、疾病的转归

疾病的转归是指整个疾病过程的结束，可根据机体的状况、致病因素的强弱，以及是否及时正确地治疗而表现各异，可分为完全痊愈、不完全痊愈和死亡三种形式。

（一）完全痊愈

致病因素从体内消失或其致病作用停止，机体受损器官的组织损伤得到完全修复，机能恢复正常，疾病症状全部消除，机体各器官系统之间以及机体与外界环境之间的协调关系得到完全恢复，畜禽的生产能力和经济价值也完全恢复正常，称为完全痊愈。完全痊愈并非完全恢复至原有状态，而是通过疾病过程的损伤与抗损伤反应，机体的防御反应能力得到重建和提升，比如感染某些传染病之后，机体可产生一定量的抗体，在一定时间内可获得相应的免疫力。

（二）不完全痊愈

疾病造成的损伤得到控制，主要症状消失，但受损器官的机能和形态结构未得到完全恢复，或遗留有疾病的某些残迹或持久性的变化，称为"不完全痊愈"。例如，家畜关节炎转为慢性而形成关节周围结缔组织增生，关节肿大、粘连、变形并成为永久性病变，称为"病理状态"。对此，机体往往通过代偿作用来维持正常的生命活动。

（三）死亡

死亡是指生命活动的终结，或完整机体的解体。由于致病因素的损伤作用过强，或机体的抗损伤能力耗竭，造成机体严重的结构损伤与机能障碍，最终导致心、脑、肺等生命重要器官的功能衰竭和生命活动的终止，即发生死亡。

死亡可分为两种。一种是由于疾病而造成的死亡，称为病理性死亡，可发生于任何年龄的动物；另一种是由于机体衰老而引起的死亡，称为生理性死亡（自然死亡）。畜禽真正自然死亡的情况非常少见。凡没有任何症状或先兆的突然死亡称"骤死"。这种死亡常见于脑、脊髓、心脏、肾脏、肺脏、肝脏等生命重要器官遭受到严重损害时，如屠宰家畜的急性放血或电击死亡等。一般常见疾病的死亡是逐渐发生的，称为"渐死"。死亡可分为以下三个发展阶段。

1. 濒死期

持续时间不等，多在数小时之内，其特征是机体各系统的机能发生严重障碍和失调，中枢神经处于高度抑制状态，动物表现感觉消失，反应迟钝，心跳微弱，呼吸时断时续或出现周期性呼吸，括约肌松弛致使粪尿失禁、体温下降等。

2. 临床死亡期

此期主要标志是呼吸与心跳完全停止，反应消失，中枢神经系统高度抑制，但各种组织内仍存在微弱的代谢活动。

濒死期和临床死亡期内，由于重要器官的代谢过程尚未停止，有些急性死亡动物（如失血、窒息、触电致死），在极短暂时间内，脑组织尚未遭受到不可逆的破坏时，采取行之有效的急救措施（如向体内注入血液和营养液、按摩心脏、进行人工呼吸、心内注射肾上腺素等），有重新复活的可能，又称为死亡的可逆期。

3. 生物学死亡期

这是死亡的最后阶段或不可逆阶段。此时从大脑皮层开始，到整个神经系统以及各个器官的新陈代谢相继停止等不可逆变化，整个机体已不能再度复活。随后出现尸冷、尸僵、血液凝固及尸体腐败等死后变化。

【分析讨论】

中华人民共和国成立初期，由于长期战乱、灾荒、医疗资源匮乏、卫生习惯差等原因，导致鼠疫、霍乱、天花、血吸虫病等传染病在我国仍不同程度发生，严重威胁人民群众的身体健康和生命安全。其中，鼠疫、霍乱和天花属于甲类烈性传染病，具有传染性强、病死率高、危害性大等特点。据统计，1950 年至 1954 年，全国 8 个省（区）有 6868 人感染鼠疫，死亡 2268 人，死亡率为 33% 左右。霍乱从 1820 年传入我国，至 1948 年的百余年间，给人民群众造成了深重灾难。在 1939 ～ 1947 年间，全国霍乱发病人数达 81510 人，死亡 11762 人。

中华人民共和国成立后，面对各类传染病的侵袭，党和政府带领灾区群众大力开展抗疫斗争，逐步形成了卓有成效的抗疫体制、抗疫网络、抗疫举措、抗疫防线。一是制定了预防为主，中西医结合等卫生工作方针措施，集中力量迅速控制和消灭危害严重的传染病。二是从中央到地方设立了由党委领导负责的抗疫领导与防治机构。三是一系列法律规章和政策，构建起抗疫制度体系。四是广泛开展清洁卫生运动，减少和预防传染病的发生。抗疫斗争改善了城乡卫生环境，使科学的抗疫理念深入人心。

通过全国上下的不懈努力，到 1957 年底第一个五年计划完成时，我国人均预期寿命已由 1949 年时的 35 岁提高到 57 岁。鼠疫基本消失，天花除个别边疆偏远地区外在广大地区已绝迹，真性霍乱八年间没有发生过。麻疹、猩红热的死亡率快速下降。血吸虫病、疟疾等几种流行广、危害性大的疫病也得到了有效控制。

讨论 1. 以鼠疫、霍乱、天花、血吸虫病等传染病为例，说明疾病发生的外因和内因。

讨论 2. 对比中华人民共和国成立前后，鼠疫、霍乱、天花、血吸虫病等传染病的发生情况，阐述条件性因素在疾病发生过程中的作用。

（陈宏智）

项目二 细胞、组织的适应与损伤

彩图扫一扫

正常细胞和组织可以对体内外环境变化等刺激作出机能、代谢和形态结构上的反应性调整。在生理性负荷过多或过少时，或遇到轻度持续的病理性刺激时，细胞、组织和器官可表现为适应性变化。若刺激超过了细胞、组织和器官的耐受与适应能力，则会出现机能、代谢和形态结构的损伤性变化。细胞的轻度损伤大部分是可逆的，但严重者可导致细胞发生不可逆性损伤，即细胞死亡。正常细胞、适应细胞、可逆性损伤细胞和不可逆性损伤细胞在形态学上是一个连续变化的过程，在一定条件下可以相互转化，其界限有时不甚清楚。适应性变化与损伤性变化是大多数疾病发生发展过程中的基础性病理变化。

单元一 适应

适应是指细胞和由其构成的组织、器官对于内外环境中各种有害因子和刺激作用而产生的非损伤性应答反应，其目的是维持组织、器官在胁迫条件下的继续存活。适应在形态上表现为萎缩、肥大、增生和化生，涉及细胞数目、细胞体积或细胞分化的改变（图2-1）。细胞通过一系列适应性改变，在内外环境变化中达到机能、代谢和形态结构上新的平衡。在不同条件下会出现代谢、机能和形态上的代偿反应。一般而言，病因去除后，大多数适应细胞可逐步恢复正常。

一、萎缩

已发育正常的细胞、组织和器官的体积缩小，称为萎缩。萎缩时细胞合成代谢降低，

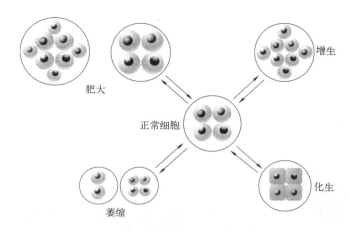

图 2-1 细胞和组织的适应

能量需求减少，原有功能减退。组织与器官的萎缩，除了实质细胞内物质丧失而致体积缩小外，还可以伴有实质细胞数量的减少。萎缩和发育不全有本质区别，发育不全是指在胚胎时期或生长过程中，某些组织、器官由于受到先天性缺陷、神经营养机能障碍、必需营养素缺乏，或感染等因素的作用，使其发育不到正常水平。

（一）原因与类型

1. 生理性萎缩

在生理情况下，动物机体某些组织器官，随着其年龄增长和功能减退而发生的萎缩现象，也称为退化。如幼龄动物脐带血管的退化，老龄动物某些器官（如胸腺、性腺、乳腺等）会随着生理功能自然减退和物质代谢减退而发生萎缩，甚至完全消失。

2. 病理性萎缩

病理性萎缩是由于某些致病因素或疾病引起的萎缩，与年龄及生理代谢无直接关系。

（1）全身性萎缩　在某些致病因子作用下，机体发生全身性物质代谢障碍，以致全身各组织器官发生萎缩。多见于长期营养摄入不足、患慢性消化道疾病、严重的消耗性疾病（如结核病、恶性肿瘤等）和某些寄生虫病、造血器官疾病时。动物机体发生全身性萎缩时，临床表现被毛粗乱、精神委顿、行动迟缓、进行性消瘦、营养不良性水肿、严重贫血、低蛋白血症，甚至引起各系统机能的衰竭和全身性恶病质变化。

（2）局部性萎缩　是指在某些局部性致病因子作用下发生的局部组织器官的萎缩。

① 神经性萎缩：由于某些外周神经或中枢神经受到损伤，其功能障碍，使其支配的肌肉或其他组织发生萎缩。这是因为受支配的组织神经营养机能障碍所致。如鸡马立克氏病，外周神经（坐骨神经、臂神经）受增生的淋巴样肿瘤细胞所占据或破坏，引起同侧腿部肌肉萎缩。

② 废用性萎缩：由于器官或组织长期废用，活动停止，其神经感受器得不到应有的刺激，导致局部血液供应减少而发生萎缩。如肢体骨折后，用石膏固定的患肢长期不活动，其肌肉和骨都可发生萎缩。

③ 压迫性萎缩：由于局部组织或器官长期受到机械性压迫而引起的萎缩。例如肝淤血时，中央静脉及其周围的窦状隙高度扩张，可压迫周围肝细胞索，造成肝细胞萎缩；受肿瘤、寄生虫压迫的器官组织也可以发生萎缩；输尿管阻塞可引起肾盂积尿，可压迫和引起肾实质的萎缩等。

④ 激素性萎缩：也称为内分泌性萎缩，是由于内分泌功能低下而引起相应组织器官的萎缩。如动物去势后性器官的萎缩；甲状腺功能减退时，皮肤、毛囊、皮脂腺等发生萎缩。

⑤ 缺血性萎缩：指动脉血管不全阻塞时，由于血液供应不足而引起所支配的组织或器官发生萎缩。常见于动脉硬化、血栓形成或栓塞等情况。

（二）病理变化

1. 全身性萎缩

表现全身性的组织或器官发生萎缩。在全身性萎缩时，机体各组织器官的萎缩程度不完全相同。脂肪组织萎缩发生得早且严重，表现皮下、腹膜下、肠系膜、网膜脂肪的大量消耗，甚至完全消失；其次是肌肉组织的萎缩；再次是肝、肾、脾等实质器官的萎缩。

2. 局部性萎缩

仅限于某局部组织或器官发生萎缩。有的局部性萎缩在其出现局部萎缩病变的同时，还可见到引起萎缩的相关病因和相应组织或器官的代偿性肥大。

【眼观】 组织器官体积缩小，重量减轻，被膜皱缩，边缘变锐，质地变实。胃、肠等腔管状器官的管壁变薄。脂肪组织萎缩时，其脂肪萎缩的空缺被渗出的浆液填充，形成黄白色半透明的胶冻样。大脑萎缩时，脑回变窄，脑沟变深，皮质变薄。心、肝、肾等器官萎缩时，其颜色加深呈红褐色，称为褐色萎缩。

【镜检】 萎缩器官实质细胞体积缩小，胞质致密，染色较深，胞核皱缩浓染，间质增生。实质器官萎缩时，表现细胞组织结构疏松，细胞体积变小，胞核密度增加，间质增宽。

（三）结局和对机体的影响

萎缩是一种可复性病理过程，病因消除后，萎缩组织、器官的形态和功能可得到恢复。但若病因持续作用，萎缩可渐进性地发展为变性和坏死。萎缩的细胞体积缩小或数量减少，功能减退对机体是不利的，其影响程度取决于萎缩发生的部位和程度。

二、肥大

由于机能增强，合成代谢旺盛，使细胞、组织或器官体积增大，称为肥大。肥大是机体的一种代偿性反应，是机体在受到某些因素的作用后，通过神经 - 体液的调节，使局部组织的血液供应增加，物质代谢和合成过程加强，以致细胞内营养贮存增加，细胞体积增大（容积性肥大）。同时，肥大的组织往往同时伴有细胞数量的增多（数量性肥大）。

组织和器官的肥大通常是由于实质细胞体积的增大所致，但也可伴有实质细胞数量的增加。在原因上，可分为代偿性肥大和内分泌性肥大等。在性质上，肥大可分为生理性肥大或病理性肥大两种。

（一）肥大的类型

1. 生理性肥大

生理性肥大是指在生理情况下，随着器官生理功能的增强，其器官体积发生肥大。如生理状态下，赛马的心脏、经常运动的肌肉等的肥大；妊娠期由于雌、孕激素及其受体作用，子宫平滑肌细胞肥大，乳腺细胞肥大。需求旺盛、负荷增加是生理性肥大最常见的原因。

2. 病理性肥大

在疾病过程中，由于受到各种病因的作用所引起的肥大，称为病理性肥大。有真性肥大和假性肥大两种。

（1）**真性肥大** 是指组织、器官的实质细胞体积增大（或伴有细胞数量增多）而引起的肥大。如一侧肾脏因切除或萎缩，另一侧肾脏发生肥大。真性肥大时血液的供应、代谢及功能增强，对相应器官的功能具有代偿性，故又称为代偿性肥大。如心脏主动脉瓣闭锁不全时引起的左心室肥大；食道疾病引起的食管肌层肥大等。

（2）**假性肥大** 某些病理情况下，在实质细胞萎缩的同时，组织、器官的间质成分增多（如脂肪贮存增加）所引起的一种肥大，如心脏因脂肪的积蓄而发生假性肥大。这种肥大仅表现为肥大器官的体积肥大，功能是减退的，这是因为增多的结缔组织和脂肪组织会妨碍器官实质细胞功能的正常发挥。

（二）肥大的病理变化

肥大的细胞体积增大，细胞核肥大深染，肥大组织与器官体积均匀增大。肥大细胞机能增强，细胞内线粒体增大，内质网、核蛋白增多，功能活跃细胞（特别是吞噬中的细胞）溶酶体也增大增多，细胞核的 DNA 含量增加，导致细胞核增大等，其结果使细胞、组织和器官的体积相应增大，但细胞的数量不增加。

三、增生

增生是指细胞有丝分裂活跃而导致的组织或器官内细胞数目增多的现象，表现为组织或器官的体积增大和功能活跃。增生多因细胞受到过多激素刺激以及生长因子与受体过度表达所致，也与细胞凋亡被抑制有关。细胞增生是由于各种原因引起的细胞分裂增殖的结果，当引发因素消除后可恢复原状。在损伤修复的过程中，增生和再生可同时出现。一般来说，增生主要是为了适应增强的机能需求，而再生则是为了替代丧失的细胞。

（一）增生的类型

根据增生的性质不同，可将其分为生理性增生和病理性增生两种类型。

1. 生理性增生

生理性增生是指因适应生理机能需要，组织或器官由于生理机能增强而发生的增生，且其程度未超过正常限度，生理性增生的机理目前尚不完全清楚。生理性增生又分为代偿性增生和内分泌性增生两种类型。

（1）**代偿性增生** 由于适应生理需要而发生的增生。如部分肝脏被切除后残存肝细胞的增生；高海拔地区空气氧含量低，机体骨髓红细胞前体细胞和外周血红细胞代偿增多。

（2）**内分泌性增生** 生理条件下因内分泌改变而发生的增生。如妊娠后期与泌乳期，由于雌激素和孕酮的刺激引起的乳腺上皮细胞和子宫平滑肌细胞的增生就属此类型。

2. 病理性增生

病理性增生是指在致病因素作用下引起的组织或器官的增生。主要见于慢性刺激、慢性感染与抗原刺激、激素刺激、营养物质缺乏等。肿瘤细胞增多所致的肿瘤性增生也属于病理性增生范围，但习惯上狭义的增生多指良性非肿瘤性病变。

（1）**代偿性增生** 损伤发生后，在组织损伤后的创伤愈合过程中，成纤维细胞和毛细血管内皮细胞因受到损伤处增多的生长因子刺激而发生增生；慢性炎症或长期暴露于理化因素，也常引起细胞组织特别是皮肤和某些脏器被覆细胞的增生。慢性传染病和抗原刺激所引起的网状内皮系统和淋巴组织的增生也属于此类型。

（2）**内分泌性增生** 由于内分泌障碍引起的增生。病理性增生最常见的原因是激素过多或生长因子过多，如缺碘引起甲状腺上皮细胞的增生；雌激素绝对或相对增加引起子宫内膜腺体的增生；牛、羊肝片吸虫寄生在胆管中引起胆管上皮的瘤样增生。

增生也是间质的重要适应性反应。如成纤维细胞和毛细血管内皮细胞通过增生达到修复目的；炎症及肿瘤间质纤维细胞的增生，则是机体抗炎、抗肿瘤机制的重要组织学与细胞学表现。实质细胞和间质细胞同时增生的情况也不少见，如雌激素分泌过多导致乳腺末梢导管和腺泡上皮细胞及间质纤维组织增生。

（二）增生的病理变化

增生时细胞数量增多，细胞和细胞核形态正常或稍增大。细胞增生可分为弥漫性或局限性，分别表现为增生的组织、器官均匀弥漫性增大，或者在组织器官中形成单发或多发性增生结节。大部分病理性细胞增生（如炎症时），通常会因有关引发因素的去除而停止。若细胞增生过度，失去控制，则可能演变成为肿瘤性增生。

（三）增生与肥大的关系

虽然肥大和增生是两种不同的病理过程，但引起细胞、组织和器官肥大与增生的原因往往十分类同，因此两者常相伴存在。如果细胞有丝分裂阻滞在 G_2 期，就会出现肥大多倍体细胞但不分裂；如果细胞顺利由 G_0 期依序进入后续时相，则完成分裂增殖进程。对于细胞分裂增殖能力活跃的组织器官，如子宫、乳腺等，其肥大可以是细胞体积增大（肥大）和细胞数目增多（增生）的共同结果。但对于细胞分裂增殖能力较低的心肌、骨骼肌等，其肥大仅因细胞体积增大。

四、化生

一种已经分化成熟的组织被另一种分化成熟的组织取代的过程，称为化生。化生并不是由原来的成熟细胞直接转变所致，而是该处具有分裂增殖和多向分化能力的干细胞或结缔组织中的未分化间叶细胞横向分化的结果，新生细胞和组织的形态和功能与原细胞组织完全不同。化生在本质上是环境因素引起细胞某些基因活化或受到抑制而重编程化表达的产物，是组织、细胞分化和生长调节改变的形态学表现。化生也是局部组织在病理情况下的一种适应性表现。

化生有多种类型，通常发生在同源性细胞之间，即上皮细胞之间或间叶细胞之间，一般是由特异性较低的细胞类型来取代特异性较高的细胞类型。上皮组织的化生在原因消除后或可恢复，但间叶组织的化生则大多不可逆。常见的化生有上皮化生、骨与软骨化生、浆膜化生、脂肪化生和骨髓化生。

1. 上皮组织的化生

（1）鳞状上皮的化生 被覆上皮组织的化生以鳞状上皮化生（简称鳞化）最为常见。如支气管假复层纤毛柱状上皮易发生鳞状上皮化生；唾液腺、胰腺、肾盂、膀胱和肝胆发生结石或维生素 A 缺乏时，被覆柱状上皮、立方上皮或尿路上皮都可化生为鳞状上皮。

（2）柱状上皮的化生 腺上皮组织的化生也较常见。慢性胃炎时，胃黏膜上皮转变为含有杯状细胞的小肠或大肠黏膜上皮组织，称为肠上皮化生（简称肠化）；胃黏膜的肠上皮化生与胃癌的发生有密切关系。慢性子宫颈炎时，宫颈鳞状上皮被子宫颈管黏膜柱状上皮取代，形成肉眼所见的糜烂。

2. 间叶组织的化生

间叶结缔组织化生也比较多见。多半由纤维结缔组织化生为骨、软骨或脂肪组织。如间叶组织中幼稚的成纤维细胞在损伤后，可转变为成骨细胞或成软骨细胞，称为骨或软骨化生。这类化生多见于骨化性肌炎等受损软组织，也见于某些肿瘤的间质。

按照发生发展过程，可分为直接化生与间接化生。直接化生是指一种不经过细胞的增殖而直接转变为另一类组织的化生，如上文所述的间叶组织的化生。间接化生是指一种组织通过新生的幼稚细胞（干/祖细胞）分化成另一种类型的组织，如上文所述的上皮组织的化生。

五、代偿

在致病因素作用下，机体某些组织器官出现代谢、机能障碍或组织结构遭到破坏时，机体通过相应器官的代谢改变、功能加强或形态结构变化来进行补偿的过程，称为代偿。代偿是机体极为重要的一种适应性反应。机体的代偿是以物质代谢的加强为基础，组织或器官先出现功能的增强，进而发生形态结构的改变，这种形态结构的改变又进一步为功能的增强提供了物质基础，彼此相互关联，相辅相成。按引发的原因可将代偿分为生理性代偿和病理性代偿。按代偿发生的形式又可分为代谢性代偿、功能性代偿和结构性代偿三种，这些适应性反应通常为可复性的，当病因消除后又可以恢复到原来的状况。

（一）代谢性代偿

代谢性代偿是一种以物质代谢的改变为主要形式来适应机体环境（包括机体外部的大环境和机体内部的小环境）变化的代偿过程。如有慢性消耗性疾病的动物，因长期处于饥饿状态，血糖供能不足，机体就通过脂肪组织甚至蛋白质分解的加强来弥补能量的不足，导致机体消瘦和羸弱；心肌收缩加强时，心肌纤维内的代谢过程也会出现代偿性加强；又如机体在缺氧时，有氧氧化过程受阻，能量供应不足，此时机体通过加强无氧酵解，供给部分能量等均属于代谢性代偿。

（二）功能性代偿

功能性代偿是通过受损组织器官健康部分或其他相关组织器官的机能加强来实现代偿的一种过程。如部分肝细胞变性坏死后，其他健康的肝细胞通过机能加强来补偿；部分肺泡呼吸功能丧失时，健康的肺泡通过呼吸机能的加强进行代偿；一侧肾脏发生损伤功能障碍时，另一侧健康肾脏的功能呈代偿性增强，借以补偿病侧肾脏的功能。

（三）结构性代偿

结构性代偿是指组织器官通过形态结构的变化来适应的一种代偿方式，一般都是由功能性代偿引起，也是为了适应相应功能的增强而出现的一种代偿形式。如机体长期缺血或缺氧时，心肌纤维代谢和收缩加强，时间较长时，则心肌纤维增粗，造成心脏肥大；又如主动脉瓣口狭窄时引起左心的肥大，就属于一种结构性代偿。

上述三种代偿形式多同时存在，并且相互影响。其中功能性代偿出现较快，长时间的功能代偿可引起结构变化，结构性代偿又为功能性代偿提供物质基础，而代谢性代偿又是功能与结构性代偿的基础。机体的组织器官有较强大的代偿能力，但其代偿也不是无止境的，当其病因长期不能消除，病情继续发展，其结构性损伤和功能性障碍进一步加重，超过了机体组织器官的代偿限度时，就会出现代偿的失调，这个过程称为失代偿。

单元二　可逆性损伤

细胞组织可逆性损伤的形态学变化又称变性，主要表现为细胞内或细胞间物质大量蓄积，通常伴有功能低下。造成蓄积的原因是正常或异常物质的产生过多或产生速度过快，细胞组织缺乏相应的代谢、清除或转运利用机制，而使其聚积在细胞器、细胞质、细胞核或细胞间质中。去除病因后，细胞水肿、脂肪变性等大多数损伤可恢复正常，因此是非致死性、可逆性损伤。

一、变性

变性是指组织、细胞代谢障碍所引起的形态改变，表现为细胞或细胞间质内出现某种异常物质或原有正常物质的数量显著增多。变性也是一种可复性病理变化，细胞或组织仍保持生活能力，但功能下降，严重时可进一步发展为坏死。常见的细胞变性有细胞水肿、脂肪变性及透明变性等，细胞间质的变性有黏液样变性、透明变性、淀粉样变性等。

（一）细胞水肿

细胞水肿是指细胞体积增大，细胞内水分增多，胞质内出现微细颗粒或大小不等的水泡的病理变化，又称水样变性。细胞水肿常是细胞损伤中最早出现的改变，起因于细胞容积和胞质离子浓度调节机制的功能下降。细胞水肿包括颗粒变性和水泡变性，因颗粒变性与水泡变性常同时出现或出现于同一病理过程的不同发展阶段，所以有人将其合称为"细胞肿胀"。

1. 病因和发病机理

常见于一些急性病理过程，如急性感染、发热、缺氧、中毒、烧伤以及病毒感染等。在上述过程中，致病因素可直接损伤细胞膜的结构，也可破坏线粒体氧化酶系统，使三羧酸循环和氧化磷酸化过程发生障碍，ATP 生成减少，钠泵功能障碍，导致细胞内钠离子、氯离子增多，细胞亲水性增强，水分进入细胞增多，使细胞器（尤其是线粒体）吸水肿大，以及胞质蛋白由溶胶转为凝胶状态，蛋白质颗粒沉积在胞质内和细胞器内，形成光镜下可见的红染的蛋白颗粒。

2. 病理变化

（1）颗粒变性　是以变性的细胞体积肿大，胞质内出现许多微细的蛋白颗粒为特征的一种变性。由于变性细胞的胞质内出现大量的蛋白颗粒，变性的细胞体积肿大，而致整个变性的器官体积肿胀，色泽混浊而失去原有光泽，又称为混浊肿胀，简称"浊肿"。

【眼观】　颗粒变性常见于心、肝、肾、骨骼肌等代谢旺盛的实质器官或组织。表现器官体积肿大，重量增加，边缘钝圆，被膜紧张，切面隆突，边缘外翻，质脆易碎，颜色变淡，呈灰白色或黄白色，器官、组织混浊无光泽，像沸水烫过一样。

【镜检】　细胞体积肿大，胞质模糊，胞核染色变淡，隐约不清。细胞线粒体和内质网肿胀，形成光镜下细胞质内出现的红染的微细颗粒状。心脏颗粒变性时，心肌纤维肿胀变粗，横纹消失，并出现大量微细的蛋白颗粒。肝脏颗粒变性时，肝细胞索肿大变粗，排列紊乱，肝细胞胞质内出现大量微细的蛋白颗粒。肾脏变性时，肾小管上皮细胞肿大，突入管腔，边缘不整齐，胞质混浊，充满大量微细的蛋白颗粒，胞核隐约不清，管腔狭窄，甚至闭锁。

（2）水泡变性　水泡变性是指变性细胞的胞质或胞核内出现大小不等的水泡，整个细胞呈蜂窝状结构。

【眼观】　多见于皮肤和黏膜部位，最初仅见病变部位肿胀，随后形成肉眼可见的水疱。严重时水疱破溃，形成烂斑或结痂。

【镜检】 变性细胞的体积肿大，胞质内含有大小不等、形态不规则的水泡，使肝组织呈网眼状结构。小水泡可融合成较大的水泡，使细胞呈气球样肿胀，故又称气球样变。严重时细胞破裂，水分集聚于表皮的角质层下，向表面隆起，形成肉眼可见的水疱。

（二）脂肪变性

脂肪变性是指细胞质内出现脂肪滴或脂肪滴增多，简称脂变。脂肪多以极细的小滴散布于细胞内，或与蛋白质结合为脂蛋白，因此在细胞结构正常时不易发现。脂肪变性时，脂滴主要成分为中性脂肪（甘油三酯），也可能是磷脂及胆固醇等类脂质。在石蜡切片中，脂滴被脂溶剂（二甲苯、乙醇等）溶解而呈圆形空泡状。为了与水泡变性的空泡区别，可作脂肪染色，即在冰冻切片中，用能溶解于脂肪的染料进行染色，如用苏丹Ⅲ、苏丹黑、锇酸、油红O等染色。脂肪变性常发生于肝、肾、心等实质器官的细胞。肝细胞是脂肪代谢的重要场所，最常发生脂肪变性。

1. 病因和发病机理

引起脂肪变性的原因有感染、中毒（如磷、砷、四氯化碳、氯仿和真菌毒素等）、缺氧（如贫血和慢性淤血）、饥饿和缺乏必需的营养物质等。上述各类病因引起脂肪变性的机理并不相同，归纳起来主要有以下四方面因素。

（1）中性脂肪合成过多

当动物饥饿持续时间较长时，体内糖原耗尽、能量下降，机体动用体内贮存的脂肪供能，此时贮存脂肪分解形成大量脂肪酸进入肝脏，使肝细胞合成甘油三酯增多，超过了肝细胞将其氧化利用和合成脂蛋白的能力，以致脂肪沉积于肝细胞内形成脂肪滴。

（2）脂蛋白合成障碍

缺氧、中毒或营养不良时，肝细胞对脂蛋白、磷脂、蛋白质的合成发生障碍。此时肝脏不能及时将甘油三酯合成脂蛋白运输出去，使脂肪输出受阻而堆积于细胞内。

（3）肝细胞质内脂肪酸增多

如高脂饮食或营养不良时因体内脂肪组织分解，过多的脂肪酸经由血液入肝；或因缺氧致肝细胞乳酸大量转化为脂肪酸；或因氧化障碍使脂肪酸利用下降，脂肪酸相对增多，造成脂肪在细胞内蓄积。

（4）结构脂肪破坏

常见于中毒、缺氧、急性传染病等情况下。此时细胞结构破坏，细胞内结构脂蛋白崩解，脂肪析出形成脂肪滴。

2. 病理变化

【眼观】 轻度脂肪变性时，器官无明显变化，仅见脏器略显黄色。随着病变的加重，器官体积肿大，表面光滑油腻，切面隆起，边缘钝圆，质地松软易脆，结构模糊，色泽灰黄、土黄或黄褐色。肝脏脂变的同时再伴有慢性肝淤血，肝脏切面由暗红色的淤血部分和黄褐色脂变部分相互交织，形成类似于槟榔切面的花纹，称为"槟榔肝"。心脏发生脂肪变性时，变性心肌呈灰黄色条纹或斑点状，与正常的暗红色心肌相间，呈现黄红相间的虎皮样斑纹，称为"虎斑心"。

【镜检】 肝细胞脂肪变性时，细胞肿胀，胞质内出现大小不一的脂肪空泡（石蜡切片），肝细胞索排列紊乱，肝窦狭窄。随着病变发展，由于脂肪滴互相融合，而形成较大的脂肪滴，胞核被挤于一侧，肝细胞形如戒指，称之为"戒指样变"。心肌脂肪变性时，脂肪空泡呈串珠状排列在肌原纤维之间。肾脂肪变性时，肾小管特别是近曲小管上皮细胞的胞质内出现大小不一的脂肪空泡。为鉴别脂肪变性，可用苏丹Ⅲ将脂肪染成橘红色，油红O将其染成红色。

慢性肝淤血时，脂肪变性首先发生于小叶中央区；磷中毒时，小叶周边带肝细胞脂肪变性严重；严重中毒和传染病时，脂肪变则常累及全部肝细胞。显著弥漫性肝脂肪变性称为脂肪肝，重度肝脂肪变性可进展为肝硬化和肝坏死。慢性酒精中毒或缺氧可引起心肌脂肪变，常累及左心室内膜下和乳头肌部位。有时心外膜增生的脂肪组织可沿间质伸入心肌细胞间，称为心肌脂肪浸润，并非心肌细胞脂肪变性。心肌脂肪浸润多见于脂肪过多的个体，大多无明显的症状，重度心肌脂肪浸润可致心脏破裂，引发猝死。肾小管上皮细胞发生脂肪变性时，脂滴主要位于肾近曲小管细胞基底部，为过量重吸收的原尿中的脂蛋白，严重者可累及肾远曲小管细胞。

（三）淀粉样变性

淀粉样变性是指在某些组织的网状纤维、血管或间质内出现淀粉样蛋白沉着物的一种变性。在HE染色（苏木精-伊红染色）的组织切片中呈淡红色。其沉着物属于糖蛋白，加碘溶液呈红褐色，再滴加稀硫酸呈蓝色（具有类似淀粉遇碘变蓝的呈色反应），故称淀粉样沉着物。

1. 病因和发病机理

淀粉样变性的原因和发生机理还不完全清楚，一般认为是蛋白质代谢障碍的产物，与全身免疫反应过程中大量抗原-抗体复合物产生并在一定部位沉着有关。在兽医临床实践中发现，淀粉样变性多发生于长期伴有组织损伤的慢性消耗性疾病，以及慢性抗原刺激的病理过程中，如慢性化脓性炎症、结核病灶等。淀粉样变性常发生于脾、肝、肾及淋巴结等器官。

2. 病理变化

【眼观】 脾脏淀粉样变性时，体积增大，质地稍硬，切面干燥。淀粉样物质沉着在淋巴滤泡部位时，呈半透明灰白色颗粒状，外观如煮熟的西米，俗称"西米脾"；如果淀粉样物质弥漫地沉积在红髓部位，则呈不规则的灰白色区，非沉着部位呈暗红色，形成红白相间的火腿样花纹，俗称"火腿脾"。肾脏淀粉样变性时，体积增大，色泽变黄，表面光滑，被膜易剥离、质脆。肝脏淀粉样变性时，体积肿大，呈棕黄色，质地脆弱，结构模糊，切面呈油脂样。

【镜检】 淀粉样物质呈现淡红色、团块状，沉着部位实质细胞减少或消失。脾脏淀粉样变性时，淀粉样物质呈红染的云朵状。肾脏淀粉样变性时，肾小球内出现粉红色的团块状物质。肝脏淀粉样变性时，淀粉样物质主要沉着在网状纤维上。

（四）透明变性

透明变性是指在间质或细胞内出现一种光学显微镜下呈均质、半透明、致密、无结构的物质，可被伊红或酸性复红染成鲜红色，又称玻璃样变。主要发生于血管壁、结缔组织和肾小管等部位。

1. 病因和发病机理

其产生的机制可能是由于蛋白质合成的先天遗传障碍，或蛋白质折叠的后天缺陷，如蛋白质的氨基酸序列和三级结构发生变异，导致变性胶原蛋白、血浆蛋白和免疫球蛋白等的蓄积。

2. 病理变化

（1）血管壁的透明变性 即小动脉管壁的透明变性，常发生于心、脾、肾和脑等器官，是由于小动脉管壁发炎引起的，在小动脉管壁炎症过程中，其管壁中膜的平滑肌细胞结构发生破坏，并有血浆蛋白渗入，而在血管壁形成致密无结构的透明蛋白。

【眼观】 变性的小动脉管壁增厚，管腔变窄。

【镜检】 可见小动脉内皮细胞下出现红染、均质、无结构的物质。

（2）结缔组织的透明变性 其发生机理尚不十分清楚，可能是由于局部缺血或慢性炎症，糖蛋白沉积于结缔组织的胶原纤维之间，引起胶原纤维膨胀并相互黏着融合，使原有的纤维状结构破坏，形成一片均质红染的片状或条索状结构。

【眼观】 变性的结缔组织色泽灰白，半透明，质地致密变硬，失去弹性。

【镜检】 可见结缔组织中纤维细胞明显减少，胶原纤维膨胀、失去纤维性，并互相融合形成带状或片状的均质、玻璃样物质。

（3）细胞内透明变性 是指在变性细胞的胞质内出现一种被伊红红染的透明小滴，又称细胞滴状变性。多发生于肾小球肾炎、慢性炎症和某些病毒性疾病的过程中。其来源被认为是由于肾小球毛细血管壁的通透性增强，大量血浆蛋白随原尿滤出，原尿中的蛋白质被肾小管上皮吞饮，而在其胞质内融合成玻璃样透明小滴。

【眼观】 无明显眼观特征。

【镜检】 可见肾小管上皮细胞的胞质内出现透明滴或玻璃滴，HE 染色呈红色、圆形，周围间隙明显。

（五）黏液样变性

黏液样变性是指组织间质内出现类黏液的积聚，类黏液是结缔组织产生的蛋白质与黏多糖（透明质酸等）形成的复合物，常见于间叶组织肿瘤、风湿病、动脉粥样硬化和全身性营养不良。甲状腺功能减退时，透明质酸酶活性受抑，含有透明质酸的黏液样物质及水分在皮肤及皮下蓄积，形成有特征性的黏液性水肿。如风湿性心内膜炎，二尖瓣或者二尖瓣及主动脉瓣受累，发生黏液样变和纤维素性坏死，浆液渗出和炎性浸润。

【眼观】 可见组织肿胀，切面灰白透明，似胶冻状。

【镜检】 HE 染色后镜下可见病变部位间质疏松，填充以淡蓝色胶状物质。其中，散在一些多突起（多角形）或星芒状并以突起互相连缀的细胞。

变性是一种可复性的病理过程，在病因消除后，物质代谢恢复正常后，细胞的功能和结构仍可恢复正常，严重的变性则可发展为坏死。发生变性的组织或器官功能降低，如肝脏变性，可导致肝糖原合成和解毒功能降低；心肌变性使心肌收缩力减弱，则可引起全身血液循环障碍和缺氧等；透明变性的组织容易发生钙盐沉着，引起组织硬化；小动脉发生透明变性，管壁增厚，管腔狭窄甚至闭塞，可导致局部组织缺血，甚至梗死。

二、病理性物质沉着

病理性物质沉着，是指某些病理性物质沉积在器官、组织或细胞里的变化。常见的病理性物质沉着包括色素沉着、钙盐、磷酸盐或尿酸盐的沉着。尿酸盐沉着引发的疾病称为痛风。

（一）病理性色素沉着

病理情况下，有色物质（色素）在细胞内外的异常蓄积，称为病理性色素沉着。有外源性色素，如炭末及煤尘等色素；也有内源性色素，主要是由体内生成的沉着的色素，包括含铁血黄素、脂褐素、黑色素、胆红素等。

1. 含铁血黄素

含铁血黄素是巨噬细胞吞噬、降解红细胞血红蛋白所产生的铁蛋白微粒聚集体，系 Fe^{3+}

与蛋白质结合而成。镜下呈金黄或褐色颗粒，可被普鲁士蓝染成蓝色。

2. 脂褐素

脂褐素是由细胞自噬溶酶体内未被消化的细胞器碎片残体形成，沉积于神经、心肌、肝脏等组织衰老细胞中，镜下为黄褐色细颗粒状不规则小体。当多数细胞含有脂褐素时常伴明显的器官萎缩，脂褐素又称老年素。

3. 黑色素

黑色素是黑色素细胞质中的黑褐色细颗粒。除黑色素细胞外，黑色素还可聚集于皮肤基底部的角质细胞及真皮的巨噬细胞内。黑色素的产生多与内分泌失调、日光照射及营养状况有关。

4. 胆色素

它是胆管中的主要色素，主要为血液中红细胞衰老破坏后的产物，也来源于血红蛋白，但不含铁。此色素在胞质中呈粗糙、金色的颗粒状。

（二）病理性钙化

在正常的机体内，只有骨和牙齿有固体的钙盐。在某些病理情况下，体液中的钙盐析出，以固体状态沉着于病理产物或局部组织内的现象，称病理性钙盐沉着或病理性钙化，简称钙化。

1.病因和发病机理

根据其发生原因与机理的不同，可将钙化分为营养不良性钙化和转移性钙化两种。营养不良性钙化是指钙盐沉着于坏死组织或病理产物中的过程。转移性钙化是由于全身性钙磷代谢障碍，血钙和血磷含量增高，钙盐沉着于机体多处健康组织中所致。因后者极为少见，故不作详细论述，此处重点论述营养不良性钙化。

营养不良性钙化沉着的钙盐主要是磷酸钙，其次是碳酸钙。钙盐之所以能沉着在上述病理产物中，其发生机理较为复杂。一般认为与上述病变或坏死组织局部的碱性磷酸酶含量升高有关。坏死细胞崩解后，溶酶体中的磷酸酶释放出来并水解体液中的磷酸酯，使局部组织中的 PO_4^{3-} 增多，进而使 PO_4^{3-} 和 Ca^{2+} 浓度升高，于是形成磷酸钙沉淀，引起钙化。另外变性和坏死组织 pH 值降低，对钙盐的吸附性和亲和力增强，故可引起组织内钙盐沉着和钙化的发生。

2.病理变化

钙化的病理变化主要与钙盐沉着量的多少和病灶范围大小有关。轻度钙化眼观不易辨认，只能在显微镜下才能辨认。HE 染色后，组织中钙盐呈蓝色颗粒状。如钙盐沉着较多，病灶范围较大，肉眼可见钙化灶坚硬，呈砂粒状或团块状，白色石灰样，刀切时发出磨砂音，严重时整个钙化组织呈砖块状，刀切不动。

3.钙化对机体的影响与结局

轻度、局灶性的钙化是可复性的，钙化可被溶解吸收。如较大面积钙化或钙盐沉着较多时，钙盐沉着的局部就会有结缔组织增生，形成包囊将其包围，使钙化灶局限在一定部位。

钙化对机体的影响视不同情况，如感染性病灶钙化时，可使其病原体局限化，对机体起保护作用。如结核病灶的钙化，可使结核杆菌局限在结核病灶内，并逐渐使其失去致病作用，防止其进一步扩散和继续发展。但钙化易于引起组织或器官的损伤，导致其功能破坏，如血管壁发生钙化时，可使管壁质地变脆，失去弹性，易引起破裂出血，对机体产生有害作用。

（三）结石形成

在腔管状器官（胃肠、胆囊、胆管、肾盂、输尿管、膀胱、尿道等）、腺体及其排泄管（唾液腺、胰腺等）内形成石样固体物质的过程，称为结石形成，形成的石样物质称结石。

1. 病因和发病机理

结石形成一般与局部炎症有关，当上述腔管状器官黏膜发炎时，必然造成其黏膜上皮的损伤和脱落，以及炎性渗出物等病理产物的形成，这些病理产物均可成为结石形成的有机物质（有机核），构成结石形成的基质成分。由于其黏膜发炎，管腔液的浓缩，溶解在管腔液中的钙盐其胶体状态发生改变，以这些基质成分为基础，一层一层地沉积下来，逐渐形成结石，并使结石不断增大。所以，结石的构成包括有机基质和无机盐类两种成分。

2. 结石的种类

（1）肠结石　是指在肠内形成的一种结石，有真性肠结石和假性肠结石两种。

① 真性肠结石：多发生于马的大肠，这种结石非常坚硬，一般呈圆形或卵圆形，颜色淡灰，表面光滑，重量沉重，大小不定，数量不等。结石的断面呈轮层状结构，其中心为有机物质构成的核心，外面为一层一层的盐类沉积。此种结石的发生机理主要与长期饲喂过多的麦麸有关。特别是在胃肠黏膜发炎和胃酸分泌减少时，麦麸中的磷酸镁不能像正常时那样都溶解于胃液内，而是以不溶状态进入大肠，加之麦麸中的蛋白质受大肠内细菌作用形成大量的铵，后者与磷酸镁结合成不溶性磷酸铵，再与肠内有机物质结合形成结石。

② 假性肠结石：假性肠结石是在吞食的植物纤维团或误食毛发团的基础上沉积盐类而形成的一种结石。这种结石表面光滑，呈黑色或灰黄色，其主要成分为植物纤维或毛发，仅在其表面包裹一层有机质，并沉着一层钙盐，其质地较软，重量较轻。

（2）尿结石　尿结石是在肾脏、输尿管和膀胱、尿道等处形成的一种结石。根据其形成部位不同分为肾盂结石、膀胱结石、尿道结石等。此类结石质地也非常坚硬，其形态和大小随其形成部位而定。其主要成分为尿酸、尿酸盐。

（3）胆结石　胆结石是在胆管和胆囊内形成的一种结石，其主要成分为胆酸盐。这种结石较坚硬，一般较小，数量较多，呈黄绿色。胆结石可做中药，有较高的药用价值；尤其是牛的胆结石称为牛黄，其药用价值很高，属于一种昂贵的中药材。

（四）尿酸盐沉着

尿酸盐沉着是一种由于嘌呤代谢紊乱引发尿酸过高，或（和）尿酸排泄减少而引起单钠尿酸盐晶体在关节、肾脏等组织器官沉积的常见疾病，即痛风。痛风可发生于人及多种动物，但以家禽，尤其是鸡最为多见。尿酸盐结晶易沉着在关节间隙、腱鞘、软骨、肾脏、输尿管及内脏器官的浆膜上。临床表现为高尿酸血症，反复发作的关节炎，关节、肾脏或其他组织器官内尿酸盐沉着而引起的相应组织器官的损伤、痛风石的形成等。

1. 病因和发病机理

禽痛风的发病原因较复杂，引起痛风的具体致病因素也不尽相同。凡能引起肾脏损伤和尿酸盐排泄障碍的各种因素都可导致痛风的发生。由于痛风的病因及病因的作用方式不同，发病机理也有差异，其机理至今尚未完全被阐述。高尿酸血症是痛风的重要标志，当尿酸生成增多或（和）尿酸排出减少时，均可引起血中尿酸盐浓度增高。

痛风在临床上常见关节型和内脏型两种。关节型痛风的病因主要是高蛋白和遗传因素；内脏型痛风的病因多而复杂，可分为传染性和非传染性因素。传染性因素中包括病毒感染和寄生虫感染。非传染性因素包括营养性因素和中毒性因素，主要还是营养性因素。如饲料中蛋白含量过高，特别是过多核蛋白性的动物性蛋白；维生素 A 缺乏、水的缺乏、泛酸、生物素、胆碱等缺乏都可直接或间接导致肾脏疾病，引起痛风。中毒性因素主要是通过损害肾脏，导致肾脏排出尿酸减少，进而引起内脏型肾痛风，比如嗜肾性的化学毒物如重铬酸钾、镉、铊、锌、铅等；霉菌毒素如镰刀菌毒素、黄曲霉毒素等。遗传因素在痛风的发生上也起一定的作用。

2. 病理变化

（1）内脏型　典型的表现为在内脏浆膜上，如心包膜，胸膜，腹膜，肝、脾等器官表面覆盖着一层石灰样的尿酸盐沉积物；严重的病例可见肌肉、腱鞘及关节表面也受到侵害；尿酸盐的异常沉着也发生在肝脏和脾脏的实质中。尿酸盐在浆膜表面的沉着，眼观呈白垩样套膜。肾肿大、色苍白，表面有花状花纹，肾实质也可见尿酸盐。也可见痛风鸡肾脏萎缩，输尿管扩张。病程比较长的病例可见尿石，呈白色，形态不规则。

（2）关节型　在关节周围，特别是在趾跖和跖关节部位出现软性肿胀，造成鸡的运动障碍；切开肿胀处，有半液状膏样的白垩色物质溢出。关节周围组织和后肢肌肉系统偶尔会有广泛性的尿酸盐沉积。内脏器官多不受损害，有的可见肾脏出现轻微变化。有时在其他部位，如翅、脊椎等部位的关节，甚至肉垂的皮肤中也可形成结节。

（3）组织病理变化　尿酸盐在内脏器官的沉积只有在显微镜下才能观察到。大部分的尿酸盐会在组织切片的制作过程中流失。镜下可见蓝色和粉红色无定型物质可以证明其存在。在一些病例中，显微镜下可以看到羽毛状、针状结晶和嗜碱性球状团块，也可证明尿酸盐的存在。

轻度的尿酸盐沉着可因原发病好转或饲料变更而逐渐消失，但尿酸盐大量沉着常常可引起永久性病变，并可导致严重的后果，如关节痛风带来的运动障碍；肾脏的尿酸盐沉着引起慢性肾炎，或因急性肾功能衰竭而死亡。

单元三　细胞死亡

当细胞发生致死性代谢、结构和功能障碍，便可引起细胞不可逆性损伤，即细胞死亡。细胞死亡是涉及所有细胞的最重要的生理病理变化，主要有两种类型，一是凋亡，二是坏死。凋亡主要见于细胞的生理性死亡，但也见于某些病理过程中。坏死则为细胞病理性死亡的主要形式，两者各自具有不同的发生机制、生理病理学意义、形态学和生化学特点。

一、坏死

坏死是以酶溶性变化为特点的活体内局部组织和细胞的死亡。坏死是一种不可复性变化，坏死组织、细胞内的物质代谢停止，结构破坏，功能完全丧失。除少数是由强烈的致病因素（如强酸、强碱）作用而造成细胞组织的迅速死亡外，多数坏死是逐渐发生的，即由可逆性损伤逐渐发展为坏死，这种坏死过程称为渐进性坏死。

（一）病因和发病机理

引起细胞、组织坏死的原因很多，任何致病因素只要其损伤作用达到一定强度或持续到一定时间，能使细胞、组织物质代谢完全停止者，都能引起坏死的发生。常见的原因有以下几种。

1. 缺氧

局部缺氧多见于缺血，细胞有氧呼吸、氧化磷酸化和 ATP 合成障碍，导致细胞死亡。

2. 生物性因素

各种病原微生物和寄生虫及其毒素能直接破坏细胞内酶系统、代谢过程和细胞膜结构，或通过变态反应引起组织、细胞的坏死。

3. 化学性因素

强酸、强碱和各种有毒物质均可引起坏死。其作用机理多种多样，包括直接损伤细胞组织，使细胞蛋白质变性，破坏酶的活性等。

4. 物理性因素

机械性力的直接作用、高温、低温、射线等致病因素均可直接损伤细胞引起坏死。机械性力的直接作用可引起组织断裂和细胞破裂；高温可使细胞内蛋白质变性；低温能使细胞内水分冻结，破坏胞质胶体结构和酶的活性；射线能破坏细胞 DNA 或与 DNA 有关的酶系统，从而导致细胞死亡。

5. 某些抗原物质

这是指能引起变态反应而致组织、细胞坏死的各种抗原（包括外源性和内源性抗原）。例如，弥漫性肾小球肾炎是由外源性抗原引起的变态反应，此时抗原与抗体结合形成免疫复合物并沉积于肾小球基底膜上，通过激活补体、吸引嗜中性粒细胞和释放溶酶体酶，可导致基底膜破坏、细胞坏死和炎症反应。

（二）病理变化

组织坏死的早期外观往往与原组织相似，不易辨认。时间稍长可发现坏死组织失去原有光泽或变为灰白色，浑浊，失去正常组织的弹性，局部温度降低，有的坏死组织发生液化或形成坏疽。在坏死发生 2 ～ 3 天后，坏死组织周围出现一条明显的红色炎性反应带，称为"分界炎"。

细胞死亡较快时一般无明显变化，只有在 10h 以上，光镜下才能看到细胞自溶现象（由溶酶体释放水解酶，分解胞内物质）。

1. 细胞核的变化

细胞核的变化是在光镜下判断细胞坏死的主要标志（图 2-2）。其形态变化包括核浓缩、核碎裂、核溶解三种形式。

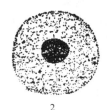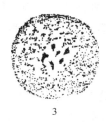

图 2-2　细胞坏死时细胞核变化模式图

1—正常细胞；2—核浓缩；3—核碎裂；4—核溶解

（1）**核浓缩**　细胞核染色质浓聚、皱缩，使核体缩小，嗜碱性增强，染色加深。

（2）**核碎裂**　细胞核由于核染色质崩解和核膜破裂而发生破裂。

（3）**核溶解**　核染色质淡染，进而仅见核的轮廓或残存的核影，最后完全消失。

2. 细胞质的变化

胞质内的微细结构破坏，胞质呈颗粒状；嗜酸性染色的核蛋白体解体，胞质红染；胞质溶解、液化；胞核浓缩后消失。

3. 间质的变化

间质结缔组织基质解聚，胶原纤维肿胀、崩解或断裂，相互融合，失去原有结构，被伊红染成红色，成为一片均质、无结构的纤维素样物质。

当组织发生严重坏死时，实质与间质成分同时发生坏死变化，坏死的细胞和纤维素样变的间质融合在一起，形成一片颗粒状或均质无结构的红染物质。

（三）类型与病理变化

由于引起坏死的原因、条件以及坏死组织本身的性质、结构和坏死过程中经历的具体变化不同，坏死组织的病理变化也不相同，可分为以下几种类型。

1. 凝固性坏死

凝固性坏死是指组织坏死后，由于失去水分和蛋白质凝固，变成一种灰白色或灰黄色，比较干燥而无光泽的凝固物质，称为凝固性坏死。如肾脏的贫血性梗死，肌肉的蜡样坏死和结核病灶的干酪样坏死均属于典型的凝固性坏死。

【眼观】 坏死组织干燥、质地坚实，呈灰白色或灰黄色，混浊，无光泽。坏死灶的大小根据其坏死的范围不同可有针尖大、粟粒大或呈大面积的坏死灶。

【镜检】 坏死的细胞组织结构消失，胞核发生浓缩、碎裂，或溶解消失。胞质浓缩，严重时整个坏死组织的胞核、胞质和间质融合在一起，形成一片均质无结构的红染物质。

2. 液化性坏死

液化性坏死是指坏死组织迅速溶解成液体状态。主要发生于含磷脂和水分多而蛋白质较少的脑组织。因为脑组织蛋白质含量较少，不易凝固，而磷脂及水分较多，因此脑组织坏死后很快发生液化，形成羹状的软化病灶，故常将脑组织的坏死称为脑软化。此外，化脓性炎症时的组织化脓，其化脓灶中有大量嗜中性粒细胞浸润，其坏死崩解后，释放出蛋白分解酶，将坏死组织溶解液化成为脓液，也属于液化性坏死。

3. 坏疽

坏疽是指组织坏死后受到外界环境的影响和继发腐败菌感染，而使坏死组织腐败分解所引起的一种继发性变化。坏疽又可分为以下三种类型。

（1）干性坏疽 多发生于体表、四肢、耳壳、尾根等体表皮肤。因为皮肤直接暴露于体表，坏死后易于继发腐败菌感染而发生坏疽。又因坏死组织中水分易于蒸发，使坏死组织干燥、固缩，易发生干性坏疽。同时，因腐败菌在分解坏死组织过程中可产生硫化氢，并与坏死组织内崩解的红细胞释放的铁结合成硫化铁，使坏死组织变成褐色或黑色。所以，干性坏疽的组织病变特点为干燥、固缩，呈褐色或黑色。如慢性猪丹毒，颈部、背、尾根皮肤坏死；牛慢性锥虫病时，其耳、尾干枯，严重时部分或全部坏死、干枯脱落（俗称焦尾症）；耕牛冬季耳、尾根皮肤冻伤坏死等。

（2）湿性坏疽 是指组织坏死后受到腐败菌的腐败分解作用而发生液化。多发生于与外界相通的内脏器官，如肺、肠及子宫等。因这些器官直接与外界相通，坏死后极易感染腐败菌，并且含水量多，有利于腐败菌的生长繁殖，极易形成湿性坏疽。

（3）气性坏疽 多发生于深部组织创伤又继发感染了厌氧菌（产气荚膜杆菌、恶性水肿杆菌、牛气肿疽梭菌等）所引起的一种坏疽。这些厌氧菌在腐败分解坏死组织的过程可产生大量气体，结果使坏死组织显著肿胀，呈棕黑色蜂窝样，触摸有捻发音。气性坏疽多发生于牛气肿疽、猪恶性水肿等传染病过程中。

上述坏死的类型，不是固定不变的，随着机体抵抗力的强弱和坏死发生原因和条件等的改变，坏死的病理变化在一定条件下也是可以互相转化的。例如凝固性坏死继发化脓菌感染，可以转变为液化性坏死等。

（四）对机体的影响与结局

1. 对机体的影响

主要取决于坏死的范围大小和发生部位。发生在一般部位，小范围的坏死，对机体影响不大，若范围较大可导致坏死组织或器官功能障碍。坏死组织崩解产物吸收可引起自体中毒，对机体影响较大。发生在心、脑等生命重要器官，即使范围较小也可导致严重后果。

2. 结局

（1）**溶解吸收**　坏死细胞及周围嗜中性粒细胞释放溶解酶使组织溶解液化，由淋巴管或血管吸收，不能吸收的碎片则由巨噬细胞吞噬清除。

（2）**分离排出**　坏死灶较大不易被完全溶解吸收时，发生在皮肤黏膜的坏死物可被分离，形成组织缺损，浅者称为糜烂，深者称为溃疡。肺、肾等内脏坏死物液化后，经支气管、输尿管等自然管道排出，所残留的空腔称为空洞。

（3）**机化、包囊形成和钙化**　新生肉芽组织长入并取代坏死组织、血栓、脓液、异物等的过程，称为机化。如坏死组织太大，难以完全长入或吸收，则由周围增生的肉芽组织将其包围，称为包囊形成。机化和包裹的肉芽组织最终形成纤维瘢痕。坏死细胞和细胞碎片若不能及时清除，则容易发生钙盐沉积，引起钙化。

二、凋亡

细胞凋亡指为维持内环境稳定，由体内外因素触发细胞内预存的死亡程序而导致的单个细胞主动性死亡，其在形态和生化特征上都有别于坏死。细胞凋亡涉及一系列基因的激活、表达以及调控等的作用。凋亡在多细胞胚胎发生发育、成熟细胞新旧交替、激素依赖性生理退化、萎缩、老化、炎症以及自身免疫病和肿瘤发生进展中，在去除不需要的或异常的细胞中，发挥不可替代的重要作用。凋亡并非仅是细胞损伤的产物，而是为更好地适应生存环境而主动争取的一种死亡过程。

从严格词学意义上说，细胞程序性死亡与细胞凋亡有很大区别。细胞程序性死亡是一个功能性（或发育学）概念，指某些细胞死亡是个体发育中的一个预定并受严格程序控制的正常组成部分。例如蝌蚪变成青蛙，其变态过程中尾部的消失伴随大量细胞死亡。这种细胞死亡有一个共同特征：即散在地、逐个地从正常组织中死亡和消失，机体无炎症反应，而且对整个机体的发育是有利和必须的。而细胞凋亡是一个形态学概念，指一件有着一整套形态学特征的与坏死完全不同的细胞死亡形式。但一般认为凋亡和程序性死亡两个概念可以交互使用，具有同等意义。

（一）病因和发病机理

影响凋亡的因素包括抑制因素和诱导因素。前者有生长因子、细胞基质、类固醇激素和某些病毒蛋白等，后者有生长因子缺乏、糖皮质激素、自由基及电离辐射等。参与凋亡过程的相关基因有几十种，其中 *Bad*、*Bax*、*Bak*、*p53* 等基因有促进凋亡的作用，*Bcl-2*、*Bcl-*

XL、*Bcl-AL* 等基因有抑制凋亡的作用。*c-myc* 等基因可能具有双向调节作用，生长因子充足时促进细胞增殖，生长因子缺乏时引起细胞凋亡。凋亡不足或缺乏可使细胞寿命延长，引起肿瘤和自身免疫性疾病等。凋亡过度也可以引起疾病，如神经变性性疾病，缺血性损伤和病毒感染。

凋亡是一种细胞受环境刺激后，在基因调控之下所产生的自然死亡现象。在这一机制下，失去作用或已经受损的细胞会自我毁灭。发生变异的癌细胞就是因为关闭了细胞内线粒体的这一调控功能，躲过这一调控机制，才不会自我毁灭。

细胞凋亡分为信号传递、中央调控和结构改变三个阶段，前两者为起始阶段，后者为执行阶段。信号传递经由外源性（死亡受体启动）通路，细胞表面 TNF-α 受体和相关蛋白 Fas（CD95）与 Fas 配体（Fas-L）结合，将凋亡信号导入细胞。中央调控经由内源性（线粒体）通路，受到线粒体通透性改变和促凋亡分子，如细胞色素 C 胞质释放的激活。结构改变阶段是在前两者的基础上，凋亡蛋白酶进一步激活由含半胱氨酸的天冬氨酸蛋白水解酶（caspase）参与的酶促级联反应，出现凋亡小体等形态学改变。

（二）凋亡发生过程与形态学特征

细胞凋亡的形态学变化是多阶段的，细胞凋亡往往涉及单个细胞，即便是一小部分细胞也是非同步发生的。首先出现的是细胞体积缩小，连接消失，与周围的细胞脱离，然后是细胞质密度增加，线粒体膜电位消失，通透性改变，释放细胞色素 C 到胞质，核质浓缩，核膜核仁破碎，DNA 降解成为约 180 ～ 200bp 片段；胞膜有小泡状形成，膜内侧磷脂酰丝氨酸外翻到膜表面，胞膜结构仍然完整，最终可将凋亡细胞遗骸分割包裹为几个凋亡小体，无内容物外溢，因此不引起周围的炎症反应。凋亡小体可迅速被周围专职或非专职吞噬细胞吞噬。

凋亡的形态学特征表现为：①细胞皱缩：胞质致密，水分减少，胞质呈高度嗜酸性，单个凋亡细胞与周围的细胞分离。②染色质凝聚：核染色质浓集成致密团块（固缩），或集结排列于核膜内面（边集），之后胞核裂解成碎片（碎裂）。③凋亡小体形成：细胞膜内陷或胞质生出芽突并脱落，形成含核碎片和（或）细胞器成分的膜包被凋亡小体。凋亡小体是细胞凋亡的重要形态学标志，可被巨噬细胞和相邻其他实质细胞吞噬、降解。④质膜完整：凋亡细胞因其质膜完整，阻止了与其他细胞分子间的识别，故既不引起周围炎症反应，也不诱发周围细胞的增生修复。病毒性肝炎时肝细胞内的嗜酸性小体，即是肝细胞凋亡的体现。

虽然凋亡与坏死的最终结果极为相似，但它们的过程与表现却有很大差别。坏死是细胞受到强烈理化或生物因素作用，引起细胞无序变化的死亡过程。凋亡是细胞对环境的生理或病理性刺激信号、环境条件的变化或缓和性损伤产生的应答有序变化的死亡过程，其细胞及组织的变化与坏死有明显的不同。

在细胞死亡的诱发机制、形态学表现和生化特征上，坏死与凋亡也有一些相似之处。如核固缩、核碎裂和核染色质边集，除了是细胞坏死的表现外，均见于凋亡过程；凋亡时琼脂糖凝胶电泳的梯状带特征，有时也可在坏死细胞中见到。有学者提出坏死性凋亡和细胞焦亡的概念。坏死性凋亡其形态学类似坏死，发生机制类似凋亡，由死亡程序活化引起。凋亡由 caspase-8 活化引起，而坏死性凋亡与 caspase-8 无关，其由受体相关激酶 1 和 3 形成复合物并活化信号通路引起。细胞焦亡发生于病原体感染细胞，由 caspase-1 活化，激活 IL-1（白介素 -1），从而引起感染细胞的死亡，其形态发生更像坏死，如细胞肿胀、膜通透性增加，炎症介质释放等。

（三）凋亡的意义

1. 生物学个体发育和成长

细胞凋亡保证个体正常生长、发育。胚胎发育过程中，指（趾）间组织通过细胞凋亡形成指（趾）间隙。

2. 维持内环境稳定

受损、突变、衰老的细胞以及针对自身抗原的细胞、癌前病变细胞等，大多是通过细胞凋亡机制进行清除的。

3. 发挥积极的防御功能

被病毒感染的细胞通过细胞凋亡、DNA 降解，阻止病毒复制。

【技能拓展】

细胞脂肪变性的常用染色法

脂肪染色常用脂溶性色素，如苏丹Ⅲ、苏丹Ⅳ、苏丹黑、油红 O 等。这类染料既能溶于有机溶剂如乙醇、丙酮，又能溶于脂质。由于该类染料在脂质中溶解度较大，染色时染料便从染液中转移到被染的脂质中去，使脂质呈染液的颜色。主要用于显示组织脏器的脂肪变性和类脂质的异常沉着。苏丹Ⅲ染色，脂肪呈橘黄色、细胞核呈蓝色；苏丹Ⅳ染色，脂肪呈橘红色、细胞核呈蓝色；苏丹黑染色，脂肪呈黑色、细胞核呈红色；油红 O 染色，脂肪呈红色，细胞核呈蓝色。

【分析讨论】

飞向蓝天探索浩瀚无垠的宇宙，一直是中华儿女的共同梦想。要完成飞天梦想，航天员们要经历多种常人难以承受的训练，以适应太空生活的苛刻要求。比如航天员要在"载人离心机"中进行超重耐力与适应性训练。在高速旋转的离心机中，航天员的脸部肌肉会因为强大的牵扯力而严重变形，同时感到呼吸困难和不自主流泪。此外，航天员还会出现脑部缺血。在这种情况下，他们还必须完成各种技术动作。再比如，航天员还要进行最基本的失重训练。在失重状态下人体骨骼不必承受像在地球上那么大的压力，骨骼钙质缓慢流失会造成骨质疏松。而且，由于肺部血液分布和肺扩张能力受到影响，肺部能力也会下降，对机体生理机能造成严重影响。

载人航天工程是当今世界高新技术发展水平的集中体现，也是衡量一个国家综合国力的重要标志。中国航天人以"特别能吃苦、特别能战斗、特别能攻关、特别能奉献"的精神，取得我国载人航天事业的辉煌成就。中国"神舟十三号"载人飞船和"神舟十四号"载人飞船成功将宇航员送入中国空间站，标志着中国人"奔赴星辰，逐梦九天"的千年飞天梦想终于实现。

讨论 1. 阅读上述文字，从病理生理学角度，阐述航天员进行适应性训练的科学依据。

讨论 2. 查阅资料，分析在失重状态下肺组织中血液和体液容量的变化特点。

（何书海）

项目三　损伤修复

　　细胞和组织损伤后，机体对所形成缺损进行修补恢复的过程，称为修复。修复过程可概括为两种不同的形式：①由损伤周围的同种细胞来修复，称为再生。②由纤维结缔组织来修复，称为纤维性修复，也称瘢痕修复。在多数情况下，由于有多种细胞组织发生损伤，故上述两种修复过程常同时存在。修复后可完全或部分恢复原组织的结构和功能。

彩图扫一扫

单元一　再生

　　组织损伤后，由邻近健康细胞组织分裂增殖来修复其缺损的过程，称为再生。再生是机体的一种修复反应，机体可通过再生使损伤的组织得到修复。再生需要一定数量自我更新的干细胞或具有分化和复制潜能的前体细胞。

一、再生的类型

　　再生可分为生理性再生和病理性再生。本单元主要介绍病理状态下细胞、组织缺损后发生的再生，即病理性再生。

1.生理性再生

　　在生理情况下，体内的细胞不断地衰老和死亡，同时也在不断地新生替补，这种新生替补的过程即属于生理性再生。如皮肤表皮细胞的角化脱落，可由基底层细胞不断增生来进行补充；外周血液内血细胞衰老、死亡后，可不断地通过造血器官血细胞的再生得到补充。

2. 病理性再生

在病理情况下，由致病因素引起细胞或组织损伤后所发生的，旨在修复损伤的再生称为病理性再生，又可根据再生的组织成分和修复的程度不同，将病理性再生分为完全再生和不完全再生。

（1）完全再生　完全再生是指再生的细胞或组织在结构和功能上与原有组织完全相同。多见于损伤轻微或再生能力强的组织再生，如上皮组织轻微损伤后的再生。

（2）不完全再生　损伤的组织不能由同类组织再生修复，而是由新生的间质结缔组织（肉芽组织）再生修复，再生的组织只能填补缺损，而不能完全恢复原组织的结构和功能，往往留有瘢痕。多见于再生力弱的组织或损伤较严重的情况下，如肌肉组织和神经组织的再生多属此类。

二、各种组织的再生

组织能否完全再生主要取决于组织的再生能力及组织缺损的程度。各种组织有不同的再生能力，这是动物在长期的生物进化过程中获得的。一般而言，低等动物比高等动物的细胞或组织再生能力强。就个体而言，幼稚组织比高分化组织再生能力强；平时易受损伤的组织及生理状态下经常更新的组织有较强的再生能力。

再生能力较强的组织有结缔组织、小血管、淋巴造血组织、表皮、黏膜、骨、外周神经、肝组织及某些腺上皮等，损伤后一般能够完全再生。但是如果损伤严重，则将会发生部分的瘢痕修复。再生能力较弱的组织有平滑肌、横纹肌等，而心肌的再生能力更弱，缺损后基本上为瘢痕修复。神经组织缺乏再生能力，缺损后由神经胶质细胞再生来修复，形成胶质细胞结节。

1. 上皮组织的再生

上皮组织的再生能力很强，尤其是皮肤的表皮或黏膜上皮更强。轻度损伤时，可达到完全再生修复其缺损。

（1）被覆上皮的再生　皮肤表皮受损时，首先由创缘部及残存的生发层细胞分裂增生形成单层细胞，并向缺损面中心延伸；继而分裂增生的上皮逐渐增厚，并分化出棘细胞层、颗粒层、透明层和角化层等，形成与原有表皮一致的结构。

黏膜上皮损伤后，主要由邻近部位健康的上皮细胞分裂增生，初为立方上皮，以后增高为柱状上皮，并可向深部生长形成腺管。

（2）腺上皮的再生　肝脏、胰腺、唾液腺以及内分泌腺的腺上皮，都具有较强的再生能力。腺上皮的再生是否完全与损伤程度密切相关，如损伤轻微，只有腺上皮坏死，而间质及网状支架完好时，则可达到完全再生。

2. 血管的再生

毛细血管的再生能力很强。毛细血管的再生过程又称为血管形成，是以芽生的方式来完成的。首先在蛋白分解酶作用下基底膜分解，该处原有的毛细血管内皮肥大并分裂增殖，形成向外突起的幼芽，并向外增长而成实心的内皮细胞条索。随着血液的冲击，细胞条索中出现管腔，形成新的毛细血管，新生毛细血管相互吻合，形成毛细血管网（图3-1）。为适应功能的需要，这些毛细血管还会不断改建，有些管壁增厚发展为小动脉、小静脉，其平滑肌等成分可能由血管外未分化间叶细胞分化而来。

动脉和静脉大血管不能再生。血管离断后需手术吻合，吻合处两侧内皮细胞分裂增生，互相连接，恢复原来内膜结构。但离断的肌层不易完全再生，而由结缔组织增生连接，形成瘢痕修复。在没有干预的情况下，动静脉血管损伤后管腔可以被血栓堵塞，以后被结缔组织机化，血液循环靠建立侧支循环来完成。

3. 结缔组织的再生

结缔组织具有强大的再生能力，它不仅通过再生修复本身的损伤，还能积极参与其他组织损伤的修复。组织损伤后，受损处的成纤维细胞进行分裂、增生。成纤维细胞可由静止状态的纤维细胞转变而来，或由未分化的间叶细胞分化而来。幼稚的成纤维细胞胞体大，两端常有突起，突起也可呈星状，胞质略呈嗜碱性。胞核体积大，染色淡，有 1～2 个核仁。当成纤维细胞停止分裂后，开始合成并分泌前胶原蛋白，在细胞周围形成胶原纤维，细胞逐渐成熟，变成长梭形，胞质越来越少，核越来越深染，转化为纤维细胞（图 3-2）。

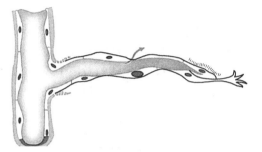

图 3-1　毛细血管再生模式

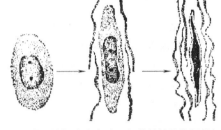

图 3-2　成纤维细胞产生胶原纤维并转化为纤维细胞

4. 血细胞的再生

在生理情况下，红细胞会不断地衰老和破坏，机体主要通过红骨髓的造血功能完成红细胞的新生替补。在大失血或红细胞大量破坏时，除红骨髓的造血功能增强外，管状骨内的黄骨髓（脂肪骨髓）的血管内皮与网状细胞增殖形成红骨髓，增强造血功能。此外，脾、肾及肝小叶内网状与内皮细胞增殖并活化，形成髓外造血，增强造血功能。

5. 骨组织的再生

骨组织的再生能力很强，但再生程度取决于损伤的大小、固定的状况和骨膜的损伤程度等。骨组织损伤后主要由骨外膜和骨内膜内层的细胞分裂增生，在原有骨组织的基础上，形成一层新骨组织进行修复。

6. 软骨组织的再生

软骨组织的再生能力较弱，其再生起始于软骨膜，由软骨膜深层的成骨细胞增殖。这种增生的幼稚细胞形似成纤维细胞，以后逐渐变为软骨母细胞，并形成软骨基质。细胞被埋在软骨陷窝内而变为静止的软骨细胞、软骨细胞缺损较大时由纤维结缔组织参与修补。

7. 肌组织的再生

骨骼肌的再生与其肌膜是否存在及肌纤维是否完全断裂有关。骨骼肌细胞为多核的纤维细胞，胞核数量可多达数十乃至数百个。轻度损伤，肌膜未被破坏时，首先是嗜中性粒细胞及巨噬细胞进入该部吞噬并清除坏死组织，然后由健在的肌细胞分裂再生，修补缺损；如果肌纤维完全断开，肌纤维断端不能直接连接，则通过纤维瘢痕愈合，愈合后的肌纤维仍可以收缩，其功能可部分地恢复；如果整个肌纤维（包括肌膜）均被破坏则难以再生，只能通过结缔组织增生连接，形成瘢痕修复。

平滑肌也有一定的再生能力，前面已提到小动脉的再生中就有平滑肌的再生，但是断开的肠管或较大的血管经手术吻合后，断处的平滑肌主要通过纤维瘢痕连接。

心肌缺乏再生能力，心肌坏死后一般都是瘢痕修复。

8. 神经组织的再生

脑和脊髓的神经元以及外周神经节的节细胞均没有再生能力，其损伤只能通过周围的神经胶质细胞及其纤维进行修补，形成胶质瘢痕性修复。

外周神经受损时，如果与其相连的神经细胞仍然存活，可完全再生。首先，断处远侧段的神经纤维髓鞘及轴突崩解吸收，近侧段的神经纤维也发生同样变化。然后由两端的神经鞘细胞增生形成带状的合体细胞，将断端连接。近端轴突以每天约 1 ~ 2 mm 的速度向远端生长，穿过神经鞘细胞带，最后达到末梢鞘细胞，鞘细胞产生髓磷脂将轴索包绕形成髓鞘，完成修复。

三、影响再生的因素

细胞死亡和各种因素引起的细胞损伤，皆可刺激细胞增殖。作为再生的关键环节，细胞的增殖在很大程度上受细胞外微环境和各种化学因子的调控。过量的刺激因子或抑制因子缺乏，均可导致细胞增生和肿瘤的失控性生长。细胞的生长可通过缩短细胞周期来完成，但最重要的因素是使静止细胞重新进入细胞周期。

1. 细胞外基质

细胞外基质（ECM）在任何组织都占有相当比例，它的主要作用是把细胞连接在一起，借以支撑和维持组织的生理结构和功能。再生的细胞能否重新构建为正常组织结构，依赖ECM 的调控。ECM 主要包括胶原蛋白、弹力蛋白、黏附性糖蛋白和整合素、基质细胞蛋白、蛋白多糖和透明质酸素。

2. 细胞因子

细胞受到损伤因素刺激后，可释放多种生长因子刺激同类细胞增生，促进修复过程。其中以多肽类生长因子最为关键，它们除刺激细胞的增殖外，还参与损伤组织的重建。其主要包括血小板源性生长因子（PDGF）、成纤维细胞生长因子（FGF）、表皮生长因子（EGF）、转化生长因子（TGF）、血管内皮生长因子（VEGF）以及白介素（IL）和肿瘤坏死因子（TNF）等。

单元二　纤维性修复

组织结构的破坏，会有实质与间质细胞的损伤，常发生坏死和炎症。此时，即使实质细胞具有再生能力，其修复也不能单独由实质细胞再生来完成。这种首先通过肉芽组织增生，溶解、吸收损伤局部的坏死组织及其他异物，并填补组织缺损，以后肉芽组织转化成以胶原纤维为主的瘢痕组织，称为纤维性修复。

一、肉芽组织

肉芽组织是由毛细血管内皮细胞和成纤维细胞分裂增殖所形成的，富有毛细血管的幼稚型结缔组织，伴有炎细胞浸润。

（一）肉芽组织的形态

结缔组织再生时，创腔底部或损伤组织边缘呈静止状态的纤维细胞和未分化的间叶细胞等分裂增生转变为成纤维细胞，与新生的毛细血管共同构成肉芽组织。

【眼观】　新生的肉芽组织肉眼表现为鲜红色，颗粒状，柔软湿润，形似鲜嫩的肉芽，故而得名，属于一种幼稚型的结缔组织。

【镜检】　镜下可见大量由内皮细胞增生形成的毛细血管，以小动脉为轴心形成毛细血管网，新生毛细血管内皮细胞核较大，椭圆形，向腔内突出，毛细血管的周围有许多新生的成纤维细胞，很少有胶原纤维形成。炎细胞以巨噬细胞为主，也有多少不等的中性粒细胞及淋巴细胞。

（二）肉芽组织的作用

肉芽组织在组织损伤的修复中具有重要作用，其功能包括：抗感染，保护创面，清理坏死组织；填补创口和其他组织缺损；机化或包裹坏死组织、血栓、炎性渗出物、其他异物等。

（三）肉芽组织的成熟与演变

肉芽组织在组织损伤后 2～3 天内即可出现，自下向上（如体表创口）或从周围向中心（如组织内坏死）生长推进，填补创口或机化异物。随着时间推移（1～2 周），肉芽组织按其生长的先后顺序，逐渐成熟。肉芽组织成熟过程中，毛细血管和成纤维细胞停止增生，成纤维细胞数目逐渐减少，胞核变细长而深染，转化为纤维细胞，细胞间出现嗜银纤维、胶原蛋白与弹性蛋白沉着，分别形成胶原纤维和弹性纤维；时间再长，胶原纤维量更多，而且发生玻璃样变性，部分毛细血管管腔闭塞、数目减少，部分改建为小动脉和小静脉，炎性细胞逐渐减少；液体成分也不断吸收，组织固缩，逐步成熟和演变成灰白色质地较硬的老化阶段的瘢痕组织。

二、瘢痕组织

瘢痕组织指肉芽组织经改建，成熟形成的老化阶段的纤维结缔组织。

【眼观】　局部呈收缩状态，颜色苍白或灰白半透明，质坚而韧，缺乏弹性。

【镜检】　可见其由大量平行或交错分布的胶原纤维束组成，纤维束往往呈均质性红染，即玻璃样变；纤维细胞很稀少，核细长而深染，组织内血管稀少。

（一）瘢痕组织的作用

瘢痕组织可填补创口缺损，保持组织器官完整性；还可保持组织器官的坚固性。虽然没有正常皮肤抗拉力强，但比肉芽组织的抗拉力强很多，因此这种填补及连接相当牢固。

（二）瘢痕组织对机体的影响

1. 瘢痕收缩

瘢痕收缩不同于创口的早期收缩，而是瘢痕在后期由于水分的显著减少所引起的体积变小，肌成纤维细胞收缩引起整个瘢痕的收缩。由于瘢痕坚韧又缺乏弹性，加上瘢痕收缩可引起器官变形及功能障碍，所以发生在关节附近和重要脏器的瘢痕，常引起关节痉挛或活动受限，如在消化道、泌尿道等腔室器官则引起管腔狭窄，在关节附近则引起运动障碍。

2. 瘢痕粘连

发生在器官之间或器官与体腔壁之间的瘢痕性粘连，常不同程度地影响其功能。如器官内广泛损伤后发生广泛纤维化、玻璃样变，则导致器官硬化。

3. 过度增生

过度增生又称"肥大性瘢痕"。如果这种肥大性瘢痕突出于皮肤表面，并超过原有损伤范围向四周不规则扩散张，形成瘢痕疙瘩，临床上又称为"蟹足肿"。易见于烧伤或反复受异物等刺激的伤口，一般认为与皮肤张力及体质有关，那些容易出现瘢痕疙瘩的机体称为瘢痕体质。其分子病理机制不明，瘢痕疙瘩中的血管周围常见一些肥大细胞，故有人认为，由于持续局部炎症及低氧，促进肥大细胞分泌多种生长因子，使肉芽组织过度生长，因而形成瘢痕疙瘩。

单元三　创伤愈合

　　创伤愈合是指机体遭受外力作用，皮肤等组织出现离断或缺损后，由周围健康细胞组织分裂增生，修复其缺损的过程，是包括各种组织的再生和肉芽组织增生、瘢痕形成的复杂组合。创伤愈合包括细胞迁移、细胞外基质重构和细胞增殖三个基本过程，具体临床常表现出各种过程的协同作用。

一、皮肤创伤的愈合

　　最轻度的创伤仅限于皮肤表皮层，可通过上皮再生愈合。稍重者有皮肤和皮下组织断裂并出现伤口；严重的创伤可有肌肉、肌腱、神经的断裂及骨折。损伤部位的固有细胞组织以及血小板和嗜碱性粒细胞在损伤发生后释放修复介质，从而启动细胞的迁移。这些介质的作用包括：①调节血管的渗透性；②降低受损组织级联反应；③启动修复级联反应。根据损伤程度不同及有无感染，皮肤创伤愈合可以分为直接愈合和间接愈合两种类型。

（一）直接愈合

　　直接愈合又称一期愈合。多见于创口较小，创缘整齐，组织缺损少，无感染，组织破坏程度和炎症反应轻微的轻度创伤的愈合，如经黏合或缝合后创面对合严密的无菌手术创口的愈合。

　　1. 愈合过程

　　（1）**创腔净化**　首先是伤口内流出的血液与渗出物凝固，使两侧创缘初步黏合，随后创壁周围毛细血管扩张充血，并有液体渗出，嗜中性粒细胞和巨噬细胞浸润，以吞噬溶解和清除创腔内的凝血及坏死组织，使创腔净化，这个过程需要约 2～3 天。表皮再生在 24～48 小时内便可将伤口覆盖。

　　（2）**再生修复**　从第 3 天开始，由结缔组织的成纤维细胞和毛细血管内皮细胞增生形成肉芽组织填补伤口的缺损，同时由创缘表面新生的上皮细胞逐渐覆盖创面，完成创伤的直接愈合。5～7 天伤口两侧出现胶原纤维连接，伤口达临床愈合标准，然而肉芽组织中的毛细血管和成纤维细胞仍继续增生，胶原纤维不断积聚，切口可呈鲜红色，甚至可略高出皮肤表面。随着水肿消退，浸润的炎细胞减少，血管改建数量减少，第 2 周末，瘢痕开始逐渐"变白"。

　　2. 特点

　　愈合时间短（约 1 周），愈合的组织不留疤痕，或仅留线状疤痕，愈合组织的机能也完全恢复（图 3-3）。

（二）间接愈合

　　间接愈合又称二期愈合。多见于开放性损伤，其创口较大，组织破坏严重，创缘不整齐，出血较多，并伴有感染，炎症反应剧烈，创腔内蓄积有大量的坏死组织或渗出物。

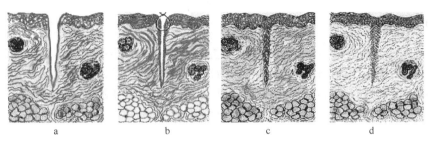

图 3-3 直接愈合模式图

a. 创口较小，创缘整齐，组织缺损少；b. 经缝合创缘对合，炎症反应轻；

c. 少量肉芽从伤口底部及边缘长入填平伤口，表皮再生；d. 愈合后不留疤痕，或仅留线状疤痕

1. 愈合过程

（1）**创腔净化**　在创伤形成 2～3 天内，创腔周围组织发生剧烈炎症反应，此时血管内渗出大量浆液和嗜中性粒细胞，借以清除创腔，稀释毒素，吞噬和溶解坏死组织和病原微生物，约 7 天。

（2）**再生修复**　从创腔底部和创缘周围开始增生出肉芽组织，逐渐填补创腔。与此同时，创缘表皮生发细胞也明显分裂增生，逐渐向创面中心伸展，覆盖创面。但由于创口较大，再生的被覆上皮往往不能完全覆盖创面，故在创面裸露出表面光滑明亮的疤痕组织。

2. 特点

这种伤口由于坏死组织多，或由于感染，继续引起局部组织变性、坏死，炎症反应明显，只有等到感染被控制，坏死组织被清除以后，再生才能开始。愈合时间较长（约 2 周），愈合的组织不能完全恢复其原有的结构和功能，往往留有较大的疤痕（图 3-4）。

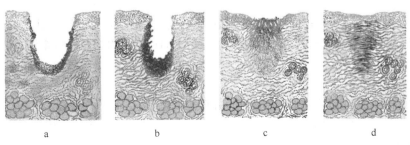

图 3-4　间接愈合模式图

a. 创口较大，创缘不整齐，组织缺损多；b. 伤口收缩，炎症反应重；

c. 肉芽组织组织从伤口边缘长入，表皮再生；d. 愈合后表皮留下较大疤痕

（三）痂皮下愈合

痂皮下愈合是一种特殊条件下特殊伤口的修复愈合方式，系指在伤口表面的由渗出液、血液及坏死脱落的组织干燥后形成的一层褐色硬痂下所进行的二期愈合过程，如深二度或三度烧伤后皮革样硬痂下的愈合过程即属此类。

痂下愈合的特点是，痂下愈合所需时间通常较无痂者长，因为表皮再生时必须首先将痂皮溶解，才能向前生长；通常痂皮需待表皮再生完成之后，方可脱落。痂皮虽因干燥而不利于细胞的生长，对伤口有一定的保护作用，但是当痂下渗出物较多，尤当已有细菌感染时，痂皮却成为渗出液引流的障碍，成为痂下"培养基"，感染会加重，影响愈合，需实施"切痂"或"削痂"以暴露创面，加速愈合。

二、骨折的愈合

骨折通常可分为外伤性骨折和病理性骨折两大类。骨的再生能力很强，一般而言，经过良好复位后的单纯性外伤性骨折，几个月内，便可完全愈合，恢复正常结构和功能。骨折愈合的好坏、所需的时间与骨折的部位、性质、错位的程度、年龄以及引起骨折的原因等因素有关。骨折的愈合一般要经历以下四个阶段（图3-5）。

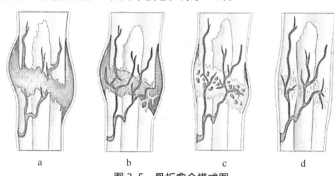

图 3-5　骨折愈合模式图

a. 血肿形成；b. 纤维性骨痂形成；c. 骨性骨痂形成；d. 骨痂改建

1. 血肿形成

骨组织和骨髓都有丰富的血管，在骨折两端会形成血肿，随后血肿发生凝固，同时常出现轻度的炎症反应。由于骨折伴有血管断裂，在骨折早期，常可见到骨髓组织的坏死，骨皮质也可发生坏死，如果坏死灶较小，可被破骨细胞吸收；如果坏死灶较大，可形成游离的死骨片。

2. 纤维性骨痂形成

骨折后的 2 ～ 3 天，血肿开始由肉芽组织取代而机化，继而发生纤维化形成纤维性骨痂，肉眼及 X 线检查见骨折局部呈梭形肿胀。约 1 周后肉芽组织及纤维组织可进一步分化，形成透明软骨。

3. 骨性骨痂形成

上述纤维性骨痂逐渐分化出骨母细胞，并形成类骨组织，以后出现钙盐沉积，类骨组织转变为编织骨。纤维性骨痂中的软骨组织也经软骨化骨过程演变为骨组织，至此形成骨性骨痂。

4. 骨痂改建或再塑

编织骨结构不够致密，骨小梁排列紊乱，故仍达不到正常功能需要。在受应力的作用下，编织骨进一步改建为成熟的板层骨，皮质骨和髓腔的正常关系以及骨小梁正常的排列结构也重新恢复。改建是在破骨细胞的骨质吸收及骨母细胞的新骨质形成的协调作用下完成的。

三、影响创伤愈合的因素

损伤的程度、组织的再生能力、伤口有无坏死组织和异物以及有无感染等因素决定修复的方式、愈合的时间及瘢痕的大小。因此，治疗原则应是缩小创面（如对合伤口）、防止再损伤、感染以及促进组织再生。影响再生修复的因素包括全身及局部因素两个方面。

（一）全身性因素

1. 年龄

幼龄动物的组织再生能力强、愈合快。老龄动物则相反，组织再生力差，愈合慢，这与老龄动物血管硬化，血液供应减少有很大关系。

2. 营养

严重的蛋白质缺乏，尤其是含硫氨基酸（如甲硫氨酸、胱氨酸）缺乏时，肉芽组织及胶原形成不良，伤口愈合延缓。维生素 C 对愈合最重要，这是由于 α-多肽链中的两个主要氨基酸——脯氨酸及赖氨酸，必须经羟化酶羟化，才能形成前胶原分子，而维生素 C 具有催化羟化酶的作用。维生素 C 缺乏时，前胶原分子难以形成，从而影响胶原纤维的形成。微量元素中锌对创伤愈合有重要作用，缺锌可造成手术后伤口愈合延迟，其作用机制可能与锌是细胞内一些氧化酶的成分有关。

（二）局部性因素

1. 感染与异物

感染对再生修复的妨碍甚大。许多化脓菌产生一些毒素和酶，能引起组织坏死，溶解基质或胶原纤维，加重局部组织损伤，妨碍创伤愈合；伤口感染时，渗出物很多，可增加局部伤口的张力，常使正在愈合的伤口或已缝合的伤口裂开，或者导致感染扩散加重损伤；坏死组织及其他异物，也妨碍愈合并可能导致感染。因此，伤口如有感染，或有较多的坏死组织及异物，必然是二期愈合。临床上对于创面较大、已被细菌污染但尚未发生明显感染的伤口，施行清创术以清除坏死组织、异物和细菌，并可在确保没有感染的情况下，缝合创口，这样有可能使本来是二期愈合的伤口，达到一期愈合。

2. 局部血液循环

局部血液循环一方面保证组织再生所需的氧和营养，另一方面对坏死物质的吸收及控制局部感染也起重要作用。因此，局部血液供应良好时，再生修复较为理想；相反，局部血液循环不良时，则该处伤口愈合迟缓。

3. 神经支配

正常神经支配对组织再生有一定作用。例如麻风引起的溃疡不易愈合，是神经受累致使局部神经性营养不良的缘故。自主神经损伤使局部血液供应发生变化，对再生的影响更为明显。

4. 电离辐射

电离辐射能破坏细胞、损伤小血管、抑制组织再生，因此影响创伤的愈合。

（三）影响骨折愈合的因素

凡影响创伤愈合的全身及局部因素，都影响骨折愈合。此外，尚需强调以下三点。

1. 骨折断端的及时、正确地复位

完全性骨折由于肌肉的收缩，常常发生错位或伴有其他组织、异物的嵌塞，使愈合延迟或不能愈合。及时、正确地复位是为以后骨折完全愈合创造必要的条件。

2. 骨折断端及时、牢靠地固定

骨折断端即便已经复位，由于肌肉活动仍可错位，因而复位后的及时、牢靠的固定（如打石膏、夹板或钢针固定）更显重要，一般要固定到骨性骨痂形成后。

3. 保持局部良好的血液供应

由于骨折后常需复位，固定虽然有利于局部愈合，但时间长会造成血运不良，又会延迟愈合。局部长期固定不动也会引起骨及肌肉的失用性萎缩、关节强直等不利后果。为此，在不影响局部固定情况下，应尽早活动。

如果骨折愈合障碍，有时新骨形成过多，形成赘生骨痂，愈合后有明显的骨变形，影响功能的恢复。有时纤维性骨痂不能变成骨性骨痂并出现裂隙，骨折两端仍能活动，形成假关节。

四、机化

坏死物、血栓、脓液或异物等不能完全溶解吸收或分离排出，由新生的肉芽组织吸收取代的过程称为机化，最终形成瘢痕组织。包囊的形成是一种不完全的机化，即在失活组织或异物不能完全被机化时，其周围增生的肉芽组织成熟为纤维结缔组织，形成包膜将其与正常组织隔开。

1. 纤维素性渗出物的机化

炎症过程中浆膜面的纤维素性渗出物被机化时，可使浆膜面呈结缔组织性肥厚，有的呈绒毛状或灰白色不透明的斑块状分布于浆膜面上；如果浆膜的壁层与脏层之间充满纤维素性渗出物，机化后可使两层浆膜间出现粘连，甚至闭塞。

2. 坏死组织的机化

小的坏死组织被肉芽组织取代后，在局部形成瘢痕。但所填补的缺损小，可通过周围实质细胞的再生来置换而使整个瘢痕组织消失，这种现象常见于幼龄、体质强、营养良好的机体。如果坏死范围较大，不能被完全机化，则由肉芽组织形成包囊。也有的包囊内残留的坏死组织由于水分被吸收逐渐变干，常有钙盐沉积而发生钙化。脑组织坏死后也可形成包囊，中间的软化物质被吸收，组织液渗入会形成充满水样液体的囊腔。

3. 异物的机化

组织内的异物（如铁钉、缝线、寄生虫等），则通过周围的肉芽组织增生将其包围，而肉芽组织中常常可见多核的异物性巨细胞。较小的异物（如缝线、寄生虫卵、细菌团块等），可由肉芽组织中的异物性巨细胞逐渐将其吞噬。在异物被吞噬、溶解、吸收后异物性巨细胞也随之消失，局部仅留下瘢痕组织。较大而坚硬的异物则由结缔组织形成包囊，使其局限化。

机化与包囊形成可以消除或限制各种病理性产物或异物的致病作用，是机体防御能力的重要体现。但机化会造成永久病理状态，故在一定条件下会给机体带来严重的不良后果。如心肌梗死后机化形成疤痕，伴有心脏机能障碍；心瓣膜赘生物机化导致心瓣膜增厚、粘连、变硬、变形，造成瓣膜口狭窄或闭锁不全，严重影响瓣膜机能；浆膜面纤维素性渗出物机化，可使浆膜增厚、不平，形成一层灰白、半透明绒毛状或斑块状的结缔组织，有时造成内脏之间或内脏与胸、腹膜间的粘连；发生纤维素性肺炎时，肺泡内的纤维素性渗出物机化后，使结缔组织充塞于肺泡，肺组织形成红褐色、质地如肉的实质组织（肺肉变），呼吸功能丧失。

【技能拓展】

动物创口处理的方法

一般情况下，伤口可以通过清洗伤口、消炎杀菌和包扎伤口等方式进行处理。如果伤口较深、创面较大，应及时就医，在兽医指导下进行相关处理及治疗。平时应注意保持伤口清洁干燥，避免伤口二次受伤。

1. 清洗伤口　当出现伤口时，应先查看伤口位置，之后用生理盐水清洗伤口。如果临时没有生理盐水也可以用流动的清水来清洗伤口，去除伤口上的污物、异物等。

2. 消炎杀菌　伤口清洗完成后，需要用碘伏或者酒精等消毒剂对伤口进行消毒杀菌，预防伤口感染。

3. 包扎伤口　伤口进行消毒之后，需要用无菌的纱布或者干净的毛巾对伤口进行包扎，包扎时不要太紧或太松，并且速度要快，减少对伤口的摩擦。

（何书海）

项目四　血液循环障碍

【目标任务】

知识目标　理解各种血液循环障碍的基本概念，掌握其发生原因、发生机理及其对机体的影响。

能力目标　能够准确识别和辨认常见器官、组织的充血、淤血、出血、梗死等局部血液循环障碍性病变。

素质目标　在疾病的诊疗中遵循局部和整体的辩证关系，培养良好的病理诊断职业素养。

血液循环是指血液在心脏、血管内不断流动的过程。血液循环的正常进行有赖于心脏、血管的形态和机能、血液含量与血液性质的正常。如这些条件发生改变，就会导致血液循环异常并引起一系列的病理变化，这种过程称为血液循环障碍。

彩图扫一扫

血液循环障碍有全身性和局部性两种。全身性血液循环障碍是由于心血管系统的机能紊乱或血液性状改变等引起的波及全身各组织和器官的血液循环障碍；局部性血液循环障碍是指某些病因作用于机体局部而引起的个别器官或局部组织发生的血液循环障碍。两者虽然在表现形式和对机体的影响上有所不同，但又有着密切的联系。局部血液循环障碍可由局部因素引起，亦可是全身血液循环障碍的局部表现。此外，局部血液循环障碍除引起局部器官和组织的病理变化和机能障碍外，有时也可导致全身性血液循环障碍。局部血量改变会引起充血和缺血；血管壁的通透性和完整性改变会引起出血；血液性状改变会引起血栓形成、栓塞、弥散性血管内凝血；微循环血液灌流量不足会引起休克等。

单元一　充血

局部组织或器官血管内的血液含量增多，称为充血。按其发生原因及机制的不同，可分为动脉性充血和静脉性充血两大类（图4-1）。

项目四　血液循环障碍　**47**

图 4-1　血流状态模式图

a. 正常；b. 动脉性充血；c. 贫血；d. 静脉性充血

一、动脉性充血

动脉性充血是指在某些致病因素的作用下，局部组织或器官的小动脉及毛细血管扩张，输入过多动脉血液的现象，又称主动性充血，简称充血。

（一）原因与类型

动脉性充血可分为生理性充血和病理性充血两类。

1. 生理性充血

在生理情况下，当某器官组织机能活动增强，血液循环加快，血流量增多，就会引起相应组织器官出现充血。例如，采食后胃肠道黏膜的充血，运动时肌肉的充血，妊娠时的子宫充血，都属于生理性充血。

2. 病理性充血

各种致病因素作用于局部组织或器官所引起的充血，称为病理性充血。根据其发生原因不同，可将其分为以下几种。

（1）炎性充血　见于炎症早期或炎灶边缘，由于致炎因子刺激兴奋血管舒张神经或麻痹缩血管神经，或一些炎症介质的作用而引起的充血。炎性充血是最常见的一种病理性充血，尤以炎症早期或急性炎症表现最为明显。

（2）刺激性充血　摩擦、温热、酸碱等理化刺激引起的充血。类似炎性充血，但程度较轻。

（3）侧支性充血　某一动脉由于血栓形成、栓塞或肿瘤压迫等原因，使动脉管腔狭窄或阻塞而引起局部缺血时，缺血组织周围的动脉吻合支（侧支）发生扩张充血，血流增强，借以建立侧支循环，使缺血组织得到血液供应，称为侧支性充血（图 4-2）。

图 4-2　侧支性充血模式图

a. 正常动脉血管及侧支；b. 动脉血管阻塞，阻塞上方及周围侧支动脉扩张充血

（4）减压后充血　动物机体某部因血管长期受压引起局部组织缺血，血管张力降低，一旦压力突然解除，小动脉和毛细血管反射性地扩张充血，称为减压后充血或贫血后充血。如牛瘤胃臌气或腹水时，压迫腹腔内脏器官造成缺血，如放气、放水速度过快，腹腔内压力迅速降低，受压的动脉发生扩张充血，此时大量血液积聚在腹腔脏器血管内，造成腹腔外器官有效循环血量急剧减

少，血压下降，严重时引起脑贫血，甚至导致动物死亡。故施行瘤胃放气或排除腹水时应特别注意控制速度。

（二）病理变化

【眼观】 充血的组织器官由于局部动脉血液流入增多，血液供氧丰富，组织代谢旺盛，故局部会出现温度升高，颜色鲜红，体积轻度增大，机能增强（如黏膜腺体分泌增多）等现象。

【镜检】 小动脉和毛细血管扩张、充满红细胞，平时处于闭锁状态的毛细血管开放，毛细血管数量增多。由于充血多半是炎性充血，故常见炎性细胞、渗出液、出血、实质细胞变性或坏死等病理变化。

（三）结局

充血是机体的防御、适应性反应之一，多为一时性病理过程，原因消除后即可恢复正常。充血时，由于血流量增加和血流速度加快，给局部组织带来氧气、营养物质、白细胞和抗体等，同时又可将局部的病理产物和致病因子及时排出，对消除病因和修复损伤均有积极作用。但充血对机体也有损伤作用，若病因作用较强或持续时间较长而引起持续性充血时，可造成血管壁的紧张度下降或丧失，血流逐渐缓慢，进而发生淤血、水肿和出血等变化。此外，充血发生的部位不同，对机体的影响也有很大差异。如脑充血时，可因颅内压升高而使动物发生神经机能障碍、昏迷甚至死亡。

二、静脉性充血

静脉性充血是指因静脉血液回流受阻，血液在小静脉及毛细血管内淤积，局部组织器官静脉血含量增多的现象，又称被动性充血，简称淤血。

（一）原因与类型

淤血可分为局部性淤血和全身性淤血两种。

1. 局部性淤血

（1）**静脉受压** 静脉受压使其管腔狭窄或闭塞，血液回流受阻，导致相应部位的器官和组织发生静脉性淤血。例如肿瘤、肿大的淋巴结、寄生虫包囊等对局部静脉的压迫，妊娠子宫对髂静脉的压迫，绷带包扎过紧对肢体静脉的压迫，肠扭转和肠套叠对肠系膜静脉的压迫，以及肝硬化时门静脉受增生结缔组织的压迫等，均可引起相应器官、组织淤血。

（2）**静脉管腔阻塞** 静脉内血栓形成、栓塞或因静脉内膜炎使血管壁增厚等，均可造成静脉管腔狭窄或阻塞，引起相应器官、组织淤血。但由于静脉分支多，只有未能建立有效侧支循环时，才会发生淤血。

2. 全身性淤血

多见于心脏、胸膜及肺脏的疾病。心包炎、心肌炎或心瓣膜病等引起的心力衰竭，胸膜炎、纤维素性肺炎等引起的胸腔积液及胸膜腔内压增高，均可造成静脉回流受阻，而发生全身性静脉淤血。左心衰竭时（如二尖瓣或主动脉瓣狭窄或闭锁不全），血液淤积在肺静脉和肺毛细血管中，引起肺淤血；右心衰竭时（如三尖瓣或肺动脉瓣狭窄或闭锁不全），血液淤积在大循环的静脉中，导致全身性静脉淤血，尤以肝脏淤血最为明显。

（二）病理变化

【眼观】 局部淤血的组织器官，因静脉血液回流受阻，血量增多而表现为局部肿胀。同时因血流缓慢，血液中氧合血红蛋白减少，还原血红蛋白增多，使局部组织呈暗红色或蓝紫色（在动物的可视黏膜与被毛较少或缺乏色素的皮肤上特别明显，这种症状称为发绀），淤血局部组织由于动脉血灌流量的减少，导致组织缺氧，代谢降低，产热减少，尤其是在容易散热的体表淤血区温度下降。淤血若持续发展，静脉压力升高与局部代谢产物蓄积，血管壁的通透性也随之升高，血浆渗出增多而继发水肿与出血（淤血性水肿与出血）；器官因淤血、缺氧而发生坏死后，可继发结缔组织增生并最终导致器官硬化，称为淤血性硬化。

【镜检】 淤血组织的小静脉及毛细血管扩张充满红细胞，小血管周围的间隙及结缔组织内积聚水肿液，淤血时间较长的组织有时可见出血。如果淤血持续时间过长，淤血组织器官的实质细胞萎缩、变性，甚至坏死；间质结缔组织可发生增生。

（三）常见器官的淤血特征

机体各器官的淤血，既有上述共有的表现，又有各自的特点。现以肺、肝淤血的病理变化为例说明如下。

1. 肺淤血

主要是由于左心功能不全，血液淤积在左心房，阻碍肺静脉血液回流到左心房，从而引起肺淤血。

【眼观】 急性肺淤血时，肺胸膜呈暗红色或蓝紫色，体积膨大，质地柔韧，重量增加，被膜紧张而光滑；切开肺脏时，见切面呈暗红色，从血管断端流出大量暗红色的血液。取小块淤血肺组织置于水中，呈半沉浮状态。肺淤血稍久，则血浆可从血管内渗入肺泡腔、支气管和间质，此时，可见支气管内有大量白色或淡红色泡沫样液体；肺间质增宽，呈灰白色半透明状。

【镜检】 肺内小静脉及肺泡壁毛细血管扩张，充满大量红细胞；肺泡腔内出现淡红色的水肿液和数量不等的红细胞及巨噬细胞。这种巨噬细胞的胞质内常吞噬有含铁血黄素颗粒，称为"心衰细胞"。肺长期淤血时，肺间质结缔组织增生及网状纤维胶原化，肺质地变硬，同时常伴有大量含铁血黄素在肺泡腔和肺间质沉积，肺组织呈棕褐色，称为肺的"褐色硬化"。

2. 肝淤血

肝淤血常因右心功能不全引起。肝静脉回流心脏受阻，血液淤积在肝小叶循环的静脉端，致使肝小叶中央静脉及肝窦扩张淤血。

【眼观】 急性肝淤血时，肝体积肿大，被膜紧张，边缘钝圆，重量增加，呈紫红色，质地较实。切面流出大量暗红色凝固不良的血液。慢性肝淤血时，肝小叶中央区因严重淤血呈暗红色，两个或多个肝小叶中央淤血区可相连，而肝小叶周边部肝细胞则因脂肪变性呈黄色，致使在肝的切面上出现红（淤血区）、黄（肝脂肪变区）相间的状似槟榔切面的条纹，故有"槟榔肝"之称。

【镜检】 肝小叶中央静脉及其周围的窦状隙扩张，充满红细胞。病程稍久，肝小叶中心部肝细胞因受压迫而发生萎缩或消失；小叶外围汇管区附近的肝细胞由于靠近肝小动脉，缺氧程度较轻，可仅出现肝脂肪变性。如肝淤血较久，肝细胞萎缩消失后，发生网状纤维胶原化，间质表现结缔组织增生。

3. 肾淤血

肾淤血，可由肾脏外伤造成，比如打斗或者摔倒造成了肾脏受到损伤，产生淤血和肿胀。常见于右心衰竭的情况下。肾淤血时，由于血流减慢，通过肾脏的血量减少，故临床上患病动物尿量减少。

【眼观】 肾脏体积稍肿大，表面呈暗红色，被膜上小血管呈细网状扩张；切开时，从切面流出大量暗红色血液，皮质因变性而呈红黄色。皮质和髓质交界处，因弓状静脉淤血而呈暗紫色，故使皮质和髓质的分界明显。

【镜检】 肾间质，特别是皮质和髓质交界处的间质毛细血管明显扩张，充满大量的红细胞，肾小管上皮细胞常发生不同程度的变性。长时间的淤血可导致间质水肿和增生性变化。

（四）结局

急性淤血，病因消除后可完全恢复正常。如果淤血持续时间过长，血管壁因缺氧而通透性加大，大量液体渗入组织间隙，形成淤血性水肿。毛细血管损伤严重时，红细胞渗出至血管外，则引起淤血性出血。若淤血持续时间更长，则引起实质细胞萎缩、变性、坏死，间质结缔组织增生，使组织变硬，称为淤血性硬化。淤血的组织抵抗力降低，损伤不易修复，容易继发感染。

单元二 出血

血液流出心脏、血管之外的现象称为出血。出血是由于血管壁异常、血小板数量或功能异常，或凝血机能障碍引起机体内止血机能发生障碍而出现的一种异常情况。出血可表现为皮肤、黏膜或内脏自发性出血或轻微损伤后过多出血，如皮肤出血、肺出血、肠道出血等。血液流入组织间隙或体腔内，称为内出血，血液流至体外称为外出血。

一、病因与类型

按照血管损伤的程度不同，可将出血分为破裂性出血和渗出性出血两种。

（一）破裂性出血

破裂性出血是由心脏或血管破裂所引起的出血。常见的原因有以下几种。

1. 机械性损伤

刺伤、割伤、咬伤等外力作用，损伤血管壁，血液流出血管之外。

2. 侵蚀性损伤

炎症、肿瘤、溃疡等过程中，血管壁受周围病变的侵蚀作用，以致血管破裂而出血。

3. 血管壁或心脏的病变

心肌梗死，血管发生动脉瘤、动脉硬化、静脉曲张等病变的基础上，当血压突然升高时，常导致破裂性出血。

（二）渗出性出血

因毛细血管和微静脉、微动脉通透性增强，血液经扩大的内皮细胞间隙和受损的基底膜渗出到血管外，称为渗出性出血。只发生于毛细血管前动脉、毛细血管和毛细血管后静脉。

1. 血管损害

血管损害是最常见的出血原因。常见于缺氧、中毒、败血症、变态反应、维生素 C 缺乏，以及静脉压升高等情况下，这些因素均可损害毛细血管壁，使其通透性增强，引起渗出性出血。

2. 血小板减少或血小板功能障碍

血小板的主要功能是维持血管内皮细胞的完整性。再生障碍性贫血、急性白血病等血小板生成减少或原发性血小板减少、脾功能亢进、药物或细菌毒素的作用和弥漫性血管内凝血，可破坏血管内皮细胞的完整性而引起渗出性出血。血小板先天性功能障碍，血小板黏附和黏集能力缺陷，也是造成渗出性出血的原因。

3. 凝血因子缺乏

可为先天性的，如凝血因子Ⅷ、Ⅸ缺乏，或因肝脏病变造成合成的凝血酶原、纤维蛋白原等减少，均可引起凝血障碍和出血。

二、病理变化

出血的病理变化因损伤血管的种类、局部组织的特点以及出血速度的不同而有差异。

（一）不同血管出血的病理变化

动脉出血时血液呈鲜红色，血流速度快，呈喷射状。静脉出血时，血液呈暗红色，血流速度较慢，呈线状或滴状。毛细血管出血时出血量少，可在出血组织或器官内形成出血点（直径1mm以内）或出血斑（直径1～10mm）。新鲜的出血斑点呈鲜红色，陈旧的出血斑点呈暗红色。

（二）不同类型出血的病理变化

1. 内出血

（1）血肿　是破裂性出血时，流出的血液积聚在组织内，挤压周围组织形成的局限性血液团块。常发生在皮下、肌间、黏膜下、浆膜下和脏器内，为分界清楚的血凝块，暗红或黑红色。较大的血肿，切面常呈轮层状，或还有未凝固的血液，时间稍久的血肿块外围有结缔组织包膜。

（2）积血　指血液蓄积于体腔内。血液或血凝块可在体腔内出现，如心包腔积血、颅腔积血、胸腔积血、腹腔积血等。

（3）溢血　流出的血液进入组织内称为溢血。

（4）出血性浸润　指由于毛细血管壁通透性增高，红细胞弥漫性浸润于组织间隙，使出血的局部组织呈大片暗红色。如非洲猪瘟，内脏器官的广泛性出血。出血性浸润多发生于淤血性水肿时，如胃肠道、子宫等器官的转位。

（5）淤点和淤斑　常见于皮肤、黏膜、浆膜和脑实质的渗出性出血，呈鲜红色或红色斑点状。这是由于局部组织的毛细血管及小静脉渗出性出血，红细胞在组织间隙内呈灶状聚集。皮肤、黏膜上的淤斑带紫色者称为紫癜，如急性猪瘟时全身皮肤淤点、淤斑或紫癜。新鲜出血灶呈鲜红色，陈旧性出血灶呈暗红色，随后红细胞降解形成含铁血黄素而带棕黄色。

（6）出血性素质　指机体有全身性渗出性出血的倾向，表现为全身皮肤、黏膜、浆膜、各内脏器官都可见斑点状出血。多见于急性传染病（如急性猪瘟、急性猪肺疫等）、中毒病（如有机磷中毒、牛的蕨中毒）及原虫病（如焦虫病、弓形虫病），并且是这些疾病的特征性病变，有重要诊断价值。

2. 外出血

外出血的主要特征是血液流到体外，容易看见，如外伤时，在伤口处可见血液外流或凝血块。肺及气管出血，血液被咳出体外称为咳血或咯血；消化道出血时，血液经口排出体外称为吐血或呕血；经肛门排出称为便血；有时肠道出血在肠道菌作用下，使粪便变成黑色，称为黑粪症或柏油样便；泌尿道出血时，血液随尿排出，称为尿血。

镜检时，出血的特征为组织血管外有红细胞散在聚集，以及吞噬红细胞后形成含铁血黄素的吞噬细胞。

三、出血对机体的影响和结局

出血对机体的影响取决于出血的类型、出血量、出血速度和出血部位。破裂性出血若出血过程迅速，在短时间内丧失循环血量 20%～25% 时，可发生出血性休克。渗出性出血若出血广泛时亦可导致出血性休克。出血如果发生在重要器官，亦可引起严重后果；如心脏破裂引起心包内积血，由于心包填塞，可导致急性心功能不全。脑出血尤其是脑干出血，即使量少，也可引起炎症和神经功能紊乱，颅内积血可使颅内压升高，压迫中枢神经组织，引起瘫痪或死亡。总之，少量、短时间的出血，又发生于非生命重要器官，则对机体影响不大。但长期持续少量出血可引起机体贫血。皮肤、黏膜、浆膜及实质器官的点状和斑状出血，虽然出血量不多，但表明有败血症或毒血症的可能性，提示疾病的严重性。

单元三　血栓形成

在活体的心脏或血管内血液凝固或血液中某些成分析出并凝集形成固体团块的过程称为血栓形成。在此过程中所形成的固体团块称为血栓。与血凝块不同，血栓形成包括血液成分的凝集和血液凝固两个环节，是在血液流动状态下形成的。

血液中存在着凝血系统和抗凝血系统（纤维蛋白溶解系统）。在生理情况下，凝血系统和纤维蛋白溶解系统保持动态平衡，既保证了血液潜在的可凝固性，又保证了血液的流体状态。有时在某些能促进凝血过程的因素作用下，打破动态平衡，触发凝血过程，即形成血栓。

一、血栓形成的条件和机制

血栓形成是凝血过程被激活的结果。血栓形成的条件包括心血管内膜、血流状态和血液性质三方面的改变。

（一）心血管内膜损伤

在正常情况下，心脏和血管内膜是平整光滑的，光滑的内膜可保证血流通畅，阻止血小板在管壁上黏集，并且完整的血管内皮可产生一些抗凝作用的酶，而具有抗凝作用。所以，健康动物的心脏或血管内不会有血栓形成。但在某些病理情况下，心脏和血管内膜损伤，内皮细胞发生变性、坏死和脱落，使血管内膜粗糙不平，阻止血小板黏集和抗凝作用消失；并可激活各种凝血因子。这时，血液中的血小板就会不断析出，在损伤的内膜上凝集形成不可复性的血小板黏集堆，导致血栓的形成。

临床上，心血管内膜损伤常见于炎症（如猪丹毒时的心内膜炎、牛肺疫时的肺血管炎、马寄生虫性动脉炎、急性细菌性心内膜炎）和血管壁的机械性损伤（血管结扎与缝合、反复进行静脉注射与穿刺等），以及血管内膜受邻近组织病变（如肿瘤浸润）波及等情况下。

（二）血流状态改变

血流状态的改变主要指血流缓慢和血流不规则。在生理情况下，血液流动时，血液中的有形成分（红细胞、白细胞和血小板）在血流的中轴流动（轴流），血浆在血流的周边流动（边流），血小板与血管壁之间隔着一层血浆带，故血小板不易与内膜接触和黏集。但在上述血管内膜损伤的情况下，血流状态会发生改变。如血流缓慢或呈漩涡状流动时，均可使血小板由轴流转入边流，并逐渐析出而黏集在损伤的内膜上，形成血栓。

（三）血液性质的改变

血液性质的改变是指血液凝固性增强，通常由于血液中凝血因子激活、血小板增多或血小板黏性增加所致。如在各种外伤时，体内血液的凝固性增强，易引起血栓形成。当大面积烧伤时，由于大量血浆流失，使血液浓缩，血液中血小板的数量相对增高，故血液凝固性增高。

血栓形成是上述三种因素共同作用的结果，单一因素是不会形成血栓的。例如静脉内血流缓慢，但如没有血管内膜的损伤和凝血因子的作用是不会形成血栓的。如只有血管内膜的损伤，而没有血流状态与血液性质的改变也不会形成血栓。在不同情况下，其中某一种条件起着主要的作用。

二、血栓形成过程与血栓形态

（一）血栓形成过程

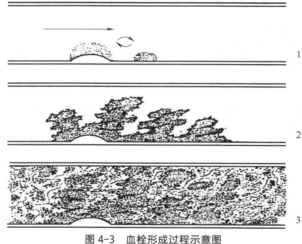

图 4-3　血栓形成过程示意图

1. 血小板析出沉着并黏集在损伤的血管壁上；2. 血小板黏集形成小梁，并有白细胞黏集；3. 小梁间形成网状的纤维蛋白，血液凝固

血栓形成主要包括血管内膜损伤、血小板析出黏集、纤维蛋白析出及血液凝固等过程（图 4-3）。其中内膜损伤、血小板析出黏集为血栓形成的起始点。在血栓形成初期，由于血管内膜的损伤和血流状态的改变，血小板不断由轴流转入边流，并逐渐析出黏集在损伤的内膜上形成血小板黏集堆。同时还有少量的白细胞和纤维蛋白也析出黏集，这种以血小板为主要成分的黏集堆称血小板血栓。因其呈灰白色常称为白色血栓，又因其为整个血栓形成的起始部，故称为血栓头部，它较牢固地粘连在血管壁上。由于上述血栓头部突出于血管内腔，阻碍血流，引起局部血流变慢及漩涡形成，可促使更多血小板的析出和黏集，而形成新的血小板黏集堆。如此反复出现血小板黏集堆，并不断增大、增多，在血流冲击下形成许多分支状或珊瑚状血小板嵴，称血小板小梁。同时，小梁间的血流逐渐变慢，又由于血小板的不断崩解，释放出血小板凝血因子，而使血浆中可溶性纤维蛋白原转变成不溶性纤维蛋白，并在小梁间形成网状结构。其中网罗有白细胞和大量的红细胞，形成红、白相间的层状结构，故称为混合血栓，又称血栓体部。随后，随着血栓体部的不断增大，而使局部血管阻塞，导致该部的血流停止，于是局部血液发生凝固而形成条索状血凝块，称为红色血栓，又称血栓尾部。

（二）血栓形态

无论是心脏还是动静脉内的血栓都是从内膜表面的血小板黏集堆开始，随后的形成过程及其组成、形态和大小决定于局部血流的速度和血栓发生的部位。血栓可分为以下几种类型。

1. 白色血栓

白色血栓在血流较快的情况下形成，主要发生在心瓣膜上，多见于急性风湿性或亚急性感染性心内膜炎和慢性猪丹毒时。白色血栓主要见于血栓的头部和尾部。白色血栓主要由血小板组成，呈灰白色、质地硬实，疣状或菜花状与瓣膜或血管壁粘连。

2. 混合血栓

混合血栓多发生于血流缓慢的静脉。往往以瓣膜囊（静脉瓣近心端）或内膜损伤处为起始点。混合血栓呈红白相间，无光泽，干燥、质地较坚实的层状结构。经时较久的混合血栓，由于血栓内纤维蛋白发生收缩而使其表面呈波纹状。

3. 红色血栓

主要见于静脉，随混合血栓逐渐增大最终阻塞管腔，血液发生凝固，构成静脉血栓的尾部。红色血栓呈红褐色，初期表面光滑、湿润，并有一定的弹性，与血凝块无异。经一定时间后，由于水分被吸收而失去弹性，变得干燥，表面粗糙，质脆易碎，并容易脱落而造成血栓栓塞。

4. 透明血栓

多见于弥散性血管内凝血，血栓发生于全身微循环小血管内，只能在显微镜下见到，故又称微血栓。这种血栓主要由纤维蛋白构成，其纤维蛋白被伊红染成亮红色、均质、无结构的团块状或网状。最常发生于肺、脑、肾和皮肤的毛细血管。

（三）血栓与血凝块的区别

动物死亡后，血管中的血栓和血凝块相似，易于混淆。血栓是在活体动物心血管中血液凝固形成的固形物，血管中的血凝块是动物死后血液凝固形成的，二者发生的原因不同，应予以区别。血栓形成之后，由于其中的纤维蛋白收缩和水分被吸收而变得表面粗糙、干燥、缺乏弹性，血栓与血管或心壁紧密相连，不易剥离。血管中的血凝块湿润有弹性，与心血管壁不粘连，易剥离，剥离后血管壁光滑、完整。血栓与血凝块的区别见表4-1。

表4-1　血栓与血凝块的区别

项目	血栓	血凝块
表面情况	干而粗糙、无光泽、呈波纹状	湿润、平滑、有光泽
质地	较硬、脆	柔软、有弹性
色泽	混杂，白色、暗红色或红白相间	暗红色，均匀一致，上层似鸡脂
与血管壁的联系	部分与血管壁粘连较紧	与血管壁不粘连，易剥离，剥离后血管内膜光滑

三、血栓形成的结局

（一）软化、溶解、吸收

激活的凝血因子XII在启动凝血过程促使血栓形成的同时，也激活了溶纤系统，具有降解纤维蛋白和软化血栓的作用。若纤维蛋白溶酶系统活性较强，刚形成不久的新鲜血栓能很快被软化、溶解、吸收。血栓内嗜中性粒细胞释放的溶蛋白酶亦参与血栓的溶解。较小的血栓可被溶解吸收而完全消失；较大血栓在软化过程中可脱落，随血流运行至其他器官，形成栓塞。

（二）机化与再通

若纤维蛋白溶酶系统活性不足，血栓存在较久时则发生机化。由血管壁向血栓内长入新生的肉芽组织，逐渐取代血栓。通常较大的血栓完全机化约需 2～4 周。机化的血栓牢固地附着在血管壁上，不再发展也不会脱落。在机化过程中，因血栓逐渐干燥收缩或自溶，血栓内部或血栓与血管壁之间出现裂隙，新生的血管内皮细胞长入并被覆其表面，形成与原血管相通的一个或数个小血管，并有血流重新通过，这种现象称为再通。

（三）钙化

血栓形成后少数没有完全软化或机化的血栓，可由钙盐沉着而钙化。钙化后的血栓称为动脉石或静脉石。

四、血栓形成对机体的影响和结局

血栓形成对机体的影响既有利又有弊，总的来说是弊大于利。血管破裂处的血栓对破裂血管起堵塞和止血作用。如胃、十二指肠溃疡和结核性空洞内的血管，有时在被病变侵袭破坏之前管腔内已有血栓形成，避免了大量出血；炎灶周围小血管内的血栓有防止炎灶扩大的作用，这些对机体是有利的。然而，在多数情况下血栓形成会对机体造成不利的影响。

（一）阻塞血管

血栓会阻塞血管，其后果取决于被阻塞血管的种类和大小、阻塞的程度、阻塞部位、发生的速度及器官和组织内有无充分的侧支循环等。动脉血管若被完全阻塞而又无有效的侧支循环时，可引起相应组织器官的缺血性坏死（梗死）。如心、脑、肾、脾等的血栓形成常导致梗死。静脉血栓形成后，若未能建立有效的侧支循环，则会引起相应组织器官的淤血、水肿、出血，甚至坏死。如门静脉血栓形成，可导致脾淤血性肿大和胃肠道淤血；肢体浅表静脉血栓时由于有丰富的侧支循环，通常只在血管阻塞的远端发生淤血水肿；肠系膜静脉血栓可引起肠的出血性梗死。

（二）栓塞

血栓全部或部分脱落成为栓子，随血流运行而引起远方器官血管的栓塞。

（三）心瓣膜病

心瓣膜血栓发生机化后，可使瓣膜粘连、增厚、变硬、变形等，造成瓣膜口狭窄或关闭不全而形成心瓣膜病。

（四）出血

见于弥散性血管内凝血，微循环内广泛性透明血栓的形成，可引起组织器官的坏死和功能障碍；同时因消耗大量的凝血因子和血小板，造成血液处于低凝状态，导致全身性出血和休克。

单元四　栓塞

在循环血液中出现的不溶于血液的异常物质，随血流运行并阻塞血管的过程，称为栓塞。引起栓塞的异常物质，称为栓子。其中最为多见的是血栓性栓子脱落引起的栓塞，其次是脂肪、气体、组织团块（包括肿瘤组织）等栓子引起的栓塞。

一、栓子的运行途径

栓子运行的途径与血流方向一致。栓子随着血液被动地运行，到了血管口径小于栓子直径之处，栓子停止运行，阻塞血管即发生栓塞。来自肺静脉、左心和体循环动脉内的栓子，最终栓塞于与栓子直径相当的动脉分支，常见于脑、肾、脾等处。体循环静脉和右心的栓子，栓塞肺动脉分支；肠系膜静脉或脾静脉的栓子引起肝门静脉分支的栓塞（图4-4）。有房间隔或室间隔缺损者，心腔内的栓子偶尔可由压力高的一侧通过缺损进入另一侧心腔，再随动脉血流栓塞相应分支，这种栓塞称为交叉性栓塞。在罕见的情况下会发生逆行性栓塞，如后腔静脉内的栓子，在剧烈咳嗽、呕吐等胸、腹腔内压力骤增时，可能逆血流方向运行，栓塞后腔静脉所属分支。

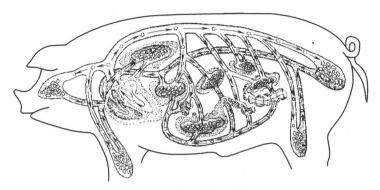

图 4-4　栓子运行示意图

注：空白代表动脉；黑点代表静脉；箭头代表栓子运行方向。

二、栓塞的类型和对机体的影响

（一）血栓性栓塞

由血栓引起的栓塞称为血栓性栓塞，是栓塞中最为常见的一种。

1. 肺动脉栓塞

血栓栓子 90% 以上来自后肢深静脉，少数为盆腔静脉，偶尔来自右心。肺动脉栓塞的后果取决于栓子的大小、数量和心肺功能的状况。肺具有肺动脉和支气管动脉双重血液供应，一般情况下肺动脉小分支的栓塞不会引起明显的后果。若栓塞前已有左心衰竭和肺淤血，可造成局部肺组织缺血而发生出血性梗死。若栓子巨大，栓塞在肺动脉主干或其大分支内，或肺动脉分支有广泛的多发性栓塞时，患畜会出现突发性呼吸困难、黏膜发绀、休克甚至突然死亡。肺动脉机械性阻塞，血栓刺激动脉内膜引起的神经反射和血栓释出血栓素 A_2（TXA_2）和 5- 羟色胺（5-HT），导致肺动脉、支气管动脉和冠状动脉广泛痉挛和支气管痉挛，造成急性肺动脉高压和右心衰竭，同时肺缺血、缺氧和左心输出量下降，这些都是致死原因。

2. 体循环动脉栓塞

栓子大多来自左心，常见有亚急性感染性心内膜炎时左心瓣膜上的赘生物，以及二尖瓣狭窄的左心房和心肌梗死时合并的附壁血栓。动脉栓塞的后果视栓塞部位动脉供血状况而定，在肾、脾、脑（大脑中、前动脉区域），因由终末动脉供血，缺乏侧支循环，动脉栓塞多造成局部梗死。肝脏有肝动脉和门静脉双重供血，故很少发生梗死。

（二）空气性栓塞

气体栓塞是一种由多量空气迅速进入血循环或溶解于血液内的气体迅速游离形成气泡，阻塞血管所引起的栓塞。前者为空气栓塞，后者是在高气压环境急速转到低气压环境的减压过程中发生的气体栓塞，故又称为减压病。

空气栓塞多发生于静脉破裂后空气的进入，尤其在静脉内呈负压的部位，如头颈、胸壁和肺的创伤或手术时容易发生。分娩时，子宫的强烈收缩亦有可能将空气挤入破裂的静脉窦内。少量空气随血流进入肺组织后会溶解，不引起严重后果，偶尔部分气泡经肺循环进入动脉而造成脑栓塞，引起抽搐和昏迷。若大量气体在短时间内进入血液则可成为栓子引起栓塞。入血的空气进入右心受血流冲击形成无数的小气泡，使血液变成泡沫状。这些气泡具有很大的伸缩性，可随心脏舒缩而变大或变小，当右心腔充满气泡时，静脉血回心受阻，并使肺动脉充满空气而栓塞，此时全身血液循环几乎停滞。患病动物黏膜发绀、呼吸困难，甚至突然死亡。

（三）组织性栓塞

组织性栓塞是由组织碎片或细胞团块进入血流所引起的栓塞。如在组织外伤、组织坏死或恶性肿瘤时，一些破碎的组织碎片可通过损伤组织中破裂的血管进入血流引起栓塞。恶性肿瘤组织在引起栓塞的同时，还可以在该处继续生长，引起肿瘤的转移。

（四）脂肪性栓塞

长骨骨折、严重脂肪组织挫伤或脂肪肝挤压伤时，脂肪细胞破裂，游离出的脂滴经破裂的小静脉进入血流而引起脂肪栓塞。

脂肪栓塞的后果取决于脂滴的大小和量的多少，以及全身受累的程度。脂肪栓塞主要影响肺和神经系统。若进入肺内脂滴量多，广泛阻塞肺微血管，会引起肺脏淤血、水肿、出血或肺不张，或引起肺功能不全；如果肺循环量减少3/4，将引起急性右心衰竭而致死。直径小于2mm的脂滴可通过肺进入左心，到达全身各器官，引起栓塞和梗死。尤其在脑，引起点状出血和梗死，或引起脑水肿，出现烦躁不安甚至昏迷等表现。

（五）其他栓塞

细菌、寄生虫或虫卵进入血流引起的栓塞。如寄生于门静脉的血吸虫，它本身及其排出的虫卵可栓塞肝内门静脉分支，或逆血流栓塞肠壁小静脉，或引起肺栓塞。带有细菌的栓子可以导致病原体在全身扩散，并在全身各处引起新的感染病灶，引起败血症或脓毒败血症。

单元五　梗死

由血管阻塞引起的局部组织缺血性坏死称为梗死（器官或组织的血液供应减少或中断称为缺血）。由动脉阻塞引起的梗死较为多见，静脉回流中断或静脉和动脉先后受阻亦可引起梗死。

一、梗死形成的原因和条件

任何引起血管阻塞、导致局部血液循环中止和缺血的原因均可引起梗死。

（一）梗死形成的原因

1. 血栓形成

血栓形成是梗死最常见的原因。主要发生在冠状动脉、脑、肾、脾和后肢大动脉的血栓形成时。伴有血栓形成的动脉炎如血栓闭塞性脉管炎，可引起后肢梗死。静脉内血栓形成一般只引起淤血、水肿，梗死偶见于肠系膜静脉主干血栓形成而无有效的侧支循环时。

2. 动脉栓塞

动脉栓塞是梗死常见的原因之一。若发生动脉性栓塞时，机体不能迅速建立有效的侧支循环，则可引起组织缺血性梗死。如脾脏、肾脏和脑等器官因血管吻合支较少，血管阻塞后易发生梗死。大多为血栓栓塞，亦见于气体、脂肪栓塞等。

3. 动脉痉挛

当某种刺激（低温、化学物质和创伤等）作用于缩血管神经时，反射性地引起动脉管壁的强烈收缩，造成局部血液流入减少，或完全停止。如在冠状动脉粥样硬化的基础上，冠状动脉可发生强烈和持续的痉挛而引起心肌梗死。

4. 血管受压闭塞

多见于静脉，肠疝、肠套叠、肠扭转时先有肠系膜静脉受压、血液回流受阻、静脉压升高，进一步肠系膜动脉亦会不同程度受压而使输入血量减少甚至阻断，静脉和动脉先后受压造成梗死。动脉受肿瘤或其他机械性压迫而致管腔闭塞时亦可引起相应器官或组织的梗死。

（二）梗死形成的条件

血管的阻塞是否造成梗死，主要取决于以下因素。

1. 供血血管的类型

有双重血液供应的器官，其中一支动脉阻塞，另一支动脉可以维持供血，通常不易发生梗死。如肺有肺动脉和支气管动脉供血，肺动脉小分支的血栓栓塞不会引起梗死。肝梗死也很少见，因有肝动脉和门静脉双重供血，肝内门静脉阻塞一般不会发生肝梗死，肝动脉分支阻塞，如动脉血栓形成或血栓栓塞，偶尔会造成梗死。前肢有两条平行的桡动脉和尺动脉供血，且有丰富的吻合支，因此前肢极少发生梗死。由终末动脉供血的器官（如肾和脾）和侧支循环少且吻合支管腔狭小的器官（如心脏和脑）一旦动脉血流被迅速阻断，就很易造成梗死。

2. 血流阻断发生的速度

缓慢发生的血流阻断，可为吻合支血管逐步扩张建立侧支循环提供时间。例如，左右冠状动脉远端的细动脉分支间有很细小的吻合支互相连接，当某一主干因动脉粥样硬化导致管腔慢慢变窄和阻塞时，这些细小的吻合支有可能扩张、变粗，形成有效的侧支循环供血，可足以防止梗死。若病变发展较快或急速发生的血流阻断（如血栓栓塞），侧支循环不能及时建立或建立不充分时则发生梗死。

3. 组织对缺血缺氧的耐受性

大脑神经元耐受性最低，3～4分钟血流中断即引起梗死。心肌纤维对缺氧亦敏感，缺血20～30分钟会死亡。骨骼肌，尤其是纤维结缔组织耐受性最强。

4. 血的含氧量

在严重贫血、失血、心力衰竭时血含氧量低，或休克时血压明显降低的情况下，血管管腔部分阻塞造成的动脉供血不足，对缺氧耐受性低的心、脑组织也会造成梗死。

二、梗死的类型与病理变化

梗死的基本病理变化是局部组织坏死。

（一）梗死灶的形状

梗死是局限性的组织坏死，梗死灶的部位、大小和形态，与受阻动脉的供血范围一致。肺、肾、脾等器官的动脉呈圆锥形分支，因此梗死灶也呈锥体形，其尖端位于血管阻塞处，底部为该器官的表面，在切面上呈扇形或三角形。心冠状动脉分支不规则，梗死灶呈地图状。肠系膜动脉呈辐射状供血，故肠梗死呈节段性。梗死灶的各种形态改变，随动脉阻塞后时间的延续，才逐渐显露出来。心肌梗死在血流中断后 6 小时以上才能辨认。在以后的 24 小时内梗死区域才渐渐变得清晰，因坏死组织引起的炎症反应，周围有嗜中性粒细胞浸润，形成白细胞浸润带。3～4 天后，其边缘出现充血、出血带。梗死灶的范围因阻塞血管的管径大小而有很大差别。微小的梗死灶，在显微镜下才能看到；大的梗死灶，肉眼可见。

（二）梗死灶的颜色

梗死灶的颜色取决于局部含血量的多少。根据梗死的颜色和含血量，将梗死分为贫血性梗死（白色梗死）和出血性梗死（红色梗死）。

1. 贫血性梗死

贫血性梗死发生于动脉阻塞，常见于心、肾、脾等组织结构比较致密和侧支血管细而少的器官，有时也发生于脑。当某一动脉栓塞后，其分支及邻近的动脉发生反射性痉挛，将梗死区内的血液全部挤向周围组织，使局部组织呈缺血状态，梗死灶呈灰白色，故称贫血性梗死，又称白色梗死（见图 4-5）。脑梗死多为贫血性梗死，脑组织结构虽较疏松，但梗死主要发生在终末支之间，仅有少许吻合支的大脑中动脉和大脑前动脉供血区，梗死时没有明显出血。

2. 出血性梗死

出血性梗死指局部组织发生梗死的同时伴有明显的出血，故眼观呈暗红色。出血性梗死常发生于肺脏和肠管等部位，并往往在淤血的基础上发生（图 4-6）。梗死处有明显的出血，呈暗红色，故称出血性梗死，又称红色梗死。

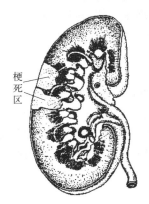

图 4-5　肾贫血性梗死模式图

梗死区

图 4-6　出血性梗死模式图

肺有双重血液供应，一般情况下肺动脉分支的血栓栓塞，不引起梗死。左心衰竭时，在肺静脉压力增高和肺淤血的情况下，单以支气管动脉的压力，不足以克服肺静脉压力增高的阻力，以致血流中断而发生梗死。因肺组织疏松，淤积在局部的血液和来自支气管动脉的血液从缺血损伤的毛细血管内大量漏出，进入肺泡腔内，造成出血性梗死。

无论是动脉或静脉的阻塞还是静脉和动脉先后受压，肠梗死总是出血性的。肠梗死常见于肠套叠、肠扭转和肠疝。初期受累肠段因肠系膜静脉受压而淤血，以后受压加剧，同时伴有动脉受压而使血流减少或中断。肠段缺血坏死，淤积于丰富血管网中的红细胞大量漏出，造成出血性梗死。肠梗死还可见于肠系膜前动脉主干的血栓栓塞，不过肠系膜前、后动脉远端有许多弓形吻合支，一条分支的阻塞不会引起梗死。主干阻塞时，虽有吻合支供血，但很有限。尤其在肠系膜动脉血栓栓塞时，栓子多来自心脏，此时常伴有心功能不全和内脏淤血，肠段常发生梗死，此时来自吻合支的血液进入梗死区造成出血。单纯由静脉血栓形成引起的肠梗死很少见。若蔓延至较大的肠系膜静脉时，则可造成淤血，进一步发生出血性梗死。

脑亦可能发生出血性梗死，一般在脑血栓栓塞和梗死以后有血液再灌注的情况下发生。如血栓栓子碎裂，被血流推向前端，血液可经原栓塞处下游受损的血管壁外溢，进入结构疏松的梗死脑组织造成出血性梗死。

三、梗死对机体的影响和结局

梗死对机体的影响取决于梗死发生的部位和大小。肾、脾的梗死一般影响较小，肾梗死通常出现腰部疼痛和血尿，不影响肾功能；肺梗死有胸痛和咯血；肠梗死常出现剧烈腹痛、血便和腹膜炎症状；心肌梗死影响心脏功能，严重者可导致心力衰竭甚至猝死；脑梗死出现其相应部位的功能障碍，梗死灶大者可致死。四肢、肺、肠梗死等会继发腐败菌感染而造成坏疽。

梗死灶形成时，结局有两种可能，一种是坏死组织经过酶解后发生自溶、软化和液化，然后吸收，多见于小梗死灶；另一种是病灶周围血管扩张充血，并有炎性细胞浸润，继而出现肉芽组织，梗死灶逐渐被肉芽组织所取代，以后变为疤痕。若梗死灶较大不能完全被机化时，则可由结缔组织包裹形成包囊，或钙化。

单元六　弥散性血管内凝血

弥散性血管内凝血（DIC）是以血液凝固性增强，微循环血管内形成广泛性的微血栓为特征的病理过程。这是由于受到某些致病因素的作用后，血液中凝血系统被激活，使血液凝固性增强所致。由于广泛性微血栓的形成，致使血浆凝血因子和血小板大量消耗，并继发纤溶系统的激活，使血液由高凝转入低凝状态，进而引起全身性的出血倾向。患畜临床上表现为出血、溶血、器官机能障碍、贫血和休克等病症。因血液凝固性降低是继发于凝血因子大量消耗之后，故又称为消耗性凝血病。DIC 可发生于畜禽许多疾病过程中，如猪瘟、鸡新城疫、马传染性贫血（简称马传贫）、急性猪丹毒、药物过敏、大面积烧伤等。DIC 是许多疾病发病过程中的一个危重环节，它是造成病情恶化甚至导致机体死亡的重要因素。

一、病因和发病机理

正常机体心血管内的血液不会凝固，是由于体内凝血和抗凝过程处于动态平衡。凡能使凝血作用增强或抑制纤维蛋白溶解系统活性的各种因素，均可引起 DIC 的发生。

（一）血管内皮细胞的损伤

细菌、病毒、内毒素、抗原 - 抗体复合物、缺氧、酸中毒、高热等均可引起血管内皮细胞损伤，使内皮下胶原纤维暴露。血浆中无活性的凝血因子Ⅻ与胶原纤维接触后被激活而成为Ⅻ a，从而启动内源性凝血系统，使血液处于高凝状态，促进血液凝固和微血栓形成。另一方面凝血因子Ⅻ a 又可使激肽释放酶原转变为激肽释放酶。后者可使激肽原转变为激肽，促使血管通透性增高。而激肽释放酶又可在激肽原辅助下，激活凝血因子Ⅻ，从而进一步提高血液的凝固性。

（二）组织损伤

各种因素引起严重的细胞组织损伤，如严重创伤、大手术、大面积烧伤、实质器官坏死、恶性肿瘤和宫内死胎等情况下，损伤组织释放出大量凝血因子（凝血因子Ⅲ）进入血液，激活外源性凝血系统，使血液处于高凝状态，而引起 DIC 的发生。

（三）血小板和红细胞的破坏

血小板内含有各种与凝血过程有关的促凝物质。在抗原 - 抗体复合物、病毒、细菌内毒素等作用下，血小板大量崩解，释放凝血因子，导致血液处于高凝状态，促进 DIC 的发生。红细胞内含有红细胞素和二磷酸腺苷（ADP）。红细胞素为一种磷脂，有类似血小板因子Ⅲ的作用。ADP 可使血小板凝集。在梨形虫病、幼驹溶血病等引起红细胞大量崩解时，可促进 DIC 的发生。

（四）促凝物质进入血液

细菌、病毒、抗原 - 抗体复合物、羊水、脂肪栓子、转移癌细胞和某些蛇毒等进入血液，可直接激活凝血因子Ⅻ，启动内源性凝血系统，或使血小板凝集并释放血小板因子，促进 DIC 形成。急性胰腺炎时，胰蛋白酶进入血液能促使凝血酶原变成凝血酶。某些蛇毒可使纤维蛋白原变为纤维蛋白，活化的补体 (如 C3a、C5a、C3b) 也能促进 DIC 的形成。

（五）单核 - 巨噬细胞系统机能降低

单核 - 巨噬细胞系统有吞噬和清除循环血液中凝血酶、其他促凝物质、纤溶酶、纤维蛋白、纤维蛋白降解产物和内毒素等物质的作用。当其机能遭到破坏或被抑制后，有利于 DIC 的发生。

（六）机体机能状态的改变

当机体在某些因子作用下处于应激状态时，由于交感神经兴奋，儿茶酚胺增多，可使凝血因子和血小板增多，血小板黏附与聚集能力加强，从而为促进凝血提供了必要的物质基础。此外，如果机体纤溶系统受抑制，体内抗纤溶物质增多，亦能促进 DIC 的发生。

二、病理变化

（一）微血栓形成和器官功能障碍

在各种因素作用下，血液中的凝血因子被激活后，在微循环内广泛地出现微血栓，引起微循环障碍，进而致受累器官功能障碍。微血栓多在局部形成，也可以是来自其他组织的微血栓性栓子。微血栓可在肾、肝、肺、心、脑、肠、肾上腺、脑垂体等器官内形成，其形成器官因微血栓的形成而发生缺血、缺氧，细胞组织变性、坏死，导致其器官功能发生不同程度的障碍。如肾脏微血栓形成时，可见肾小球毛细血管内有大量微血栓存在，严重时致肾皮质坏死和急性肾功能衰竭。肝脏微血栓形成时，受累肝组织的肝细胞大量坏死，可引起黄疸和肝功能衰竭。

（二）出血

出血是 DIC 最常见的病理变化之一，主要发生于皮肤、黏膜（消化道和呼吸道）、肺和尿道，还有伤口及手术创面等。一般为广泛且多部位的斑点状出血，其原因有：广泛的微血栓形成，大量消耗凝血因子和血小板，使血液转入低凝状态；纤维蛋白溶解系统被激活，使血液的凝固性降低；纤维蛋白裂解物（FDP）有抗凝作用；DIC 形成后，引起组织缺氧、酸中毒和组织损伤，局部血管活性物质的产生增多，导致血管壁通透性增强，红细胞易于渗出。

（三）休克

DIC 与休克有着密切的关系，互为因果，形成恶性循环。DIC 的结果是微循环发生障碍，而广泛性的微循环障碍，又可引起休克。休克晚期则又可引起 DIC 的发生，其原因有：DIC

形成后，阻塞微循环通路，使回心血量减少；冠状动脉系统内 DIC 形成，引起心肌缺血、缺氧、代谢障碍。心收缩力减弱，心输出血量减少，血压下降；纤维蛋白裂解物以及在凝血过程中被激活的激肽类物质，一方面可使血管扩张，通透性增强，血液成分外渗，血液浓缩，血液黏度增高；另一方面微血管舒张使血管容量增大，致使有效循环血量减少，血压下降，从而加速休克的发展。

（四）溶血性贫血

DIC 常可伴发一种特殊类型的贫血，即微血管病性的溶血性贫血。此种贫血除具有溶血性贫血的一般特征外，外周血涂片中可见各种形态特殊的变形红细胞，称为裂体细胞。裂体细胞呈三角形、新月形、小球形、盔帽形等。这些细胞脆性高，容易发生溶解。其原因是 DIC 过程中，纤维蛋白和血小板在微血管内形成网状结构，血流通过时，红细胞容易被牵拉撞挤而变形和破坏。同时，DIC 出现，伴发缺氧与酸中毒，又可使红细胞变性裂解。当红细胞大量破坏后，释放出红细胞素和 ADP，又可加重 DIC 的形成。

单元七　休克

休克是指机体受各种强烈的有害因素作用后，所发生的有效循环血量减少，特别是微循环血液灌流量急剧降低，导致机体各器官组织（尤其是心、脑等生命重要器官）缺血、缺氧、代谢障碍和功能紊乱，从而严重危及动物生命活动的一种全身性病理过程。

休克患畜主要临床表现有：血压下降，脉搏频弱，呼吸浅表，可视黏膜苍白或发绀，体温降低，皮肤湿冷，耳鼻及四肢末端发凉，尿量减少或无尿，精神沉郁，反应迟钝，衰弱甚至昏迷。

一、休克的原因与分类

引起休克的原因很多，常见的有严重创伤、大面积烧伤、大出血、重度脱水、败血症、心肌梗死、过敏等。根据休克的原因不同，可将休克分为以下几种类型。

（一）低血容量性休克

低血容量性休克是由于血容量的急剧减少所引起的休克，常见有以下几种。

1. 失血性休克

多见于各种原因引起的急性大失血，导致动脉血压急剧下降而发生休克，如严重外伤、产后大出血、肝脾破裂等。

2. 脱水性休克

多见于严重腹泻、高烧或中暑等情况下，由于大量腹泻和出汗，造成细胞外液大量丧失而脱水，使血容量急骤减少，而引起低血容量性休克。

3. 烧伤性休克

多见于大面积烧伤。因皮肤的大面积烧伤，使体表血管壁的通透性增强，大量血浆外渗及体液外漏，使血容量急剧减少，而引起低血容量性休克的发生。

（二）神经源性休克

多因剧烈疼痛所引起，多见于严重外伤、大手术、骨折、高位脊髓损伤或麻醉等情况下。由于强烈的疼痛刺激反射性地引起血管运动中枢迅速由兴奋转为抑制，引起小血管紧张性降低而发生扩张，大量血液淤积在微血管内而导致回心血量明显减少。

（三）感染性休克

感染性休克是由细菌、病毒等病原微生物急性重度感染所引起的。常见于革兰氏阴性细菌感染时，其内毒素可使微血管扩张，管壁通透性增强，血压下降，引起休克的发生。

（四）心源性休克

心源性休克是由于原发性心输出量的急剧减少所引起的休克。多见于弥漫性心肌炎，广泛的心肌梗死，严重的心律失常及急性心包积液等。在这些情况下，由于心输出量的急剧减少，导致有效循环血量的急剧减少，故可引起休克的发生。

（五）过敏性休克

过敏性休克是由于某些药物或血液制品等引起速发型变态反应（过敏）所引起的休克。多见于药物过敏（如青霉素）、血清制剂或疫苗接种过敏等情况下。

二、休克的发生过程与机理

（一）休克的发生过程

根据休克时微循环的变化特点不同，可将休克过程分为以下三个时期。

1.微循环缺血性缺氧期

此期为休克的早期，也是休克代偿期。微循环变化特点是：皮肤、肌肉、胃肠、肝、脾等非生命重要器官的微循环血管发生痉挛性收缩，血液灌流量减少，组织发生缺血性缺氧。但心、脑等生命重要器官的血液供应尚可得到充分供应。此期主要临床表现为可视黏膜苍白，耳、鼻及四肢末梢发凉，排尿减少，甚至无尿，血压正常或稍低，心跳加快，心缩加强。

在休克早期，由于各种病因作用，使交感－肾上腺髓质系统兴奋，儿茶酚胺释放增加，而致微循环血管痉挛（毛细血管前括约肌及微静脉、小静脉收缩，毛细血管前阻力明显增加，使微循环血流量显著不足而处于缺血缺氧状态），微循环灌流量减少，大量血液经直捷通路或动－静脉短路回流心脏（图4-7）。但心、脑等生命重要器官的血管对儿茶酚胺的敏感性低，仍处于开放状态，血流量无明显减少。通过这种适应性反应，实现血液在体内的重新分配，重点保证心、脑等生命重要器官的血液供应。

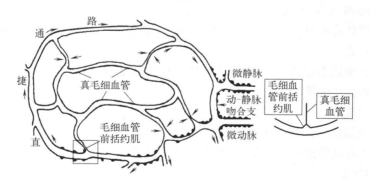

图 4-7　微循环缺血性缺氧期

2.微循环淤血性缺氧期

此期为休克的中期，是休克失代偿期。微循环变化特点是：小动脉、微动脉和毛细血管前括约肌舒张，而小静脉和微静脉仍处收缩状态，而致毛细血管床扩张淤血，回心血量显著减少，血压急剧下降。此期临床主要表现是可视黏膜发绀，皮温下降，脉搏快而弱，静脉萎陷，少尿或无尿，精神沉郁，甚至昏迷。

随着微循环缺血、缺氧和代谢障碍的不断加重，酸性代谢产物大量堆积，使小动脉和毛细血管平滑肌对儿茶酚胺的敏感性降低。同时，组织缺血、缺氧，组织崩解释放大量的舒血管物质（组织胺、肽类等），使毛细血管扩张。但此时小静脉和微静脉仍处收缩状态（因小静脉对酸性环境耐受性强），故毛细血管床内血液只进不出，导致微循环淤血（图 4-8）。此时微血管壁通透性明显增高，血浆液体向组织间转移加速，导致循环血量急剧减少，血流变慢，加重了微循环淤滞，形成恶性循环。并出现心、脑血流量降低，功能障碍，甚至衰竭，休克进入失偿期。

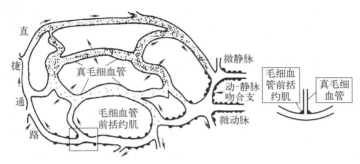

图 4-8　微循环淤血性缺氧期

3. 微循环 DIC 期

此期为休克晚期。微循环特点是：微循环血管由扩张转入麻痹，毛细血管大量开放，血流由淤滞发展到凝集，有微血栓形成，而发生 DIC。随后，由于凝血因子的大量消耗和纤溶系统的活化而发生全身性出血，使休克转入不可逆性。此期的临床主要表现是血压显著降低，脉搏快而弱，静脉萎陷，有严重的出血倾向，各组织、器官功能严重衰竭，动物处于濒死状态。

随着中期微循环淤血的不断发展，微循环内血液逐渐停滞，加之血浆的不断渗出，血液变浓稠，致使红细胞和血小板易发生凝集。又由于严重缺氧和酸性中间代谢产物的大量蓄积，使血管内皮受损，加之红细胞和血小板的崩解可释放凝血因子，而致微循环血管发生DIC（图 4-9）。随着凝血因子的不断消耗，血液凝固性逐渐降低，而引起微循环血管的弥散性出血。

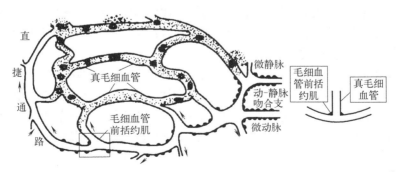

图 4-9　微循环 DIC 期

（二）休克的发生机理

1. 有效循环血量减少

这是低血容量性休克发病的始动环节。由于急性大失血或失液引起的全血量和血浆量的显著减少，使有效循环血量急剧减少。此外，在过敏性休克时微循环血管扩张，致使大量血液淤积在微循环内，此时体内血液总量虽不减少，但单位时间内流过微循环血管的血流量却减少，即有效循环血量减少，导致休克的发生。

2. 急性心机能障碍

这是心源性休克的始动环节。心肌收缩障碍（如心肌梗死）或心脏发生急性充盈障碍（如严重的心动过速，急性心包积液）时，能造成心输出量减少，导致全身各器官组织微循环动脉血灌流量不足，引起休克的发生。

3. 血管舒缩功能异常

休克早期，微循环血管呈痉挛状态，随后期则呈麻痹状态。微循环血管的痉挛或麻痹，都会引起微循环血管的血流障碍，造成微循环的有效灌流量不足，从而引起休克的发生。

三、休克时主要器官的功能与结构变化

（一）急性肾功能衰竭

各种休克常可引起急性肾功能衰竭，称为休克肾，以肾小球内微血栓的形成为主要病变。休克早期，肾小球入球小动脉和毛细血管痉挛，肾血流量减少，滤过率降低，尿的形成减少。加之休克时抗利尿激素和醛固酮分泌增多，促进肾小管对钠、水的重吸收，使尿量减少。休克后期由于血压不断下降，肾小球滤过压进一步降低，而呈现无尿。

【眼观】　肾脏呈斑驳状，病程较久的可见大小不等形状不规则的坏死灶。

【镜检】　肾小管上皮变性、坏死，血管内膜损伤，肾小管内可见透明管形或颗粒管形，间质水肿，肾小球毛细血管内微血栓形成以及肾皮质严重缺血等变化。

（二）急性肺功能衰竭

休克早期，肺脏功能由于呼吸中枢的兴奋性增强，而呈现呼吸加快、加深。但到休克晚期，则出现肺功能衰竭。这是由于有效循环血量的减少，加之肺微循环血管 DIC，而致肺循环障碍和通气换气障碍，故可引起急性肺功能衰竭。

【眼观】　肺脏体积显著肿大，重量增加（可为正常肺 3～4 倍），表面湿润，有光泽，呈紫红色，被膜上有小点状出血。切面呈暗红色，间质湿润增宽，支气管内有淡红色泡沫样液体。

【镜检】　肺泡壁毛细血管充血、出血，肺泡腔内可见红细胞及水肿液、局部肺泡萎陷、微血栓及肺泡内透明膜形成（透明膜是指从毛细血管渗出并在肺泡表面凝固的纤维蛋白）。

（三）急性心功能衰竭

除心源性休克外，其他类型休克的早期，由于受到血液的重新分配，心、脑等生命重要器官的血液供应得到保障，心脏功能可呈现代偿性增强。但到休克后期，由于有效循环血量的急剧减少，冠状动脉的血液供应也急剧减少，导致心肌的供血供氧不足，使心肌发生急性缺血，而引起急性心功能衰竭的发生。表现为心缩减弱，心律加快或失常。可见心外膜下小血管淤血怒张，充满暗紫红色血液，心肌发生变性和坏死等病变。

（四）胃肠与肝功能障碍

休克时由于有效循环血量的减少，胃肠和肝脏的血液灌流量也减少，故可引起胃肠与肝功能障碍的发生。休克时门脉血流量急剧减少，引起肝细胞缺血、缺氧，导致肝功能障碍。由肠道入血的内毒素不能被肝充分解毒，引起内毒素血症，激活枯否氏细胞，释放炎症介质，形成"炎症风暴"，进一步损伤肝细胞，引起黄疸或肝功能不全。同时，肝淤血、缺

血还影响乳酸代谢，加重了酸中毒，促使休克恶化。肝脏表现严重淤血，病程较长者可形成"槟榔肝"变化。

在休克早期，胃肠因微血管痉挛而发生缺血、缺氧，到中、晚期转变为淤血，甚至血流停滞和出血。肠壁淤血、水肿、出血和黏膜糜烂。一方面使胃肠蠕动减弱，消化、吸收与排泄功能紊乱；另一方面肠道菌大量繁殖并产生毒素，容易引起菌血症、毒血症。

（五）中枢神经功能障碍

休克早期由于血液的重新分配，使脑组织血液供应得到保障，患畜常因轻度脑充血而表现兴奋不安。但到休克晚期，由于有效循环血量的急剧减少，加上脑组织微循环发生DIC，脑组织的血液灌流量也急剧减少，而引起脑组织的缺血、缺氧，使中枢神经由兴奋转为抑制状态。患畜表现精神沉郁、反应迟钝，甚至昏迷。此外，患畜还可因脑血管通透性升高发生脑水肿和颅内压升高，而使神经功能障碍症状更为严重。当大脑皮层的抑制逐渐扩散到下丘脑、中脑、脑桥和延髓的心血管中枢和呼吸中枢时，则将不断加重休克，直至引起心跳和呼吸停止而死亡。

（武世珍）

项目五　水盐代谢与酸碱平衡障碍

彩图扫一扫

　　水是构成动物体细胞组织的重要成分之一，它在动物体内构成体液，约占整个体重70%。水和电解质是体液的主要成分，广泛分布于细胞内外。分布于细胞内的液体，称细胞内液（ICF），其容量和成分与细胞的代谢和生理功能密切相关。细胞外液（ECF）是动物机体的内环境，包括组织液、血浆、淋巴液等。细胞外液对沟通细胞之间和机体与外环境之间的物质交换关系密切，对维持内环境相对稳定是必要的。生理条件下细胞内液约占体重的50%，细胞外液约占体重的20%（组织液约占体重的15%，血浆液体约占体重的5%）。

　　另外，维持机体内环境相对稳定的状态，除水和电解质平衡外，还有酸碱平衡。正常情况下，动物机体可通过血液缓冲系统、细胞内外离子交换、肺和肾的调节等多种途径相互协调达到调节酸碱平衡的目的。机体这种生理条件下自动维持体液酸碱度相对稳定的过程，称酸碱平衡。内环境酸碱度的相对恒定对保证生命活动正常进行具有重要意义。

　　病理情况下，外环境的剧烈变化常会引起水和电解质代谢紊乱，导致水容量和分布异常，电解质浓度变化。其次，机体一旦出现酸碱超负荷、严重不足或调节功能障碍，会导致内环境稳态破坏而引起酸碱平衡障碍或酸碱失衡。如得不到及时纠正，常引起严重后果，甚至危及动物生命，故输液疗法是兽医临诊上经常使用和极为重要的治疗手段。

单元一　水肿

　　正常情况下，动物体可通过神经-内分泌系统的调节作用，使机体对水分的摄入和排出保持着动态平衡，以维持体内水分的正常含量，这就是水的代谢平衡。但在某些病理情况下，由于某些致病因素的作用，使机体对水分的摄入或排出任一环节发生扰乱时，就会使水代谢平衡发生破坏，从而引起水代谢障碍的发生。水代谢障碍的表现形式有两种：一种是机体对水的摄入过多或排出减少，而致体内水分过多蓄积所引起的水肿；另一种是机体对水的摄入不足或排出过多，而致体内水分缺乏所引起的脱水。

一、水肿的发生原因和机理

组织液在组织间隙过多蓄积称为水肿，组织液在体腔内过多蓄积就称为积液或积水，如胸腔积液、腹腔积液、心包腔积液等。组织液在皮下组织蓄积所引起的皮下水肿，称浮肿。

（一）组织液循环障碍

在生理情况下，血浆液体不断地从毛细血管动脉端透过血管壁滤出到组织间隙中，形成组织液，而组织液又不断地从毛细血管静脉端和毛细淋巴管回流入血液，从而维持血液与组织液之间体液交换的动态平衡（图 5-1）。

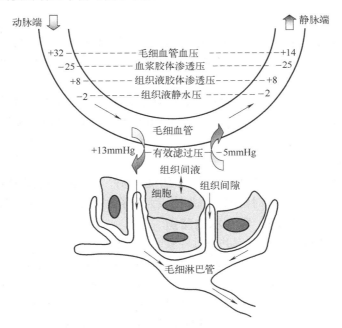

图 5-1　组织液的生成与回流示意图

组织液的生成与回流主要受两个方面力量的影响，一是促使组织液生成的力量（毛细血管流体静压＋组织液胶体渗透压）；另一是促使组织液回流的力量（血浆胶体渗透压＋组织液流体静压）。另外，组织液的生成与回流还受毛细血管通透性和淋巴回流等因素的影响。

在某些病理情况下，组织液生成与回流的动态平衡发生破坏，就会导致组织液的生成增多或回流减少，使组织液在组织间隙中过多蓄积，引起水肿的发生。主要原因有以下几种。

1. 毛细血管流体静压升高

当毛细血管流体静压升高时，其动脉端有效滤过压升高，组织液生成增多，若超过淋巴回流的代偿限度时即可发生水肿。局部性或全身性静脉压升高是导致毛细血管流体静压升高的主要原因，前者常见于静脉被血栓阻塞、静脉管壁受到肿瘤或异物压迫，后者常见于心功能不全。

2. 血浆胶体渗透压降低

血浆胶体渗透压主要由血浆蛋白（白蛋白）浓度决定，白蛋白含量显著减少，可使血浆胶体渗透压降低，毛细血管动脉端有效滤过压增大，静脉端有效滤过压降低，组织液回流动力不足，而在细胞间潴留。引起血浆胶体渗透压降低的主要因素是血浆蛋白合成不足，如机体发生严重营养不良或肝功能不全时可致血浆白蛋白合成障碍；蛋白质丢失过多，肾功能不全时大量白蛋白可随尿丢失，都会引起血浆胶体渗透压降低而发生水肿。

3. 毛细血管和微静脉通透性增强

当毛细血管和微静脉受到损伤使其通透性增强时，血浆蛋白可从管壁滤出，引起血浆胶体渗透压降低、组织液胶体渗透压升高而导致水肿。细菌毒素、创伤、烧伤、冻伤、化学性损伤、缺氧、酸中毒等因素，可直接损伤毛细血管和微静脉管壁；变态反应和炎症过程中产生的组织胺、缓激肽等多种生理活性物质，可引起血管内皮细胞收缩，细胞间隙扩大使管壁通透性增强。

4. 淋巴回流受阻

组织液的一小部分（约 1/10）正常时经毛细淋巴管回流入血，从毛细血管动脉端滤出的少量蛋白质也主要随淋巴循环返回血液。若淋巴回流受阻，可引起组织液积聚及胶体渗透压升高。

引起淋巴回流障碍的因素主要有：淋巴管痉挛；淋巴管炎或淋巴管受到肿瘤等压迫时导致淋巴管管腔狭窄，淋巴回流受阻；严重心功能不全引起静脉淤血和静脉压升高时，也可导致淋巴回流受阻。

5. 组织液渗透压增高

组织液渗透压增高可促进组织液的生成而引起水肿。引起组织液渗透压增高的因素有：血管壁通透性增高；局部炎症时组织分解加剧，大分子物质分解为小分子物质。

（二）球 - 管平衡破坏，导致水钠潴留

动物通过采食摄取水和钠盐，并通过呼吸、出汗和粪尿将其排出。在生理情况下，摄入量与排出量始终保持着动态平衡，这种平衡的维持是通过神经体液调节得以实现的，其中肾脏的作用尤为重要。正常情况下肾小球滤出的水、钠总量中只有 0.5% ~ 1% 被排出，绝大部分被肾小管重吸收。其中 60% ~ 70% 的水、钠由近曲小管重吸收，余者由远曲小管和集合管重吸收。肾小球滤出量与肾小管重吸收量之间的相对平衡（球 - 管平衡）关系被破坏就会引起球 - 管失平衡。常见的有肾小球滤过率降低和肾小管对水、钠重吸收增加，导致水钠潴留引起水肿。

1. 肾小球滤过率降低

肾小球病变，例如急性肾小球性肾炎时，由于肾小球毛细血管内皮细胞增生、肿胀，有时伴发基底膜增厚，可引起原发性肾小球滤过率降低。心功能不全、休克、肝硬化导致的大量腹水形成时，由于有效循环血量和肾灌流量明显减少，可引起继发性肾小球滤过率降低。

2. 肾小管对水、钠重吸收增加

当有效循环血量减少时，如心功能不全时搏出血量不足，可通过主动脉弓和颈动脉窦

压力感受器反射性地引起交感神经兴奋，导致肾内血管收缩。由于出球小动脉收缩比入球小动脉更明显，可使肾小球毛细血管中非蛋白物质滤出增多，致使流经近曲小管周围毛细血管中的血浆蛋白浓度相对升高，流体静压明显下降，故而促进近曲小管重吸收水、钠增多。

任何能使血浆中抗利尿激素分泌增多、醛固酮分泌增多、心钠素分泌减少的因素，都可引起远曲小管和集合管重吸收水、钠增多。肝功能严重损伤，影响对抗利尿激素和醛固酮两种激素的灭活，也可促进或加重水肿的发生。

二、水肿的类型

（一）心性水肿

由于心功能不全而引起的全身性或局部性水肿，称心性水肿。其发生机理如下。

1.水、钠滞留

心功能不全时心输出量减少，而致肾血流量减少，可引起肾小球滤过率降低；有效循环血量减少，又可导致抗利尿激素、醛固酮分泌增多而心钠素分泌减少，肾远曲小管和集合管对水、钠的重吸收增多。球－管失平衡造成水钠在体内滞留。

2.毛细血管流体静压升高

心输出量降低导致静脉回流障碍，进而引起毛细血管流体静压升高。左心功能不全易发生肺水肿，右心功能不全可引起全身性水肿，尤其在低垂部，如四肢、胸腹下部，肉垂、阴囊等处。

（二）肾性水肿

由于肾功能不全引起的水肿，称为肾性水肿。肾脏疾病如肾病综合征、急性肾小球肾炎和肾功能不全等都可发生肾性水肿，肾性水肿属全身性水肿，以机体的疏松组织部位表现明显，严重的可出现胸水和腹水。肾性水肿的发生机理如下。

1.肾排水排钠减少

急性肾小球性肾炎时，肾小球滤过率降低，但肾小管仍以正常速度重吸收水和钠，故可引起少尿或无尿。慢性肾小球性肾炎时，当大量肾单位遭到破坏使肾脏的有效滤过面积显著减少，也可引起水、钠滞留。

2.血浆胶体渗透压降低

肾炎时，肾小球毛细血管基底膜受损，通透性增高，大量血浆白蛋白滤出，当超过肾小管重吸收能力时，可形成蛋白尿而排出体外，使血浆胶体渗透压下降，这样可引起血浆液体向细胞间隙转移而导致血容量减少。后者又引起抗利尿激素、醛固酮分泌增加、心钠素分泌减少而使水、钠重吸收增多。

（三）肝性水肿

由肝脏疾病（主要见于肝硬变）引起的全身性水肿，常表现为腹水增多。发生机理如下。

1.肝静脉回流受阻

肝硬变时，由于肝组织广泛性破坏和大量结缔组织增生，压迫肝静脉的分支，造成肝静脉回流受阻。窦状隙内压明显上升，引起过多液体滤出，当超过肝内淋巴回流的代偿能力时，可经肝被膜滴入腹腔内而形成腹水。同时肝静脉回流受阻又可导致门静脉高压，肠系膜毛细血管流体静压随之升高，血浆液体大量滤出到腹腔内，引起腹水。

2. 血浆胶体渗透压降低

严重的肝功能不全，其一可使蛋白质的消化吸收及其合成都受到损害，引起血浆胶体渗透压下降；其二肝淋巴含较多的蛋白质，腹水的形成使大量白蛋白潴留于腹腔内；其三，水钠的潴留对血浆蛋白有稀释作用，使血浆胶体渗透压下降，在一定程度上可促进水肿的发生。

3. 水钠滞留

肝功能不全时，对抗利尿激素、醛固酮等激素的灭活功能降低，使远曲小管和集合管对水、钠的重吸收增多。腹水一旦形成，血容量下降，又可抑制心钠素分泌、促使抗利尿激素和醛固酮分泌增多，结果进一步导致水、钠滞留，加剧肝性水肿。

（四）肺水肿

在肺泡腔及肺泡间隔内蓄积多量体液时，称为肺水肿。其发生机理如下。

1. 肺泡壁毛细血管内皮和肺泡上皮损伤

由各种化学性（如硝酸银、毒气）、生物性（某些细菌、病毒感染）因素引起的中毒性肺水肿，有害物质损伤肺泡壁毛细血管内皮和肺泡上皮，使其通透性升高，导致血浆液体甚至蛋白质渗出到肺泡间隔和肺泡内。

2. 肺毛细血管流体静压升高

左心功能不全可引起肺静脉回流受阻，肺毛细血管流体静压升高，若伴有淋巴回流障碍，或生成的水肿液超过淋巴回流的代偿限度时，易发生肺水肿。

（五）炎性水肿

炎性水肿是指炎症过程中，由于淤血、炎症、组织坏死崩解产物等诸多因素的综合作用，导致炎区毛细血管流体静压升高、毛细血管通透性升高、局部组织液胶体渗透压升高、淋巴回流障碍而引起水肿。

（六）恶病质性水肿

恶病质性水肿又称为营养不良性水肿，见于慢性饥饿、慢性传染病、大量蠕虫寄生虫病等慢性消耗性疾病。由于蛋白质消耗过多，血浆蛋白质含量明显减少，引起血浆胶体渗透压降低而发生水肿。有毒代谢产物蓄积损伤毛细血管壁，在一定程度上也促进水肿发生。

三、水肿的病理变化

（一）皮肤水肿

【眼观】 皮肤肿胀，色彩变浅，失去弹性，触之质如面团，指压遗留压痕。切开皮肤有大量浅黄色液体流出，皮下组织呈淡黄色胶冻状。

【镜检】 可见皮下组织的纤维和细胞成分距离增大，排列无序，其中胶原纤维肿胀，甚至崩解。结缔组织细胞、肌纤维、腺上皮细胞肿大，胞质内出现水泡，甚至发生核消失（坏死）。HE 染色水肿液可因蛋白质含量多少而呈深红色、淡红色或不着色。

（二）肺水肿

【眼观】 肺脏体积增大，重量增加，质地变实，肺胸膜紧张而有光泽，肺表面因高度淤血而呈暗红色，切开肺脏可从支气管和细支气管内流出大量白色泡沫状液体。肺间质增宽，尤其是猪、牛的肺脏更为明显。

【镜检】 非炎性水肿时，肺泡壁毛细血管高度扩张，肺泡腔内出现大量被伊红红染的浆液。肺间质因水肿液蓄积而增宽，间质结缔组织疏松呈网状。炎性肺水肿时，除见上述病变外，可见肺泡腔水肿液内混有多量白细胞，蛋白质含量也增多。

（三）脑水肿

【眼观】 可见软脑膜充血，脑回变宽而扁平，脑沟变浅。脉络丛血管扩张淤血，脑室扩张，脑脊液增多。

【镜检】 可见软脑膜和脑实质内毛细血管充血，血管周围淋巴间隙扩张，充满水肿液。神经元肿胀，体积变大，胞质内出现大小不等的水泡。细胞周围因水肿液积聚而出现空隙。

（四）实质器官水肿

心、肝、肾等实质器官因其结构致密，发生水肿时器官肿胀比较轻微，只有进行镜检才能发现。心脏水肿时，水肿液出现于心肌纤维之间，心肌纤维彼此分离，受到挤压的心肌纤维可继发变性；肝脏水肿时，水肿液主要蓄积在窦间隙内，使肝细胞索与肝窦发生分离；肾脏水肿时，水肿液蓄积在肾小管之间，使间隙扩大，有时导致肾小管上皮细胞变性并与基底膜分离。

（五）浆膜腔积水

浆膜腔发生积水时，水肿液蓄积在浆膜腔内。浆膜血管充血，浆膜面湿润有光泽。如属于炎性积水，水肿液混浊，内含较多蛋白质，并混有渗出的纤维蛋白、炎性细胞和脱落的间皮。此时浆膜肿胀，充血或出血，表面常被覆薄层或厚层灰白色网状的纤维蛋白。

四、水肿对机体的影响和结局

水肿是一种可逆性病理过程。原因去除后，在心血管系统机能改善的条件下，水肿液可被吸收，水肿组织的形态学改变和机能障碍也可恢复正常。但长期水肿的组织，可因组织缺血缺氧、继发结缔组织增生而发生纤维化或硬化，此时即使除去病因也难以完全消除病变。

水肿对机体影响决定水肿的程度和发生部位。轻度水肿，因其水肿液较少，病因清除后，水肿液迅速吸收，水肿很快消退，对机体影响不大。有时轻度水肿对机体会产生有利影响，如轻度的炎性水肿，其水肿液对侵入炎区的毒素或有害物质有稀释作用，可减轻对组织的毒害作用。但严重水肿，由于水肿液过多，压迫周围组织，妨碍周围组织的机能活动，对机体的影响较大。发生在重要器官的水肿，即使水肿的程度轻微，也会对机体造成严重影响。例如肺水肿时，通气障碍，重者可导致动物窒息死亡；脑水肿时，其颅内压升高，脑组织受压，中枢机能障碍，甚至导致动物昏迷死亡；心包积水时，心脏活动受到限制，则可导致全身血液循环障碍，甚至引起心力衰竭而造成死亡。

单元二　脱水

动物因水分的摄入不足或丧失过多，而使体内水分缺乏（体液异常减少）的病理过程，称为脱水。因盐类和水分是构成体液的主要成分，所以在脱水时，随着水分的丧失，也必然伴有不同程度盐类的丧失，临床上常根据脱水时水盐丧失的比例不同，而将脱水分为缺水性脱水、缺盐性脱水和混合性脱水等三种类型。

一、缺水性脱水

以水分的丧失为主，而盐类丧失较少的一种脱水。此型脱水的特点是：血浆钠浓度和血浆渗透压升高，血液浓稠，细胞因脱水而皱缩，患畜口渴、尿少、尿比重增高。其中血浆渗透压升高为此型脱水的主导环节，又称高渗性脱水。

（一）发生原因

1. 饮水不足

动物患咽炎、食道阻塞、破伤风等疾病不能饮水，或长期在沙漠跋涉与放牧，水源严重缺乏时，饮水不足又消耗过多，可引起缺水性脱水。

2. 失水过多

呕吐、腹泻、胃扩张、肠梗阻等疾病时，可引起大量低渗性消化液丧失；服用过多速尿、甘露醇、高渗葡萄糖等，可排出大量低渗尿；高热病畜皮肤出汗和呼吸蒸发，也会丧失大量低渗性体液。另外，丘脑受肿瘤等的压迫而使抗利尿激素合成、分泌障碍，或由于肾小管上皮变性而对抗利尿激素反应性降低，因而经肾排出大量低渗尿，使大量水分排出，均可引起缺水性脱水。

（二）代偿过程

脱水过程是一个渐进的发展过程。动物机体具有较强的抗脱水能力。脱水初期，机体可通过一系列的抗脱水作用来对抗脱水，最终是否发生脱水，取决于"脱水与抗脱水"双方力量的对比。

在缺水性脱水初期，由于体内水分大量丧失，而致血浆中水分显著减少，血浆钠浓度相对增高，致使血浆渗透压升高，于是机体就会出现一系列的保水、排钠的抗脱水反应（图5-2）。

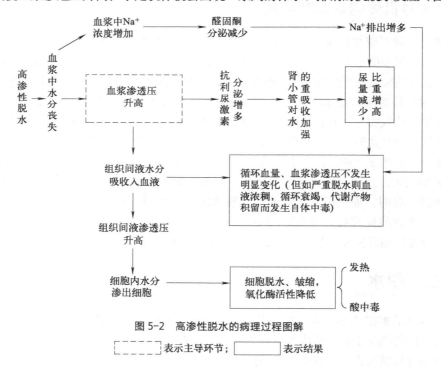

图 5-2　高渗性脱水的病理过程图解

⌐ ̄ ̄ ̄ ̄⌐表示主导环节；　☐表示结果

1. 保水作用

由于血浆渗透压升高，刺激丘脑下部渗透压感受器，一方面可反射性引起垂体后叶抗利尿激素的分泌增加，使肾小管对水的回收加强，尿的排出减少，以达保水作用，患畜尿量减少。另一方面还可反射性引起患畜口渴，以增加水分的摄入，补充水分的缺乏。

2. 排钠作用

由于血浆钠浓度升高，反射性抑制了肾上腺皮质醛固酮的分泌，使肾小管对钠的回收减少，钠的排出增多，实现排钠作用，因此患畜的尿比重增高。

3.组织液水分回流增多

由于血浆渗透压升高，组织液中水分回流增多，以维持血浆钠浓度和血浆渗透压，以及循环血量的正常。

（三）结局与影响

如脱水不太严重，机体可通过上述保水、排钠和组织液水分回流增多等抗脱水过程，使循环血量和血浆渗透压不发生明显改变。随着病因的及时消除，脱水就会终止发展，对机体不会产生太大的不利影响。但如病因不能及时消除，脱水过程继续加重，超出了机体的代偿限度时，就会使机体处于失偿状态，并对机体产生较大的不利影响。

1.脱水热

脱水持续发展，由于血容量的极度减少，而致循环障碍，通过皮肤和呼吸蒸发的水分减少，散热困难，造成体热蓄积，引起脱水热。

2.酸中毒

由于细胞外液渗透压不断升高，细胞内水分大量移出细胞外，而致细胞脱水皱缩，细胞内氧化酶活性降低，细胞内物质代谢障碍，酸性中间代谢产物大量蓄积而发生酸中毒。

3.自体中毒

由于血浆渗透压升高，血液浓稠，加之循环衰竭，有毒代谢产物蓄积，引起自体中毒。

二、缺盐性脱水

以盐类丧失为主，水分丧失较少的一种脱水，称缺盐性脱水。其特点是：血浆渗透压降低，血容量和组织液显著减少，血液浓稠，细胞水肿，患畜不感口渴，尿量较多（但后期急剧减少），尿比重降低，其中血浆渗透压降低为此型脱水的主导环节，故又称低渗性脱水。

（一）发生原因

1.补液不合理

低渗性脱水大多发生于体液大量丧失之后，即单纯补充过量水分所引起。例如，大量出汗、呕吐、腹泻或大面积烧伤之后，只补充水分或输入葡萄糖溶液，未注意补充钠，即可引起低渗性脱水。

2.大量钠离子丢失

肾上腺皮质机能低下时醛固酮分泌减少，抑制肾小管对钠离子的重吸收，造成大量钠离子随尿排出体外。长期使用排钠性利尿剂如速尿、利尿酸、氯噻嗪类，亦导致钠离子大量丢失。

（二）代偿过程

缺盐性脱水初期由于盐类的大量丧失，而致血浆钠浓度和血浆渗透压降低，机体则出现一系列的抗脱水反应（图 5-3）。

1.排水作用

由于血浆渗透压降低，抑制了丘脑下部渗透压感受器，并反射性地抑制了垂体后叶抗利尿激素的分泌，使肾小管对水分的回收减少，大量水分排出，以达排水作用，故患畜的尿量增多。

2.保钠作用

由于血浆钠浓度降低，反射性地引起肾上腺皮质醛固酮分泌增加，使肾小管对钠的回

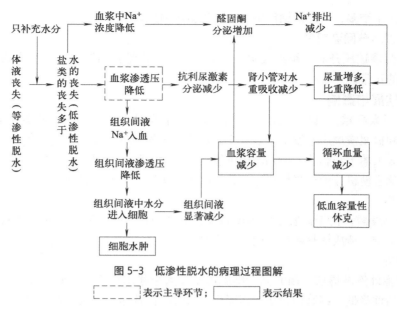

图 5-3　低渗性脱水的病理过程图解

┌─ ─ ─ ─┐表示主导环节；└──────┘表示结果

收增加，减少钠的排出，以达保钠作用，患畜的尿比重降低。

3.组织钠盐进入血液

由于血浆钠浓度降低，组织液中的钠盐部分进入血液，以补充血浆钠的不足。

（三）结局与影响

如脱水不太严重，机体通过上述排水、保钠作用，以及组织液中钠盐进入血液等抗脱水过程，使血浆钠的浓度和血浆渗透压维持正常。随着病因的及时消除，脱水就会终止发展，对机体不会产生太大的不利影响。但如病因不能及时消除，脱水过程继续加重，超出了机体的代偿限度时，就会使机体处于失偿状态，并对机体产生较大的不利影响。

1.细胞水肿与代谢障碍

由于血浆钠浓度降低，因组织液钠盐大量进入血液，而致使组织液渗透压下降，大量水分进入细胞，引起细胞水肿与代谢障碍。

2.低血容量性休克

由于血浆钠浓度的降低，维持不住循环血量，加之水分大量通过尿液排出以及进入细胞内，细胞外液容量更加减少，从而使有效循环血量减少，动脉压下降，重要器官微循环灌流不足，极易引起低血容量性休克。

3.自体中毒

由于血容量的不断减少和循环障碍的不断加重，必然导致肾血流量的显著减少，滤过率显著降低，尿量急剧减少，有毒代谢产物蓄积体内，而引起自体中毒。

三、混合性脱水

以水分和盐类同等丧失所引起的脱水，称混合性脱水，因此型脱水丧失的是等渗性体液，脱水初期血浆渗透压基本不变而保持等渗状态，故又称等渗性脱水。此时水和盐均大量丧失，故有缺水性脱水和缺盐性脱水的综合特征。

（一）发生原因

多发生于急性胃肠炎、剧烈腹痛、中暑或过劳、大面积烧伤等情况下。急性胃肠炎时严重腹泻；剧烈腹痛、中暑或过劳等时的大量出汗；大面积烧伤时体液大量流失，均可导致等渗性体液的大量丧失，故可引起混合性脱水。

（二）代偿过程

在混合性脱水初期，因大量等渗性体液的丧失，血浆钠浓度及血浆渗透压一般不发生改变。但随着病程的发展，因水分仍然不断地从呼吸和皮肤蒸发，水的丧失总是略多于盐的丧失，血浆钠浓度及血浆渗透压则表现相对升高，而引起相应的代偿反应（图 5-4）。

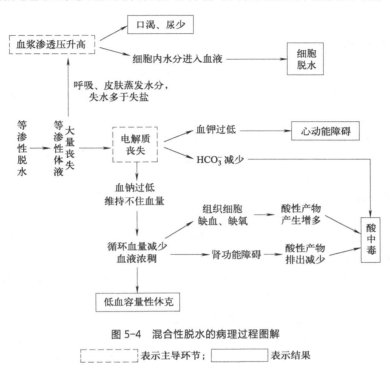

图 5-4　混合性脱水的病理过程图解

╌╌╌ 表示主导环节；▭ 表示结果

1. 保水作用

由于血浆渗透压升高，通过丘脑下部渗透压感受器反射性地引起口渴、尿少，从而增加水的摄入和减少水的排出，借以维持血浆渗透压的不变。

2. 组织和细胞内水分进入血液

由于血浆渗透压升高，组织和细胞内水分进入血液，维持血容量和血浆渗透压的正常。

（三）结局与影响

如脱水不太严重，机体通过上述抗脱水过程来维持血容量和血浆渗透压的正常，实现机体对脱水的代偿。但如脱水继续发展，超过了机体所能代偿的限度时，就会引起不良影响。

1. 细胞脱水与代谢障碍

由于组织液和细胞内液大量进入血液，而致细胞脱水，细胞代谢障碍。

2. 低血容量性休克

由于盐类的大量丧失，而致血浆中的钠过度减少，维持不足血量，通过上述抗脱水作用补充入血液的水不能保留在血液中而排出体外，最终导致血液浓稠，循环血量减少，而引起低血容量性休克。

3. 自体中毒

由于循环血量减少，血液浓稠，而致血液循环障碍。一方面因细胞组织缺血、缺氧，加之细胞脱水，而致细胞代谢障碍，酸性代谢产物产生增多；另一方面因肾血流量减少，排泄机能障碍，有毒代谢产物蓄积体内，而引起自体中毒。

单元三　电解质代谢障碍

一、钾代谢障碍

钾是细胞内的主要阳离子，体内 90% 的钾存在于细胞内液，骨钾约占 7.6%，跨细胞液钾约占 1%，仅约 1.4% 的钾存在于细胞外液中。正常动物机体的钾代谢必须实现两种动态平衡，即进出平衡和分布平衡。

动物体内钾的主要生理功能是维持细胞新陈代谢，维持细胞静息电位和参与细胞内外渗透压和酸碱平衡的调节。细胞外液中 K^+ 浓度出现异常变化，尤其是血清 K^+ 浓度的变化，会导致钾代谢障碍，其通常包括低钾血症和高钾血症。

（一）低钾血症

各种动物的正常血钾浓度略有不同，低钾血症是指血清钾浓度低于正常范围；缺钾则指体内钾总量不足，二者是不同的概念。低钾血症和缺钾可同时发生，也可分别发生。

1. 病因和发病机理

（1）钾摄入不足　动物饲料中一般不会缺钾，尤其是草食动物，但在吞咽困难、长期饥饿、消化吸收障碍等情况下，可引起缺钾。

（2）钾丢失过多　这是造成动物机体缺钾和低钾血症的主要原因。

① 经消化道丢失：消化液富含钾，当动物严重呕吐、腹泻、真胃停滞、肠梗阻等丢失大量消化液时，可发生缺钾。另外，大量消化液丢失引起体液容量减少，还可导致继发性醛固酮分泌增多，促进肾排钾。

② 经肾丢失：肾脏是排钾的主要器官。肾远曲小管和集合管的上皮细胞一方面可主动分泌钾离子进入小管液中；另一方面可通过 Na^+-K^+（或 Na^+-H^+）交换形式，将 K^+ 交换入管腔中。在醛固酮原发性或继发性分泌增加时（如慢性心力衰竭、肝硬化等），Na^+-K^+ 交换增加，导致肾排钾增加；长期使用利尿剂、渗透性利尿（如输入高渗葡萄糖溶液），随远曲小管内尿液流速加快，导致尿钾增多；镁缺乏常引起低钾血症，这与 Na^+/K^+-ATP 酶功能障碍有关，因 Mg^{2+} 是该酶的激活剂，缺镁时，细胞内 Mg^{2+} 不足而使此酶失活，导致钾重吸收障碍，尿钾增加。

③ 经汗液丢失：汗液中含有一定量的钾。一些汗腺发达动物在高温环境中进行重役，可因大量出汗丢失较多钾，若没有及时补充，可造成低钾血症。

（3）钾在细胞内外分布异常　某些原因引起低钾血症，但不引起缺钾。常见有以下几种。

① 碱中毒：碱中毒时，一方面，H^+ 从细胞内外溢，为维持电荷平衡，伴有细胞外 K^+、Na^+ 进入细胞内，引起血钾浓度降低；另一方面，肾小管上皮细胞 H^+-Na^+ 交换减弱，而 K^+-Na^+ 交换增强，尿钠排出增多。

② 细胞内合成代谢增强：细胞内糖原和蛋白质合成加强时，钾从细胞外转移进细胞内从而引起低钾血症。

③ 某些毒物：如棉酚、钡中毒，可特异地阻断钾通道，使钾由细胞内向外流受阻。

2. 对机体的影响

不同个体对低钾血症的表现不同，临诊症状和体征通常取决于血钾降低速度和程度。一般来说，血钾浓度越低对机体的影响越大。低钾血症对机体的主要影响是神经和肌肉的功能障碍。

（1）**对神经、肌肉的影响**　可兴奋细胞的兴奋性是由静息电位与阈电位之间的差值决定的，差值越大，引起兴奋所需的刺激强度就越大，其兴奋性就越低。反之，差值越小，引起兴奋所需的刺激强度就小，兴奋性就高。静息电位很大程度上与细胞膜内外钾离子浓度差有关。浓度差越大，钾离子外流越多，静息电位越大（负值增大）。因此，在低钾血症尤其是急性低钾血症时，细胞外液中 K^+ 浓度急剧降低，细胞内外 K^+ 浓度差显著增大，细胞内 K^+ 外流增多，从而导致静息电位负值增大，与阈电位之差距变大，使可兴奋细胞的兴奋性降低。通常把这种变化称之为超极化阻滞，发生在不同细胞有不同表现。

① 对神经系统的影响：动物主要临床症状为神情淡漠、定向力弱、嗜睡甚至昏迷。

② 对肌肉的影响：急性低钾血症常引起肌肉无力，甚至麻痹；消化道平滑肌则常发生运动减弱，出现便秘、腹胀，严重的发生麻痹性肠梗阻。

③ 对心脏的影响：低钾血症对心肌细胞的兴奋性、自律性、传导性和收缩性均有影响。可引起心律失常，易发生异位节律。心电图的特征性表现是 T 波后出现明显 U 波，S-T 段压低。

（2）**对肾功能的影响**　低钾血症时，肾脏对尿的浓缩功能降低，表现为多尿和尿比重降低。其机制可能是：低钾时，远曲肾小管和集合管对抗利尿激素（ADH）的反应性降低，从而导致水重吸收障碍；另外，尚可影响髓质高渗环境的形成，使尿液浓缩功能障碍。严重者还可损伤肾脏，形成间质性肾炎样病变。

（3）**对酸碱代谢的影响**　严重低钾血症容易诱发代谢性碱中毒，主要机制一是低钾血症时 H^+ 向细胞内转移增多；二是肾小管上皮细胞 K^+-Na^+ 交换减少，H^+-Na^+ 交换增多，使肾排 H^+ 增多。因此，低钾血症时，常排出酸性尿，而机体却发生碱中毒，此称"反常性酸性尿"。

（二）高钾血症

血钾浓度高于正常范围，称高钾血症。血钾浓度高不一定反映体内钾含量高。此外，还需注意排除假性高钾血症，其原因是血标本处理不当，发生了大量红细胞、白细胞、血小板破坏，引起细胞内钾大量释放入血清。

1. 病因和发病机理

高钾血症的主要原因是钾排出受阻和细胞内钾外移。

（1）**排钾障碍（肾）**　在急性肾功能不全的少尿、无尿期，或慢性肾功能不全的后期，因肾小球滤过率下降或肾小管排钾功能障碍，往往发生高钾血症。肾上腺皮质功能下降，醛固酮合成障碍或某些药物和疾病引起继发性醛固酮不足（如间质性肾炎），使钾的排出减少。

（2）**细胞内钾外移**　大量溶血和组织坏死，如严重创伤、烧伤等使钾从细胞内大量释出，超过肾脏代偿能力，血钾浓度升高。组织缺氧，ATP 生成不足，细胞膜 Na^+/K^+-ATP 酶功能障碍，非但细胞外钾不能泵入细胞，而且细胞内钾还可大量外流，引起高钾血症。酸中毒时，一方面细胞外 H^+ 进入细胞内，使细胞内 Na^+ 和 K^+ 外移；另一方面肾小管上皮细胞 H^+-Na^+ 交换增多，K^+-Na^+ 交换减少，从而导致高钾血症。

2. 对机体的影响

高钾血症对机体的影响主要表现在因膜电位异常而发生的障碍，典型表现在骨骼肌和心肌。

（1）高钾血症对骨骼肌的影响　轻度高钾血症（血清钾浓度高于正常值 2.0mmol/L 以内）时，细胞外液钾浓度增高，使细胞内外钾浓度差减小，膜电位降低，肌肉的兴奋性增强，临诊上可出现肌肉震颤。重度高钾血症（血清钾浓度高于正常值 2.0mmol/L 以上）时，骨骼肌细胞膜电位过小，肌肉细胞不易被兴奋。临诊上动物可出现四肢软弱无力、腱反射消失，甚至出现麻痹。肌肉症状首先出现于四肢，然后向躯干发展。

（2）高钾血症对心肌的影响　高钾血症可使心肌的兴奋性、自律性、传导性和收缩性降低，导致心律失常，甚至心搏骤停。

（3）高钾血症对酸碱平衡的影响　高钾血症常伴发代谢性酸中毒，其机制为：①细胞外 K^+ 流向细胞内，细胞内 H^+ 流向细胞外；②肾小管上皮细胞 K^+-Na^+ 交换增多，H^+-Na^+ 交换减少，故此时排出碱性尿。

二、镁代谢障碍

镁在细胞内含量仅次于钾，居第二位。镁参与体内多种酶促反应，具有广泛的生理功能，尤其对维持细胞正常代谢和生理功能是十分必要的。镁代谢障碍通常可分为低镁血症和高镁血症。

（一）低镁血症

各种动物血清镁含量略有差异。血清镁含量低于正常范围，称低镁血症。

1. 病因和发病机理

（1）摄入不足　有些地方土壤中缺镁，植物中也缺镁，动物采食了这种牧草后，发生低镁血症。如反刍动物的青草搐搦，是由于牛、羊放牧于幼嫩的青草地，采食了低镁土壤中生长的牧草而致。慢性消化功能障碍，也可使镁吸收不足。

（2）排出增多　肾脏是体内排镁的主要器官，在肾脏发生疾病，如慢性肾小球肾炎、肾盂肾炎时，镁的重吸收功能障碍，尿镁增多；应用利尿药，如速尿和渗透性利尿剂，均可使肾排镁增多；高钙血症，可减少镁在近曲小管的重吸收，因钙和镁在肾小管被重吸收时有相互竞争作用；氨基糖苷类抗生素能引起可逆性肾损害，导致高尿镁和低血镁。此外，糖尿病可由于渗透性利尿，酮病由于酸中毒排镁增多。

（3）镁分布异常　细胞外液镁进入细胞内，可引起转移性低镁血症。常见于骨骼修复过程中，镁可沉积于骨质中；碱中毒时，镁可进入细胞内。

2. 低镁血症对机体的影响

（1）对神经、肌肉的影响　低镁血症使神经 - 肌肉兴奋性增高，出现四肢肌肉震颤、强直、搐搦等症状，其主要机制为：① Mg^{2+} 与 Ca^{2+} 具有竞争性进入轴突前膜的作用，血镁浓度降低，Ca^{2+} 进入增多，释放乙酰胆碱增多，引起肌肉兴奋；②镁影响肌细胞钙转运，低镁时，激发钙从肌浆网中释出，使肌肉收缩；③骨骼肌收缩需 ATP 供能，而能量产生和利用的一系列过程中酶的激活皆需 Mg^{2+} 参与，低镁可导致能量供应不足。镁对平滑肌也有抑制作用，低镁血症时胃肠道平滑肌兴奋，可引起呕吐或腹泻。

（2）心律失常　低镁血症可引心室性心律失常，严重者由于室颤而猝死。低镁使 Ca^{2+} 和 Na^+ 经慢通道进入心肌细胞加速，平台期和有效不应期缩短，细胞自动去极化加快，导致心律失常。

（3）对中枢神经系统的影响　镁对中枢神经系统有抑制作用，血镁降低时这种抑制作用减弱。可出现反射亢进，对声、光反应过强，惊厥、昏迷等症状。其机制可能与镁阻滞中枢兴奋性 N- 甲基 -D- 天冬氨酸受体的作用减弱，以及钠泵活性和 cAMP 水平异常改变等有关。

（4）低镁可致低钾和低钙血症　低钾的原因是低镁促进肾小管排钾；低钙的原因有，低镁时，骨镁释放而钙进入骨内；镁饮乏使腺苷酸环化酶活性下降，导致甲状旁腺分泌甲状旁腺素（PTH）减少，同时靶器官对 PTH 的反应性减弱，使钙吸收和排出均发生障碍。

（二）高镁血症

血清镁浓度高于正常范围，称高镁血症。

1.病因和发病机理

（1）肾排镁减少　急、慢性肾功能衰竭，因肾小球滤过功能降低，使肾排镁减少。

（2）镁分布异常　严重糖尿病、酮病、烧伤、创伤可使细胞内镁释放至细胞外，引起高镁血症；酸中毒时，细胞内的镁转移到细胞外，发生高镁血症。

（3）过量应用镁制剂　如口服泻药和用含镁药物灌肠，可引起高镁血症。

（4）其他　严重脱水伴少尿、排镁减少，可致高镁血症；甲状腺素可影响镁代谢，如甲状腺功能减退，可发生高镁血症。

2.高镁血症对机体的影响

（1）对神经、肌肉的影响　高镁可使神经 - 肌肉接头处释放的神经递质（乙酰胆碱）减少，抑制了神经 - 肌肉接头处的兴奋传递，表现为骨骼肌弛缓性麻痹甚至瘫痪，吞咽困难，严重者可发生随意肌和呼吸肌麻痹。

（2）对心脏和血管的影响　高浓度的镁能抑制房室和心室内传导，并降低心肌兴奋性，故可引起传导阻滞和心动过缓，甚至使心脏停搏。高镁血症对血管平滑肌的抑制可使小动脉和微动脉扩张，导致外周阻力和动脉血压下降。

（3）对消化系统的影响　高血镁可抑制自主神经递质的释放，可直接抑制胃肠道平滑肌运动，表现为便秘、呕吐和尿潴留等症状。

（4）对呼吸系统的影响　高血镁可使呼吸中枢兴奋性降低和呼吸肌麻痹，导致呼吸停止。

单元四　酸碱平衡障碍

一、酸碱平衡障碍的发生原因与类型

（一）反映酸碱平衡常用指标及其意义

1.pH 值和 H^+ 浓度

pH 值指动脉血中 H^+ 浓度的负对数，代表血液酸碱度的指标。常见畜禽血液 pH 值变动范围较小，正常值一般为 7.25 ～ 7.55，平均为 7.40。pH 值大于正常值上限时，表明有碱中毒；pH 值小于正常值下限时表明有酸中毒。但是 pH 值并不能区分酸碱平衡障碍是呼吸性还是代谢性的。

2.二氧化碳分压

二氧化碳分压（PCO_2）指物理溶解于血浆中的 CO_2 分子所产生的压力，是判断呼吸性酸碱平衡障碍的重要指标。PCO_2 原发性增多表示有 CO_2 潴留，见于呼吸性酸中毒；PCO_2 原发性降低表示肺通气过度，见于呼吸性碱中毒。但在代谢性酸中毒或碱中毒时，由于机体的代偿调节作用，PCO_2 可发生继发性降低或升高。

3. 实际碳酸氢盐和标准碳酸氢盐

（1）实际碳酸氢盐（AB）　指隔绝空气的血液标本，在实际 PCO_2、血氧饱和度及体温条件下测得血浆中 HCO_3^- 的含量，即为血浆 HCO_3^- 浓度。

（2）标准碳酸氢盐（SB）　指动物血液在标准条件下（PCO_2=40mmHg、血氧饱和度 100% 及温度 38℃）使血样充分平衡或饱和后测得血浆中 HCO_3^- 含量。SB 是判断代谢性因素引起的酸碱平衡障碍的重要指标。

代谢性酸中毒时，SB 和 AB 两者都降低；代谢性碱中毒时，两者都升高。呼吸性酸碱平衡障碍时，SB 和 AB 可不相等。若 AB>SB 提示有 CO_2 潴留，为呼吸性酸中毒；若 AB<SB 提示 CO_2 排出过多，为呼吸性碱中毒。

4. 缓冲碱

缓冲碱（BB）指血液中一切具有缓冲作用的负离子碱的总和。包括血浆和红细胞内的 HCO_3^-、血红蛋白阴离子（Hb^-）、氧合血红蛋白阴离子（HbO_2^-）、蛋白质阴离子（Pr^-）和 HPO_4^{2-} 等。BB 与 SB 一样也是在标准状态下测定的，因此，BB 也是反映代谢性因素的指标，与 PCO_2 变化无关。代谢性酸中毒时，BB 减少，而代谢性碱中毒时，BB 增加。慢性呼吸性酸碱平衡障碍时，因肾脏代偿调节，BB 可出现继发性升高或降低。

5. 碱剩余

碱剩余（BE）指在标准条件下（PCO_2=40mmHg、血氧饱和度 100% 及温度 38℃），用酸或碱滴定 1L 全血或血浆样本至 pH 值 7.40 时所用的碱或酸的量（mmol/L）。BE 也是在标准条件下测定的，所以 BE 也是一个反映代谢性因素的指标，其正常值为 -3 ～ +3mmol/L。代谢性酸中毒时 BE 负值增加，代谢性碱中毒时 BE 正值增大。

6. 阴离子间隙

阴离子间隙（AG）指血浆中未测定阴离子（UA）与未测定阳离子（UC）的差值，即 AG=UA-UC。血浆中未测定阴离子（UA）包括 Pr^-、HPO_4^{2-}、SO_4^{2-} 和有机酸负离子；血浆中未测定阳离子（UC）包括 K^+、Ca^{2+} 和 Mg^{2+}。AG 是反映血浆中固定酸含量的指标。AG 既可升高也可降低，但升高的意义较大，常见于磷酸盐和硫酸盐潴留、乳酸堆积、酮体过多及水杨酸、甲醇中毒等。而 AG 降低在判断酸碱平衡障碍方面意义不大。

（二）酸碱平衡的调节机制

动物体液环境必须具有适宜的酸碱度，才能维持细胞组织的正常代谢和机能活动。在正常情况下，动物体液环境的酸碱度经常保持在 pH 值 7.4 左右，维持机体酸碱平衡。机体之所以能维持体液环境的酸碱平衡，是因为机体具有强大的酸碱调节机构，主要包括以下四个方面。

1. 血液缓冲系统的调节

由弱酸及弱酸盐组成的缓冲对分布于血浆和红细胞内，这些缓冲对共同构成血液的缓冲系统。血浆缓冲对有：碳酸氢盐缓冲对（$NaHCO_3/H_2CO_3$）、磷酸盐缓冲对（Na_2HPO_4/NaH_2PO_4）、血红蛋白缓冲对（Na-Pr/H-Pr，Pr 为血浆蛋白质）；红细胞内缓冲对有：碳酸氢盐缓冲对（$KHCO_3/H_2CO_3$）、磷酸盐缓冲对（K_2HPO_4/KH_2PO_4）、血红蛋白缓冲对（K-Hb/H-Hb，Hb 为血红蛋白）、氧合血红蛋白缓冲对（$K-HbO_2$，HbO_2 为氧合血红蛋白）。

在这些缓冲对中，以 $NaHCO_3/H_2CO_3$ 最多，作用最强，故临床上常用血浆中 $NaHCO_3/H_2CO_3$ 的量代表体内的缓冲能力。

2. 肺脏的调节

肺脏可通过改变呼吸运动频率和幅度来调整血浆中 H_2CO_3 的浓度。当动脉血 PCO_2 升高、氧分压降低、血浆 pH 值下降时，可刺激延脑的中枢化学感受器和主动脉弓、颈动脉体的外周化学感受器，引起呼吸中枢兴奋，呼吸加深加快，CO_2 排出增多，使血浆 H_2CO_3 浓度降低。但动脉血 PCO_2 过高则引起呼吸中枢抑制。当动脉血 PCO_2 降低或血浆 pH 值升高时，呼吸变浅变慢，CO_2 排出减少，血浆中 H_2CO_3 浓度升高。以此维持血浆 $NaHCO_3/H_2CO_3$ 的正常比值。

3. 肾脏的调节

肾脏主要通过排出过多的酸或碱，以维持体液的正常 pH 值。非挥发性酸和碱性物质主要通过肾脏排出体外。

（1）**泌 H^+ 保钠，H^+-Na^+ 交换** 肾小管上皮细胞都有分泌 H^+ 的功能。肾小管上皮细胞内含有碳酸酐酶（CA），能催化 H_2O 和 CO_2 结合生成 H_2CO_3，后者解离成 H^+ 和 HCO_3^-，H^+ 被肾小管上皮细胞主动分泌入小管液，与 Na^+ 进行交换，Na^+ 进入肾小管上皮细胞与 HCO_3^- 结合生成 $NaHCO_3$ 回到血浆。80% ～ 85% $NaHCO_3$ 在近曲小管被重吸收，其余部分在远曲小管和集合管被重吸收，尿中几乎无 $NaHCO_3$，肾上皮每分泌一个 H^+，可重吸收一个 Na^+ 和一个 HCO_3^-。当体液 pH 值降低时，碳酸酐酶的活性增高，肾上皮泌 H^+ 增加，重吸收 HCO_3^- 作用增强；反之，当 pH 值升高时，肾上皮泌 H^+ 减少，重吸收 HCO_3^- 的作用减弱（图 5-5）。

（2）**NH_4^+ 排出，排氨保钠** 尿中的 NH_3 大部分由谷氨酰胺酶水解谷氨酰胺产生，少部分 NH_3 通过氨基酸脱氨基作用产生。NH_3 不带电荷，脂溶性，容易通过细胞膜而进入肾小管液，与肾上皮分泌的 H^+ 结合生成 NH_4^+。NH_4^+ 带正电荷，水溶性，不容易通过细胞膜返回细胞内，NH_4^+ 与小管液中的强酸盐负离子（大部分是 Cl^-）结合，生成 NH_4Cl 随尿排出，强酸盐的正离子 Na^+ 又与 H^+ 交换进入细胞内，与细胞内的 HCO_3^- 结合形成 $NaHCO_3$ 返回血浆，从而达到排氨保钠，排酸保碱，维持血浆酸碱度的目的（图 5-6）。

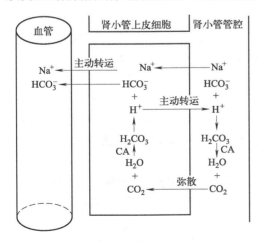

图 5-5　H^+ 分泌和 HCO_3^- 重吸收过程示意图

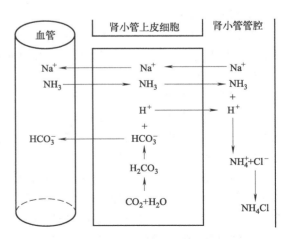

图 5-6　远曲小管和集合管中氨分泌过程示意图

4. 细胞组织的调节

细胞组织对酸碱平衡的调节作用，主要是通过细胞内外离子交换实现的，红细胞、肌细胞等都能参与调节过程。例如，组织液 H^+ 浓度升高时，H^+ 弥散入细胞内，而细胞内等量的 K^+ 移至细胞外，以维持细胞内外电荷平衡。进入细胞的 H^+ 可被细胞内缓冲系统所处理，当组织液 H^+ 浓度降低时，上述过程则减弱。

（三）酸碱平衡障碍的类型

血液 pH 值高低主要取决于碳酸氢盐（HCO_3^-）与碳酸（H_2CO_3）的浓度比。正常情况下，血液内 $NaHCO_3/H_2CO_3$ 为 20：1，只要该比值不变，血液 pH 值就保持恒定。病理情况下，当体内 HCO_3^- 减少或 H_2CO_3 增多，可使 $NaHCO_3/H_2CO_3$ 值小于 20：1，引起血液 pH 值低于正常值而发生酸中毒；反之，当 HCO_3^- 增多或 H_2CO_3 减少时，使 $NaHCO_3/H_2CO_3$ 值大于 20：1，引起血液 pH 值高于正常值而发生碱中毒。

由于机体对酸碱平衡改变具有强大的代偿和调节能力，当 HCO_3^- 或 H_2CO_3 浓度改变若不很严重，机体通过适应性代偿调节机制，可使碳酸盐缓冲对比值不发生明显改变，即 pH 值仍维持在正常范围之内，称为代偿性酸中毒或代偿性碱中毒；如果酸碱变化继续加重，超过机体代偿调节限度，则引起 $NaHCO_3/H_2CO_3$ 比值发生明显改变，使 pH 值改变超出正常范围，导致酸碱平衡紊乱或酸碱失衡，表现为失代偿性酸中毒或失代偿性碱中毒。

在维持体液 pH 值调节过程中，血浆中碳酸氢盐（HCO_3^-）含量主要受代谢性因素影响，由 HCO_3^- 原发性降低或增高而引起的酸碱平衡障碍，称代谢性酸中毒或代谢性碱中毒；血浆中碳酸（H_2CO_3）含量主要受呼吸因素影响，由 H_2CO_3 浓度原发性增高或降低而引起的酸碱平衡障碍，称呼吸性酸中毒或呼吸性碱中毒。因此，如果原发改变只影响呼吸性因素和代谢性因素中的一个因素并导致酸碱失衡，称单纯型酸碱平衡障碍。

在兽医临床实践中，酸中毒较碱中毒多见。另外，往往在同一患病动物体内，有时可能有两种或两种以上不同类型的单纯型酸碱平衡障碍同时或先后出现，称混合型酸碱平衡障碍。

二、酸中毒

（一）单纯型酸中毒

单纯型酸中毒可分为两种基本类型，即代谢性酸中毒和呼吸性酸中毒。

1. 代谢性酸中毒

代谢性酸中毒是由于体内固定酸生成增多，或碱性物质损失过多而引起的以原发性 $NaHCO_3$ 减少为特征的病理过程。代谢性酸中毒是最常见的一种酸碱平衡障碍。

（1）发生原因

① 体内固定酸增多

a. 酸性物质生成过多。在许多疾病过程中，由于缺氧、发热、血液循环障碍、病原微生物作用或饥饿引起物质代谢紊乱，导致糖、脂肪、蛋白质分解代谢加强，使体内乳酸、丙酮酸、酮体、氨基酸等酸性物质产生增多。

b. 酸性物质摄入过多。动物服用大量氯化铵、稀盐酸、水杨酸等药物，或当反刍动物前胃阻塞、胃内容物异常发酵生成大量短链脂肪酸时，因胃壁细胞损伤可通过胃壁血管弥散进入血液。这些因素均可引起酸性物质摄入过多。

c. 酸性物质排出障碍。急性或慢性肾小球性肾炎时，肾小球滤过率降低，导致硫酸、磷酸等固定酸滤出减少。当肾小管上皮细胞发生病变引起细胞内 CA 活性降低时，CO_2 和 H_2O 不能生成 H_2CO_3 而致泌 H^+ 障碍，或任何原因引起肾小管上皮细胞产 NH_3、排 NH_4^+ 受限，均导致酸性物质不能及时排出而在体内蓄积。

② 碱性物质丧失过多

a. 碱性肠液丢失。剧烈腹泻、肠扭转、肠梗阻等疾病时，大量碱性肠液排出体外或蓄积在肠腔内，造成血浆内碱性物质丧失过多，酸性物质相对增加。

b. HCO_3^- 随尿丢失。近曲小管上皮细胞刷状缘上的 CA 活性受到抑制时（其抑制剂为乙酰唑胺），可使肾小管内 $HCO_3^- + H^+ \rightarrow H_2CO_3 \rightarrow CO_2 + H_2O$ 反应受阻，引起 HCO_3^- 随尿排出增多。

c. HCO_3^- 随血浆丢失。血浆内大量 $NaHCO_3$ 由烧伤创面渗出流失。

（2）机体的代偿反应

① 血液的缓冲作用：发生代谢性酸中毒时，细胞外液增多的 H^+ 可迅速被血浆缓冲体系中的 HCO_3^- 所中和。$H^+ + HCO_3^- \rightarrow H_2CO_3 \rightarrow H_2O + CO_2$ 反应中生成的 CO_2 随即由肺排出。血液缓冲系统调节的结果是某些酸性较强的酸转变为弱酸（H_2CO_3），弱酸分解后很快排出体外，以维持体液 pH 值的稳定。

② 肺脏的代偿作用：代谢性酸中毒时，血浆 H^+ 浓度升高，可刺激主动脉弓、颈动脉体的外周化学感受器和延脑的中枢化学感受器，引起呼吸中枢兴奋，呼吸加深加快，肺泡通气量增大，CO_2 呼出增多，动脉血 PCO_2 和血浆 H_2O 含量随之降低，借以调整或维持血浆中 $NaHCO_3/H_2CO_3$ 的正常比值。

③ 肾脏的代偿作用：除因肾脏排酸保碱障碍引起的代谢性酸中毒以外，其他原因导致的代谢性酸中毒，肾脏均可发挥重要的代偿调节作用。代谢性酸中毒时，肾小管上皮细胞内碳酸酐酶和谷氨酰胺酶的活性均升高，使肾小管上皮细胞泌 H^+、NH_4^+ 增多，相应地引起 $NaHCO_3$ 重吸收入血也增多，以此来补充碱储。此外，由于肾小管上皮细胞排 H^+ 增多，而使 K^+ 排出减少，故可能引起高血钾。

④ 细胞组织的代偿作用：代谢性酸中毒时，细胞外液中过多的 H^+ 可通过细胞膜进入细胞内，其中主要是红细胞。H^+ 被细胞内缓冲体系中的磷酸盐、血红蛋白等所中和。约有 60% 的 H^+ 在细胞内被缓冲。在 H^+ 进入细胞内时导致 K^+ 从细胞内外移，引起血钾浓度升高。

经过 $H^+ + HPO_4^{2-} \rightarrow H_2PO_4^-$ 和 $H^+ + Hb \rightarrow H\text{-}Hb$ 的代偿作用，可使血浆 $NaHCO_3$ 含量上升，或 H_2CO_3 含量下降，如果能使 $NaHCO_3/H_2CO_3$ 值恢复 20 ∶ 1，血浆 pH 值维持在正常范围内，称为代偿性代谢性酸中毒。但如体内固定酸不断增加，碱储被不断消耗，经过代偿后 $NaHCO_3/H_2CO_3$ 值仍小于 20 ∶ 1，pH 低于正常，称为失偿性代谢性酸中毒。

2. 呼吸性酸中毒

呼吸性酸中毒是由于 CO_2 排出障碍或 CO_2 吸入过多而引起的以血浆原发性 H_2CO_3 浓度升高为特征的病理过程。呼吸性酸中毒在兽医临床上也比较多见。

（1）发生原因

① CO_2 排出障碍：呼吸系统和循环系统出现障碍时，可导致 CO_2 排出障碍。

a. 呼吸中枢抑制。颅脑损伤、脑炎、脑膜脑炎等疾病过程中，均可损伤或抑制呼吸中枢。全身麻醉用药量过大，或使用呼吸中枢抑制性药物（如巴比妥类），也可抑制呼吸中枢，造成通气不足或呼吸停止，使 CO_2 在体内滞留，引起呼吸性酸中毒。

b. 呼吸肌麻痹。发生有机磷农药中毒、脊髓高位损伤、脑脊髓炎等疾病时，可引起呼吸肌运动的减弱或丧失，导致 CO_2 排出困难。

c. 呼吸道堵塞。喉头黏膜水肿、异物堵塞气管或食道严重阻塞部位压迫气管时，引起通气障碍，CO_2 排出受阻。

d. 胸廓和肺部疾病。胸部创伤造成气胸时，胸腔负压消失，肺扩张与回缩发生障碍；肺炎、肺水肿、肺肉变时，肺脏呼吸面积减少，换气过程发生障碍，均可导致 CO_2 在体内蓄积。

e. 血液循环障碍。心功能不全时，由于全身性淤血，CO_2 的运输和排出受阻，使血中 H_2CO_3 浓度升高。

② CO_2 吸入过多：当厩舍过小、通风不良、畜禽饲养密度过大时，因吸入空气中 CO_2 过多而使血浆 H_2CO_3 含量升高。

（2）机体的代偿反应

由于呼吸性酸中毒多因呼吸功能障碍所引起，故呼吸系统代偿作用减弱或失去代偿作用。而肾脏的代偿调节作用与代谢性酸中毒时相同，因此，发生呼吸性酸中毒时，机体的代偿反应包括以下方面。

① 血液的缓冲作用：呼吸性酸中毒时血浆中 H_2CO_3 含量增高，其解离产生的 H^+ 主要由血浆蛋白缓冲对和磷酸盐缓冲对进行中和。

$$H^+ + Na\text{-}Pr \longrightarrow H\text{-}Pr + Na^+$$

$$H^+ + Na_2HPO_4 \longrightarrow NaH_2PO_4 + Na^+$$

反应中生成的 Na^+ 与血浆内 HCO_3^- 形成 $NaHCO_3$，补充碱储，调整 $NaHCO_3/H_2CO_3$ 的值。但因血浆中 Na-Pr 和 $NaHPO_4$ 含量较低，故其对 H_2CO_3 的缓冲能力也较低。

② 细胞组织的代偿作用：细胞外液 H^+ 浓度升高，故向细胞内渗透，而 K^+ 移至细胞外，以保持细胞膜两侧电荷平衡。同时 CO_2 弥散入红细胞内增多，在红细胞内碳酸酐酶的作用下与 H_2O 生成 H_2CO_3，H_2CO_3 解离形成 HCO_3^- 和 H^+，H^+ 被红细胞内缓冲物质所中和。当细胞内 HCO_3^- 浓度超过其血浆浓度时，HCO_3^- 即由红细胞内弥散到细胞外，血浆内等量 Cl^- 进入红细胞，结果血浆 Cl^- 降低，而 HCO_3^- 得到补充（图 5-7）。

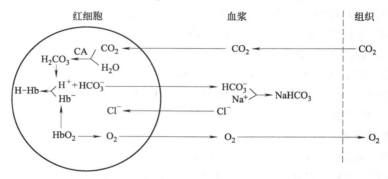

图 5-7　呼吸性酸中毒时红细胞内外的离子交换

通过上述代偿反应，使血浆 $NaHCO_3$ 含量升高，如果 $NaHCO_3/H_2CO_3$ 值恢复 20：1，pH 值则保持在正常范围内，称为代偿性呼吸性酸中毒。如果 CO_2 大量滞留，超过了机体的代偿能力，则导致 $NaHCO_3/H_2CO_3$ 值小于 20：1，pH 值低于正常，称为失代偿性呼吸性酸中毒。

（二）混合型酸中毒

在疾病过程中，有时会出现同一患病动物存在两种单纯型酸中毒的复杂情况，称混合型酸中毒。大多数是在严重复杂的原发病基础上产生的合并症（如糖尿病动物并发剧烈呕吐），也可以是由于治疗方法不当而促进其发生。

呼吸型酸中毒合并代谢型酸中毒是较常见的一种混合型酸碱平衡障碍。主要由于严重通气障碍引起呼吸型酸中毒，同时因持续缺氧而发生代谢型酸中毒。如呼吸心搏骤停、慢性阻塞性肺疾病并发心功能不全或休克、糖尿病、酮症、酸中毒等。其主要特点是体内H^+、阴离子间隙（AG）、血钾浓度与PCO_2均升高，血浆HCO_3^-含量、BB、pH值均降低，AB>SB，SB降低，BE负值增大。

（三）酸中毒对机体的影响

代偿性酸中毒除呈现前述的代偿适应变化外，通常对机体无明显影响。但非代偿性酸中毒则可使机体的功能和代谢发生障碍。

酸中毒时，由于H^+浓度增高，竞争性地抑制Ca^{2+}与心肌收缩蛋白结合，使心肌收缩力减弱，心输出量减少；酸中毒又可降低心肌和外周血管对儿茶酚胺的反应性，使血管紧张性降低和血压偏低。严重酸中毒时，机体内许多酶活性受抑制，引起明显的物质代谢障碍。中枢神经系统代谢障碍时，由于能量生成减少，脑组织供能不足；又因pH值降低使脑组织谷氨酸脱羧酶活性增高，γ-氨基丁酸生成增多，后者对神经系统具有抑制作用，可导致动物精神沉郁，反应迟钝乃至昏迷，严重时因呼吸中枢和血管运动中枢麻痹而死亡。酸中毒继发血钾增高时，由于钾离子对心脏的自律性、传导性和收缩性具有抑制作用，可使心率减慢和心肌收缩力减弱，严重时由于传导阻滞而发生心室颤动和心搏骤停而致死。

三、碱中毒

（一）单纯型碱中毒

单纯型碱中毒可分为两种基本类型：代谢性碱中毒和呼吸性碱中毒。

1.代谢性碱中毒

代谢性碱中毒是指由于体内碱性物质摄入过多或酸性物质丧失过多而引起的以血浆原发性$NaHCO_3$浓度升高为特征的病理过程，临床上较少见。

（1）发生原因

① 碱性物质摄入过多：口服或静脉注射碱性药物（如$NaHCO_3$）过多时，易导致血浆内$NaHCO_3$浓度升高。肾脏具有较强的排泄$NaHCO_3$的能力，但若肾功能不全或患畜摄入碱性物质过多，超过了肾脏的代偿限度时，就会引起代谢性碱中毒的发生。

② 酸性物质丧失过多：酸性物质多随胃液和尿液丢失。

a.酸性物质随胃液丢失。猪、犬等动物固患胃炎引起严重呕吐，可致胃液中的盐酸大量丢失。肠液中$NaHCO_3$不能被来自胃液中的H^+中和而被吸收入血，从而使血浆$NaHCO_3$含量升高。

b.酸性物质随尿丢失。任何原因引起醛固酮分泌过多时（例如肾上腺皮质肿瘤），可导致代谢性碱中毒。因醛固酮促进肾远曲小管上皮细胞排H^+保Na^+，排K^+保Na^+，引起H^+随尿流失增多，相应发生$NaHCO_3$回收增多，而导致代谢性碱中毒。

低血钾时，远曲小管上皮细胞泌K^+减少，泌H^+增多，引$NaHCO_3$的生成和回收增多，也可导致代谢性碱中毒。

③ 低氯性碱中毒：Cl^-是唯一能和Na^+在肾小管内被相继重吸收的负离子。如机体缺氯，则肾小管液内Cl^-浓度降低，Na^+不能充分地与Cl^-以NaCl的形式被吸收，因而肾小管上皮细胞则以加强泌H^+、泌K^+的方式与小管液内Na^+进行交换。Na^+被吸收后即与肾小管上皮细胞生成的HCO_3^-结合成$NaHCO_3$，后者重吸收增加并进入血液，可引起代谢性碱中毒。

（2）机体的代偿反应

① 血液的缓冲作用：当体内碱性物质增多时，血浆缓冲系统与之反应。

如：
$$NaHCO_3+H\text{-}Pr \longrightarrow Na\text{-}Pr+H_2CO_3$$
$$NaHCO_3+NaH_2PO_4 \longrightarrow Na_2HPO_4+H_2CO_3$$

这样可在一定限度内调整 $NaHCO_3/H_2CO_3$ 的值。因血液缓冲系统的组成成分中酸性成分远低于碱性成分（如 $NaHCO_3/H_2CO_3$ 值为 20：1），故血液缓冲体系对碱性物质的处理能力有限。

② 肺脏的代偿作用：由于血浆 $NaHCO_3$ 含量原发性升高，H_2CO_3 含量相对不足，血浆 pH 值升高，对呼吸中枢产生抑制作用。于是呼吸运动变浅变慢，肺泡通气量降低，CO_2 排出减少，使血浆 H_2CO_3 含量代偿性升高，以调整和维持 $NaHCO_3/H_2CO_3$ 的值。但呼吸变浅变慢又导致缺氧，故这种代偿作用也是很有限的。

③ 肾脏的代偿作用：代谢性碱中毒时，血浆中 $NaHCO_3$ 浓度升高，肾小球滤液中 HCO_3^- 含量增多。同时，血浆 pH 值升高，肾小管上皮细胞的碳酸酐酶和谷氨酰胺酶活性降低，肾小管上皮细胞泌 H^+、泌 NH_3 减少，导致 HCO_3^- 重吸收入血减少，随尿排出增多。这是肾脏排碱保酸作用的主要表现形式。

④ 细胞组织的代偿作用：细胞外液 H^+ 浓度降低，引起细胞内的 H^+ 与细胞外的 K^+ 进行跨膜交换，结果导致细胞外液 H^+ 浓度有所升高，但往往伴发低血钾。

通过上述代偿反应，如果 $NaHCO_3/H_2CO_3$ 值恢复 20：1，血浆 pH 值在正常范围内，称为代偿性代谢性碱中毒。但如通过代偿仍然不能维持 $NaHCO_3/H_2O$ 的正常值，使 pH 值低于正常，称为失偿性代谢性碱中毒。

2. 呼吸性碱中毒

呼吸性碱中毒是指由于 CO_2 排出过多而引起的以血浆原发性 H_2CO_3 浓度降低为特征的病理过程。在高原地区可发生低血氧性呼吸性碱中毒。在疾病过程中，呼吸性碱中毒也可因通气过度而出现，但一般比较少见。

（1）发生原因

① 某些中枢神经系统疾病：在脑炎、脑膜炎等疾病的初期，可引起呼吸中枢兴奋性升高，呼吸加深加快，导致肺泡通气量过大，呼出大量 CO_2，使血浆 H_2CO_3 含量明显降低。

② 某些药物中毒：某些药物如水杨酸钠中毒时，也可兴奋呼吸中枢，导致 CO_2 排出过多。

③ 机体缺氧：动物初到高山高原地区，因大气氧分压降低，机体缺氧，导致呼吸加深加快，排出 CO_2 过多。

④ 机体代谢亢进：外环境温度过高或机体发热，由于物质代谢亢进，产酸增多，加之高温血的直接作用，可引起呼吸中枢的兴奋性升高。

（2）机体的代偿反应

① 血液的缓冲作用：呼吸性碱中毒时血浆 H_2CO_3 含量下降，$NaHCO_3$ 浓度相对升高，通过下式反应可使血浆 H_2CO_3 含量有所回升。H^+ 由红细胞内 H-Hb、H-HbO$_2$ 和血浆 H-PR 解离释放。

$$NaHCO_3 \longrightarrow Na^+ + HCO_3^-$$
$$HCO_3^- + H^+ \longrightarrow H_2CO_3$$

② 肺脏的代偿作用：呼吸性碱中毒时，由于 CO_2 排出过多，血浆 CO_2 分压降低，抑制

呼吸中枢，使呼吸变浅变慢，从而减少 CO_2 排出，使血浆 H_2CO_3 含量有所回升。在呼吸性碱中毒时，肺脏的这种代偿性反应是很微弱的。

③ 肾脏的代偿作用：急速发生的呼吸性碱中毒，肾脏来不及进行代偿。当慢性呼吸碱中毒时，肾小管上皮细胞碳酸酐酶活性降低，H^+ 的形成和排泄减少，肾小管液 HCO_3^- 重吸收也随之减少，即 $NaHCO_3$ 随尿排出增多。

④ 细胞组织的代偿作用：呼吸性碱中毒时，血浆 H_2CO_3 迅速减少，HCO_3^- 相对升高，此时血浆 HCO_3^- 转移进入红细胞，而红细胞内等量 Cl^- 移至细胞外。此外细胞内 H^+ 逸出至细胞外，细胞外液中 K^+ 进入细胞内。结果在血浆 HCO_3^- 下降的同时导致血氯升高，血钾降低。

经上述代偿反应，使血浆 H_2CO_3 含量升高，如果 $NaHCO_3/H_2CO_3$ 值恢复至 20 ：1，pH 值保持在正常范围内，称为代偿性呼吸性碱中毒。如果 CO_2 在体内大量滞留，超过了机体的代偿能力，则导致 $NaHCO_3/H_2CO_3$ 值小于 20 ：1，血浆 pH 值高于正常，则称为失代偿性呼吸性碱中毒。

（二）混合型碱中毒

在疾病过程中，有时会出现同一患病动物存在两种单纯型碱中毒的复杂情况，称混合型碱中毒，常见呼吸型碱中毒合并代谢型碱中毒。

呼吸型碱中毒合并代谢型碱中毒主要见于体温升高合并呕吐、慢性肝功能衰竭、利尿剂使用不当等。其主要特点是：体内 H^+、血 K^+ 浓度与 $PaCO_2$ 均降低，HCO_3^- 含量、BB、pH 值均升高，AB<SB、SB 升高，BE 正值增大。

（三）碱中毒对机体的影响

代偿性碱中毒时，除呈现代偿适应性变化外，一般对机体无明显影响。而失偿性碱中毒时，由于 pH 值增高，可给机体造成不良效应。血浆 pH 值增高，血液内结合钙增多，游离钙（Ca^{2+}）减少。由于 Ca^{2+} 具有降低神经 - 肌肉兴奋性作用，故 Ca^{2+} 减少时，可出现肢体肌肉抽搐，甚至发生痉挛。血浆 pH 值增高，中枢神经系统 γ- 氨基丁酸转氨酶活性增强，而谷氨酸脱羧酶活性降低，使 γ- 氨基丁酸减少，从而对中枢神经系统的抑制作用减弱，患病动物兴奋性升高。

四、混合型酸碱平衡障碍

在疾病过程中，除了单纯性酸碱中毒及混合型酸中毒、碱中毒外，同一患病动物还有可能会同时或先后存在两种或两种以上的混合型酸碱平衡障碍，常见双重酸碱平衡障碍及三重酸碱平衡障碍。双重酸碱平衡障碍常见呼吸型酸中毒合并代谢型碱中毒、呼吸型碱中毒合并代谢型酸中毒和代谢型酸中毒合并代谢型碱中毒。三重酸碱平衡障碍常见呼吸型酸中毒合并 AG 增高性代谢型酸中毒和代谢型碱中毒、呼吸型碱中毒合并 AG 增高性代谢型酸中毒和代谢型碱中毒。

（一）双重酸碱平衡障碍

1. 呼吸型酸中毒合并代谢型碱中毒

这是动物临诊上较常见的一种混合型酸碱平衡障碍。主要见于慢性阻塞性肺疾病合并呕吐、慢性肺源性心脏病出现心力衰竭时，用排钾性利尿剂治疗等。主要特点是：血液 pH 值变动取决于酸中毒与碱中毒的强弱，如程度相当，则相互抵消，pH 值不变，如一方较强，则 pH 值略升高或降低；$PaCO_2$ 和血浆 HCO_3^- 浓度明显升高。

2. 呼吸型碱中毒合并代谢型酸中毒

见于肾功能衰竭合并感染、肝功能不全合并感染及水杨酸中毒等。主要特点是，血液 pH 值变化取决于呼吸性与代谢性因素对体液酸碱度的影响程度，当酸中毒与碱中毒程度相等时，pH 值不变。当酸中毒强于碱中毒时，pH 值轻度降低；当碱中毒强于酸中毒时，pH 值轻度上升；$PaCO_2$ 与 HCO_3^- 浓度显著降低。

3. 代谢型酸中毒合并代谢型碱中毒

常见于肾功能衰竭动物因频繁呕吐而大量丢失酸性胃液；剧烈呕吐伴有严重腹泻的动物。主要特点是，代谢性因素障碍，使血液 pH 值、HCO_3^- 浓度和 PCO_2 都向相反方向移动，上述三项指标最终变化取决于何种障碍占优势，指标可以升高、降低或在正常范围内。

（二）三重型混合型酸碱平衡障碍

1. 呼吸型酸中毒合并 AG

增高性代谢型酸中毒和代谢型碱中毒，其特点是 PCO_2 明显增高，AG 增大，HCO_3^- 一般也升高，Cl^- 明显降低。

2. 呼吸型碱中毒合并 AG

增高性代谢型酸中毒和代谢型碱中毒，其特点是 PCO_2 降低，AG 增大，HCO_3^- 可高可低，Cl^- 一般低于正常。

三重型酸碱平衡障碍也属于酸碱混合型酸碱平衡障碍。只是其情况更为复杂，必须在充分了解原发病情基础上，结合实验室检查进行综合分析后才能得出正确结论。另外，无论是单纯型还是混合型酸碱平衡障碍，都不是一成不变的，随病情发展和治疗措施的影响，原有的酸碱平衡障碍可被纠正，也可能发生转化或合并为其他类型的酸碱平衡障碍。因此，在诊断和处理酸碱平衡障碍时，必须充分了解原发病，进行综合分析，才能做出正确的防治措施。

五、酸碱平衡失调简易判断方法

动脉血气监测对于判断动物呼吸功能和酸碱平衡紊乱、指导治疗有重要作用。血气检测结果是判断酸碱平衡紊乱的决定性依据。此外，病史和临床表现为判断酸碱平衡紊乱提供了重要线索，血清电解质检查也是有价值的参考资料。各种单纯性酸碱平衡紊乱的发病环节及检测指标的变化见表 5-1。

表 5-1　各型酸碱平衡紊乱发病环节及检测指标变化的比较

指标	代谢性酸中毒	呼吸性酸中毒	代谢性碱中毒	呼吸性碱中毒
原因	酸潴留或碱丧失	通气不足	碱潴留或酸丧失	通气过度
原发环节	H^+ 增高 /$NaHCO_3$ 下降	$NaHCO_3$ 增高	H^+ 下降 /$NaHCO_3$ 增高	$NaHCO_3$ 下降
	$NaHCO_3$ / H_2CO_3 下降，≤ 20：1		$NaHCO_3$ / H_2CO_3 增高，≥ 20：1	
血浆 pH 值	正常或下降		正常或上升	
$PaCO_2$	下降	显著增高	增高	显著下降
HCO_3^-	显著下降	增高（慢性）	显著增高	下降（慢性）
尿液 pH 值值	下降或增高		增高或下降	

根据血浆 pH 值可以知道是酸中毒还是碱中毒。动物正常血浆 pH 值为 7.40 ± 0.05，如果 pH 值大于 7.45，考虑碱中毒，如果 pH 值小于 7.35，考虑酸中毒。此外，还要区分是呼吸性还是代谢性酸碱平衡紊乱。如果是呼吸系统基础疾病导致的 PCO_2 增高，同时伴有 pH 值降低，则考虑呼吸性酸中毒；如果相反则考虑是呼吸性碱中毒。如果是体内代谢异常所导致的 HCO_3^-

水平下降同时伴有 pH 值下降，则考虑代谢性酸中毒；相反则考虑代谢性碱中毒。即：

原发性 PCO_2 增高，引起 pH 值下降，则为呼吸性酸中毒。

原发性 PCO_2 下降，引起 pH 值增高，则为呼吸性碱中毒。

原发性 HCO_3^- 下降，引起 pH 值下降，则为代谢性酸中毒。

原发性 HCO_3^- 增高，引起 pH 值增高，则为代谢性碱中毒。

需要指出，以上一般评估可分四种单纯性酸碱平衡紊乱，但较为粗糙，只能作为初步参考。为避免对临床上存在的大量混合型酸碱平衡紊乱的漏判或错判，必须紧密结合临床症状，引入"实际 HCO_3^-"等概念对患畜血液酸碱平衡紊乱作出较为客观全面的评价。

【技能拓展】

脱水的补液原则及补液量的计算

因脱水可发生于多种疾病过程中，并且对患畜的健康妨碍极大，重者可因脱水而直接造成动物的死亡，应对脱水患畜应及早采取行之有效的处理措施。临床上多采用补液（输液）疗法，因补液可直接补充机体丧失的水分和盐类，增加血容量和调节血浆渗透压，以解决脱水的主要矛盾。

1. 补液原则

首先查明脱水的原因、性质和类型以及脱水的程度，然后根据脱水的性质和类型不同，确定补液的成分，根据脱水的程度不同，确定补液量。

2. 补液成分

根据脱水的性质，本着缺啥补啥的原则。

缺水性脱水：以补水为主，可用 2 份 5% 葡萄糖溶液加 1 份生理盐水。

缺盐性脱水：以补盐为主，可用 2 份生理盐水加 1 份 5% 葡萄糖溶液，严重时可加少量 10% 高渗盐水。

混合性脱水：以水盐同补，可用 1 份 5% 葡萄糖溶液加 1 份生理盐水。

3. 补液量

应根据脱水程度不同而定。

轻度脱水：临床症状不明显，患畜仅表现口渴喜饮，此时失水量约为总体液量 2%。

中度脱水：临床症状明显，患畜明显口渴、频饮、尿量减少，口黏膜发干，眼球下陷，皮肤弹性减退，精神沉郁，此时失水量约为总体液量 4%。

重度脱水：临床症状重剧，患畜口干舌燥，少尿甚至无尿，眼球深陷，皮肤缺乏弹性，精神萎靡不振，四肢无力，运动失调，此时失水量约为总体液量 8%。

4. 补液量的计算

以 300kg 体重病畜为例，一般家畜体液含量为 60%，总体液量按 180L 计。

轻度脱水补液量为：180（L）×2%=3.6（L）。

中度脱水补液量为：180（L）×4%=7.2（L）。

重度脱水补液量为：180（L）×8%=14.4（L）。

【分析讨论】

黄帝曰：夫自古通天者，生之本，本于阴阳。天地之间，六合之内，其气九州、九窍、五藏、十二节，皆通乎天气，……数犯此者，则邪气伤人，此寿命之本也。这段出自《黄帝内经》的文字讲述了人与自然的关系，即如果经常违背阴阳五行的关系，就会伤害身体，导致疾病的发生。本单元所讲述的水肿、脱水、酸碱平衡紊乱均属于机体内部系统之间的平衡以及机体与外界自然之间的协调被破坏所导致的。

《易经》认为，阴阳是自然界的一般规律，是演绎和归纳一切事物的准则，是万物发展变化的根本，是万物生长、灭亡的起源，也是人类精神活动的地方。治疗人类万物的疾病，必须以阴阳为根本。

讨论 1. 阴阳对立统一的观念是中华民族传统哲学观念的核心，对医学乃至动物医学的临床实践有着重要的指导作用。请问机体是如何维持水盐调节及酸碱代谢的动态平衡的？

讨论 2. 党的十八大以来，习近平指出人类发展活动必须尊重自然、顺应自然、保护自然。请从疾病发生的角度，谈谈为什么要实现人与自然的和谐统一？

（徐之勇）

项目六　缺氧

【目标任务】

知识目标　了解缺氧的发生原因与类型，掌握缺氧相关的基本概念，认识和理解缺氧时机体机能与代谢的主要变化。

能力目标　根据动物的临床表现与可视黏膜色泽变化特点，能对缺氧做出正确的病理诊断和采取有效的纠正措施。

素质目标　通过缺氧对机体的影响，理解人类与恶劣环境作斗争的伟大精神。

彩图扫一扫

　　动物需不断地从环境空气中摄入氧气，供细胞组织生物氧化所利用。动物机体因氧的供应不足，运输障碍或组织利用氧的能力降低，而导致细胞组织的生物氧化过程发生障碍的病理过程，称为缺氧。缺氧是兽医临床上常见的基本病理过程之一。

　　氧是机体新陈代谢所必需的物质之一。机体氧气储存量极少，必须依靠呼吸摄取空气中的氧气，吸入的氧气进入肺泡后，透过肺泡毛细血管壁进入血液，并通过血液循环运送到全身各部，供细胞组织生物氧化所利用。氧在细胞组织内经过一系列的生物氧化过程，最终生成 CO_2，并随静脉血运至肺脏，呼出体外。因此，缺氧的本质就是细胞组织不能充分获得氧或不能利用氧，以致生物氧化过程障碍。缺氧可导致机体机能、代谢和组织器官形态结构的改变。

单元一　常用血氧指标

　　血液中血氧分压、血氧容量、血氧含量、动-静脉血氧含量差和血氧饱和度是反应组织供氧量与耗氧量的重要指标。组织的供氧量=动脉血氧含量×组织血流量；组织的耗氧量=（动脉血氧含量-静脉血氧含量）×组织血流量。

一、血氧分压

　　血氧分压（PO_2）是指溶解于血液中的氧分子所产生的张力，又称为血氧张力。

动脉血氧分压（PaO$_2$）取决于大气中的氧分压和肺的呼吸功能。正常值 PaO$_2$ ≈ 12.93kPa（约 100mmHg）（1mmHg=133.32Pa=0.13332kPa），其决定于吸入气体的氧分压和外呼吸功能；当外界空气氧分压降低导致肺泡气氧分压降低，或通气、换气障碍，影响氧弥散入血时此值变小。

静脉血氧分压（PvO$_2$）为 5.32kPa（40mmHg），主要取决于细胞组织摄取和利用氧的能力，它可反映内呼吸状况。

二、血氧含量

血氧含量指 100mL 血液内实际所含氧的毫升数，包括与血红蛋白结合的氧和溶解在血浆内的氧。动脉血氧含量正常值为 18 ～ 21mL/dL（每 100mL），平均 19mL/dL。

当外界氧分压降低（溶解 O$_2$ 降低），Hb 与氧结合能力降低时（与 Hb 结合 O$_2$ 少），血氧含量变小。动 - 静脉血氧含量差，约为 5mL/dL（每 100mL，说明组织对 O$_2$ 的消耗量）。

三、血氧容量

血氧容量指 100mL 血液在体外标准状态下与空气充分接触后，Hb 结合的 O$_2$ 和溶解在血浆中 O$_2$ 的总量。即最大含氧量，约为 20mL/dL（每 100mL）。当 Hb 减少或它与 O$_2$ 的结合能力下降时，此值变小。

各种家畜的血红蛋白量差别很大（牛：8.0 ～ 15.0g；马：11.0 ～ 19.0g；猪：10.0 ～ 16.0g；绵羊：9.0 ～ 15.0g），如以 12g 计算，则 100mL 血液约可结合 16mL 氧。

四、血氧饱和度

血氧饱和度指血氧含量与血氧容量的百分比。若忽略不计物理状态溶解于血浆中的氧，则血氧饱和度 = 血氧含量 / 血氧容量 ×100%。正常动脉血氧饱和度为 95% ～ 98%；静脉血氧饱和度约为 70% ～ 75%。

血氧饱和度的高低主要取决于 PO$_2$ 的高低。二者的关系可用氧合血红蛋白解离曲线表示，简称氧解离曲线（图 6-1）。氧离曲线较陡的部分相当于氧与血红蛋白解离并向组织释放氧，平直段代表血红蛋白在肺部与氧结合的值，它保证肺泡气中 PO$_2$ 在一定范围内降低时不至于发生明显的低氧血症。

红细胞内 2,3- 二磷酸甘油酸（2,3-DPG）含量、血液 pH、血液温度和二氧化碳浓度亦可影响血红蛋白与氧的结合力。红细胞内 2,3-DPG 增多、血液二氧化碳分压升高、酸中毒、血液温度上升，血红蛋白与氧的亲和力降低，即在相同的氧分压下血氧饱和度降低，氧离曲线右移。有利于血红蛋白向组织释放更多的氧，但也影响血红蛋白在肺部结合氧。反之，称为氧离曲线左移，提示血红蛋白向组织供氧的能力降低，但有利于血红蛋白在肺部结合氧。

由于氧合血红蛋白解离曲线的特性，肺泡气中 PO$_2$ 为 13.566kPa 时，血红蛋白几乎完全与氧饱和，所以在高压环境（如潜水）时，尽管肺泡气 PO$_2$ 可高达 66.5kPa，但血红蛋本身不能结合更多的氧，物理性溶解氧也仅增加到 15mL/L，动脉血氧含量变化很小。另外，进入高原低氧环境，当肺泡气中 PO$_2$ 下降但不低于 7.98kPa 时，血红蛋白的氧饱和度几乎为 90%，每 1L 血液仅比在海平面时少携带 20mL O$_2$，组织的 PO$_2$ 仍能保持在 1.995 ～ 6.650kPa。血红蛋白的这种特性，在一定程度上保护了组织，使其免受高压氧的毒性和缺氧的损害。

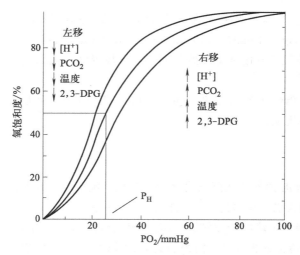

图 6-1　氧合血红蛋白解离曲线及其影响因素

五、动 – 静脉血氧含量差

动 - 静脉血氧含量差是指动脉血氧含量与静脉血氧含量的差值，反映的是组织的摄氧能力。由于各组织器官耗氧量不同，动 - 静血氧差不尽一致。但一般认为正常值约为190mL/L-140mL/L=50mL/L，即通常 100mL 血液流经组织时约有 5mL O_2 被利用。当血红蛋白含量减少，血红蛋白与氧的亲和力异常增强，组织氧化代谢减弱或动 - 静脉分流时，动 - 静脉血氧含量差变小；反之则增大。

单元二　缺氧的原因与类型

引起缺氧的原因是多种多样的，如吸入空气中的氧含量减少，呼吸系统或血液循环系统的机能障碍、血液成分质和量的改变、氧化还原酶系统的功能障碍等，都可引起缺氧。机体的机能状态、对缺氧的适应能力、动物的种类、年龄及缺氧的程度、缺氧发生的速度和缺氧时间的长短等都决定了缺氧的后果。根据缺氧的原因和血氧变化的特点可将缺氧分四种类型。

一、低张性缺氧

是指动脉血氧分压下降引起的组织供氧不足。主要表现为动脉血氧分压下降和血氧含量减少且低于正常，组织供氧不足，又称低张性低氧血症。

（一）病因和发病机理

1. 吸入气中氧分压过低

如动物由平原初入高原、高空或动物饲养圈内拥挤通风不良等，由于空气中氧分压过低，吸入氧不足而引起缺氧。此种缺氧又称为乏氧性缺氧。

2. 外呼吸功能障碍

呼吸中枢功能障碍如脑炎；呼吸道阻塞或狭窄如气管炎、支气管炎、喉头水肿等；肺部疾病如肺炎、肺气肿、肺水肿等；胸廓疾病如胸膜炎、气胸等；呼吸肌麻痹。上述异常均可导致肺部通气或换气过程发生障碍及呼吸面积缩小，虽然空气中氧分压可能正常，但由于外呼吸功能的障碍，吸入肺泡内的氧不足而引起缺氧，此种缺氧又称为外呼吸性缺氧。

3. 静脉血分流入动脉

见于犬、猫先天性心脏病，如卵圆孔闭锁不全、房间隔或室间隔缺损伴有肺动脉压升高、肺动脉狭窄、动脉导管未闭等。当病犬、猫血液从右心（静脉血）向左心分流，未在肺毛细血管内进行氧合作用，导致左心动脉血氧分压和血氧含量降低。

4. 通气与血流比不一致

肺泡通气正常，但肺毛细血管灌流不足或无血流（如大失血、肺动脉血管狭窄或栓塞、肺泡压增高压迫肺泡间隔中毛细血管等），或者肺毛细血管血流正常但肺泡通气减少或不通气（如呼吸道阻塞、肺萎陷、肺水肿等）都可引起低张性缺氧。

（二）血氧变化特点

① 动脉血氧分压、血氧含量降低，静脉血氧分压、氧含量亦降低，血氧容量正常，因此血氧饱和度降低。

② 动 - 静脉血氧含量差降低或变化不明显。如果动脉血氧分压太低，动脉血与组织氧分压差明显变小，血氧弥散到组织内减少，可使动 - 静脉血氧含量差降低。

③ 患病动物可视黏膜发绀。低张性缺氧（严重通气障碍）时，毛细血管中氧合血红蛋白浓度降低，还原血红蛋白浓度增多，毛细血管中还原血红蛋白超过 5% 时，可使皮肤、黏膜呈蓝紫色，称为发绀。

二、血液性缺氧

是指由于血红蛋白含量减少或其性质改变，使血氧含量降低或血红蛋白结合的氧不易释放所引起的缺氧。发生血液性缺氧时血氧含量降低，而血氧分压正常，故又称为等张性缺氧或等张性低氧血症。

（一）病因和发病机理

1. 贫血

贫血是指单位容积血液中的红细胞数及 Hb 含量减少。此时血液的携氧能力降低，而致血氧运输障碍，故可引起缺氧的发生。贫血时，红细胞的代谢增强，其代谢产物 2，3-DPG 增多，使血红蛋白（在不增加氧分压的条件下）可释放更多的氧，供组织利用。因此慢性贫血时能耐受较重程度的缺氧。

2. 血红蛋白变性

多见于 CO 中毒和亚硝酸盐中毒等情况下。

（1）CO 中毒　在 37℃时 CO 与 Hb 的亲和力是 O_2 与 Hb 亲和力的 218 倍，只要吸入少量的 CO 就可生成大量碳氧血红蛋白（HbCO），引起碳氧血红蛋白血症；而 HbCO 的解离速度却是 HbO_2 的 1/2100，使 Hb 失去携氧和运氧能力，故可引起缺氧的发生。CO 中毒时，脑、心对缺氧最敏感，最先受损害。

（2）亚硝酸盐中毒　兽医临床上，亚硝酸盐中毒常引起猪、牛、绵羊和马的高铁血红蛋白血症，也有马枫树叶中毒导致高铁血红蛋白血症的报道。

高铁血红蛋白的 Fe^{3+} 因与羟基牢固结合而丧失携带氧的能力，加上血红蛋白分子的 4 个 Fe^{2+} 部分被氧化为 Fe^{3+} 后还能使剩余的二价铁与氧的亲和力增高，导致氧解离曲线左移，使细胞组织缺氧。某些化学物质，如亚硝酸盐中毒、磺胺类或非那西汀等药物服用过多时，

血红蛋白的 Fe^{2+} 在上述氧化剂的作用下，可氧化成 Fe^{3+}，形成高铁血红蛋白。亚硝酸盐中毒的动物主要表现为流涎、腹痛、腹泻、呕吐、呼吸困难和肌肉震颤，皮肤及可视黏膜呈棕褐色（酱油色），因为高铁血红蛋白呈棕褐色（酱油色）。

（二）血氧变化特点

① 动脉血血氧容量、血氧含量降低。由于红细胞数与 Hb 含量减少或 Hb 变性，使 Hb 的携氧能力降低，而致动脉血血氧容量、血氧含量降低。

② 动脉血血氧分压正常，静脉血血氧分压降低。因此在缺氧时血量没有变化，所以动脉血血氧分压尚可正常，由于血氧含量减少，游离氧进入组织增加，故静脉血血氧分压降低。

③ 患病动物皮肤与可视黏膜不发绀。因此种缺氧时，由于 Hb 变性，患病动物皮肤与可视黏膜不表现发绀。CO 中毒时，HbCO 呈樱红色（胭脂红色），皮肤与可视黏膜也会呈现相应的颜色；亚硝酸盐中毒时，$HbFe^{3+}OH$ 呈棕褐色（酱油色），皮肤与可视黏膜呈棕褐色（酱油色）。

三、循环性缺氧

是由于血液循环障碍，而致器官组织血流量减少或流速减慢所引起的缺氧，又称为低动力性缺氧。此型缺氧可以是动脉血流量不足所致的缺血性缺氧，也可以是静脉血回流不畅所致的淤血性缺氧。

（一）病因和发病机理

1. 全身性血液循环障碍

见于心功能不全、休克等。心功能不全时，由于心输出量减少和静脉血回流受阻，既可引起缺血性缺氧，又可引起淤血性缺氧。严重时心、脑、肾等重要器官组织缺氧、功能衰竭可致动物死亡；休克时，微循环缺血、淤血和微血栓形成，动脉血灌流量减少可引起循环性缺氧。

2. 局部性血液循环障碍

常见于栓塞、血管炎、血栓形成、血管痉挛或受压迫等，造成血管腔狭窄或闭塞，使该血管灌流区域发生缺血缺氧。

（二）血氧变化特点

① 动脉血氧容量、血氧含量和血氧分压都正常，但由于血流量减少，故单位时间内输送给组织的氧总量减少。

② 动 - 静脉血氧含量差增大。由于血流速度缓慢，血液释出的氧比正常多，以供细胞利用，故静脉血氧分压、氧含量、氧饱和度都降低，动 - 静脉血氧含量差增大。

③ 毛细血管中还原血红蛋白量增多，可在局部或全身出现发绀。

四、组织中毒性缺氧

是指在组织供氧正常的情况下，因呼吸酶因受某些毒物的作用发生抑制，细胞组织的生物氧化过程发生障碍而引起的细胞组织缺氧，又称氧化障碍性缺氧。

（一）病因和发病机理

1. 组织中毒

组织内呼吸是指细胞组织利用氧进行生物氧化的过程，这个过程需要氧化还原酶（细胞色素氧化酶、过氧化酶、细胞色素过氧化酶、乳酸脱氢酶和磷酸酶等）的参与。引起组织中毒性缺氧的主要原因是氰化物中毒。各种氰化物如氢氰酸、氰化钾、氰化钠等均可经消化道、呼吸道及皮肤进入体内，其氰化物中的氰基（—CN）可与细胞内多种酶结合，其中与细胞色素氧化酶的亲和力最大。氰化物与氧化型细胞色素氧化酶中的 Fe^{3+} 牢固结合（使铁保持三价状态），使该酶不能再接受并传递电子给氧原子，导致生物氧化过程中断，即所谓"细胞内窒息"。

2. 线粒体损伤

细菌毒素、霉菌毒素、钙超载、大剂量放射线照射和高压氧等通过生成过多氧自由基均可抑制线粒体呼吸功能，甚至造成线粒体结构损伤，引起细胞生物氧化障碍。

3. 维生素缺乏

维生素严重缺乏可导致细胞利用氧障碍。维生素 B_1（硫胺素）是丙酮酸脱氢酶的辅酶成分，维生素 B_1 缺乏导致丙酮酸氧化脱羧障碍，影响细胞有氧氧化过程。维生素 PP（烟酸）是辅酶Ⅰ及辅酶Ⅱ的组成成分，维生素 B_2（核黄素）是黄素酶的辅酶，均参与氧化还原反应。

（二）血氧变化特点

① 动脉血血氧含量、血氧分压、血氧饱和度都正常。

② 静脉血氧含量、血氧分压、血氧饱和度高于正常，动-静脉血氧含量差缩小。

③ 患病动物皮肤与可视黏膜呈鲜红色或玫瑰红色。

在兽医临床上，上述四种类型缺氧可以单独存在，但实际上临床所见的缺氧多为混合性缺氧。例如失血性休克患者，因失血导致红细胞血红蛋白数量减少，引起血液性缺氧；因血液循环障碍发生循环性缺氧；若伴有肺功能障碍形成急性呼吸窘迫综合征，可出现低张性缺氧。四种类型缺氧的血氧指标变化特点及皮肤、黏膜颜色，见表6-1。

表6-1　各型缺氧血氧变化特点及皮肤黏膜色泽变化

缺氧类型	低张性缺氧	血液性缺氧	循环性缺氧	组织性缺氧
动脉血氧分压	降低	正常	正常	正常
动脉血氧饱和度	降低	多数正常或降低（CO中毒）	正常	正常
血氧容量	正常或升高（慢性）		正常	正常
血氧含量	降低	降低	正常	正常
动-静脉氧差	降低或N（慢性）	降低	降低	降低
皮肤黏膜颜色	多数发绀	苍白（严重贫血）	苍白（缺血性、休克缺血期）	鲜红色、玫瑰红、樱桃红
		樱桃红（CO中毒）		
	不发绀（红细胞增多症）	酱油色（高铁血红蛋白血症）	发绀（淤血性、休克淤血期）	

单元三　缺氧时机体的机能与代谢变化

缺氧时机体可出现一系列的功能和代谢变化。首先是机体各系统的代谢适应性反应（如呼吸加深加快，心跳加快，心缩加强等），借以加强氧的摄入和运输。但如缺氧继续加重，超过机体的代偿限度时，就会导致各系统器官的功能紊乱和代谢障碍，甚至导致组织坏死和动物死亡。

一、机能的变化

1. 呼吸功能的变化

首先出现的是呼吸系统的代偿反应，通过代偿可增加肺的通气和换气量，增加氧的摄入和组织氧的供应。这种反应的出现主要是由于血氧分压的降低和 CO_2 分压的升高，作用于颈动脉窦和主动脉弓化学感受器，通过神经反射使呼吸中枢的兴奋性增强所致。但是这种代偿是有一定限度的。如缺氧继续加重，因长时间呼吸的加深、加快，CO_2 排出过多，而引起低碳酸血症和呼吸性碱中毒，结果使呼吸变浅、变快，浅而快的呼吸可使肺通气量显著下降，故可加重缺氧的发生。严重时，甚至引起呼吸中枢的麻痹而导致动物的死亡。

2. 循环功能的变化

缺氧时动物机体可通过循环功能的改变与调节，使血液重新分配，维持动脉压的正常。

（1）**血管功能改变**　缺氧时血管功能改变主要取决于血管所分布的组织和器官。

① 舒血管反应：缺氧可引起心冠状血管和脑血管扩张，肢体血管反应较小，这有利于心和脑的血液供应。血管扩张主要是通过局部形成酸性代谢产物及某些舒血管物质（腺苷）的作用，使局部血管扩张和毛细血管网开放。

② 缩血管反应：一般皮肤、肌肉、腹腔脏器的小血管在急性缺氧时常常收缩。该反应主要是由血氧分压降低，反射性地引起血管中枢兴奋和肾上腺素分泌增多引起。目的是通过血管收缩使血液重新分配，使循环血量增加，血流加快，以满足机体对氧的需要。

（2）**心输出量增加**　轻微缺氧可作为一种应激原，引起交感 - 肾上腺髓质系统兴奋，使心跳加快，心缩加强，心输出量增加，有利于向全身器官组织输送氧，对急性缺氧有一定代偿意义。

上述代偿都是有限度的，如缺氧继续加重，因心肌本身的严重缺氧，加之氧化不全产物对心脏的抑制作用，使心肌收缩力减弱。同时，心血管运动中枢也由兴奋转为抑制，使心脏活动减弱，血管紧张度降低，血压下降，进而导致循环衰竭，使缺氧进一步加重。

3. 血液的变化

（1）**红细胞及血红蛋白增多**　缺氧可引起循环血液中红细胞数和血红蛋白含量增加，主要通过以下方式来实现。

① 在急性缺氧时，交感神经系统兴奋，可使脾脏等贮血器官收缩，释放出库存的血液，使循环血液中红细胞数和血红蛋白含量增加。

② 在慢性缺氧时（如高原地区），由于动脉血 PO_2 降低，刺激肾脏肾小球旁器释放红细胞生成酶，作用于血浆中肝脏产生的促红细胞生成素原，使之转变为促红细胞生成素，简称"促红素"。促红素可促进骨髓内原始血细胞分化为原始红细胞，进一步促进骨髓内红细胞的成熟和释放，使循环血液中红细胞数和血红蛋白含量增加。

血液中红细胞和 Hb 的增加可提高血氧容量，增强血液的运氧能力，使组织缺氧得到改善。

（2）**氧离曲线右移**　与红细胞内 2,3-DPG 生成增多、CO_2 含量增多、血液 pH 降低等有关。缺氧时红细胞内葡萄糖无氧酵解加强，2,3-DPG 生成增多，氧离曲线右移，组织细胞能从血液中摄取更多的氧。但氧离曲线右移过度时，则会导致动脉血氧饱和度明显下降，使血红蛋白的携氧能力降低而加重缺氧。

4. 中枢神经功能的变化

中枢神经（脑组织）的新陈代谢率高，耗氧量大，其供血量约占心输出量的 15%，耗氧量约占全身耗氧量的 23%，所以对缺氧最为敏感。在缺氧初期，中枢神经兴奋过程加强，患畜表现兴奋不安。随着缺氧的不断加重，中枢神经逐渐由兴奋转为抑制，此时患畜表现精神沉郁、反应迟钝、嗜睡，甚至昏迷，这是由于脑组织供能不足和酸性代谢产物增多所致。因脑组织的能量供应有 85% ～ 90% 依赖于葡萄糖的有氧氧化，缺氧时有氧供能发生障碍，以致脑组织的能量供给不足。而无氧酵解过程加强和酸性代谢产物的形成增多，均可对中枢神经起到抑制作用。严重者常因呼吸和心血管运动中枢的麻痹，而导致患畜呼吸、心跳停止而致死亡。

5. 组织细胞的变化

（1）组织摄取氧的能力增强和利用氧的能力提高　缺氧时，组织内毛细血管密度增加、数量增多，可促使血氧向组织细胞内弥散。同时，细胞内线粒体的数量、膜的表面积、呼吸链中的酶增加，使组织摄取氧的能力在一定限度内有所增加。这些都可使组织充分利用现有的氧来维持正常的生物氧化过程。

（2）细胞内的无氧酵解加强　缺氧的组织和细胞内，有氧分解过程降低，无氧酵解过程加强，通过这个方式来代偿氧的供应不足。但严重缺氧时，组织将因呼吸不全、供能不足而表现出组织器官的功能紊乱，导致细胞变性坏死。

（3）肌红蛋白增加　慢性缺氧时，动物肌肉中的肌红蛋白含量增多，肌红蛋白和氧的亲和力较大，当氧分压进一步降低时，肌红蛋白可释放大量的氧供组织细胞利用。同时，肌肉中肌红蛋白的含量增加，有利于氧的贮存，以补偿组织中氧含量的不足。

二、代谢的变化

缺氧机体的物质代谢变化主要表现在糖、脂肪和蛋白质等三大物质的代谢变化。其变化的特点是分解代谢加强，氧化不全产物蓄积，进而引起代谢性酸中毒。

1. 糖代谢变化

缺氧初期，由于交感 - 肾上腺髓质系统兴奋和下丘脑 - 垂体 - 肾上腺皮质系统活动加强，机体出现一系列代偿性功能增强，体内基础代谢加强，特别是糖原的分解加强，血糖升高。但随着缺氧的继续加重，由于氧的供应不足，有氧氧化过程障碍，而无氧酵解过程加强，乳酸生成增多，故可引起高乳酸血症。

2. 脂肪代谢变化

随着糖原的大量分解、消耗，脂肪的分解过程也加强，并因缺氧脂肪的氧化过程障碍，氧化不全的中间代谢产物——酮体的生成增多并在血液中大量蓄积，而引起酮血症。酮体可随尿排出，而引起酮尿症。

3. 蛋白质代谢变化

随着糖原和脂肪的分解加强，蛋白质的分解也增强，由于氧的缺乏，蛋白质的氧化分解过程发生障碍，氨基酸脱氨基过程发生障碍，致使血中氨基酸和非蛋白氮的含量增加。

由于上述三大物质的分解加强和代谢障碍，氧化不全的酸性中间代谢产物（乳酸、酮体、氨基酸、非蛋白氮）在体内大量蓄积，故可引起代谢性酸中毒的发生。同时，因缺氧初期呼吸加深、加快，以增加氧的摄入，但由于过度地呼气，使体内 CO_2 过多排出，使血中碳酸含量减少，引起低碳酸血症，而体内碱储则相对增加，故可合并呼吸性碱中毒的发生。

（郭东华）

项目七　炎症

彩图扫一扫

炎症反应是许多疾病共有的基本病理过程，如肺炎、胃肠炎、心包炎、心内膜炎、腹膜炎、肾炎、脑炎、关节炎、创伤、烧伤、结核病和许多中毒病、传染病、寄生虫病等，都以炎症为基本病理过程，故有"十病九炎"之说。在炎症过程中，一方面损伤因子直接或间接造成组织和细胞的破坏；另一方面通过炎症充血和渗出反应，稀释、中和、杀伤和包围损伤因子，同时机体通过实质和间质细胞的再生使受损的组织得以修复和愈合。因此，可以说炎症是损伤和抗损伤的统一过程，其本质是防御反应。因此，正确认识和掌握炎症的发生发展规律和基本理论，对畜禽疾病的诊断与防治具有十分重要的意义。

单元一　炎症概述

炎症是指具有血管系统的活体组织对损伤因子所发生的以防御反应为主的病理过程。其基本病理变化是局部组织的变质、渗出和增生，临床症状是局部红、肿、热、痛和机能障碍。当炎症范围波及较广或反应强烈时，伴有不同程度的发热、白细胞增多、单核巨噬细胞系统增生及其机能增强等全身性反应。

一、炎症发生的原因

炎症是由致炎因子引起的，凡能引起机体组织损伤的因素，都可成为致炎因子。致炎因素种类繁多，作用各异，可分为外源性和内源性两大类。

（一）外源性致炎因素

1.生物性因素

生物性因素是最常见的致炎因素，如病原微生物、寄生虫及其毒性产物等，可使组织发生损伤或通过其抗原性诱发免疫反应而导致炎症。如细菌感染引起的炎症，主要是由于它所产生的毒素或代谢产物的作用；大多数寄生虫的侵袭常以其机械性的损伤及毒素的作用而致局部组织发炎，并常呈现慢性炎症的经过和结局。不同的生物性因素所致的炎症反应不尽相同，具有病原特异性。

2. 化学性因素

外源性化学物质有强酸、强碱、强氧化剂和有毒气体等。药物和其他生物制剂使用不当也可引起炎症。

3. 物理性因素

高温、低温、放射线、紫外线、电击以及机械力的作用所导致的损伤均可引起炎症反应。物理性因素的作用时间往往短暂，但炎症的发生却是组织受到损伤后出现的复杂变化的结果。

（二）内源性致炎因素

内源性致炎因素指体内产生的具有致炎作用的因素。主要有免疫过程中形成的抗原抗体复合物，坏死组织分解产物，病理代谢产物等，均可刺激机体引起炎症。

致炎因子虽然是引起炎症发生的必需条件，但能否发生炎症，反应程度如何，还取决于机体的机能状态。对某种病原微生物处于免疫状态的个体，炎症反应较轻，甚至不发生炎症；在麻醉或衰竭以及免疫力下降时，炎症反应往往减弱，形成所谓"弱反应性炎"，常表现为局部损伤久治不愈；一些致敏机体常对一些不引起炎症的物质（花粉、药物、异体蛋白等），出现强烈的炎症反应，如支气管哮喘等，称强反应性炎或变态反应性炎。动物的营养状态对损伤组织的修复有明显影响，如机体营养不良，缺乏某些必需氨基酸和维生素 C 时，可导致蛋白质合成障碍，使修复过程缓慢甚至停滞。内分泌系统的功能状态也可对炎症的发生、发展产生影响，甲状腺素、生长激素、肾上腺盐皮质激素等对炎症有促进作用，肾上腺糖皮质激素则抑制炎症反应。

二、炎症的局部表现

炎症的局部表现特征是红、肿、热、痛和机能障碍，体表和黏膜的急性炎症尤为明显。

（一）红

炎症病灶内动脉性充血，局部氧合血红蛋白增多，炎症初期呈鲜红色，后期转为淤血，还原血红蛋白增多，呈暗红色，但炎区边缘仍呈鲜红色。

（二）肿

主要是由于渗出物，特别是炎性水肿所致。炎症后期及慢性炎症时，组织和细胞的增生也可引起局部肿胀。

（三）热

热是由于动脉性充血及代谢增强所致。炎区动脉血管扩张，血流量增多，代谢旺盛，产热增多，使局部组织温度升高。

（四）痛

炎区的疼痛与多种因素有关。发炎的器官肿大，使富含感觉神经末梢的被膜张力增加，神经末梢受牵拉而引起疼痛。凡是分布感觉神经末梢较多的部位或致密组织，发炎时疼痛较剧烈，如牙髓、骨膜、胸膜、腹膜及肝脏等；疏松组织发炎时疼痛较轻；炎区组织变质，渗透压升高以及组织损伤、细胞破坏，炎灶氢离子、钾离子等浓度升高均可引起疼痛，尤其是炎症介质，如前列腺素（PG）、5-羟色胺（5-HT）、缓激肽等具有明显的致痛作用。

（五）机能障碍

炎灶内的细胞变性、坏死、代谢异常，炎性渗出物压迫阻塞以及疼痛等，都可引起发炎器官的机能障碍。如肺炎时气体交换障碍，肠炎时消化吸收障碍，肝炎时代谢和解毒机能障碍。

炎区的红、肿、热、痛、机能障碍是在变质、渗出、增生变化的基础上形成的。组织变质引起组织功能障碍，释放的炎症介质会引起疼痛。炎性充血及炎区内分解代谢加强引起炎区发红发热。渗出和增生初期是炎区肿胀的主要因素。另外，在诊断炎症性病理过程时，应根据炎症性质及发展过程作具体分析，如一般急性炎症时，以上症状表现明显，而慢性炎症时，红、热症状往往不太显著。

三、炎症的全身反应

炎症病变虽然主要表现于致病因子作用的局部，但局部病变与整体又互为影响。比较严重的炎症性疾病往往伴有明显的全身反应。特别是病原微生物在体内蔓延扩散时，常出现明显的全身性反应。炎症时常见的全身反应主要有四种变化。

（一）发热

病原微生物及其产生的毒素、组织坏死崩解产物等可引起发热（详见项目八）。

（二）白细胞增多

细菌毒素、炎区代谢产物进入血液后，刺激骨髓增强造血功能，大量的白细胞进入外周血液中。白细胞种类的改变对炎症诊断及预后有一定意义。一般在急性炎症时，多以嗜中性粒细胞增多为主；某些变态反应性炎症和寄生虫性炎症时，以嗜酸性粒细胞增多为主；在一些慢性炎症或病毒性炎症时，则常见单核细胞和淋巴细胞增多。

（三）单核巨噬细胞系统变化

在病原微生物引起的炎症过程中，单核巨噬细胞增生，吞噬机能增强。急性炎症时，炎区周围淋巴结肿大、充血、淋巴窦扩张，其中有嗜中性粒细胞和巨噬细胞浸润。慢性炎症时，局部淋巴结的网状细胞和 T 或 B 淋巴细胞增生，并释放淋巴因子和形成抗体。当全身严重感染时，全身淋巴结甚至脾脏肿大。

（四）实质器官的变化

由于致炎因子的作用，心、肝、肾等器官的实质细胞常发生物质代谢障碍，引起变性坏死，并导致相应的机能障碍。

四、炎症的分类

炎症的分类方法多种多样，可以根据炎症累及的器官、病变的程度、炎症的基本病变性质和持续的时间等进行分类。

（一）依据炎症累及的器官分类

在病变器官后加"炎"字，例如心肌炎、肝炎、肾炎等。临床上还常用具体受累的解剖部位或致病因子等加以修饰，例如肾盂肾炎、肾小球肾炎、病毒性心肌炎、细菌性心肌炎。

（二）依据炎症病变的程度分类

分为轻度炎症、中度炎症、重度炎症。

（三）依据炎症的基本病变性质分类

分为变质性炎、渗出性炎和增生性炎。任何炎症都在一定程度上包含变质、渗出、增生这三种基本病变，但往往以一种病变为主。以变质为主时称为变质性炎，以渗出为主时称为渗出性炎，以增生为主时称为增生性炎。渗出性炎还可以根据渗出物的主要成分和病变特点，进一步分为浆液性炎、纤维素性炎、化脓性炎、出血性炎等。

（四）依据炎症持续的时间分类

分为急性炎症、慢性炎症。急性炎症反应迅速、持续时间短、通常以渗出性病变为主，浸润的炎症细胞主要为中性粒细胞；但有时也可以表现为变质性炎或增生性病变，前者如急性肝炎，后者如伤寒。慢性炎症持续时间较长，一般以增生性病变为主，其浸润的炎症细胞主要为淋巴细胞和单核细胞。

五、炎症的经过与结局

炎症的本质是清除与消灭引起损伤的各种致炎因素和促进损伤修复，是机体的一种防御适应性反应。但在抗损伤过程中还会引起血液循环障碍、炎症介质释放以及组织的变性、坏死等。因此，应辩证地看待炎症过程。在炎症过程中，由于致炎因子的性质和机体的抵抗力不同，炎症有不同的经过和结局。

（一）炎症的经过

1. 急性炎症

因较强的致炎因子引起，以炎症反应剧烈、病程短（几天或几周）、症状明显为特征。局部病理变化以变质、渗出为主，炎灶中浸润大量的嗜中性粒细胞，如变质性炎、渗出性炎。

2. 亚急性炎症

亚急性炎症是介于急性炎症与慢性炎症之间的经过，主要由急性炎症发展而来，以发病较缓和、病程较急性炎症短、局部渗出变化较轻为特征。炎灶中除嗜中性粒细胞浸润外，还有多量的细胞组织和一定量的淋巴细胞、嗜酸性粒细胞浸润，并伴有轻度的结缔组织增生。

3. 慢性炎症

由急性炎症或亚急性炎症转变而来，或致炎因子长期轻微刺激所致，以症状不明显、病程较长（几个月或几年）、局部功能障碍明显为特征。局部变化以增生为主，炎灶中有较多淋巴细胞、浆细胞浸润，伴有肉芽组织增生和瘢痕形成。有时在机体抵抗力降低的情况下，慢性炎症可转变为急性炎症。

（二）炎症的结局

1. 痊愈

包括完全痊愈和不完全痊愈。前者指炎症过程中，组织损伤轻微，机体抵抗力较强，治疗效果较好，致病因素被消除，炎性渗出物被溶解、吸收，发炎组织通过周围正常细胞的再生，恢复原有的结构和功能。后者指炎灶较大、组织损伤严重、炎性渗出物过多不能完全被溶解和吸收，炎灶周围形成肉芽组织，肉芽组织长入坏死灶内并逐渐瘢痕化。

2. 迁延不愈

在机体抵抗力降低或治疗不彻底时，因致病因素持续存在，不断损伤细胞组织，反复发作，造成炎症持续，迁延不愈，急性炎症转为慢性炎症。

3. 蔓延扩散

在机体抵抗力低下时，体内病原微生物大量繁殖，损伤过程占优势，炎症可向周围扩散，其表现有三种形式。

（1）局部蔓延　炎灶内的病原微生物由组织间隙或器官的自然管道，向周围组织或器官扩散。如心包炎引起心肌炎，气管炎引起肺炎，母畜的阴道炎上行感染可引起子宫内膜炎。

（2）淋巴管扩散　病原微生物侵入淋巴管，随淋巴液流动而扩散至淋巴管及淋巴结，引起局部淋巴结炎或扩散全身。如急性肺炎可继发引起肺门淋巴结炎，导致淋巴结肿大、充血、出血、水肿等变化。

（3）血管扩散　炎灶内的病原微生物或某些毒性产物，侵入血管内，随血液循环扩散全身，发生菌血症、毒血症、败血症和脓毒败血症等，严重者导致死亡。

单元二　炎症局部的基本病理变化

任何一种炎症性疾病在其发生发展过程中，无论其发生原因、作用部位及表现形式有何不同，都可引起炎症局部的组织损伤、血管反应和细胞增生。在炎症发展过程中，一般早期或者急性炎症以变质或渗出为主，后期或慢性炎症以增生为主。三者相互联系、相互影响，构成炎症局部的基本病理变化。

一、组织损伤

发炎组织的物质代谢障碍和在此基础上引起的局部细胞组织发生变性、坏死或者凋亡，称为细胞组织损伤。一方面是由于致炎因素干扰、破坏细胞代谢或者信号转导造成的，另一方面是由于炎症局部血液循环障碍、细胞组织坏死所产生的代谢产物对炎灶的进一步损伤造成的。

（一）物质代谢障碍

炎区内组织代谢的特点是分解代谢加强，氧化不全产物堆积。因炎区中心血液循环障碍及细胞组织损伤严重，细胞坏死崩解，释放大量组织蛋白和钾离子，而周围组织发生充血，代谢功能亢进，耗氧量增多。继而发展为供氧不足，导致炎区无氧酵解增强，乳酸、丙酮酸、脂肪酸、酮体、多肽等酸性产物蓄积。由此可见，炎症部位不同，炎区组织酸中毒的机理也不同，病灶中间主要是血液循环障碍，氧化酶活性降低，引起绝对缺氧导致的酸中毒，而病灶周边部位是氧化酶活性增加，耗氧量增加，相应氧供应不足引起的酸中毒。

（二）理化性质改变

1. 酸碱度改变

炎症初期产生的酸性产物可随血液或淋巴从炎灶排出，或被碱储中和，并不出现酸中毒。随着炎症发展，酸性产物不断增多，局部碱储耗尽，加上局部淤血，引起炎区组织酸中毒。一般来说，炎症越急剧，越靠近炎灶中心，酸中毒越明显。如急性化脓性炎症时，炎区中心 pH 值可达 5.6 左右。

2. 渗透压改变

由于炎区酸性产物蓄积，氢离子浓度增加，使盐类解离度加大，离子浓度增高；细胞组织崩解，释放钾离子和蛋白质；炎区分解代谢加强，使糖、脂肪、蛋白质分解成小分子微粒；加上炎区血管壁通透性增高，血浆蛋白渗出增多等因素变化，导致炎区的晶体渗透压和胶体渗透压升高，从而引起炎性水肿。

3. 细胞组织变性坏死

致炎因素的直接或间接损伤作用会导致细胞组织出现变性、坏死（有时会出现凋亡）

等变质性变化。炎实质细胞常发生颗粒变性、脂肪变性等变化，引起功能障碍；间质则发生黏液样变性，胶原纤维肿胀、断裂和溶解等变化。这种形态变化在炎区中心最突出。炎症较严重时，由于病原微生物及其毒素的作用，以及发热等因素的影响，心、肝、肾等器官的实质细胞的变性、坏死可导致机体器官功能障碍。

二、血管反应

在炎症发生过程中，会出现以血管反应为核心的防御性应答反应，其构成了炎症发生发展的中心环节。在致炎因子和炎症介质的作用下，局部组织血管首先会发生血流动力学变化，发生充血、淤血甚至血流停滞；同时血管通透性明显升高，血管中液体成分和血细胞渗出，白细胞吞噬作用加强。因此，炎症中的渗出性反应就是炎区局部的微循环改变、血浆成分和白细胞游出血管的过程。

（一）局部微循环变化

致炎因子刺激局部组织时，通过神经反射或肾上腺素能神经兴奋的作用，使该组织的微循环动脉端（微动脉、后微动脉及毛细血管前括约肌）发生短暂的（几秒至几分钟）痉挛性收缩，血流减少，出现短暂贫血，局部组织色泽苍白。此时，局部组织缺血缺氧，物质代谢障碍，酸性产物增多，氢离子浓度升高，组织损伤并释放组胺、激肽等炎症介质。这些物质一方面使微动脉和毛细血管扩张，局部血流加快，血流量增多，形成动脉性充血（炎性充血）；另一方面刺激损伤部位的感觉神经末梢，通过轴突反射引起损伤灶周围的小动脉扩张，形成了围绕损伤灶外周的红晕（炎性反应充血 / 出血带），局部温度升高和发红。动脉性充血持续一段时间后，因发炎组织局部酸性产物不断堆积和炎症介质的持续作用，使微动脉、后微动脉和毛细血管前括约肌弛缓扩张，但微小静脉的平滑肌对酸性环境耐受性较强，仍保持一定的收缩状态或扩张程度较轻，从而使血液在毛细血管内淤滞，血流变慢；另外酸性产物和炎症介质使毛细血管壁通透性增强，血液中的液体成分渗出，血液浓缩黏稠，从而使毛细血管和微静脉的血流减慢，发展为淤血，甚至血流停滞，形成微血栓。此时，炎区外观变为暗红或蓝紫色。

（二）血浆成分渗出

血浆成分渗出是指炎症过程中血浆的液体成分和蛋白成分通过血管壁进入炎区组织。随着炎区血液循环障碍的发展，毛细血管壁通透性升高，血液中液体成分渗出，形成炎性水肿。炎性水肿液称渗出液，非炎性水肿液称漏出液，由单纯流体静压升高形成，二者区别见表7-1。渗出液的成分与血管壁的损伤程度有关，较轻时，含有电解质和小分子量的蛋白质；较重时，含有大分子量的球蛋白和纤维蛋白原。

表 7-1　渗出液与漏出液的区别

项目	渗出液	漏出液
蛋白量	蛋白含量超过 4%	蛋白含量低于 3%
密度	密度大，在 1.018 以上	密度小，在 1.015 以下
细胞量	有大量嗜中性粒细胞和红细胞	前者少或无，后者无
透明度	混浊	透明
颜色	黄色或白色、红黄色	呈淡黄色
凝固性	在体外或尸体内凝固	不凝固
与炎症关系	与炎症有关	与炎症无关

1. 血浆成分渗出的原因和机理

（1）**血管壁通透性升高** 各种致炎因子可使微静脉和毛细血管内皮细胞间原有间隙增大或形成裂隙，或使血管基底膜纤维液化、断裂，或血管内皮细胞本身受损或坏死，从而导致通透性升高，血浆成分渗出。

（2）**微循环血管内的流体静压升高** 由于炎区微动脉和毛细血管扩张，血流变慢，微血管淤血，致使毛细血管内的流体静压升高，促进液体成分外渗。

（3）**局部组织渗透压升高** 由于炎症时，血管壁通透性增高，血浆蛋白渗出，以及细胞组织坏死崩解，许多大分子物质变为小分子物质，从而使炎区内胶体渗透压升高；同时，炎灶中细胞内的 K^+ 释放，炎区内酸性代谢产物增多，H^+ 浓度升高，盐类解离度增大，致使晶体渗透压升高，从而促进血浆成分外渗。

2. 血浆成分渗出的作用

血浆成分的渗出具有抗损伤意义。如渗出液能稀释毒素，为炎区细胞组织提供营养物质并带走炎性代谢产物；通过渗出把抗体、补体、溶菌素带入炎区，有利于消灭病原体；渗出的纤维蛋白原转变成纤维蛋白，并相互交织成网架，可阻止病原体扩散，有利于嗜中性粒细胞发挥作用，使病灶局限化。在炎症后期，还有利于组织修复。但渗出液过多，会引起不良后果。如心包积液时、胸腔积液时，可导致组织器官发生粘连。

3. 白细胞游出

在炎症过程中，各种白细胞由血管内游出到组织间隙的过程称白细胞游出。游出的白细胞在炎区聚集的现象称炎性细胞浸润。游出的各种白细胞称炎性细胞。炎性细胞除释放炎症介质参与炎症反应外，还具有吞噬和杀菌作用。但白细胞渗出过多，也可通过释放蛋白水解酶、化学介质和毒性氧自由基等，加重组织损伤并可能延长炎症过程。

（1）**白细胞游出过程** 正常时血液中的红细胞、白细胞等有形成分位于血流中央流动

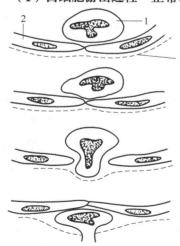

图 7-1 电镜下白细胞游出模式图
1—白细胞；2—毛细血管内皮细胞

（轴流），血浆成分贴近血管壁流动（边流）。当炎区微循环障碍时，血流变慢，轴流变宽，白细胞进入边流，渐渐靠近血管壁并沿血管内皮细胞滚动（白细胞边集），继而黏附于血管内膜上，称白细胞附壁。附壁的白细胞以胞质形成伪足，伸入血管内皮细胞间隙，随着伪足的活动，最后整个细胞体从内皮细胞的连接处逸出（白细胞游走），并穿过基底膜，到达血管之外，进入炎区组织（白细胞浸润），进行吞噬活动（图 7-1）。游出的白细胞包括嗜中性粒细胞、嗜酸性粒细胞、嗜碱性粒细胞、单核细胞和淋巴细胞，其游出方式基本相同。但致炎因子、病程和炎症介质不同，其游出的白细胞种类不尽相同，如急性化脓性炎症以嗜中性粒细胞为主，寄生虫性炎症则以嗜酸性粒细胞为主。

（2）**白细胞游出的机理** 白细胞游出是白细胞趋化因子的作用，当白细胞受到趋化因子作用后，增加了对血管壁的黏滞性，并向着趋化因子浓度高的方向游出，这一特性称白细胞趋化性。能调节白细胞定向运动的化学刺激物叫趋化因子。炎症时，炎区内存在白细胞趋化因子，它们对白细胞具有化学激动作用和趋化效应，使白细胞的游走能力加强并向其所在部

位聚集。一般白细胞和单核细胞对趋化因子的反应明显，而淋巴细胞反应较低。不同的趋化因子吸引不同的白细胞，故炎症区出现不同的白细胞浸润。如某些细菌的可溶性代谢产物、补体成分、白细胞三烯等，对嗜中性粒细胞有趋化作用；淋巴因子和嗜中性粒细胞释放的阳离子蛋白等对单核细胞、淋巴细胞有趋化作用。

（3）白细胞的吞噬作用　指白细胞接触病原体、抗原抗体复合物及组织碎片等，进行吞噬消化的过程。白细胞通过表面受体与被吞噬物结合，然后细胞膜形成伪足，随伪足的延伸和互相吻合，将吞噬物包入胞质内，形成吞噬小体；吞噬小体在胞质内与溶酶体融合形成吞噬溶酶体，最后由溶酶体酶将吞噬物溶解、消化。炎症过程中具有吞噬作用的细胞称为吞噬细胞。

（4）常见的几种炎性细胞及其功能　炎症过程中，渗出的白细胞和组织中广泛分布的肥大细胞、巨噬细胞、淋巴细胞及网状细胞，共同构成了炎症细胞群体。渗出的白细胞种类及其数量，会因不同的炎症或炎症的不同发展阶段而异（图7-2）。

① 嗜中性粒细胞：嗜中性粒细胞又称为中性粒细胞，有活跃的游走运动能力和较强的吞噬作用，起源于骨髓干细胞，占血液白细胞总数60%～75%，成熟细胞核呈分叶状，常为2～5叶；胞质中含有丰富的中性颗粒，颗粒中含溶菌酶、碱性磷酸酶、胰蛋白酶和脂酶等多种酶类。主要吞噬细菌、坏死组织碎片及抗原抗体复合物等细小异物颗粒，因此又被称为小吞噬细胞。还可释放内生致热原引起机体发热，其嗜中性颗粒崩解后释放溶菌酶，有溶解坏死组织的作用，使炎区组织液化形成脓液，坏死的嗜中性粒细胞称

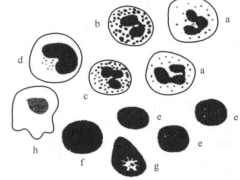

图7-2　炎性细胞模式图

a.嗜中性粒细胞；b.嗜酸性粒细胞；c.嗜碱性粒细胞；
d.单核细胞；e.小淋巴细胞；f.大淋巴细胞；
g.浆细胞；h.网状细胞

为脓球。这种细胞多见于急性炎症的早期和化脓性炎症。

② 单核细胞和巨噬细胞：单核-巨噬细胞包括骨髓中的前单核细胞、外周血中的单核细胞，以及组织内的巨噬细胞，是机体防御系统的一个重要组成部分。单核细胞占血液中白细胞总数的3%～6%，胞核形态多样，呈卵圆形、肾形、马蹄形或不规则形等，核常偏位。单核细胞来自骨髓干细胞，单核细胞进入血液之后，从血管进入全身组织中，再继续分裂和分化成巨噬细胞。巨噬细胞在不同的器官组织中又各有不同的名称，如结缔组织中的细胞组织、肝脏的星形细胞、肺泡巨噬细胞或尘细胞、脾巨噬细胞、脑小胶质细胞等，统称为单核-巨噬细胞系统。单核巨噬细胞能吞噬较大的病原体、异物、组织碎片，甚至整个细胞。在由大量巨噬细胞聚集形成的肉芽肿性炎灶中，巨噬细胞可转变为上皮样多核巨细胞。上皮样细胞为过度成熟的巨噬细胞，由于相邻细胞的伪足互相交错致使细胞界限不清，胞体变大，色变浅，类似上皮细胞的外观。多个巨噬细胞互相融合可形成多核巨细胞，细胞体积巨大，含有多个核。根据核的排列，分为两种类型，核沿周边排列（呈花环状）的称为朗汉斯巨细胞，常出现在结核结节、鼻疽结节、放线菌感染等感染性肉芽肿中；核散在分布的称为异物巨细胞，常见于缝线、寄生虫卵等异物刺激所致的异物性肉芽肿。

③ 嗜酸性粒细胞：也起源于骨髓干细胞，占血液白细胞总数的1%～7%。胞核分叶，核常为2叶，胞质内充满粗大嗜酸性颗粒，内含多种酶。其运动能力较弱，有一定的吞噬作

用，能吞噬支原体、抗原抗体复合物和补体覆盖的红细胞；胞质中的嗜酸性颗粒释放物能吸附于寄生虫虫体表面使虫体死亡；其中的组胺酶能破坏组胺，芳香硫酸酯酶及富含精氨酸的蛋白质能抑制变态反应迟缓反应物质（SPS-A），组胺释放抑制因子能阻止组胺释放，缓激肽拮抗物有抗缓激肽作用。故嗜酸性粒细胞能阻止变态反应和炎症扩散。主要见于寄生虫感染和某些变态反应性疾病。在非特异性炎症时，嗜酸性粒细胞的出现较嗜中性粒细胞晚，并多为炎症消退和痊愈的标志。

④ 淋巴细胞和浆细胞：淋巴细胞有大、中、小之分，成熟的淋巴细胞多为小淋巴细胞。淋巴细胞由骨髓干细胞分化而来，进入腔上囊或类似组织、胸腺等中枢免疫器官中，在此繁殖、诱导分化成为具有免疫活性的 B 淋巴细胞和 T 淋巴细胞，再经血流迁移至外周淋巴器官中。T 淋巴细胞能产生多种淋巴因子参与细胞免疫，B 淋巴细胞在抗原的刺激下转化为浆细胞，产生抗体参与体液免疫。多见于病毒性感染和慢性炎症。

⑤ 嗜碱性粒细胞：嗜碱性粒细胞来自血液，在形态和功能上与肥大细胞有许多相似之处，故被认为是未成熟的循环性肥大细胞。该细胞呈圆形，胞核一般为 2～3 叶，因被颗粒遮盖，核着色较浅，胞质含大小不等的嗜碱性颗粒。正常情况下，嗜碱性粒细胞在血液中数量极少，如果增多，也很少有意义。嗜碱性粒细胞在组织中主要定位于血管周围，若在此处脱粒，则对血管的通透性有很大影响。

⑥ 肥大细胞：肥大细胞广泛分布于疏松结缔组织内和血管周围，也可由血液中嗜碱性粒细胞进入组织内转化而来；该细胞呈圆形或卵圆形，细胞核小，染色浅，居细胞中央，细胞质中充满大小一致、蓝紫色颗粒。肥大细胞是分布、形态结构、组化特性等十分复杂的多功能细胞，能释放多种作用强烈的介质，如组胺、5-HT、肝素等生物活性物质；在炎症时，胞质中的炎性介质可引发速发型变态反应。肥大细胞有一定的趋向性，与成纤维细胞和上皮的增生、血管的生成、肿瘤的发生、清除血脂、寄生虫密切相关。

4. 炎症介质作用

炎症介质是指在致炎因子的作用下，由局部细胞组织释放或由体液中产生的，参与或引起炎症反应的化学活性物质，也称化学介质。炎症介质可以促进血管反应，使血管壁通透性升高，对炎性细胞有趋化作用，引起疼痛、发热以及组织损伤等，在炎症过程中，尤其是渗出变化中起着非常重要的介导作用。按其来源，炎症介质可以分为两大类。

（1）细胞释放的炎症介质

① 血管活性胺类：主要包括组胺和 5-HT。组胺主要贮藏于肥大细胞和嗜碱性粒细胞的胞质颗粒内，也存在于血小板中。在致炎因子作用下，细胞膜受损，细胞脱颗粒释放组胺。其作用为：a. 使微动脉扩张，微静脉内皮细胞收缩，导致血管壁通透性增加；b. 对嗜酸性粒细胞有趋化作用。5-HT 主要存在于肥大细胞和肠道的嗜银细胞（Kultschitsky 细胞）内，作用与组胺相似。

② 花生四烯酸的代谢产物：包括前列腺素和白细胞三烯。广泛存在于机体多种器官，如前列腺、肾、肠、肺、脑等部位。其主要作用为：a. 使血管扩张、血管壁通透性升高；b. 对中性粒细胞有趋化作用；c. 引起发热、疼痛。某些抗炎药物如阿司匹林、消炎痛和类固醇激素等能抑制花生四烯酸的代谢，减轻炎症反应。

③ 溶菌酶释放的炎症介质：中性粒细胞和单核细胞被致炎因子激活后释放的氧自由基和溶酶体酶，可成为炎症介质。其主要作用为破坏组织、促进炎症的血管反应和细胞趋化作用。

④ 细胞因子：细胞因子是一类主要由激活的淋巴细胞和单核 - 巨噬细胞产生的生物活

性物质，可调节其他类型细胞的功能，在细胞免疫反应中起重要作用，在介导炎症反应中亦有重要功能。细胞因子的种类很多，与炎症有关的主要有白细胞介素（IL-X）、肿瘤坏死因子（TNF）、干扰素（IFN）、淋巴因子等。其主要作用有：a. 促进白细胞渗出，并对中性粒细胞和单核细胞有趋化作用；b. 增强吞噬作用；c. 杀伤携带特异性抗原的靶细胞，引起组织损伤；d. 引起发热反应。

（2）血浆产生的炎症介质

① 激肽系统：激肽系统是指由组织激肽释放酶原和血浆组织激肽释放酶原分别经一系列转化过程而形成的缓激肽。缓激肽能使血管壁通透性升高，血管扩张，还可引起非血管平滑肌（如支气管、肠胃、子宫平滑肌）收缩，进而引起哮喘、腹泻和腹痛。另外，低浓度的缓激肽还可引起炎症部位疼痛。

② 补体系统：补体系统是由一系列蛋白质组成的，为机体抵抗病原微生物的重要因子，具有增强血管壁通透性、趋化作用及调理素作用。其中激活的补体 C3a、C5a 等是重要的炎症介质。

③ 凝血系统和纤溶系统：炎症时由于各种刺激，第Ⅻ因子被激活，同时启动血液凝固和纤维蛋白溶解系统。凝血酶在使纤维蛋白原变为纤维蛋白的过程中释放纤维蛋白多肽，后者使血管壁通透性增高并对白细胞有趋化作用。纤维蛋白溶解酶系统激活，可以降解 C3 形成 C3a；溶解纤维蛋白所形成的纤维蛋白降解产物（FDP），具有增加血管壁通透性的作用。

在炎症过程中，各种炎症介质相互影响、相互协同，共同影响着炎症的发生和发展。在炎症早期以激肽和血管活性胺为主，后期则以前列腺素、淋巴因子、溶酶体成分作用为主。

三、细胞增生

增生性变化是指在致炎因子和炎区细胞组织代谢产物的作用下，炎灶中出现单核 - 巨噬细胞、成纤维细胞、血管内皮细胞以及上皮细胞等细胞增殖分化的现象，可贯穿于整个炎症过程。

在炎症不同阶段，增生的程度不同。一般来说，炎症早期增生反应比较轻微，多以血管外膜细胞、血窦及淋巴窦内皮细胞、神经胶质细胞等细胞增生为主，参与炎区中的吞噬活动；而在机体抵抗力增强或转为慢性炎症时，则以成纤维细胞、血管内皮细胞增生为主，不断地形成胶原纤维和新生毛细血管，同时炎性细胞浸润，共同形成肉芽组织；其逐渐由炎区的四周向中心生长，借以修复炎区缺损，最后转化为瘢痕。增生性变化是一种防御性反应，可以阻止炎症扩散，使受损组织得以修复。但过度的增生又可使原有组织遭受压迫，影响器官功能。

综上所述，任何原因引起的炎症，都有变质、渗出、增生三种基本病理变化，只是各自变化程度不同。三者之间有着互相依存、互相制约的关系，构成了复杂的炎症反应。一般认为，变质属于损伤性变化，而渗出和增生主要是防御性反应，但某些防御性反应也会对机体产生不利的影响。炎症过程中，由于变质、渗出和增生三种基本病理变化表现不相同，从而呈现不同炎症的不同特点，由此将炎症分为不同的类型。

单元三　炎症的类型

炎症是一个复杂的病理过程。由于致炎因子的性质、强度和作用时间不同，机体的反应性、器官组织结构和机能不同，以及炎症的发展阶段不同，炎症表现的病变特点不同，分类方法也多。如根据发炎部位可分为脑炎、肺炎、肠炎、肝炎、肾炎、心肌炎等；根据病程经过可分为急性炎症、慢性炎症和亚急性炎症。在病理学上的分类，是根据炎症的基本病理变化程度将其分为变质性炎、渗出性炎和增生性炎三种。

一、变质性炎

变质性炎指发炎器官的实质细胞变质性变化明显，而渗出、增生性变化轻微的炎症。一般呈急性经过，多见于毒物中毒、重剧传染病、过敏、恶性口蹄疫等疾病过程中。因其多发生于心、肝、肾、脑等实质器官，又称实质性炎。主要表现为器官的实质细胞发生颗粒变性、脂肪变性和坏死等变化，有时也发生崩解和液化。

（一）心肌变质性炎

心肌变质性炎主要见于牛和猪的口蹄疫、牛恶性卡他热、马传贫（马传染性贫血病），以及磷、砷等毒物中毒。眼观主要病理变化是心脏扩张，心外膜和心内膜呈现灰白色或黄白色条纹或斑块，色彩不均，色泽变淡，质地柔软，失去固有光泽，似煮肉样；镜下主要病理变化为心肌纤维颗粒变性、脂肪变性或水泡变性，甚至呈蜡样坏死，肌间结缔组织有轻度充血、水肿和炎性细胞浸润，有时可见肌纤维断裂、坏死和崩解。

（二）肝脏变质性炎

肝脏变质性炎主要见于某些传染病如沙门氏菌引起的猪和牛的副伤寒，巴氏杆菌引起的禽霍乱、马传贫、球虫病，以及某些毒物引起的畜禽中毒性肝炎等。眼观主要病理变化为肝体积肿大或萎缩，质地脆弱，呈灰黄色或黄褐色，并见灰白色坏死灶；镜下主要病理变化为肝细胞发生颗粒变性、脂肪变性或坏死，间质有轻度炎性充血和炎性细胞浸润，窦状隙单核巨噬细胞增多。坏死灶内肝细胞坏死、崩解，炎性细胞浸润。

（三）肾脏变质性炎

主要见于链球菌、猪丹毒杆菌（红斑丹毒丝菌）、沙门氏菌感染，以及猪瘟、鸡新城疫、马传贫、弓形虫病及某些中毒病等。眼观病理变化为肾脏肿大，呈灰黄色或黄褐色，质地脆弱；镜下主要病理变化为肾小管上皮细胞呈颗粒变性、脂肪变性或坏死，间质呈轻度充血、水肿和炎性细胞浸润，肾小球毛细血管内皮细胞、肾小囊脏层细胞及间质细胞轻度增生。

二、渗出性炎

渗出性炎指炎区以渗出变化为主，而变质、增生变化轻微的炎症。根据渗出物的性质和病理变化特点不同分为以下六种。

（一）浆液性炎

浆液性炎是以大量浆液渗出为主的炎症。常发生于皮下疏松结缔组织、黏膜、浆膜和肺脏等部位。一般由较缓和的致炎因子和一些生物性病原所引起。渗出物中含有 3% ～ 5% 蛋白质（主要是血浆中的白蛋白，球蛋白较少）、白细胞、脱落的上皮细胞。初期渗出物为淡黄色、稀薄透明的液体，后期变混浊，凝固后或动物死后变成半透明的胶冻样。浆液性炎除原发外，通常是纤维素性炎和化脓性炎的初期变化。

胸腔、腹腔、心包腔等浆膜发生浆液性炎时，浆膜表面肿胀、充血、上皮细胞脱落、粗糙、失去固有光泽，浆膜腔内有多量的淡黄色稍混浊液体，见于胸膜炎、腹膜炎、心包炎的初期。

胃肠道黏膜、鼻黏膜等黏膜发生浆液性炎时，黏膜表面肿胀充血，渗出的浆液常混有黏液，从黏膜表面流出，如感冒时的水样鼻液，肠炎时的水样便。

皮肤发生浆液性炎时，渗出的浆液蓄积在表皮棘细胞之间、真皮乳头层内，局部皮肤形成丘疹样结节或水疱，突出于皮肤表面，如口蹄疫，水疱病，冻伤、烧伤时的水疱。

皮下结缔组织发生浆液性炎时，发炎部位肿胀，切开流出多量淡黄色液体，剥去发炎部位的皮肤，皮下结缔组织呈淡黄色胶冻样浸润。

肺脏发生浆液性炎（炎性肺水肿）时，肺体积肿大且重量增加，呈半透明状，肺胸膜湿润有光泽，肺小叶间质增宽，充满渗出液，切开挤压时流出多量泡沫样液体，镜下可见肺泡腔内、间质中有多量浆液，混有白细胞和脱落的上皮细胞。

（二）纤维素性炎

纤维素性炎指以渗出物中含有大量纤维素为特征的炎症。纤维素来源于血浆中的纤维蛋白原，渗出后经组织凝固因子作用而形成纤维蛋白（纤维素）。纤维素渗出物的成分主要有纤维蛋白、嗜中性粒细胞、坏死组织碎片等。纤维素性炎常发生在浆膜、黏膜和肺脏等部位。

1. 浮膜性炎

发生在黏膜或浆膜上，特征是渗出的纤维素与少量的白细胞、坏死上皮凝集成一薄层淡黄色、有弹性的假膜，被覆于炎症灶表面。此假膜易剥离或自行脱落，剥离后局部黏膜组织结构尚完整，又称假膜性炎。胸膜、腹膜、心包膜发生纤维素性炎，浆膜表面的假膜易剥离，之后浆膜充血、肿胀、粗糙、有时出血。浆膜腔内有多量的渗出液并混有纤维素凝结块，呈淡黄色絮状。如牛发生纤维素性肠炎时，由于纤维素渗出物特别明显，往往随粪便排出较长的膜性管状物。在心包炎时，心外膜上的假膜因心脏搏动、摩擦和牵引，使其在心外膜上形成绒毛状结构，俗称"绒毛心"。

2. 固膜性炎

只发生于黏膜，又称为纤维素性坏死性炎。渗出的纤维素与坏死的黏膜牢固地结合在一起，不易剥离，强行剥离时可形成糜烂或溃疡。如猪瘟在盲肠、结肠，特别是在回盲瓣处形成的局灶性固膜性炎，常称为"扣状肿"；仔猪副伤寒时，其大肠黏膜呈弥漫性纤维素性坏死性肠炎，即糠麸样变。

3. 肺浮膜性炎

在肺的支气管和肺泡内有大量纤维素渗出，使得肺组织变实，质地如肝脏样，称为肺肝变。病理变化可延伸到肺胸膜，如果涉及肺大叶或整个肺，称大叶性肺炎。外观呈不同颜色的大理石样变。常见于牛肺疫、猪肺疫等。

（三）卡他性炎

"卡他"来自希腊语，意为向下流溢。卡他性炎是指发生在黏膜的渗出性炎，因渗出物溢出于黏膜表面，则称卡他性炎。卡他性炎多为急性经过，渗出物的主要成分为浆液、黏液、脱落的上皮细胞、杯状细胞及炎性细胞，慢性者以淋巴细胞、浆细胞浸润为主。常见于胃肠道、呼吸道、泌尿生殖道黏膜，无明显组织损伤。发生急性卡他性炎的黏膜上皮细胞坏死脱落，固有层中小动脉和毛细血管充血、水肿、炎性细胞浸润，黏膜上皮杯状细胞增多，分泌增强。

眼观可见黏膜潮红、肿胀、有散在出血点（斑）。初期渗出的浆液较多，渗出物稀薄，内有少量脱落上皮细胞和白细胞，称浆液性卡他；继而黏液大量分泌，渗出物呈灰白色黏稠状，内有较多白细胞和脱落的上皮细胞，称黏液性卡他；再发展嗜中性粒细胞大量浸润，上皮细胞坏死脱落增多，渗出物变为黄白色、黏稠、混浊的脓液，称脓性卡他；若病因不除，刺激物继续作用可转为慢性卡他性炎。黏膜的腺体、肌肉萎缩，黏膜变薄而平坦，称萎缩性卡他；黏膜显著肥厚，因腺体和黏膜下结缔组织增生而凸凹不平，称肥厚性卡他。

（四）化脓性炎

以中性粒细胞大量渗出，并伴有不同程度的组织坏死和脓液形成为特征的炎症。炎灶内中性粒细胞大量渗出，并引起坏死组织液化，生成脓液的过程，称为化脓。脓汁由大量变性的嗜中性粒细胞、白蛋白、球蛋白、液化的坏死组织和少量浆液、致病菌等组成。由于病原体不同，脓液的颜色也不一样，如链球菌和葡萄球菌感染时，脓汁呈灰白或黄白色、金黄色；绿脓杆菌和化脓棒状杆菌感染时，为黄绿色；腐败菌感染时，呈灰黑色并有异臭味。化脓性炎伴有出血时，呈灰红色。另外，动物的种类、坏死组织的数量及脓液脱水程度等也可改变脓液的性状，如犬的脓汁稀如水样（因酶的溶解能力强）；牛的脓汁较黏稠，脓液脱水或含多量坏死组织碎片时呈颗粒状；禽的脓汁呈干酪样（因含有抗胰蛋白酶）。化脓性炎可发生于各种组织器官，通常有以下几种。

1. 脓性卡他

发生于呼吸道、消化道、泌尿生殖道等黏膜部位的化脓性炎。由急性卡他性炎发展而来，病理变化特点是黏膜充血、出血、肿胀，表面有大量的黄白色脓性分泌物。如鼻疽时鼻腔的化脓性炎，细菌感染时的气管炎。

2. 蓄脓

蓄脓是浆膜和黏膜发生的化脓性炎，在其相应的体腔内蓄积多量脓汁，也称积脓。如子宫蓄脓、胸腔蓄脓等。

3. 脓肿

脓肿是组织内发生的局限性化脓性炎。主要由金黄色葡萄球菌引起，表现为坏死组织溶解液化，形成充满脓汁的腔，其周围有肉芽组织增生，形成结缔组织包膜。多发生于皮肤和内脏，如肺脓肿、肌肉组织脓肿等。

在化脓性炎的发展过程中，脓肿可突破皮肤、黏膜表面形成溃疡。深部脓肿如果向体表或自然管道穿破，形成窦道或瘘管。窦道是指只有一个开口的病理性盲管，瘘管是指连接于体外与有腔器官之间或两个有腔器官之间的由两个以上开口的病理性盲管。窦道或瘘管因长期排脓，一般不易愈合。

4. 蜂窝织炎

蜂窝织炎是指皮下、筋膜下、肌间隙或深部疏松结缔组织的弥漫性化脓性炎。大量中性粒细胞沿着疏松结缔组织间隙扩散，形成弥漫性脓性浸润及炎性水肿，并且发生组织坏死、溶解形成脓汁，病变范围广，发展迅速，与周围正常组织分界不清。病原体主要是溶血性链球菌等，因其能产生透明脂酸酶和链激酶，前者能溶解结缔组织中的透明脂酸，后者能激活纤维蛋白溶酶，使纤维蛋白溶解。这样会使致病菌易于扩散，并沿淋巴管蔓延，造成弥漫性化脓性炎症。

（五）出血性炎

出血性炎指炎灶内血管壁损伤较重，渗出物中含有大量红细胞为特征的炎症。常与其他渗出性炎症混合存在，如浆液性出血性炎、纤维素性出血性炎、化脓性出血性炎、出血性坏死性炎等。多见于毒性较强的病原微生物感染，如炭疽、猪瘟、猪丹毒、鸡新城疫、禽流感等。出血性炎可以发生于各个组织器官，如胃肠道、肺脏、皮肤、淋巴结等。发炎部位的黏膜显著充血、肿胀并有出血点，严重时一片红染，内容物混有血液。胃和小肠的炎性出血，因血液被消化而形成酸性正铁血红素，使粪便呈棕黑色。出血性炎时渗出液呈红色，炎区的变化与单纯性出血很相似。但在镜下，炎区除了大量的红细胞外，还伴有充血、水肿、炎性细胞浸润等变化。

（六）腐败性炎

腐败性炎指发炎组织感染了腐败菌，导致炎灶组织和炎性渗出物发生腐败分解的炎症，又称坏疽性炎。可单独发生，也可发生于其他类型炎症过程中，多发生于肺、子宫、肠等器官。发炎组织坏死、溶解和腐败，呈灰绿色或污黑色，有恶臭味。

上述各种渗出性炎症有区别也有联系，往往是同一个炎症的不同发展阶段。如浆液性炎是卡他性炎、纤维素性炎和化脓性炎的初期变化。有时同一炎灶的中心为化脓性或坏死性炎，其外周为纤维素性炎，再外周为浆液性渗出性炎的变化。

三、增生性炎

以细胞或结缔组织大量增生为特征的一种炎症。增生的细胞成分包括巨噬细胞、成纤维细胞等。病灶内也有一定程度的变质和渗出，一般为慢性炎症，但亦可呈急性经过。根据增生的特征分两种类型。

（一）非特异性增生性炎

由非特异性病原体引起的相同组织增生、不形成特殊病变结构的炎症，又称普通增生性炎。据增生组织的成分可分两种。

1.急性增生性炎

急性增生性炎是以细胞增生为主的炎症，如仔猪副伤寒时，肝小叶内枯否细胞增生所形成的"副伤寒结节"；急性肾小球性肾炎时肾小球毛细血管内皮细胞与球囊上皮显著增生，肾小球体积增大。

2.慢性增生性炎

主要以间质中结缔组织的成纤维细胞、血管内皮细胞、淋巴细胞、浆细胞和组织细胞等增生为主，形成非特异性肉芽组织为特征的炎症，这种炎症从间质开始，故又称间质性炎，如慢性间质性肾炎、慢性间质性肺炎、慢性关节周围炎、肝硬化等，多为损伤组织的修复过程，其结局往往导致发炎器官的硬化或硬变，体积缩小。

（二）特异性增生性炎

在炎症局部形成以巨噬细胞增生为主的具有特异性结构的肉芽肿，又称传染性肉芽肿或肉芽肿性炎。肉芽肿，是由巨噬细胞及其演化的细胞呈局限性浸润和增生所形成的界限清楚的结节状病灶，病灶较小，直径一般在 0.5～2mm。以肉芽肿形成为基本特点的炎症叫肉芽肿性炎。肉芽肿性炎根据致炎因子的不同，可以分为感染性肉芽肿和异物性肉芽肿。

1.感染性肉芽肿

常见病原菌有结核杆菌、产鼻疽分枝杆菌、放线菌等。如结核杆菌引起的结核性肉芽肿，在肺脏、淋巴结等部位形成粟粒至豆粒大、灰白色半透明坚实的结节；镜下可见三层结构，即结节中心为干酪样坏死，坏死区常发生钙化，其周围是上皮样细胞（巨噬细胞吞噬病原菌后转化为上皮样细胞，胞体大、多边形、胞质丰富、淡染，细胞核呈圆形或卵圆形）和多核巨细胞构成的特异性肉芽组织，再外围是结缔组织增生和淋巴细胞浸润构成的非特异性肉芽组织。

结核结节中的多核巨细胞又称为郎格罕细胞，细胞体积很大，直径达 40~50μm，胞核形态与上皮样细胞核相似，数目可达几十个或百余个，排列在细胞周边，呈马蹄形或环形，胞质丰富，由上皮样细胞融合而成。

2. 异物性肉芽肿

由进入组织内不易被消化的异物（木片、缝线、滑石粉、尿酸盐结晶等）引起，这些异物体积较大，常不能被单个巨噬细胞吞噬，因而不引发典型的炎症或免疫反应，而是刺激巨噬细胞增生，并转化为上皮样细胞和多核巨细胞，又称为异物巨细胞。它们附着于异物表面并将其包围，最外围为普通肉芽组织。异物性肉芽肿内很少有淋巴细胞浸润。

异物巨细胞内胞核数目不等，有数个到数十个，甚至百个以上，与郎格罕细胞不同的是，异物巨细胞的胞核多杂乱无章地积聚于细胞的中央区，胞质内常有吞噬的异物。

单元四　败血症

一、败血症的概念

败血症是指病原微生物侵入机体，突破机体的防御屏障侵入血液中并持续大量繁殖、产生毒素，导致机体处于严重的中毒状态和造成广泛组织损伤的全身性病理过程。败血症不是一种独立的疾病，而是许多病原微生物干扰和病程演变的共同结局，是引起动物死亡的重要原因。临床上以寒战、高热、皮疹、关节疼痛以及肝、脾肿大为特征。不同病原体侵入机体后，在其发展过程中的不同阶段可呈现不同的病理变化与病理现象。

败血症常伴有菌血症、病毒血症、虫血症、毒血症的发生，但是又与菌血症、病毒血症、虫血症、毒血症有所不同。临床中必须结合是否有败血症的病理变化和分离出引起败血症的病原，方可做出确诊。

（一）菌血症

指致病菌突破机体的防御机构，由病灶或创伤灶持续不断地侵入血液循环的现象。是败血症的重要标志之一。但是菌血症并不等于败血症，在机体抵抗力很强的时候侵入的病原菌很快被单核巨吞噬细胞系统的细胞所吞噬而消灭，只是在机体抵抗力较弱，病原菌大量繁殖，产生大量毒素，引起明显的全身性中毒症状时，才能形成败血症。

（二）毒血症

指细菌的毒素或其他毒性产物被吸收入血而引起机体全身中毒现象。一方面是病原菌入机体后大量繁殖，产生大量崩溃产物并吸收入血；另一方面由于机体的物质代谢障碍、肝、肾等器官的毒素和排泄功能障碍，从而引起毒血症。

（三）病毒血症

病毒侵入机体，病毒粒子在血液中持续存在的现象。病毒性败血症是指病毒大量复制释放入血，并伴有明显的全身感染过程。

（四）虫血症

寄生虫侵入机体，随血液循环散布于各组织器官，其产生的毒素作用引起全身性反应。

（五）脓毒败血症

化脓菌由原发病灶经淋巴管或静脉扩散到机体其他器官，形成新的转移性化脓灶的现象，称脓毒败血症。常见病原菌有：溶血性链球菌、绿脓杆菌、金黄色葡萄球菌等。脓毒败血症除具有败血症的一般性病理变化外，最突出的病变是在器官形成多发性脓肿。

二、败血症的病因和发病机制

（一）发生原因

几乎所有的细菌性、病毒性传染病，都能发展为败血症，特别是一些急性传染病往往以败血症的形式表现出来。如炭疽、猪丹毒、巴氏杆菌病、猪瘟、马传染性贫血、鸡新城疫等。一些慢性传染病如鼻疽、结核，虽然以局部炎症过程为主要表现形式，但在机体抵抗力显著降低的情况下，也可以出现急性败血症的形式。而少数寄生原虫如弓形体、梨形虫也可引起败血症。另外，某些非传染性病原体也能引起败血症，如葡萄球菌、链球菌、肺炎球菌、绿脓杆菌、腐败梭菌等。此种败血症并不传染其他动物，不属于传染病范畴。

（二）发病机制

病原体侵入机体的部位称侵入门户或感染门户，病原体常在侵入门户增殖并引起炎症，不同病原菌侵入门户各有其特点。金黄色葡萄球菌引起的败血症多来自机械性的创面炎症、烧伤创面感染以及母畜生殖系统炎症；破伤风梭菌引起的败血症来自深部创伤感染，而且局部需要厌氧；病毒性败血症（如猪瘟病毒、口蹄疫病毒）则由消化道、呼吸道黏膜及眼结膜、皮肤侵入体内，经淋巴、血液循环进入各组织器官。当机体以局部炎症的形式不能控制并消灭病原微生物时，病原体则可沿着淋巴管和血管扩散，引起相应部位的淋巴管炎、静脉炎以及淋巴结炎。因此在侵入门户的炎症灶不明显时，通过局部淋巴管炎或静脉炎以及淋巴结的病变可查明感染门户。当机体的防御能力显著降低时，往往不经局部炎症过程，就直接进入循环血液内，引起败血症。

病原菌侵入机体后是否发生败血症取决于病原菌的致病能力和机体的免疫防御能力两个方面。毒力强、数量多的致病菌进入机体，引起败血症的可能性极大。机体身体状况良好、免疫力强时，则抵御疾病的能力也会相应增强。

三、败血症的类型与病理变化

根据引起败血症的病原体不同，将败血症分为传染病型败血症和非传染病型败血症，而其所引起的病理变化也有所不同。

（一）传染病型败血症

指由某些传染性病原体引起的败血症，多发生于传染性疾病过程中。无论任何原因引起的败血症，均可表现出病原体与机体进行激烈斗争的过程。因此，传染病型败血症的主要特征为全身性病理过程。

患畜呈菌血症时，机体处于严重中毒和物质代谢障碍状态，各器官组织都发生不同程度的变性和坏死。由于机体内大量微生物存在和死前组织变性坏死，故在动物死后常呈尸僵不全，早期发生尸腐；全身呈毒血症时，组织变性坏死和物质代谢障碍，致使氧化不全的代谢产物和组织分解产物在体内蓄积，引起缺氧和酸中毒，动物死后血液往往凝固不全，从口、鼻、肛门等天然孔流出黑红色不凝固的浓稠血液。败血症时多有早期溶血现象，从而导致心内膜、血管内膜被血红蛋白污染，使尸体呈玫瑰色，并在脾脏、肝脏和淋巴结等器官内有血源性色素（含铁血黄素，橙色血质）沉着。溶血和肝脏功能障碍可造成胆色素沉积，可视黏膜及皮下组织黄染。

败血症比较突出而又易于发现的病理变化是出血性素质，即全身黏膜、浆膜或皮下广泛性出血。这主要是因微生物和毒素的作用使血管壁遭到损伤，血管通透性增高，而发生多发性、渗出性出血。表现在各部浆膜、黏膜、各器官的被膜下和实质内有点状或斑状的出血灶，皮下、浆膜下和黏膜下的疏松结缔组织中有浆液性、出血性浸润，体腔（胸腔、腹腔及心包腔）内有积液，其中混有丝状或片状纤维素。

脾脏的病变是特征性的，通常可肿大2～4倍。可见表面呈青紫色或黑紫色，边缘钝圆，质地松软，严重时触之有波动感，易碎。切面外翻，含血量多，呈紫红或黑紫色，脾髓结构模糊不清，髓质膨隆，用刀背轻轻擦过切面时，可刮下多量血粥样物。有时脾髓呈半流动状，镜检可见脾窦显著扩张充血，甚至出血，并有中性粒细胞浸润，红髓和白髓内有不同程度的增生，有时还出现局灶性坏死，脾小梁和被膜的平滑肌呈变质性变化。呈现上述变化的脾脏，通常也称之为"败血脾"。淋巴组织可发生显著肿胀。在病程较长的病例中，全身各处的淋巴结均见肿大，呈现急性浆液性和出血性淋巴结炎的变化，如水肿、充血、出血、中性粒细胞和单核细胞浸润等，有时可见细菌团块。扁桃体和肠道集合淋巴结亦见肿大、充血及出血等急性炎症特征。有时淋巴组织可有明显的增生。

实质器官（心、肺、肾）发生颗粒变性和脂肪变性。心脏因心肌变性而松软脆弱，无光泽，心脏扩张，心内、外膜下常见有出血点，心脏内积有大量凝固不良的血液，这是机体发生心力衰竭的表现。肝脏肿大，呈灰黄色或黄红色，往往有中央静脉淤血。肾脏变性、肿胀，切面皮质增厚，呈灰黄色，髓质为紫红色。肺脏淤血水肿。

（二）非传染病型败血症

非传染病型败血症又称为感染创型败血症，其一般都可以找到原发病灶。其特点是在机体发生局灶性创伤时有细菌感染，进而发展为败血症。例如体表创伤、手术创、产后的子宫及新生畜的脐带等损伤，因护理不当或治疗不及时造成细菌感染并引起败血症。感染创型败血症除具有上述败血症的病理变化外，不同的感染创型败血症各有其原发病灶的变化特点，可分为以下几种。

1.创伤败血症

原发病灶存在于各种创伤（如去势创、蹄伤、火器伤等）。原发病灶多呈浆液性化脓性炎、蜂窝织炎和坏死性炎。由于病原体多沿淋巴管扩散，致病灶附近的淋巴管和淋巴结发炎。淋巴管肿胀、变粗，呈条索状，管壁增厚，管腔狭窄，管腔内积有脓汁或纤维素凝块；淋巴结为单纯性淋巴结炎或化脓性淋巴结炎。病灶周围静脉管，有时可呈静脉炎，静脉管壁肿胀，内膜坏死和脱落，管腔内积有血凝块或脓汁。

2.产后败血症

母畜分娩后，由于子宫黏膜损伤或子宫内遗有胎盘碎片，易感染化脓性或腐败性细菌，引起化脓性或腐败性子宫炎，往往因继发败血症而死亡。此时，子宫肿大，触压有波动感，子宫内蓄积大量污秽不洁并有臭味的脓样液体。子宫黏膜淤血、出血及坏死，坏死的黏膜脱落后，形成腐烂或溃疡。

3.脐败血症

由于新生幼畜断脐消毒不严，致使细菌感染并引起败血症。此时脐带根部可见有出血性、化脓性炎。肝脏往往发生脓肿。

四、败血症对机体的影响和结局

发生败血症时，由于机体抵抗力降低，生命重要器官功能不全，往往导致休克，引起动物死亡。尤其是在集约化养殖的情况下，动物大批死亡会造成严重后果。对于传染型败血症，不但可以治疗，而且还可以进行预防，针对某些可引起败血症的传染病，如果提前预防和进行免疫接种，可防止其发生。而感染创型败血症通常为慢性经过的急性化，及早发现原发病灶，进行及时、恰当的治疗，可有效阻止局部损伤的加剧和其向全身的扩散，亦可阻止感染创型败血症的发生。

【技能拓展】

血常规检查中白细胞数量改变的解读

血常规检查是临床诊断病情的常用辅助检查手段之一，是对血液中的有形成分，即红细胞、白细胞、血小板这三个系统进行检测与分析，这对了解疾病的发展程度有很大帮助。通过血常规筛查检测是否有贫血、病毒感染、细菌感染、白血病等有关疾病。

1. 白细胞
（1）白细胞病理性↑↑：提示急性细菌性感染，严重组织损伤，恶性肿瘤，大出血，中毒等。
（2）白细胞↓↓：提示病毒感染，放化疗的影响，再生障碍性贫血，免疫系统衰弱，药物引起等。

2. 中性粒细胞
（1）中性粒细胞病理性↑↑：提示细菌感染，骨髓增殖症，急性出血溶血，代谢性疾病，变态反应和各种中毒。
（2）中性粒细胞↓↓：提示病毒感染，伤寒、副作寒病，可能有再生障碍性贫血或药物的副作用。

3. 淋巴细胞
（1）淋巴细胞↑↑：提示病毒感染、某些血液病和急性传染病的恢复期，感染性疾病、血液病（淋巴细胞性白血病、淋巴瘤等），急性传染病恢复期，器官移植后的排斥反应期等。
（2）淋巴细胞↓↓：提示可能有免疫缺陷病，再生障碍性贫血，急性感染症的初期，应用化学药物如肾上腺皮质激素或接触放射线等。

4. 嗜酸性粒细胞
（1）嗜酸性粒细胞↑↑：提示变态反应，寄生虫病，慢性粒细胞白血病，脾切除、传染病恢复期等。
（2）嗜碱性粒细胞↑↑：提示慢性粒细胞性白血病，骨髓纤维化、慢性溶血及脾切除，癌转移、铅及铋中毒等。
（3）单核细胞↑↑：提示亚急性心内膜炎、疟疾，急性感染恢复期，活动性肺结核等。

综上所述，所谓的升高和降低常指显著的变化，轻微的变化则多没有诊断意义。临床常见典型血象组合，可分辨细菌感染还是病毒感染。通过检查血常规分辨机体是否属于细菌感染，可以避免抗生素的滥用。

※ 白细胞↑中性粒细胞↑中性百分比↑淋巴细胞↓淋巴百分比↓：即为细菌感染。
※ 白细胞↑中性粒细胞↓中性百分比↓淋巴细胞↑淋巴百分比↑：即为病毒感染。

【分析讨论】

在炎症过程中，各类炎症细胞从血液游走到炎区，参与炎症应答反应。如淋巴细胞、浆细胞、粒细胞（嗜酸、嗜碱性、中性）和单核 - 巨噬细胞等。淋巴细胞、单核 - 巨噬细胞、中性粒细胞是炎症反应的中心细胞。自然杀伤性 T 细胞（NKT 细胞）能够识别和杀伤靶细胞的能力，特别是其可以分泌穿孔素和肿瘤坏死因子，摧毁某些肿瘤细胞。中性粒细胞是最丰富的粒细胞类型，占机体所有白细胞的 40% 至 70%。作为宿主抵抗入侵病原体的第一道防线，其变形游走能力和吞噬活性很强。当细菌入侵人体时，中性粒细胞在炎症部位趋化因子的作用下，从毛细血管渗出到炎症局部吞噬细菌。同时，其细胞内含有大量的溶菌酶，能将吞入细胞内的细菌和组织碎片分解，从而避免感染在体内扩散。

然而，在杀灭病原微生物和异物的同时，自然杀伤性 T 细胞和中性粒细胞本身也不可避免地受到损伤而发生坏死、凋亡或焦亡，但它们可以通过分裂增殖来增加细胞的数量满足杀灭和吞噬的需要，以此维护机体的正常功能和代谢的稳定。

讨论 1. 中性粒细胞因具有强大的吞噬能力，因此又被称为小吞噬细胞，请阐述中性粒细胞的吞噬机制。

讨论 2. 自然杀伤性 T 细胞和中性粒细胞会通过坏死、凋亡或焦亡的途径死亡，请分析这几种细胞死亡的形式有何异同。

（武世珍）

项目八　发热

【目标任务】

知识目标　理解发热的基本概念，掌握各种致热原的致热机制，熟悉发热过程患畜机体的主要机能与代谢变化。

能力目标　根据患畜发热时的临床表现和体温变化特点，并制定合理的处理措施。

素质目标　能够用运动、发展、联系的观点看问题，正确处理疾病过程中的各种矛盾。

哺乳动物和鸟类都具有相对恒定的体温，体温的相对稳定是在体温调节中枢的调控下实现的。恒定的体温对增强动物的环境适应能力和维持正常的生命活动具有重要的意义。研究认为，体温调节受下丘脑-视前区（POAH）一些细胞群的控制，POAH 构成了下丘脑体温调节中枢中起整合作用的部分。视交叉后方的下丘脑较靠前侧的区域主要是促进散热，较靠后侧的区域主要是促进产热，这两个区域保持交互抑制的关系，维持体温相对恒定。体温中枢的调节方式，目前仍以"调定点"学说来解释。当体温偏离"调定点"设定的温度时，机体的反馈系统将这种偏差信息传给调节系统，再经过效应器的作用将中心温度调节在与调定点相适应的水平。在正常情况下，调定点虽然可以上下移动，但调节范围很狭小，所以正常体温波动的范围也十分有限。

发热是指恒温动物在致热原的作用下，体温调节中枢的"调定点"上移而引起的产热增加、散热减少及体温升高等现象，并伴有机体各系统器官功能和物质代谢的改变。一般认为，超过正常体温 0.5℃ 即为体温升高。发热是机体的一种防御适应性反应，其特点是产热和散热由相对平衡状态转变为不平衡状态，表现产热增多，散热减少，从而呈现体温升高，并伴有各组织、器官的功能和物质代谢变化。

发热明显区别于过热。过热属于病理性的，非调节性体温升高，是体温调节机制失控或调节障碍的结果。过热时调定点并未发生移动，而是由于体温调节障碍（如体温调节中枢损伤），或散热障碍（如环境温度过高和湿度过大所致的中暑，或动物患有大面积的皮肤病等）及产热器官功能异常（甲状腺功能亢进）等，体温调节机构不能将体温控制在与调定点相适应的水平上，是被动性体温升高，是非调节性体温升高，故把这类体温升高称为过热。发热与过热二者具有体温升高的共同特点，但体温升高具有本质的区别（表 8-1）。

某些生理情况下，如动物在剧烈运动、使役、妊娠期、某些应激等情况下也会出现体温升高现象，这属于生理性反应，因此称为生理性体温升高或非病理性发热。发热不是独立的疾病，而是许多疾病（尤其是传染病和炎症性疾病）过程中经常出现的一种基本病理过程或常见临床症状，也是疾病发生的重要信号。由于不同疾病引起的发热变化各有其一定的表现形式和比较恒定的变化，临床上通过观察体温曲线的变化和分析其特点，常作为诊断某些疾病的根据之一。

表 8-1　发热和过热的比较

项目	发热	过热
原因	致热原作用	调节中枢障碍 产热器官功能障碍 散热障碍
发生机制	调定点上移	无变化
体温调节	无障碍	体温调节障碍 产热或散热障碍
体温升高类型	调节性体温升高	被动性体温升高
有无热限	有	无
治疗原则	针对致热原	针对功能障碍部位，同时物理降温

单元一　发热的原因与机制

一、发热激活物

能直接或间接激活机体内生致热原细胞，使其产生并释放内生致热原从而引起发热的物质称为发热激活物，即内生致热原（EP）诱导物。它们可以是来自体外的致热物质，即外致热原，也可以是某些体内物质。发热激活物包含以下几种类型。

（一）外致热原
指来自体外的某些致热物质，主要是病原微生物及其产物。

1.细菌及其毒素
细菌及其毒素是最常见的发热激活物。

（1）革兰氏阴性菌与内毒素　典型菌群有大肠埃希菌、伤寒杆菌等。这类菌群的致热物质除菌体和菌壁中所含的肽聚糖外，最突出的是其菌壁中所含的脂多糖，也称为内毒素（ET）。ET 是最常见的外源性致热原，分子量大，不易透过血脑屏障。耐热性强（干热 160℃ 2h 才能灭活），一般灭菌方法不能清除。内毒素无论是静脉注射或体外与白细胞一起培养，都可刺激内生性致热原的产生和释放。

（2）革兰氏阳性菌与外毒素　此类细菌感染是常见的发热原因。主要有葡萄球菌、溶血性链球菌、肺炎球菌等。这类细菌除了菌体致热外，其外毒素也有明显的致热性，如葡萄球菌的肠毒素、溶血性链球菌的红疹毒素等。

（3）分枝杆菌　具有代表性的有结核杆菌，其全菌体及细胞壁中所含有的肽聚糖、多糖、蛋白质等均具有致热性。

2.病毒和其他微生物
病毒是一类常见的致热因子，例如流感病毒、猪瘟病毒、马传染性贫血病毒、出血热病毒等都可引起发热。许多真菌感染引起的疾病常常伴随着发热症状，真菌的致热性与其全菌体及菌体内所含的荚膜多糖和蛋白质有关。螺旋体进入体内也可以引起发热，如常见的钩端螺旋体感染可引起回归热。某些寄生虫，如旋毛虫、弓形虫、肝片吸虫等感染后可激活机体免疫系统，引起发热。另外，很多血液原虫病也具有明显的发热现象。

（二）体内产物

主要指动物体内产生的非生物性因子，也称非感染性发热激活物。

1. 抗原抗体复合物

变态反应和自身免疫反应过程中形成的抗原抗体复合物，可导致 EP 的产生和释放，引起发热。如常见的系统性红斑狼疮、类风湿关节炎等。

2. 淋巴因子

淋巴细胞虽不直接产生和释放内生致热原，但因抗原或外凝集素刺激淋巴细胞产生淋巴因子，后者对产内生致热原细胞有激活作用，从而引起细胞介导免疫性发热。实验证明，用卡介苗给家兔致敏，然后用旧结核菌素攻击可引起发热。实验表明，致敏淋巴细胞 - 抗原混合物所形成的一种可溶性产物起到激活作用，而这种产物是淋巴因子，它可能主要来源于 T 淋巴细胞。

3. 激素类物质

如甲状腺功能亢进时，血液中甲状腺素增多，使各种物质代谢特别是分解代谢加强，导致产热增多，引起发热。又如肾上腺素能兴奋体温调节中枢，加强物质代谢，使产热增加，并可使外周小血管收缩，散热减少。

4. 致炎物质与无菌性炎症

有些体内产生的致炎物质如尿酸结晶、硅酸结晶等不仅可以引起炎症，其本身还能够激活产致热原细胞产生和释放 EP。无菌性炎症引起的发热，原因是在炎灶特别是炎症渗出液中含有发热激活物。手术、创伤、化学因素等作用导致机体产生无菌性炎症，在此过程中常伴有发热；此外，某些肿瘤坏死产物，可使机体产生和释放 EP，引起发热。

二、内生致热原

内生致热原是指内生致热原细胞在发热激活物的作用下，产生和释放能引起恒温动物体温升高的物质。

（一）内生致热原的来源

体内产生内生致热原的细胞主要有 3 类。包括单核 - 巨噬细胞，肿瘤细胞（如骨髓单核细胞性肿瘤细胞、白血病细胞、淋巴瘤细胞等），以及其他细胞（如内皮细胞、淋巴细胞、朗格汉斯细胞、星形胶质细胞、肾小球系膜细胞等）。其中单核 - 巨噬细胞是产生 EP 的主要胞。

（二）内生致热原的种类

1. 白细胞介素 –1

白细胞介素 -1（IL-1）具有致热性，是目前公认的重要的 EP，其受体广泛分布于脑内。IL-1 主要由单核 - 巨噬细胞、内皮细胞、淋巴细胞合成和分泌，此外还发现脑内小胶质细胞和星形细胞也能产生 IL-1。

2. 干扰素

干扰素（IFN）是一种具有抑制细胞分裂、调节免疫、抗病毒、抗肿瘤等多种作用的糖蛋白。主要由 T 淋巴细胞、成纤维细胞和自然杀伤细胞（NK 细胞）分泌产生。干扰素注射后可引起发热，因其可引起丘脑产生可作用于体温调节中枢的前列腺素 E（PGE）。它所引起的发热反应与 IL-1 不同，IFN 反复注射可产生耐受性。

3. 肿瘤坏死因子

肿瘤坏死因子（TNF）也是重要的内生性致热原之一。多种外源性致热原（如葡萄球菌、链球菌、内毒素等）都可诱导巨噬细胞、淋巴细胞等产生和释放肿瘤坏死因子。肿瘤坏死因子也具有与 IL-1 相似的生物学活性。

4. 白细胞介素 -6

白细胞介素 -6（IL-6）主要是由单核细胞，巨噬细胞，内皮细胞，成纤维细胞，血管平滑肌细胞，小胶质细胞，T、B 淋巴细胞等合成和释放。IL-6 能引起各种动物发热，但致热效果不及 TNF 和 IL-1。

（三）内生致热原的产生和释放

EP 的产生和释放是一个十分复杂的细胞信号转导和基因表达的调控过程，包括产 EP 细胞的激活和 EP 的产生和释放。

1. 内生致热原细胞的激活

在发热激活物的刺激下，动物机体内能够产生和释放 EP 的细胞统称 EP 细胞，主要包括单核细胞、巨噬细胞、淋巴细胞、星状细胞、内皮细胞及肿瘤细胞等。上述细胞上的特异性受体在与发热激活物（如细菌、病毒、内毒素、免疫复合物、淋巴因子）结合后，通过信号转导启动蛋白质的合成，即内生致热原细胞的激活。细菌内毒素脂多糖（LPS）是最常见的发热激活物，可以激活内生致热原细胞产生和释放 EP。

2. EP 的产生与释放

内生致热原细胞被发热激活物刺激后的前 1 ～ 2h，细胞内 RNA 与蛋白质的合成均有明显增强，但细胞内外并不存在 EP。在 LPS 信号转入细胞内过程中，可能还需要跨膜蛋白参与。Toll 样受体（TLR）将信号通过类似 IL-1 受体活化的信号转导途径进行转导，使得核转录因子（NF-κB）活化，IL-1、TNF、IL-6 等细胞因子的基因表达增强，增加 PGE_2 合成的限速酶 - 环氧合酶 2 的合成，随即将合成的 EP 释放入血。

（四）EP 传入体温中枢的途径

当外致热原激活内生致热原细胞并使其释放 EP 后，循环血液中的 EP 如何进入脑内并作用于体温调节中枢引起发热，目前认为主要有以下几种途径。

1. EP 通过血脑屏障直接作用于体温中枢

EP 因其分子量小，可能从脉络丛部位直接渗入或者易化扩散入脑，再通过脑脊液循环分布到 POAH。另有研究表明，在血脑屏障的毛细血管床上存在 IL-1、IL-6 和 TNF 等细胞因子的可饱和转运机制，推测其能将相应的 EP 特异地转入脑内。

2. 下丘脑终板血管器

下丘脑终板血管器位于第三脑室的视上隐窝上方，紧靠 POAH，是血脑屏障的薄弱部位。该处存在有孔毛细血管，对大分子物质具有较高的通透性，EP 可通过下丘脑终板血管器作用于体温中枢，目前认为这可能是 EP 作用于体温中枢的主要通路。

3. 通过迷走神经向体温调节中枢传递发热信号

研究发现，细胞因子可刺激肝巨噬细胞周围的迷走神经，迷走神经将外周的致热信息通过传入神经纤维传入中枢。大鼠腹腔内注射 LPS 可在脑内检测到 IL-1 生成增多，而切除膈下迷走神经的传入纤维则可阻断腹腔注入 LPS 所引起的脑内 IL-1 mRNA 的转录和发热。

三、体温调节中枢调定点改变

哺乳动物的体温是相对恒定的，这依赖于体温调节中枢调控下产热和散热的相对平衡。目前研究认为，EP首先作用体温调节中枢，引起发热中枢介质的释放，而引起调定点改变。中枢的发热分为正调节介质和负调节介质两类。

1. 正调节介质

主要有PGE、Na^+/Ca^{2+}值、促肾上腺皮质激素释放激素（CRH）、一氧化氮（NO）、环磷酸腺苷（cAMP）等。

（1）PGE　将PGE注入猫、鼠、兔等动物脑室内，可引起明显的发热反应，体温升高的潜伏期比EP短，同时还伴有代谢率的改变，其致热敏感点在POAH。EP诱导的发热期间，动物脑脊液中PGE水平也明显升高。PGE合成抑制剂（如阿司匹林、布洛芬等）在降低体温的同时，也降低了脑脊液中PGE浓度。

（2）cAMP　在中枢神经系统中含有丰富的cAMP，并有合成和降解cAMP的酶类。目前已有越来越多的证据支持cAMP是重要的发热介质，其试验依据是：①动物脑室注入二丁酰cAMP(db-cAMP，一种稳定的cAMP衍生物）能迅速引起发热，潜伏期明显短于EP性发热；②EP或内毒素性发热时，脑脊液中cAMP均明显增高，后者与发热效应呈明显正相关，但在高温引起的过热期间（无调定点的改变），脑脊液中cAMP不发生明显的改变；③内毒素或EP引起双相热期间，脑脊液中cAMP含量与体温上升呈正相关，而且在内毒素引起双相热时，下丘脑和脑脊液中cAMP含量增多和体温升高均呈双相性波动。

（3）CRH　CRH主要分布于室旁核和杏仁核，IL-1、IL-6等均能刺激离体和在体下丘脑释放CRH，中枢注入CRH可引起动物脑温和结肠温度明显升高。用CRH单克隆抗体中和CRH或用CRH受体拮抗阻断CRH的作用、可完全抑制IL-1β、IL-6等EP的致热性。但也有人注意到，TNF-α性发热并不依赖于CRH，并且在发热的动物，脑室内给予CRH可使得已升高的体温下降。因此，目前倾向于认为CRH可能是一种双向调节介质。

（4）Na^+/Ca^{2+}值　脑内注入Na^+可使体温很快升高，注入Ca^{2+}可使体温很快降低；Na^+/Ca^{2+}值改变并非直接引起体温调定点上移，而是通过cAMP起作用。用0.9%NaCl溶液灌流动物脑室可引起体温升高；加入$CaCl_2$可抑制体温升高，而等渗蔗糖溶液、KCl或$MgCl_2$则无明显作用，故提出体温的调定点受Na^+/Ca^{2+}值所调控，EP可能先引起体温中枢Na^+/Ca^{2+}值的升高，而通过其他环节促使调定点上移，并确定其敏感区位于后下丘脑。给家兔脑室内灌注$CaCl_2$，除限制EP性体温升高外，同时还能抑制脑脊液中cAMP的增加，故体温中枢Na^+/Ca^{2+}值的升高可能再通过cAMP环节使调定点上移。

（5）NO　NO作为一种新型神经递质，广泛分布于中枢神经系统中。有关研究表明，NO与发热有一定关系，其可能的机制是：①通过作用于POAH、OVLT等部位，介导发热时的体温上升；②通过刺激棕色脂肪组织的代谢活动导致产热加强；③抑制发热负调节介质的释放。

2. 负调节介质

大量资料表明、发热时体温的升高并非无限制的，通常很少超过41℃。实验发现，即使增加致热原的剂量，也难以逾越此限。这种发热时体温上升的高度被限制在一特定范围以下的现象称为热限。热限的存在提示体内存在自我限制发热的因素。负调节介质主要包括精氨酸加压素（AVP）、黑素细胞刺激素（α-MSH）、膜联蛋白A1等。

现已证实，体内确实存在限制体温升高或降低的物质，这些物质主要包括精氨酸加压素、黑素细胞刺激素和其他一些发现于尿液中的发热抑制物。

（1）AVP　AVP是一种由视上核和室旁核神经元分泌的9肽神经垂体激素，也是一种神经递质，是一种重要的中枢体温负调节介质。研究发现，给家兔、鼠、豚鼠或猫科动物脑内或其他途径注射微量的AVP可有效解热，AVP拮抗剂或受体阻断剂能阻断其解热作用。在大鼠，由IL-1引起的发热可被AVP减弱，但如果在脑内注射AVP拮抗剂则完全阻断这种解热效应。AVP具有V1和V2两种受体，其解热作用可能是通过V1受体起作用。

（2）α-MSH　α-MSH是腺垂体分泌的一种由13个氨基酸组成的小分子多肽。许多研究表明，它具有很强的解热或降温作用。脑内或静脉内注射α-MSH可减弱LPS、TNF-α、PEG2和IL-1β引起的发热；在用α-MSH解热时发现，家兔的耳静脉扩张，皮肤温度升高，说明其解热作用与增强散热有关。在EP性发热时、脑内α-MSH含量升高，说明EP在引起发热的同时，伴随体温负调介质的合成增加，这可能是热限形成的重要机制。

（3）膜联蛋白A1　又称脂皮素-1，是一种钙依赖性磷酸酯结合蛋白，主要分布于脑和肺。糖皮质激素发挥解热作用依赖于脑内脂皮素-1的释放，脂皮素-1的解热作用可能与其抑制CRH的作用有关。研究发现，大鼠脑内注射重组脂皮素-1可抑制由IL-1、IL-6和CRH等诱导的发热反应。

四、发热的病理生理学机制

发热是机体对疾病的一种复杂的反应，此过程包括细胞因子调控的体温升高和内分泌系统、神经系统和免疫系统等多系统的相互作用。体温是由机体通过严密的内部控制机制来进行调控的，相对恒定体温的维持依赖于机体产热和散热平衡，而下丘脑占的"调定点"的高低决定体温的水平。当体温高于"调定点"时，热敏神经元兴奋，发动冲动的频率增加，机体下丘脑后部的交感神经系统处于抑制状态，导致皮肤血管扩张、刺激汗腺分泌汗液，促进散热。反之，当体温低于"调定点"时，热敏神经元兴奋和发动冲动的频率减少，对交感区和下丘脑下部背内侧的寒战中枢的抑制作用减弱，交感神经系统兴奋性增强引起皮肤血管收缩，流经皮肤的血量下降，因而散热减少；寒战中枢的兴奋性增强来增加肌肉收缩、分泌神经递质加强细胞的代谢，从而来增加产热。此外，内脏器官（肝、肾）的分解代谢和内分泌腺（垂体、肾上腺、甲状腺）的活动均增强，也使产热增多。

致热原性发热是由于EP作用于体温调节中枢，可能以某种方式，改变POAH热敏神经元的化学微环境，使"调定点"上移的结果。当热敏神经元的"调定点"上移后，血液温度则低于"调定点"的感受阈值，致使机体散热减少，产热增多，从而引起体温升高。当血液温度升至热敏神经元新的"调定点"阈值时，产热和散热过程则在新的高水平上达到平衡，体温保持在新"调定点"的相应温度。

总的来说，发热的过程可概括为4个环节，第一环节是激活物的作用：传染性因素和非传染性因素作为激活物激活体内产EP细胞；第二环节是EP信息传递：产EP细胞被激活后产生相释放EP，后者作为发热的"信息因子"对体温调节中枢发生作用；第三环节是中枢调节：改变下丘脑"调定点"神经元的化学微环境，POAH整合正、负调节信息以确定"调定点"上移的程度，并发放升温信号；第四环节是效应反应：调温信号引起同温效应器的反应，使产热增加散热减少，体温相应上升，达到新的调定点（图8-1）。

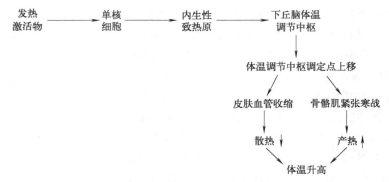

图 8-1 发热基本机制示意图

单元二　发热的经过与热型

一、发热的临床经过

　　临床上，多数发热尤其是急性传染病和急性炎症性发热，大致可分为三期。在发热过程中，体温会随着"调定点"的变化而发生变化（图 8-2）。

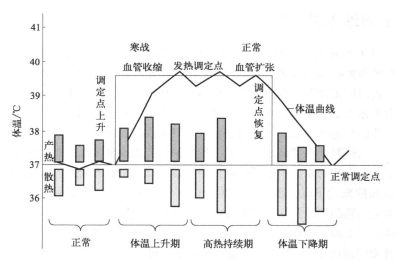

图 8-2　发热过程中体温与调定点的关系示意图

（一）体温上升期

　　体温上升期又称升热期，是动物体温开始迅速或逐渐上升的过程，为发热的第一阶段。热代谢的特点是体内散热减少和产热增多，产热大于散热，体温上升。这是由于体温调节中枢的"调定点"上移，血液温度低于"调定点"的温度感受阈值，中枢发出升温信号，引起皮肤血管收缩、血流降低，散热减少；同时，产热器官功能及物质分解代谢均增强，出现寒战，产热增强。患病动物呈现兴奋不安、食欲减退、脉搏加快、皮温降低、畏寒战栗及被毛竖立等临床症状，此期体温上升的程度取决于体温调节中枢新的"调定点"水平。

　　体温上升的速度与疾病性质、致热原数量及机体的功能状态等有关。如炭疽、猪瘟、猪丹毒等体温升高较快，而非典型腺疫体温上升较慢。

（二）高温持续期

高温持续期又称高热期、热极期或稽留期，动物体温波动处于较高的水平上，是发热的第二阶段。热代谢的特点是体温与上升的调定点水平相适应，体内产热与散热在较高水平上保持相对平衡，体温持续在较高水平上。这是因为体温上升已达到体温新"调定点"值，不仅产热较正常增高，散热也相应加强。患病动物呼吸、脉搏加快，可视黏膜充血、潮红，皮肤温度增高，尿量减少，有时开始排汗。

不同的疾病，高温持续时间长短不一，如牛传染性胸膜肺炎时，高热期可长达 2 ～ 3 周；而马流行性感冒的高热期仅为数小时或几天。

（三）体温下降期

体温下降期又称退热期，是动物体温回降的阶段，为发热的第三阶段。热代谢的特点是体内散热增强和产热减少，散热超过产热，高温不断下降。这是由于发热激活物在体内被控制或消失，EP 及增多的发热介质也被清除（主要自肾脏清除），上升的体温调定点回降到正常水平，血液温度高于"调定点"的感受值，中枢发出降温信号，产热减少和散热增强的结果。此时患病动物体表血管舒张，排汗显著增多，尿量亦增加。

体温下降的速度，可因病情不同而不同。体温迅速下降为骤退；体温缓慢下降为渐退。高温骤退伴有心功能不全时，往往是预后不良的先兆。

二、热型

在动物发生疾病时，将在不同时间点测得的体温值标在体温单上连接起来，所形成的具有特征性的体温动态变化曲线，称为热型。兽医临诊上根据动物体温的升降程度、速度和持续时间，热型可分为以下几种。

（一）稽留热

高热持续数日不退，昼夜温差不超过 1℃（图 8-3）。见于急性型猪瘟、急性型猪丹毒、牛恶性卡他热、马传染性胸膜肺炎、犬瘟热、大叶性肺炎、伤寒等疾病。

（二）弛张热

体温升高后，其昼夜温差超过 1℃，但体温下限不低于正常值（图 8-4）。见于重症肺结核、支气管肺炎、败血症、严重化脓性炎症等疾病。

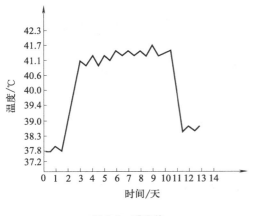

图 8-3　稽留热

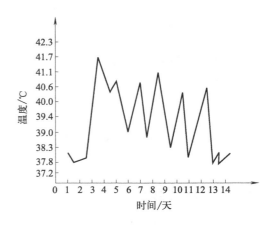

图 8-4　弛张热

（三）间歇热

发热期与无热期有规律地交替出现，即高热持续一定时间后，体温降至常温，间歇较短时间而后再升高，如此有规律地交替出现（图8-5）。见于猫淋巴白血病、牛焦虫病、马传染性贫血、疟疾、急性肾盂肾炎等疾病。

（四）回归热

该型的特点与间歇热相似，但无热的间歇期较长，其持续时间与发热时间大致相等（图8-6）。见于亚急性和慢性马传染性贫血等疾病。

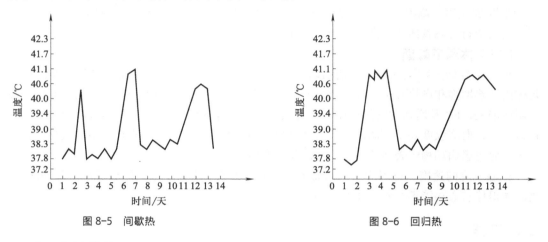

图 8-5　间歇热　　　　　　　　　　　　图 8-6　回归热

（五）波状热

体温逐渐上升达39℃或以上，数天后又逐渐下降至正常水平，持续数天后又逐渐升高，如此反复多次。常见于布鲁氏菌病。

（六）不定型热

发热持续时间不定，体温变动无规律，体温曲线呈不规则变化，称为不定型热，也称为不规则热。常见于犬的一些热性病以及慢性猪瘟、慢性副伤寒、流感、支气管肺炎、肺结核等许多非典型经过的疾病。

（七）双相热

第一次热程持续数天，然后经一至数天的无热期，又突然发生第二次热程，往往高热稽留，称为双相热。常见于某些病毒性疾病，如犬瘟热、狂犬病、脊髓灰质炎等。

（八）暂时热

发热持续的时间很短暂。见于轻度消化不良、分娩后、结核菌素和鼻疽菌素反应等。

（九）消耗热

消耗热又叫衰竭热，指动物长期发热，昼夜温差超过4～5℃，见于慢性或严重的消耗性疾病，如重症结核、脓毒症等。

单元三　发热机体的主要功能与代谢变化

一、物质代谢改变

发热常伴有物质代谢加快、基础代谢率增高。一般认为，体温每升高1℃，基础代谢率提高 13%，所以发热时物质代谢加快，物质消耗明显增多。发热时，由于交感神经系统兴奋，甲状腺素和肾上腺素分泌增加，一方面糖、脂肪和蛋白质分解代谢加强，另一方面发热时消化吸收功能障碍，机体营养物质摄入不足，都会导致病畜消瘦和体重下降。

（一）糖代谢

发热时交感神经兴奋，甲状腺素和肾上腺素分泌增多，肝糖原和肌糖原分解加强，血糖升高，糖原储备减少。发热时糖的分解代谢加强，耗氧量增高，导致机体氧供给相对不足，有氧氧化障碍，而糖无氧酵解过程加强，造成血液和组织内乳酸增多。

（二）脂肪代谢

发热时由于糖原储备减少或耗尽，再加上交感肾上腺髓质系统兴奋性增高，脂肪分解代谢明显加强，机体消瘦，血液中脂肪及脂肪酸含量增加，如果脂肪分解加强伴有氧化不全时，则出现酮血症及酮尿。

（三）蛋白质代谢

发热时随着糖和脂肪的分解加强，蛋白质分解也增强。发热时，肝脏和其他实质器官的组织蛋白、肌蛋白、血浆蛋白分解依次加强，血中非蛋白氮增多，并随尿排出增加；加之动物消化功能紊乱，蛋白质的消化和吸收减少，导致负氮平衡。长期或反复发热，可致蛋白质性营养不良，实质器官及肌肉出现萎缩、变性，以至机体衰竭。

（四）水、盐代谢

体温下降期，尿液增多和大量出汗，体内潴留的水和钠大量排出，严重时可导致动物脱水。此外，发热时组织分解加强，血液和尿内钾含量增多，磷酸盐的生成和排出增多，长期发热可导致缺钾。发热时由于氧化不全产物如乳酸、脂肪酸和酮体等增多，可引起代谢性酸中毒。

（五）维生素代谢

长期发热时，由于参与酶系统组成的维生素消耗过多，加之摄入不足，故发生维生素缺乏，特别是 B 族维生素及维生素 C 缺乏。

二、功能改变

（一）中枢神经系统功能变化

发热初期，中枢神经系统兴奋性增强，动物出现兴奋不安等临床症状。高热期，由于高温血液及有毒产物的作用，中枢神经系统抑制，动物出现精神沉郁，甚至昏迷。体温上升期和高热持续期，交感神经系统兴奋性增强；退热期，副交感神经兴奋性相对增高。

（二）循环系统功能变化

发热时，由于交感神经兴奋和高温血液对心血管中枢和心脏的窦房结刺激，引起心率加快，心肌收缩力加强，心输出量增多，血液循环加速，血压略升高。高热期，由于严重中毒，心肌及其传导系统受损、迷走神经中枢受到刺激或脑干发生损伤时，心率变慢。但长期发热，由于机体过分消耗和毒性代谢产物作用，会引起心肌变性，严重时可导致心力衰竭。

（三）呼吸系统功能变化

发热时，由于高温血液和酸性代谢产物蓄积对呼吸中枢的刺激，引起呼吸加深加快。高热期，大脑皮质和呼吸中枢抑制，则出现呼吸浅表甚至不规则的呼吸。

（四）消化系统功能变化

发热时，交感神经兴奋，消化液分泌减少，胃肠蠕动减慢，消化吸收功能降低，肠内容物发酵和腐败，胃肠臌气，胰液及胆汁合成和分泌不足，导致蛋白质和脂类消化不良。

（五）泌尿系统功能变化

在体温上升期和高热期，由于交感神经系统兴奋，入球小动脉收缩，肾小球血流量减少，尿液量减少。长期发热，肾小管上皮细胞受到损伤，使得水、钠和毒性代谢产物在体内潴留，引起机体中毒，同时出现蛋白尿。在体温下降期，肾小球血管扩张，血流量增加，尿量增加。

（六）免疫系统功能变化

发热时动物的免疫系统功能增强。因为 EP 本身是免疫调控因子，如 IL-1、IL-6 可刺激淋巴细胞分化增殖，促使肝细胞合成急性蛋白，诱导细胞毒性 T 淋巴细胞生成；IFN 是机体中一种重要的抗病毒因子，能增强 NK 细胞与吞噬细胞的活性；TNF 可增强吞噬细胞的活性，促进 B 淋巴细胞的分化。此外，发热还可促进白细胞向炎灶局部趋化和浸润。因此，发热可提高动物的抗感染能力。但持续高热也可能造成免疫系统的功能紊乱。

三、发热的生物学意义

发热是机体的一种反应，也是疾病的信号。其生物学意义表现为对机体的防御作用和伤害作用两个方面。防御作用表现在提高机体的抗感染能力。一般来说，短时间的轻中度发热对机体是有利的，能增强单核巨噬细胞系统的活性，吞噬能力增强，抗体生成增多；有利于机体抵抗感染，提高机体对致热原的清除能力；使肝脏氧化过程加速，解毒能力提高。近年研究发现，发热具有抑制或杀灭肿瘤细胞的作用，对肿瘤具有一定的抑制效果。该作用可能与发热时产生大量 IL-1、TNF、IFN 等对瘤细胞的杀伤作用和瘤细胞本身对高温更加敏感有关。发热对机体的不利或伤害表现在细胞组织的高代谢，加重器官负担，如心脏负荷增加，诱发心力衰竭；高热直接导致细胞变性，引起多器官细胞组织损伤，如心、肝、肾等脏器实质细胞变性；高热可引起幼畜惊厥而导致脑损伤，妊娠高热易引起胎儿发育不良等。

综上所述，发热可引起一系列的机体代谢功能改变，这些改变是由发热激活物、内生致热原及体温调节介质和体温升高共同引起的。影响发热的因素也有很多，而且所引起的后果也有利弊之分，因此对发热的处理应权衡利弊，应区别对待不同疾病、不同热型的发热。处理治疗原则应遵循减少发热对机体的损伤，增强发热对机体的防御作用。既不能盲目地不加分析地乱用解热药，也不应对高热或长期发热置之不理。

【技能拓展】

发热的处理措施

1. 在没有完全弄清病因时，如果不是过高的发热，一般不应人工退热。

2. 下列情况应及时解热，持续高热（如 40℃以上）、有严重肺或心血管疾病以及妊娠期的动物，治疗原发病同时采取退热措施，但高热不可骤退。

3. 解热的具体措施，包括药物解热和物理降温及其他措施。此外，高热惊厥者也可酌情应用镇静剂。

4. 注意补充营养物质，如注射葡萄糖，补给维生素 B 和维生素 C，必要时应注意补充机体丧失的水和电解质，以及纠正酸中毒。

5. 应注意给予容易消化、吸收和营养较丰富的饲料。

6. 防止虚脱，特别是在传染性发热的退热期，由于心脏血管功能不全，容易发生虚脱，应注意维护心脏。

7. 加强护理，高热或持久发热的机体，由于过度消耗，抵抗力降低，容易受冷或受热及遭受其他病因的侵袭，诱发并发症，故须加强护理。

【分析讨论】

疟疾是经按蚊叮咬或输入带疟原虫者的血液而感染疟原虫所引起的虫媒人兽共患传染病，俗称"打摆子"。本病一般在发作时先有明显的寒战，口唇发绀，寒战持续约 10min 至 2h，接着体温迅速上升，常达 40℃ 或更高，面色潮红，烦躁不安，高热持续约 2 ～ 6h 后，全身大汗淋漓后体温降至正常或正常以下。经过一段间歇期后，又开始重复上述寒战、高热的临床症状。民间对疟疾临床表现的描述为：冷时冷的冰凌卧，热时热的蒸笼坐；疼时节疼得天灵破，颤时节颤得牙关挫。长期多次发作后，可引起贫血和脾肿大。如果是重症的疟疾，会引发身体出现急性肾功能衰竭或者重度贫血的发生。

迄今为止，疟疾在全球范围内的流行仍很严重，2022 年全球仍有 2.49 亿疟疾病例（人）。疟疾仍是非洲大陆上最严重的疾病，亚洲东南部和中部也是疟疾流行猖獗的地区。

2021 年 6 月 30 日，世卫组织宣布中国获得无疟疾认证，这得益于青蒿素的发现。青蒿素是由我国中药学家屠呦呦发现并且创制的。青蒿素以其高效、速效的特点被称为疟疾的克星。青蒿素治疗疟疾的有效作用，凸显了中医药的优势，也得益于屠呦呦治病救人的责任感和锲而不舍的科学精神。屠呦呦也因为攻克了疟疾而获得了 2015 年的诺贝尔生理学或医学奖。

讨论 1. 疟疾的临床表现是寒热交替规律出现，请分析是什么热型？在兽医临床上，具有此类热型的疾病还有哪些？

讨论 2. 查阅资料，比较青蒿与青蒿素的区别，阐述素治疗疟原虫的作用机制。

（白瑞）

项目九　肿瘤

【目标任务】

知识目标　理解肿瘤的基本概念，掌握肿瘤的生长与扩散方式、肿瘤的分类与命名，了解肿瘤的发生原因与机制。

能力目标　掌握畜禽常见肿瘤的组织来源与病变特征，能鉴别畜禽常见的良性与恶性肿瘤。

素质目标　具备辩证思维，理解量变与质变的关系，理解质变是事物发展的关键。

彩图扫一扫

肿瘤是危害动物和人类健康最严重的疾病之一，在医学领域备受重视。近年来，动物肿瘤性疾病的发病率逐年增加，如禽白血病、牛白血病、鸡马立克氏病、宠物皮肤和乳腺肿瘤等，对动物的健康造成严重的威胁。

随着动物肿瘤学研究的不断发展，研究人员发现动物肿瘤与人类肿瘤有着密切关系，例如人原发性肝癌高发地区，鸡、鸭肝癌的发病率也高；人食管癌高发地区，鸡咽食管癌和山羊食管癌的发病率亦高；人鼻咽癌病毒接种新生小鼠亦可使其致癌。因此，系统学习和研究肿瘤的一般生物学特性、病因学、发病机制以及畜禽常见肿瘤病具有重要意义。

单元一　肿瘤的生物学特性

肿瘤是机体在致瘤因素作用下，局部体细胞在基因水平上失去对其生长的正常调控，异常分裂、增殖、分化而形成的新生细胞团块。肿瘤常表现为局部肿块。但也有少数肿瘤不形成局部肿块，如白血病则是呈弥漫性的增生或在血液内散布。肿瘤性增生不同于生理状态下的组织增生，也有别于炎症时的增生。肿瘤的形成是细胞生长、分化与增殖在基因水平上调控紊乱的结果，它具有异常的代谢和与机体不协调的生长能力，常表现为进行性、持续性的生长。

一、肿瘤的形态

（一）肿瘤的外形

肿瘤的形状与肿瘤的发生部位、组织来源及肿瘤的良恶性质密切相关。其形状多种多样，有乳头状、菜花状、绒毛状、蕈状、息肉状、结节状、分叶状、囊状、弥漫性肥厚状和溃疡状等（图9-1）。生长在体表的良性肿瘤往往呈乳头状、息肉状。发生在黏膜表面的良性肿瘤常呈绒毛状、蕈状。发生于皮下、实质器官内的良性肿瘤多呈结节状，并有包膜。卵巢的良性肿瘤常呈囊状。体表或黏膜面的恶性肿瘤常呈菜花状，多见出血和坏死。在实质器官内的恶性肿瘤，多呈树根状或蟹足状向四周生长，无包膜形成。

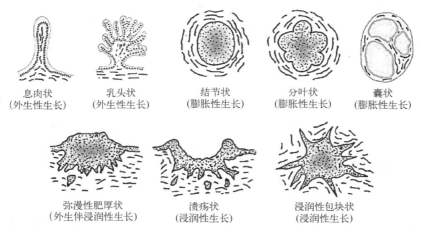

图9-1　肿瘤的外形与生长方式模式图

（二）肿瘤的体积

肿瘤的体积大小极不一致，小的须在显微镜下才能发现，大的则可重达几千克到几十千克。肿瘤的大小与其良恶性质、生长时间及发生部位有一定关系。生长在体表或较大的体腔内（如腹腔）的肿瘤有时可长得很大；生长在狭小腔道（如颅腔、椎管）内的肿瘤则一般较小。大的肿瘤通常生长速度较慢，生长时间较长，且多为良性。恶性肿瘤生长迅速，短期内可能转移或导致动物死亡，故一般不会长得很大。

（三）肿瘤的颜色

肿瘤的切面多呈灰白色或灰红色，但可因其血液含量的多少、有无变性、坏死、色素、组织来源等而呈不同的颜色。有时可从肿瘤的颜色大致推断出是什么样的肿瘤，如黑色素瘤呈黑色，脂肪瘤呈黄色或黄白色，血管瘤呈红色，纤维瘤呈灰白色，淋巴肉瘤与纤维肉瘤呈鱼肉色。癌一般为灰白色且无光泽，若继发出血或坏死时，切面上就可见到紫褐色的出血灶或土黄色的坏死灶。

（四）肿瘤的硬度

肿瘤的硬度与肿瘤的组织种类、肿瘤组织实质与间质的比例以及有无变性坏死等有关。骨瘤、软骨瘤最硬，纤维瘤次之，黏液瘤、脂肪瘤较柔软。实质细胞多而间质少的肿瘤较软，为软性瘤。间质多而实质细胞少的肿瘤较硬，为硬性瘤。瘤组织发生坏死时变软，有钙质沉着（钙化）或骨质形成（骨化）时则变硬。

二、肿瘤的组织结构

（一）肿瘤组织的一般结构

肿瘤的组织多种多样，但任何一个肿瘤的组织成分都包括实质和间质两部分。

1. 肿瘤的实质

肿瘤的实质是瘤细胞的总称，为肿瘤的主要成分，决定肿瘤的性质，也是肿瘤命名的主要依据。不同的肿瘤其瘤细胞各有不同，绝大部分肿瘤只有一种实质细胞，如脂肪瘤由异常增生的脂肪细胞构成，黑色素瘤由黑色素细胞构成。也有少数肿瘤由两种实质细胞构成，如乳腺的纤维腺瘤含有纤维瘤细胞和腺上皮瘤细胞等两种实质细胞。

2. 肿瘤的间质

肿瘤的间质由结缔组织与血管所组成，有时还可有淋巴管，它对肿瘤实质起着支持和营养的作用。间质中的结缔组织一部分是原有的，而大部分则随肿瘤组织同时生长的。

肿瘤间质的血管也是随肿瘤组织生长而同时形成的。生长迅速的肿瘤，其间质中血管多而结缔组织少。生长缓慢的肿瘤，间质中血管少，而结缔组织多。有些肿瘤的间质只有血管，如纤维瘤。当肿瘤细胞的生长超过了血管生成，就会导致血液与营养的供应不足，常可引起肿瘤组织的缺血性坏死，这也是恶性肿瘤的特征之一。此外，肿瘤间质中还有淋巴细胞、浆细胞和巨噬细胞等细胞成分，这是机体免疫反应的表现。现有研究发现，肿瘤间质中除了见成纤维细胞外，尚可出现肌成纤维细胞，其可限制肿瘤细胞的活动和遏制瘤细胞的浸润和转移。

（二）肿瘤组织的异型性

肿瘤组织无论在细胞形态和组织结构上都与其相同起源的正常组织有不同程度的差异，这种差异称肿瘤组织异型性。肿瘤组织异型性的大小反映了肿瘤组织的成熟的程度（即分化程度）。异型性小者，说明和其来源的正常组织相似，表示瘤细胞分化程度高，恶性程度低。反之，异型性愈大，表示瘤细胞分化程度愈低，恶性程度愈高。肿瘤组织的异型性是区别良、恶性肿瘤的主要形态学依据。

1. 良性肿瘤的异型性

良性肿瘤的异型性小，其瘤细胞的分化程度高，在细胞形态上与其相同起源的细胞组织非常相似，如纤维瘤的瘤细胞与正常的结缔组织细胞十分相似。良性瘤的异型性主要表现在组织结构方面，即瘤细胞排列不规则，其瘤细胞及其纤维束排列紊乱，纵横交错。总之，良性瘤细胞分化成熟，细胞形态异型性小，与其起源组织的细胞十分相似，只是瘤细胞的排列不规则。

2. 恶性肿瘤的异型性

恶性肿瘤的异型性大，无论在细胞形态或组织结构都与其起源组织差异很大，其表现有以下两个方面。

（1）细胞形态的异型性　恶性肿瘤细胞一般比正常细胞大，瘤细胞的大小和形态又很不一致，有时出现瘤巨细胞。瘤细胞核的体积增大，使胞核与细胞质的比例增大，核大小、形状和染色不一，并可出现巨核、双核、多核或奇异形的核；核染色加深，核仁肥大，数目增多；核分裂象增多，并出现不对称、三极、多极及顿挫性等异常核分裂象。瘤细胞核的病理性核分裂象（图9-2）是恶性肿瘤的重要特征，对于诊断恶性肿瘤具有重要的意义。

（2）组织结构的异型性　肿瘤组织结构的异型性是指肿瘤组织在空间排列方式上与来源组织的差异。一般情况，瘤细胞排列紊乱，失去正常的结构和层次。

3. 瘤细胞胞质的异常

由于胞质内核糖体增多而多呈嗜碱性。并可因为瘤细胞产生的异常分泌物或代谢产物（如激素、黏液、糖原、脂质、角蛋白和色素等）而具有不同特点。

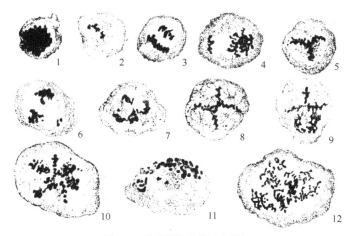

图 9-2　肿瘤细胞异常核分裂象

1. 染色质过多型核分裂；2. 染色质过少型核分裂；3, 4. 不对称型核分裂；5, 6. 三极型核分裂；
7, 8. 四极型核分裂；9. 五极型核分裂；10. 六极型核分裂；11. 流产型核分裂；12. 巨大型核分裂

三、肿瘤组织的代谢特点

肿瘤作为一种异常的增生组织，它的物质代谢与正常组织有明显不同。

（一）糖代谢

肿瘤组织中参与糖酵解的各种酶活性高于正常组织，许多肿瘤组织均以无氧酵解的途径进行糖代谢。糖酵解的结果除了为瘤组织提供能量之外，在这个过程中形成许多中间产物，还可以被瘤细胞用来合成蛋白质、核酸与类脂，以保证肿瘤细胞的不断繁殖和生长需要。

（二）蛋白质代谢

肿瘤组织中的蛋白质合成过程大于分解过程。这与肿瘤组织迅速生长密切相关。在肿瘤发展初期，合成蛋白质的原料主要来自食物；然而，随着肿瘤的发展，开始动用肝细胞蛋白或血浆蛋白以及其他组织蛋白质。蛋白质的大量消耗导致机体出现恶病质状态。在肿瘤代谢过程中，氨基酸分解过程减弱，其可被直接用于合成蛋白质，以利于肿瘤的快速生长。由于某些肿瘤蛋白与胚胎性组织有共同的抗原性，被称为肿瘤胚胎性抗原。在肿瘤的诊断上，可依据这些抗原的检出而查出相关的肿瘤。

（三）脂代谢

脂代谢异常参与调控多种肿瘤的恶性表型。有研究表明大多数肝癌患者血浆中甘油三酯、胆固醇、游离脂肪酸、载脂蛋白等水平显著降低。在如前列腺癌等类型的肿瘤中，主要依赖脂肪酸氧化作为能量的主要来源，而并不依赖于葡萄糖摄取的增加。

（四）酶代谢

肿瘤组织中氧化酶含量减少，蛋白分解酶含量增加。且肿瘤细胞中与原组织特殊功能有关的酶系统活性显著降低，甚至完全消失。例如肠黏膜原来含有多量碱性磷酸酶和酯酶，当发生癌肿之后，这两种酶的活性都降低。另外，肿瘤组织内的酶谱发生改变，如同工酶的变化使三磷酸腺苷失去对糖酵解的正常调节作用，糖异生作用的酶类活性下降，而与糖分解密切相关的酶类活性增高，使肿瘤组织即使在有氧条件下也不能将糖完全氧化，而经酵解转化为乳酸。

（五）核酸代谢

肿瘤细胞比正常细胞合成 DNA 和 RNA 的功能旺盛，分解过程降低，肿瘤细胞内 DNA 和 RNA 的含量明显增高。DNA 与细胞的分裂和增殖有关，RNA 与细胞的蛋白质合成及生长有关。因此，核酸的增多可使肿瘤组织迅速生长。肿瘤组织还可把 RNA 转变为 DNA，有利于肿瘤的分裂。在有些病毒或放射线引起的肿瘤中，其瘤细胞的 DNA 结构发生改变，与正常细胞不同，其蛋白质和酶的合成也发生改变，使细胞的结构和功能不同于正常细胞。

（六）水和无机盐的代谢

肿瘤中以肉瘤组织含水分和钾离子较多，肿瘤生长越快，钾的含量越高（周围健康组织钾的含量却减少），这和蛋白质合成旺盛有关。相反，肿瘤组织中除了坏死部分，钙的含量却减少，这有利于瘤细胞的分离，使瘤细胞更容易浸润性生长和转移。

四、肿瘤的生长

（一）肿瘤的生长速度

肿瘤生长取决于肿瘤细胞的分化成熟程度。成熟度高、分化好的良性肿瘤生长较缓慢。成熟度低、分化差的恶性肿瘤生长较快，因而具有无限的增殖潜能。恶性肿瘤由于生长速度快，血液及营养供应相对不足，易发生坏死和出血。

（二）肿瘤的生长方式

1. 膨胀性生长

这是多数良性肿瘤所表现的生长方式。特点是随着肿瘤体积逐渐增大，挤压周围组织，但不侵入到邻近的正常组织内。肿瘤组织的外围常有纤维组织增生，形成一层完整的包膜，与周围组织分界清楚。这类肿瘤位于皮下时临床触诊可以推动，容易手术摘除，术后也不易复发，对邻近组织器官一般仅起压迫作用。

2. 外生性生长

外生性生长又称外突性生长或突出性生长。发生在体表、体腔表面或管道器官内表面。常向表面生长，形成突起的乳头状、息肉状、蕈状或菜花状的肿物，有明显的根蒂。良性肿瘤和恶性肿瘤都可呈外生性生长，恶性肿瘤在外生性生长的同时，其基底部往往也呈浸润性生长，但由于其生长迅速，肿瘤中央部的血液供应相对不足，肿瘤细胞发生坏死，脱落后形成底部高低不平、边缘隆起的溃疡性肿瘤。皮肤上突出性生长的肿瘤，多为良性，手术易切除干净，术后不复发也不转移。

3. 浸润性生长

这是大多数恶性肿瘤的生长方式。瘤细胞分裂增生，侵入周围组织间隙、淋巴管或血管内，像树根样生长，浸润并破坏周围组织。此生长类型的肿瘤通常没有包膜，与邻近的正常组织无明显界限，手术难以完全切除，术后易复发或转移。

4. 弥散性生长

多数造血组织肉瘤、未分化癌及未分化非造血间叶组织肉瘤多以此方式生长。单个肿瘤细胞分散地沿组织间隙扩散，所以在瘤细胞所到之处，仍能保持原有基本组织结构。

五、肿瘤的扩散

恶性肿瘤不仅可在原发部位生长和蔓延，而且还可通过各种途径扩散到动物机体的部位，其扩散主要通过直接蔓延和转移两种方式进行。

（一）直接蔓延

恶性肿瘤常常沿着组织间隙、淋巴管、血管或神经束呈浸润性生长，侵入并破坏邻近正常器官或组织，称为直接蔓延。例如，犬晚期乳腺癌能通过胸壁和胸肌，侵入胸膜甚至肺脏。

（二）转移

恶性肿瘤的瘤细胞从原发部位脱离，经血管、淋巴管或浆膜腔等途径迁移至身体的其他部位，又继续生长，形成与原发瘤同类型的肿瘤，这个过程称为转移。所形成的肿瘤称为继发瘤或转移瘤。一般良性肿瘤不发生转移，只有恶性肿瘤才发生转移。常见的转移途径有以下四种。

1.淋巴转移

癌细胞常经淋巴转移。癌细胞侵入淋巴管后，随淋巴液首先到达局部淋巴结，在此生长增殖，并可继续转移到其他淋巴结。例如，乳腺癌首先到达同侧腋窝淋巴结，形成淋巴结的转移性乳腺癌；肺癌首先到达肺门淋巴结，随后向其他部位转移。

2.血道转移

由于淋巴循环和血液循环彼此关联，因此淋巴转移和血道转移很难有明显的界限。肿瘤细胞可经微静脉入血。血道转移的运行途径与栓子运行过程相似，侵入体循环静脉的瘤细胞可经右心转移至肺；门静脉的瘤细胞可经肝转移；肺静脉瘤细胞可经左心随主动脉到达全身各处。这是肉瘤的常见转移途径。

3.种植性转移

浆膜腔（如胸腔、腹腔、骨盆腔等）内恶性肿瘤的瘤细胞发生脱落，种植在体腔各器官的表面或体腔浆膜面，形成多个转移瘤。这种转移的方式称为种植性转移。例如，肝癌细胞脱离后，可种植到胃的浆膜表面；胃癌破坏胃壁侵及浆膜后，可种植到大网膜、腹腔或肝脏表面。

4.肿瘤全身性扩散

恶性肿瘤晚期，在多数器官内形成大量的转移瘤。这是由于大量瘤细胞通过血道或血道 - 淋巴道等途径播散的结果，称为肿瘤的全身性扩散。

六、肿瘤对机体的影响

肿瘤对机体的影响因其良恶性质、生长部位及大小不同而有所不同。

（一）局部影响

1.压迫和阻塞

肿瘤无论良性或恶性，当其长到一定体积时都可压迫脏器和阻塞管腔，从而引起功能障碍。

2.破坏器官的结构和功能

主要为恶性肿瘤，当它生长到一定程度，就可破坏器官的结构和功能。如肝癌可广泛破坏肝组织，引起肝功能障碍。

3.出血与感染

恶性肿瘤的浸润性生长可导致血管破坏、出血。如直肠癌出现便血。

4.疼痛

多为恶性肿瘤晚期症状，常为顽固性疼痛，可能是肿瘤压迫或侵犯神经组织引起。

（二）全身影响

主要表现在恶性肿瘤引起的发热和恶病质。发热由恶性肿瘤的代谢产物、坏死崩解产物的吸收及继发感染等引起；恶病质是恶性肿瘤晚期最普遍出现的一种不良影响，其特征为患病动物出现全身软弱、厌食、消瘦、衰竭、负氮平衡、酸碱平衡紊乱等一系列现象。

单元二　良性肿瘤与恶性肿瘤

一、肿瘤的分类与命名

（一）肿瘤的分类

肿瘤的种类繁多，根据肿瘤的生长特性及对患体的危害程度不同，可分为良性肿瘤和恶性肿瘤；根据肿瘤的组织来源不同，又可分为上皮组织肿瘤、间叶组织肿瘤、神经组织肿瘤和其他类型肿瘤等（表 9-1）。

表 9-1　肿瘤的分类

组织类别	组织来源	良性肿瘤	恶性肿瘤
上皮组织	鳞状上皮 腺上皮 移行上皮	乳头状瘤 腺瘤 乳头状瘤	鳞状细胞癌、基底细胞癌 腺癌 移行细胞癌
间叶组织	支持组织： 　纤维结缔组织 　脂肪组织 　黏液组织 　软骨组织 　骨组织	纤维瘤 脂肪瘤 黏液瘤 软骨瘤 骨瘤	纤维肉瘤 脂肪肉瘤 黏液肉瘤 软骨肉瘤 骨肉瘤
	淋巴造血组织： 　淋巴组织 　造血组织	淋巴瘤	淋巴肉瘤 白血病
	脉管组织： 　血管 　淋巴管	血管瘤 淋巴瘤	血管肉瘤 淋巴肉瘤
	间皮组织	间皮瘤	恶性间皮瘤
	肌组织： 　平滑肌 　横纹肌	平滑肌瘤 横纹肌瘤	平滑肌肉瘤 横纹肌肉瘤
神经组织	室管膜上皮 神经节细胞 胶质细胞 神经鞘细胞 神经纤维	室管膜瘤 神经节细胞瘤 胶质瘤 神经鞘瘤 神经纤维瘤	室管膜母细胞瘤 神经节母细胞瘤 多形性胶质母细胞瘤 恶性神经鞘瘤 神经纤维肉瘤
其他	三种胚叶组织 黑色素细胞 多种组织	畸胎瘤 黑色素瘤 混合瘤	恶性畸胎瘤、胚胎性癌等 恶性黑色素瘤 恶性混合瘤、癌肉瘤

（二）肿瘤的命名

肿瘤的命名也较复杂，其命名的原则是根据肿瘤的组织来源和良、恶性质来命名。同时结合其发生部位和形态特点，也有少数肿瘤沿用习惯名称。

1.良性肿瘤的命名

良性肿瘤通常是在其来源组织名称后加一"瘤"字。如来源于纤维组织的良性肿瘤称为纤维瘤；来源于腺上皮的良性肿瘤称腺瘤；来源于脂肪组织的良性肿瘤称脂肪瘤；个别良性肿瘤结合肿瘤的形状命名，如来源于皮肤被覆上皮的良性肿瘤，因其外形向外呈乳头状突起，称皮肤乳头状瘤。

2.恶性肿瘤的命名

恶性肿瘤的命名主要依其组织来源而异。

（1）**癌** 来源于上皮组织的恶性肿瘤称为"癌"。再根据其发生部位不同，在"癌"字前加上其组织或器官名称，如皮肤鳞状上皮癌、乳腺癌、胃癌、肺癌。

（2）**肉瘤** 来源于间叶组织（包括结缔组织、脂肪组织、肌肉、脉管、骨、软骨及造血组织等）的恶性肿瘤，称为"肉瘤"，再根据其发生部位不同在"肉瘤"前加上其组织名称，如纤维肉瘤、脂肪肉瘤、骨肉瘤、淋巴肉瘤等。

（3）**癌肉瘤** 同一个恶性肿瘤中，既有癌的成分，又有肉瘤的成分，称为癌肉瘤。如子宫癌肉瘤就是由子宫黏膜上皮形成的癌和子宫内膜结缔组织形成的肉瘤共同组成。

（4）**其他恶性肿瘤** 有些恶性肿瘤则不以上述原则命名，例如来源于未成熟的胚胎组织或神经组织的恶性肿瘤，称母细胞瘤或在其细胞组织名称前加一个"成"字，如肾母细胞瘤（或称成肾细胞瘤）；髓母细胞瘤（或称成髓细胞瘤）；神经母细胞瘤（成神经细胞瘤）等。有些恶性肿瘤，因其成分复杂或组织来源尚不明确，习惯上在肿瘤名称之前加"恶性"二字来表示。如恶性畸胎瘤、恶性黑色素瘤等。

此外，还有些恶性肿瘤常采用习惯名称。如各种类型的白血病，因其来源于造血组织，血液中有大量异常白细胞出现，所以习惯上称之为白血病。还有一些恶性肿瘤以人名命名，如鸡马立克氏病等。

二、良性肿瘤与恶性肿瘤的区别

肿瘤的良恶性质，可根据其具体形态特征和生物学行为如生长方式、生长速度、能否转移与复发，以及对患体的影响等来进行区别（表9-2）。

表9-2 良性肿瘤与恶性肿瘤的主要区别

区别要点	良性肿瘤	恶性肿瘤
外形	多呈结节状或乳头状	呈多种形态
生长方式	多呈膨胀式生长	多呈浸润式生长
生长速度	缓慢	较快
有无包膜	常有完整包膜	一般无包膜
转移	不转移	常发生转移
复发	不复发	常可复发
细胞分化程度	分化良好	分化不良
细胞排列	排列规则	排列不规则
核分裂象	极少	多见
破坏正常组织	破坏较少	破坏严重
对患体的影响	影响较小	影响严重

单元三　肿瘤发生的原因与机制

一、肿瘤发生的原因

肿瘤的发生原因包括外因和内因两个方面。外因是指外界环境因素中各种对动物机体可能致瘤因素，包括化学性、物理性和生物性致瘤因素等；内因是指机体抗肿瘤能力的降低。

（一）外因

1. 化学性致瘤因素

据估计，外界环境中的致癌因素约90%以上属于化学性因素。化学致癌物种类繁多，根据其化学结构可分为以下几种类型。

（1）芳香胺类　芳香胺类化合物致癌的特点是诱发的肿瘤往往发生在远离致癌物进入的部位，其中的代表性化合物如 α-乙酰氨基芴，可以引起多种动物发生膀胱癌和肝癌。

（2）多环芳香烃类　多环芳香烃类是最早被发现的化学性致癌物之一，存在于石油、煤焦油等物质中。其中 3, 4-苯并芘是强致癌物，主要诱发肺癌、皮肤癌、胃癌等。

（3）亚硝胺类　亚硝胺类化合物在自然环境中分布广泛，存在于土壤、水及饲料中的亚硝胺前体物如硝酸盐、亚硝酸盐在一定条件下可转化为亚硝胺化合物，这类化合物进入动物体内可诱发多种脏器发生肿瘤，常见的有肝癌和食管癌。

（4）农药　研究证明，有致癌性的农药很多，如有机氯农药中的甲氧氯、灭蚁灵、二酯杀螨醇等；有机氮农药中的多菌灵、苯菌灵；有机磷农药中的敌百虫等。这些农药可个别诱发肝脏、胃、乳腺和卵巢的肿瘤。

2. 物理性致瘤因素

（1）电离辐射　目前，已经证实的物理性致癌因素主要是离子辐射，包括 X 射线、γ射线、亚原子微粒辐射及紫外线照射。长期接触 X 射线及镭、铀、氡、钴等放射性元素，可诱发机体各种不同的恶性肿瘤，常见的有白血病、骨肉瘤及皮肤癌等。

（2）紫外线　紫外线的致瘤作用是由于细胞内的 DNA 吸收了光子，妨碍了 DNA 分子的复制，产生基因突变。皮肤长期暴露于紫外线下可引起鳞状细胞癌，例如，在我国高原地区，山羊长期受紫外线强烈照射，部分羊只耳朵发生顽固性花椰菜样肿块，镜检为鳞状细胞癌。

3. 生物学致瘤因素

（1）病毒　多数动物的肿瘤与病毒感染史密切相关。目前已知的禽、牛和鼠的白血病，鸡的马立克氏病，绵羊的肺腺瘤，兔和鹿纤维瘤，牛的淋巴肉瘤等均是由病毒感染引起。目前已经证明有 30 多种动物的恶性肿瘤是由病毒引起的，其中 1/3 为 DNA 病毒，其余为RNA 病毒。

（2）霉菌　霉菌本身及其代谢产物均可导致动物患有肿瘤。霉菌本身可引起局部组织的慢性炎症，促进上皮增生，而且可提高炎症局部对致癌物的易感性。例如，黄曲霉毒素及其产生菌分布广泛，特别是在谷物（如大豆、玉米和花生等）及贮藏饲料中经常被发现，一旦进入动物体内不但可引起中毒性肝炎，而且还可引发肝癌。

（3）寄生虫　寄生虫的侵袭也易导致肿瘤，如埃及血吸虫与膀胱癌的并发率也比较高，两者有明显的因果关系。旋毛线虫可引起犬的食管肉瘤，以及筒线虫可在大鼠食管壁上形成癌。

（二）内因

肿瘤的发生与发展是一个十分复杂的过程，除了外界致瘤因素以外，机体的内部因素也具有重要的作用，主要分为以下几个方面。

1. 遗传因素

许多畜禽肿瘤具有遗传倾向，例如日本引入汉普夏和杜洛克猪与本地猪杂交，结果猪群中出现大批黑色素瘤病例；大白猪的一种淋巴肉瘤，经血源分析和育种研究，认为这种淋巴肉瘤具有遗传性。拳师犬易发生多种肿瘤；体格较大的犬易发生骨肉瘤。

2. 品种和品系

不同种属的动物对肿瘤的易感性表现出一定差异，即使是同一种动物，其品种或者品系不同，肿瘤发生的概率也会有较大差异。例如，牛的眼癌常发生于海福特牛，黑色素瘤多发于阿拉伯马，犬的甲状腺癌多见于金猎犬和垂耳矮犬。

3. 年龄因素

年龄对于肿瘤的发生与生长也有一定相关性。一般来讲，老龄动物发生肿瘤的概率更高，这可能与老龄机体暴露于致癌因子的时间较长，免疫监视功能的减弱有关。例如，肥大细胞瘤最常见于 7 岁左右的犬，膀胱肿瘤通常在 6~7 岁的牛较为高发，而 3 岁以下基本不会发生。

4. 激素因素

内分泌功能失调在肿瘤的发生上具有一定意义。例如，雌激素、促性腺激素、促甲状腺激素、泌乳素等均有致癌作用。切除幼年高癌族群雌鼠的卵巢，能防止乳腺癌的发生。

5. 性别因素

性别对肿瘤的发生也有影响，例如，雌性动物多发子宫和乳腺肿瘤，一方面因为局部器官的差别，另一方面可能与性激素刺激有关。

6. 免疫状态

机体的免疫监视机制对肿瘤的生成具有抑制作用。当免疫监视功能不足时，极有可能发生肿瘤。例如，动物出生时摘除胸腺后，其肿瘤发生的概率增高。研究发现，人在幼年或老年时易发生肿瘤，这可能与免疫监视功能不成熟或减退有关。

二、肿瘤的发生机制

肿瘤的发生机制十分复杂，涉及增生过度、凋亡不足、细胞信号转导障碍等多个环节。随着分子生物学的不断发展，通过对癌基因和肿瘤抑制基因的研究，初步揭示了某些肿瘤的发生机制。从本质上讲肿瘤是基因病。

（一）癌基因

1. 原癌基因、癌基因及其产物

细胞癌基因是指存在于正常的细胞基因组中，与病毒癌基因有几乎完全相同的 DNA 序列，具有促进正常细胞生长、增殖、分化和发育等生理功能。由于细胞癌基因在正常细胞中以非激活的形式存在，又称为原癌基因。大多数原癌基因处于低表达或不表达状态，有些原癌基因编码的蛋白是正常细胞生长十分重要的细胞生长因子和生长因子受体。例如，血小板生长因子（PGF）、纤维母细胞生长因子（FGF）、表皮生长因子（EGF）、重要信号转导蛋白质（如酪氨酸激酶）以及核调节蛋白质等，其主要功能是控制细胞的生长、发育和分化等。

2. 原癌基因的激活

原癌基因的激活主要包括点突变、启动子插入、染色体易位、基因扩增四种方式。点突变和启动子插入改变了DNA序列，结果改变了蛋白质的关键功能，使得细胞生长异常或发生癌变。染色体易位后，其调节环境发生改变，使原癌基因从静止状态变为激活状态。通过基因扩增，正常原癌基因拷贝数增加导致癌蛋白量增多，从而使正常细胞功能紊乱并发生转化。

（二）抑癌基因

抑癌基因又称肿瘤抑制基因，是指一类在细胞生长增殖过程中起重要调控作用，可抑制细胞生长并能潜在抑制癌变的基因。这些基因的产物能够抑制细胞生长，其功能丧失可导致细胞的肿瘤性转化。因此，肿瘤的发生可能是癌基因的激活与肿瘤抑制基因的失活共同作用的结果。

（三）凋亡调节基因

除了原癌基因的激活和肿瘤抑制基因的失活外，还发现肿瘤的发生与细胞凋亡的异常有关，其中与凋亡相关的调节基因及其产物在肿瘤的发生上也起着重要作用。*Bcl-2*是重要的抑制肿瘤细胞凋亡的基因，*Bcl-2*的过度表达可以延长肿瘤细胞的生存，阻止细胞凋亡的发生，例如，在鸡马立克病肿瘤组织中，存在Bcl-2蛋白的高表达。而Bax蛋白可以促进细胞凋亡。

（四）DNA修复调节基因

在细胞遗传物质复制过程中，常会发生碱基错配、缺失等。在正常情况下，DNA修复基因可进行自我修复。如果DNA修复基因不能正常发挥作用，这些遗传错误就会累积，最终癌变。

（五）端粒和肿瘤

端粒位于染色体末端，是控制细胞DNA复制的一段DNA重复序列，细胞每复制一次，端粒就缩短一些，细胞复制一定次数后，端粒缩短造成染色体融合，导致细胞死亡。因此，端粒又被称为生命的计时器。端粒酶是一种自身携带RNA模板的核糖核蛋白，它能以自身RNA为模板，用反转录方式复制端粒序列，保持端粒长度。正常情况下，端粒酶在生殖细胞、早期胚胎细胞、干细胞和许多癌症细胞中有很高的活性，在人的正常体细胞中，端粒酶活性很低或处于无法检测的水平。而恶性肿瘤细胞的端粒酶表达明显上调，其端粒始终维持一定长度，肿瘤细胞就会增殖、永生化。

单元四　畜禽常见肿瘤

一、良性肿瘤

（一）乳头状瘤

乳头状瘤是由被覆上皮细胞向表面突起性生长，结缔组织、血管、淋巴管和神经也随之向上增生，呈乳头状。可发生于各种动物的头颈、胸腹、外阴、乳房、口腔、食管、膀胱等部位。

【眼观】　肿瘤化的被覆上皮细胞，呈乳头状。有的乳头状突起上还形成很多分支状的小"乳头"，呈绒球状或菜花状，称为绒毛样乳头状瘤。乳头状瘤根部往往较细长部位称为蒂，与基底部相连。

【镜检】 整个瘤组织形如手套，其中心为纤维结缔组织及血管构成的间质。每个大、小乳头均以结缔组织、血管为轴心，表面覆盖着增生的上皮细胞，其上皮细胞分化成熟，细胞形态与起源细胞相似，排列整齐，核分裂象少见。位于基部的细胞几乎处于同一平面上，无浸润性生长。

（二）腺瘤

腺瘤是由腺上皮转化来的良性肿瘤，可发生于各种动物的各种腺体，常见于胃、肠、子宫、肝、卵巢、甲状腺、肾上腺、皮脂腺、乳腺和唾液腺等。

【眼观】 腺瘤常呈球状或结节状，外有包膜，与周围界限清楚。也可见于胃肠道，多突出于黏膜表面，呈乳头状或息肉状，有明显的根蒂。

【镜检】 腺瘤由分化良好的腺上皮形成腺体样结构，但腺体大小、形态不规则。腺瘤一般由腺泡和腺管构成，腺泡壁为生长旺盛的柱状或立方上皮。由内分泌腺转化来的腺瘤，通常没有腺泡而是由很多大小较为一致的多角形或球状的细胞团构成。瘤组织与周围组织分界明显。

（三）纤维瘤

纤维瘤是来源于纤维结缔组织的一种良性肿瘤。动物机体中有结缔组织的部位均可发生，多见于皮下、黏膜下、肌肉间隙、肌膜、筋膜和骨膜等部位。纤维瘤由从纤维细胞转化来的瘤细胞和纤维细胞、胶原纤维、血管组成。

【眼观】 瘤体与周围组织分界明显，呈球形、半球形或不规则形瘤组织呈结节状或团块状，有包膜。瘤体大小和数量不一，一般为单发，但也有的多发。质地比较坚韧，切面白色或淡红色，常有排列不规则的条纹状结构。

【镜检】 瘤组织主要由成纤维细胞、纤维细胞和胶原纤维等成分构成。瘤细胞形态和染色与纤维细胞及其胶原纤维相似，但数量、比例、结构排列不同，细胞和纤维成分的比例失常。瘤细胞分布不均匀，瘤细胞和胶原纤维排列紊乱，长梭形肿瘤细胞呈交织状或漩涡状排列。

纤维瘤根据所含瘤细胞和胶原纤维的比例不同，可将其分为两种类型。①硬纤维瘤：以胶原纤维多而细胞成分少、纤维排列致密，质地坚硬；②软纤维瘤：细胞成分多而胶原纤维少，纤维排列比较松散，质地较软。

（四）脂肪瘤

脂肪瘤是指源于脂肪组织的一种常见良性肿瘤。多见于犬、猫和各种畜禽动物的皮下，有时也见于大网膜、肠系膜、肠壁等部位。

【眼观】 呈结节或分叶状，有包膜，能移动，与周围组织界限清楚。有时呈息肉状，有一根蒂与正常组织相连接。质地柔软，颜色淡黄，切面有油腻感。

【镜检】 瘤组织结构与正常脂肪组织相似，但脂肪细胞的大小不等。有少量不均的间质（结缔组织和血管等）将瘤组织分割成大小不等的小叶，周围有明显的包膜。

（五）平滑肌瘤

平滑肌瘤是来源于平滑肌细胞组织的一种良性肿瘤，多见于犬、牛、绵羊、猪、鸡等动物的消化道、支气管和子宫。

【眼观】 平滑肌瘤呈结节状，有包膜，质地较硬，大小形状不一，切面呈淡灰红色；一般单发，也有多发者。

【镜检】 瘤组织的实质为平滑肌瘤细胞。瘤细胞为长梭形，胞质明显，胞核呈棒状，染色质细而均匀，细胞间有多少不等的纤维结缔组织，组织排列不规则。有时，其平滑肌几乎被纤维结缔组织取代，而成为纤维平滑肌瘤。有的平滑肌瘤容易手术切除，术后不复发、不转移。

（六）间皮瘤

间皮瘤是由间皮组织的异常增生所形成的一种良性肿瘤，多发生于胸腹腔浆膜，鸡肠系膜间皮瘤较多见。

【眼观】 瘤体多呈结节状，圆形或椭圆形，包膜完整，表面光滑、质地较坚实，切面灰白、均质，常遍及于浆膜表面。

【镜检】 瘤细胞呈上皮样、立方形或梭形，瘤细胞核大而深染，呈圆形或椭圆形，瘤组织中有少量纤维组织，将瘤细胞分割成腺泡样或岛屿状。

二、恶性肿瘤

（一）鳞状细胞癌

鳞状细胞癌也叫鳞状上皮癌或表皮样癌，简称鳞癌。它是由鳞状上皮细胞转化来的恶性肿瘤。发生于多种动物的皮肤和皮肤型黏膜，如乳房、瞬膜、阴茎、阴道、口腔、舌、食管、喉等部位。非鳞状上皮组织如鼻咽、支气管、子宫体等的黏膜，在致癌因素慢性刺激下可发生化生，再演变成鳞癌。

【眼观】 鳞状细胞癌主要向深层组织浸润性生长，导致组织肿大，结构破坏，有时也向表面生长，呈菜花状，而且常发生出血、坏死及溃疡。鳞癌切面呈灰白色，质地硬，与周围组织界限不清。

【镜检】 初期上皮细胞恶变，棘细胞出现进行性非典型性增生，表现细胞异型性和不规则有丝分裂。这些细胞尚未突破基底膜时，通称原位癌。继续发展，癌细胞突破基底膜向深层组织浸润性生长，形成圆形、梭状或条索状细胞团，即成为典型的鳞癌。癌细胞团叫癌巢，分化程度好的癌巢中心发生角化，形成癌珠（角化珠、角珠、上皮珠、角蛋白珠），相当于表皮角化层，围绕着癌珠由内向外依次相当于透明层、颗粒层、棘细胞层、基底细胞层。分化程度差的鳞癌没有癌珠，细胞异型性大，有较多的核分裂象。

（二）腺癌

腺癌是由黏膜上皮和腺上皮转化而来的恶性肿瘤。多发生于动物的胃肠道、肝脏、卵巢、甲状腺、乳腺和支气管等部位。腺癌多发生于乳腺等部位的柱状上皮，生长迅速，侵袭性强，常发生转移。乳腺癌多发生于母犬和母猫，其他家畜罕见。瘤组织常侵袭皮肤及周围淋巴管，腺腔内常有中性粒细胞，腺管周围有淋巴细胞和浆细胞浸润。腺癌细胞呈明显的异型性，瘤体呈多形态。

【眼观】 肿瘤多呈灰白色结节状或弥漫性增生，病变器官显著肿大，肿瘤易发生转移。

【镜检】 可根据其分化程度、形态结构和是否分泌黏液，腺癌可分为三个级别：①分化程度较好的腺癌，癌细胞排列成腺泡样或腺管样，与正常腺体相似，但癌细胞排列不整齐，异型性较大，核分裂象较多。②分化程度低的腺癌，癌细胞聚集成实心，没有空隙，癌细胞异型性大，核分裂象多。③黏液样癌，开始癌细胞内有黏液聚积，以后细胞破裂，癌组织几乎成为一片黏液性物质，质地如胶状，切面湿润有黏性，呈灰白色、半透明状。

（三）纤维肉瘤

纤维肉瘤是指源于纤维结缔组织的一种恶性肿瘤，可见于多种动物，发生部位与纤维瘤相似。纤维肉瘤虽为恶性肿瘤，但家畜纤维肉瘤恶性程度都不高，生长缓慢，很少转移，切除后也少见复发，通常不会造成严重后果。只有极少数分化程度低，生长速度快，易转移，可复发。

【眼观】 纤维肉瘤为大小不同的球形，瘤体呈结节状、分叶状或不规则形，与周围组织界限较清楚，有时还见有包膜，质地比正常组织稍硬。如果呈浸润性生长，则与周围组织界限不清。

【镜检】 纤维肉瘤之间差异较大。分化程度高、恶性程度低的纤维肉瘤与纤维瘤相似，而分化程度低、恶性程度高的纤维肉瘤与纤维瘤有明显差异，表现为瘤细胞大小不等，瘤巨细胞多见。瘤细胞形态不一，多形性显著，瘤细胞核深染，常有核分裂象，瘤细胞多而胶原纤维很少。异型性较大的纤维肉瘤，瘤细胞呈梭形、圆形，无胶原纤维。

（四）淋巴肉瘤

淋巴肉瘤是淋巴组织较为常见的一种恶性肿瘤，家畜大部分病例的瘤细胞表现为一种形式，偶尔亦可表现出多种细胞成分。淋巴肉瘤可发生于多种动物，但侵害的部位常常各异。心脏的恶性淋巴肉瘤最常见于牛，严重时可因心力衰竭而死亡。

【眼观】 肿瘤细胞可呈弥漫性浸润或结节样侵入心肌、心内膜及心包膜，淋巴瘤样组织呈白色团块，与脂肪沉着的外观相似。

【镜检】 心肌细胞间出现大量浸润的肿瘤性淋巴细胞。其他肿瘤的转移性病灶偶发于心脏，如恶性黑色素瘤。

（五）恶性黑色素瘤

由成黑色素细胞演变而来的一种恶性肿瘤称为恶性黑色素瘤。黑色素瘤在人一般为良性，在家畜多为恶性。可见于多种动物，但以马属动物为主，尤以白色或浅色马多见，常发生于尾根、会阴部和肛门周围。开始肿瘤生长较为缓慢，可在较长时间内不转移。转移后的新瘤可见于淋巴结、肝、脾、肺、肾、骨髓、肌肉、脑膜、松果体、神经纤维等部位。

【眼观】 瘤体大小不等，小者豆粒大，大者可达数斤；原发小肿瘤为结节状，转移肿瘤可使组织弥漫性肿大；质地不一，原发瘤较坚硬，转移瘤较柔软，切面干燥，呈黑色或棕黑色。

【镜检】 瘤细胞大小不等，形态不一，呈圆形、椭圆形、梭形、不规则形。瘤细胞中黑色素颗粒少时，还可见到胞核和嗜碱性胞质；黑色素颗粒多时，胞核和胞质常被掩盖，极似一点墨滴；瘤细胞排列较为紧密，间质成分很少。

【技能拓展】

肿瘤的诊断方法

肿瘤诊断的方法很多，临床主要采用以下方法。

1. 大体初步检查　如体格检查时通过触摸或眼观，发现局部肿块或肿瘤病变，也可以借助内镜进行检查，观察肿瘤的大小与形态。

2. 影像学检查　包括 B 超检查、CT 检查、核磁检查，这些可以发现深部组织和内脏器官中的肿瘤病变。

3. 临床细胞学检查　一般取材于体液自然脱落细胞如胸腔积液、腹水；黏膜细胞如宫颈刮片、内镜下刷取肿瘤脱落细胞；细菌穿刺涂片以及超声引导下穿刺涂片。

4. 病理组织学检查　可在 B 超引导下进行活检穿刺，也可以手术切取病变部位，术中冰冻切片可诊断部分肿瘤，而病理常规染色可以最终确诊。

（白瑞）

项目十　应激反应

【目标任务】

知识目标　理解应激的基本概念，掌握应激的发生原因、机制及其生物学意义。
能力目标　能识别畜禽常见的应激性疾病，提出正确的临床处理措施。
素质目标　正确识别各类应激源，提高抗应激能力。

单元一　应激与应激源

彩图扫一扫

一、应激的概念

应激本意是紧张或压力。目前已广泛用于医学临床和动物医学临诊，如应激性糖尿、应激性溃疡等。应激反应是指机体在受到各种因子强烈刺激时出现的一种非特异性全身性反应，因此，应激与应激反应为同义词。在本质上，应激是一种生理反应，目的在于维持正常的生命活动，是机体整个适应和保护机制的重要组成部分。应激反应可提高机体的防御能力，有利于在变动的环境中维持自稳状态，增强机体的适应能力。

二、应激源

引起应激反应的各种刺激因素称为应激源。应激源可分为外界环境因素、机体内在因素及心理与社会环境因素三大类。

（一）外界环境因素

1. 物化性因素　过热、过冷、噪声，畜禽舍中的氨、硫化氢、CO_2 等有毒有害气体。

2. 饲养性因素　饥饿或过饱、日粮营养不均衡、突然变更日粮、饮水不足和水质不卫生或水温过低、饲料投饲时间过长等。

3. 生产性因素　饲养规程变更、饲养员更换、断奶、转群、饲养密度过大、组群过大等。

4. 外伤性因素　去势、打耳孔、断尾等。

5. 运输性因素 装卸和运输行程中的不良条件及刺激等。

6. 兽医预防或治疗因素 疫苗注射、消毒、兽医治疗等。

（二）机体内在因素

内环境的许多问题常起源于外环境，如换料、营养缺乏、免疫刺激及分娩（产蛋）等。机体内部各种必要物质的产生和平衡失调，如剧痛、饥饿、大失血、酶和血液成分改变、心功能降低、缺氧、高热、器官功能紊乱及内分泌激素增加等，既可以是应激源，也可以是应激反应的一部分。

（三）心理与社会环境因素

动物畜群中的等级地位变化、争斗、惊吓、饲养员的粗暴对待等各种因素均可造成动物精神受到刺激、恐惧或过度兴奋等，进而引起应激的发生。

应激反应具有双重性，既有抗损伤的一面，也有损伤的一面。当应激源强度不强，持续时间也不长，而应激反应又有利于机体应对各种挑战，这种应激反应对机体有利，称良性应激反应。相反，如果应激反应过于强烈或（和）持续时间过久，超过机体代偿适应限度，这就意味着疾病的开始甚至死亡的到来，称恶性应激反应。

三、应激反应的基本过程

受刺激机体对应激源的反应可以是急性的，也可以是慢性的。对于一个短期的、不过分强烈的应激源，在其去除后，机体可很快恢复平静。但如果应激源持续作用于机体，则可表现为一个动态的连续过程，可分为以下三个阶段。

（一）警觉期

在应激源作用于机体后迅速出现，亦称动员阶段或紧急反应阶段。动物主要表现为交感神经 - 肾上腺髓质系统兴奋，血管收缩，血压升高，心跳加快，心肌收缩力增强，机体处于"临战状态"，以应付各种强烈刺激对机体的不利影响。本期持续时间较短，如应激源持续存在，机体自身的防御适应能力降低，有可能发生休克，甚至死亡。但大多数动物很快会过渡到抵抗期。

（二）抵抗期

在此期机体对应激源已获得最大适应，以交感 - 肾上腺髓质为主的反应逐渐消失，代之以肾上腺皮质激素分泌增多的适应反应。机体代谢率升高，炎症、免疫反应减弱，胸腺、淋巴组织可见缩小。如果机体适应能力良好，则代谢开始加强，进入恢复期。反之，则过渡到衰竭期。

（三）衰竭期

如果应激源过强或持续作用，前一时期所产生的抵抗力和适应性最后耗竭，动物对各种刺激的抵抗力下降。肾上腺皮质功能降低，表现为肾上腺皮质类脂颗粒显著减少，或发生变性、出血和坏死。

上述三个阶段不是所有应激反应都能依次出现，多数应激反应只引起第一、第二期变化，只有少数严重的应激反应才能进入第三期。

单元二 应激的发生机制与基本表现

应激反应的发生机制十分复杂，动物在应激状态下通过神经 - 内分泌系统几乎动员了所有的器官和组织应对应激源的刺激，机体通过极复杂的神经体液调节，保持体内生理生化过程协调与平衡，建立新的稳恒态。中枢神经系统尤其是大脑皮层起整合作用，交感 - 肾上腺髓质系统、下丘脑 - 垂体 - 肾上腺皮质轴、下丘脑 - 垂体 - 甲状腺轴、下丘脑 - 垂体 - 性腺轴等起着执行作用。

一、神经内分泌的反应

当机体受到强烈刺激时，机体神经内分泌迅速发生一系列改变，其中蓝斑 - 交感 - 肾上腺髓质系统（LC/NE）和下丘脑 - 垂体 - 肾上腺皮质系统（HPA）的兴奋可作为应激反应时的标志。此外，还包括由内分泌腺的经典激素变化，以及在损伤性应激时分散的细胞分泌的"组织激素"或细胞因子的增多。

（一）LC/NE 反应及对机体的影响

应激时交感神经兴奋，血浆肾上腺素、去甲肾上腺素和多巴胺的浓度都升高。其反应非常迅速，消除也很快。但如果是长期持续的刺激，则可使血浆儿茶酚胺维持于高水平。在动物体内，儿茶酚胺含量可能与品种有关，例如应激敏感的丹麦长白猪，尿中肾上腺素含量比其他抗应激品种长白猪高 3 倍。

应激时 LC/NE 反应具有防御适应意义，如使心跳加快，提高心输出量；外周小血管收缩，以维持冠状血管及脑血管的供血量；促进糖原分解、血糖升高，促进脂肪动员，保证应激时机体对能量需要的增加；机体激素分泌量变化，提高机体防御适应能力。但 LC/NE 反应也有不利影响，如外周小血管持续收缩，导致细胞组织缺血坏死及器官功能衰竭；代谢率升高，机体的特异性和非特异性免疫功能降低；血液凝固性增高，促进 DIC 的发生。

（二）HPA 反应及对机体的影响

应激时血浆糖皮质激素（皮质素、皮质醇、皮质酮）浓度明显升高。其反应速度快、变化幅度大，可以作为判定应激状态的一个指标。

1. 应激时糖皮质激素分泌增多的机制

应激源作用机体后，使下丘脑促肾上腺皮质激素释放因子（CRF）分泌增加，CRF 通过垂体门脉系统到达腺垂体，刺激 ACTH 的合成和释放，ACTH 作用于肾上腺皮质使糖皮质激素分泌增加，这就是 HPA 轴在应激中的反应。

2. 应激时糖皮质激素分泌增多的意义

糖皮质激素有提高机体适应能力的作用。主要表现在以下几方面因素。

（1）促进蛋白质分解和糖原异生　对儿茶酚胺、生长素以及胰高血糖素的代谢功能起到允许作用，即这些激素要引起脂肪动员增加，糖原分解等代谢效应，必须要有足够量的糖皮质激素的存在。应激时如果糖皮质激素分泌不足，就容易出现低血糖症。

（2）维持循环系统对儿茶酚胺的正常反应性　在缺少糖皮质激素的情况下，血管对儿茶酚胺的反应性降低。

（3）稳定溶酶体膜　药理浓度的糖皮质激素具有稳定溶酶体膜，防止或减少溶酶体酶外漏的作用，糖皮质激素浓度升高，同样有此作用。

（4）抑制化学介质的生成、释放和激活　生理浓度的糖皮质激素和受体结合后，能诱导脂调蛋白的合成，它具有抑制磷脂酶 A 活性的作用，因此可以减少花生四烯酸的释放，以及前列腺素（PG）、白三烯（LTS）、凝血噁烷（TX）的生成，从而对炎症、休克、创伤等病理过程具有一定的防御意义。

3. 应激时糖皮质激素受体的变化

糖皮质激素必须和靶细胞的受体（GCR）结合后才能引起各种效应，因此应激时糖皮质激素的作用，不仅取决于血浆中该激素的浓度，还与靶细胞上 GCR 的数量和亲和力有关。应激时，糖皮质激素受体有可能减少或结合力降低，这应引起重视。

（三）其他腺垂体激素的变化

1. β-内啡肽的变化

许多实验证明，应激源（电刺激、注射内毒素、放血、脊髓损伤等）作用于各种动物（大鼠、猪、羊、猴、人），都可以引起血浆 β-内啡肽明显增多，有时可达正常的 5～10 倍。应激动物对疼痛刺激反应降低，称为应激镇痛，这与 β-内啡肽有很强的镇痛作用有关。

2. 生长素分泌增加

运动、创伤、烧伤等应激源引起应激反应时，血浆内生长素显著升高，有的可达正常的 10 倍。儿茶酚胺、ACTH、β-内啡肽等分泌增加，都可刺激生长素的分泌。生长素具有动员周围脂肪分解，抑制细胞利用葡萄糖的作用，此外还能增加氨基酸和蛋白质的合成，促进正氮平衡。

（四）胰岛激素的改变

1. 胰高血糖素浓度升高

应激时血浆胰高血糖素浓度可升高达正常的 4～20 倍，而且其升高程度与病情的严重程度相平行。应激时胰高血糖素升高可能与交感神经兴奋有关。

2. 胰岛素

应激时，一方面出现应激性高血糖和胰高血糖素水平升高，可刺激胰岛素分泌增加；而另一方面血中儿茶酚胺增加，又可抑制胰岛素分泌，所以应激时胰岛素水平变化是各种调控因素综合作用的结果。胰高血糖素分泌增多，而胰岛素分泌受抑制，这对促进糖原分解，保证应激机体迅速获得足够的热量有重要意义。

（五）调节水、盐平衡的激素改变

1. 抗利尿激素增多

应激时 ADH 分泌可以增加，使应激动物排尿减少。

2. 肾素-血管紧张素Ⅰ增加

应激时交感神经兴奋，儿茶酚胺增加，从而刺激肾素分泌增加。血管紧张素Ⅰ可以刺激醛固酮和 ADH 分泌；也可能直接作用于下丘脑的饮水中枢引起渴感，同时使血管收缩，血压升高。

3. 醛固酮分泌增多

醛固酮分泌除受血管紧张素Ⅰ调节外，还受血钾和 ACTH 的影响。血钾增高时 ACTH 分泌增多和血管紧张素Ⅰ形成增加，都可刺激醛固酮分泌增多。应激时血浆醛固酮含量增高，具有促使肾小管重吸收钠和排出钾的功能，以维持机体水盐平衡。

（六）组织激素和细胞因子的变化

组织激素和细胞因子是一类由不构成内分泌腺的细胞所分泌的活性物质，种类较多。

1. 花生四烯酸的代谢产物

损伤性应激时，由于细胞组织的缺氧和损伤，细菌及其毒素、溶酶体酶以及局部炎症等的作用，激活磷脂酶 A_2 并释放花生四烯酸，结果使其代谢产物 PG、LTS 和 TX 等增加。

2. 白细胞介素 –1

白细胞介素 -1（IL-1）是巨噬细胞受到病毒、细菌、组织坏死产物、淋巴因子等刺激后分泌的一种激素，在动物发生损伤性应激时，血浆内 IL-1 含量增多。

3. 其他

应激时，甲状腺素分泌增加，具有促进代谢的作用。此外，促性腺激素、胃泌素等激素，在应激时都出现改变。

总之，应激是机体处于"生死关头"时借以摆脱危险，保护个体安全的防御反应，因此机体动员全身一切力量，以应对可能出现的危险。

二、代谢和功能的变化

应激反应原本是机体对各种强烈刺激的一种保护性反应，但当其强度过强或 / 和作用时间太久，也可导致机体产生一系列的功能和代谢变化。

（一）物质代谢的变化

应激反应时，物质代谢总的特点是动员增加，贮存减少，表现为代谢率增高，血糖、血中游离脂肪酸含量升高，以及负氮平衡等。

1. 代谢率增高

严重应激初期，代谢率出现一时性降低后迅速上升，为供机体适应需要可升高达正常时数倍。代谢率升高主要与儿茶酚胺释放增加有关。

2. 血糖升高

应激时胰岛素相对不足，加之糖原分解加强，引起血糖升高，严重时引起糖尿（应激性高血糖和糖尿）。猪发生应激时，肌糖原迅速分解以供能量需要，结果无氧酵解产生大量乳酸，致使体温升高，可达 42 ~ 45℃。

3. 脂肪酸增加

应激时机体消耗的能量 75% ~ 95% 来自脂肪的氧化，由于大量脂肪动员，血中游离脂肪酸和酮体都有不同程度的升高。

4. 负氮平衡

应激时体内蛋白质分解加强，血中游离氨基酸（主要是丙氨酸）浓度增加，尿氮排出量增多，呈现负氮平衡。

以上物质代谢变化可以为机体应对"紧急情况"提供足够的能量。但如果持续过久，则机体常由于营养物质消耗过多而出现消瘦、贫血、免疫力降低、创面不易愈合等现象。

（二）机体功能的变化

1. 心血管系统

应激时由于交感神经兴奋，儿茶酚胺分泌增加，从而引起心跳加快，心收缩力加强。外周小血管收缩，醛固酮和抗利尿激素分泌增多。因此具有维持血压和循环血量，保证心、脑的血液供应等代偿适应的意义。然而应激亦常引起动物心律失常及心肌损伤，其发生机制与过度、持续性的交感神经兴奋和心肌内儿茶酚胺含量升高有关。

2. 消化系统

消化系统特征性变化则是胃黏膜的出血、水肿、糜烂和溃疡形成，这类病变是应激引起的非特异性损伤，常称为应激性胃黏膜病变或称应激性溃疡。目前认为应激性溃疡的发生机制与胃黏膜缺血，屏障功能破坏以及内源性前列腺素 E 生成减少的综合作用有关。

（1）**胃黏膜缺血** 应激时由于交感神经兴奋，加之加压素和血管紧张素增多，胃肠血管收缩，引起胃壁血流减少。胃黏膜持续性的缺血、缺氧，致使黏膜上皮坏死、脱落，毛细血管壁通透性增高，而引起出血。

（2）**胃黏膜氢离子屏障作用减弱** 胃黏膜的屏障作用是以胃黏膜表面覆盖的黏液中 pH 梯度为基础的，即胃黏膜上皮分泌 HCO_3^- 与胃腔内 H^+ 通过黏液层相对而扩散，从而形成梯度，胃黏膜氢离子屏障又称胃黏膜 - 碳酸氢盐屏障。应激时该屏障破坏与以下因素有关。

① 胃黏膜缺血：胃黏膜缺血可使胃黏膜上皮分泌 HCO_3^- 减少，从而使屏障破坏。

② 酸中毒：应激时机体内糖、脂肪、蛋白质分解代谢增强，酸性代谢产物在体内蓄积，常引起酸中毒，血浆 HCO_3^- 含量降低，胃黏膜分泌 HCO_3^- 也减少，从而加速了 H^+ 向黏膜上皮的扩散，造成对黏膜上皮的损害。

③ 糖皮质激素分泌增多：糖皮质激素使胃黏膜对损伤因子的抵抗力降低，因为糖皮质激素可以抑制黏膜上皮分泌黏液，直接破坏胃黏膜 - 碳酸氢盐屏障。

④ 胆汁逆流：胆汁酸盐可以破坏大分子疏水基团之间的作用，生物膜的脂质双分子层靠疏水基团相互结合，胆汁酸盐由于应激的胃肠运动紊乱而逆入胃内，则损害胃黏膜上皮细胞生物膜的脂质双层疏水基团，从而直接破坏上皮细胞对 H^+ 的屏障功能。由于胃黏膜对 H^+ 的屏障功能降低，H^+ 反流入胃黏膜下，达到一定浓度时，则引起一系列病理变化。

（3）**胃黏膜前列腺素的作用** 胃黏膜上皮细胞不断合成和分泌释放 PG，PG 是重要的细胞保护剂，因此能保护胃黏膜不受损伤。此外，应激时肠黏膜上皮更新减慢，加上肠壁微循环发生障碍，致使肠管的消化吸收功能及屏障作用降低，肠黏膜充血、出血和发生炎症，肠道内的毒素可透过黏膜侵害肠壁，甚至逆流入血引起毒血症。

3. 泌尿生殖系统

应激反应时，泌尿功能的主要变化为尿量减少，尿比重增加，水和钠排出减少。泌尿功能变化的生物学意义在于减少 H_2O、Na^+ 排出，有利于循环血量维持。但持续性肾缺血，可导致肾功能不全甚至肾功能衰竭。

应激反应对生殖功能常产生不利影响，下丘脑促性腺激素释放激素分泌减少，或其分泌规律被扰乱，主要表现为泌乳期动物乳汁明显减少或泌乳停止，蛋鸡产蛋量明显降低等。但催乳素的分泌在应激反应时通常是增高的，其消长与 ACTH 相平行。

4. 免疫系统

应激时，机体内 IL-1 增多，有促进机体细胞及体液免疫功能的作用；而 C- 反应蛋白又有促进溶菌及细胞吞噬功能的作用；应激蛋白也具有提高机体抗损伤能力的效应，这些都是应激促使机体提高抵抗力的重要因素。但另一方面，应激时，如果儿茶酚胺持续升高，使机体糖、脂肪、蛋白质大量消耗，则将降低机体的特异性或非特异性免疫功能；应激时糖皮质激素分泌增加虽有防御适应意义，但其也具有显著的免疫抑制作用。

5. 血液系统

急性应激反应时，外周血液粒细胞数量增多、核左移，骨髓检查可见髓系及巨核系细胞增生。血液凝固性升高，表现为血小板数目增多及其黏附力与聚集性加强，纤维蛋白原、凝血因子Ⅴ、凝血因子Ⅷ浓度升高，凝血时间缩短。血液纤溶活性亦可增强，表现为血浆纤溶酶原、抗凝血酶Ⅲ升高、纤溶酶原激活物增多。此外，应激可导致全血和血浆黏度增加，血沉加快等。

6. 中枢神经系统

中枢神经系统是应激反应的调控中心，丧失意识的动物遭受躯体创伤时，可不出现全身性适应综合征的内分泌变化，昏迷病人对许多应激源的刺激也无反应性；另外，中枢神经系统功能也明显受应激反应的影响。

三、细胞与体液的反应

（一）急性期反应及急性期反应蛋白

1. 急性期反应

急性期反应（APR）指在感染、炎症、组织损伤等应激源作用于机体后，于数小时至数日内，机体发生以防御为主的非特异性反应。如血浆中某些蛋白质浓度迅速增加，血糖含量增高，体温上升，物质分解代谢加强，机体出现负氮平衡，造血和免疫功能增强，CRH与ACTH和血清某些金属离子浓度增加。主要功能是机体抵抗力增强，加速病原体清除和促进损伤组织修复，是痊愈康复的重要基础，但反应过强也可造成损伤性变化。

2. 急性期反应蛋白

感染、炎症、组织损伤等应激源作用于机体后，动物血浆中某些物质浓度迅速改变（增加或减少），称急性期反应物。因急性期反应物绝大部分是蛋白质，故又称急性期反应蛋白（APP）。

损伤性应激时，血浆内某些蛋白质发生迅速变化，这些蛋白质均由肝脏合成，均为APP。

① APP含量变化及其来源：正常时APP在血浆中含量较低，有的还不易检出。在炎症、感染、创伤、烧伤、手术等应激源作用下，均能引起多种动物血浆中某些APP增多，如C-反应蛋白、血清淀粉样蛋白A等可增加1000倍以上。APP在血浆中增多，主要是其合成增强和释放增加。增加者称为正性APP（如C-反应蛋白、血清淀粉样蛋白、结合珠蛋白）。此外，少数蛋白质在APR时反而减少，减少者称为负性APP（如白蛋白、前白蛋白、运铁蛋白等）。APP主要由肝细胞合成，只有少数APP来自单核-巨噬细胞、内皮细胞和成纤维细胞等。

② APP类型：根据生物学功能，可将APP分为以下几类：a. 蛋白酶抑制剂类。如α_1-抗胰蛋白酶、α_1-抗糜蛋白酶及α_2-巨球蛋白等；b. 参与凝血和纤溶的蛋白。如凝血酶原、纤维蛋白原，纤溶酶原等；c. 参与清除异物和坏死组织。如C-反应蛋白；d. 参与转运的蛋白。如血红素结合蛋白，铜蓝蛋白等；e. 减少自由基的产生。如铜蓝蛋白。

③ APP的生物学功能：APP种类很多，其功能也相当广泛。主要包括以下四方面。

a. 抑制蛋白酶活化。有些APP具有抑制蛋白水解酶的作用。在严重创伤或感染引起的损伤性应激过程中，各种蛋白水解酶增加，大量分解机体各种蛋白质，将使机体造成严重损伤，因此蛋白酶抑制物对调控蛋白酶的活性、维持机体内环境的稳定具有重要意义。

b. 抑制自由基产生。有些APP能促进亚铁离子的氧化，故能减少羟自由基的产生。

c. 清除异物和坏死组织。APP可对进入机体的异物进行迅速地、非特异性地清除，其发挥作用较机体出现特异性的免疫清除功能要早。参加这种清除过程的APP主要有C-反应蛋白、血清淀粉样蛋白、纤维蛋白原和补体等。

d. 其他作用。APP中α_1-蛋白酶抑制物，α_2-巨球蛋白都有抑制NK细胞活性的作用，并抑制抗体依赖性细胞介导的细胞毒作用（ADCC）。

瘦肉型猪应激性很强，因长途运输等应激因素体内蛋白质发生迅速变化，可引起 PSE 猪肉，表现宰后肌肉苍白（pale），质地松软没弹性（soft），并且肌肉表面渗出肉汁（exudative），这种猪肉俗称白肌肉，或"水煮样"肉。眼观呈淡白色，表面湿润多汁，松软无弹力。

（二）热激蛋白

热激蛋白（HSP）指细胞在应激源，特别是热应激源（高温）作用下新合成或合成增加的一组蛋白质。其主要功能是稳定细胞结构，修复被损伤的前核糖体，使细胞维持正常生理功能，以提高细胞对应激源的耐受性。除环境高温外，其他应激源如缺氧、寒冷、感染、饥饿、创伤、中毒等也能诱导细胞生成 HSP，故 HSP 又称应激蛋白，但习惯上仍然称热激蛋白（或热休克蛋白）。

1. 热激蛋白的生物学特点

现已明确，许多不同性质的应激源都可诱导 HSP 的基因表达。HSP 是广泛存在于整个生物界（包括植物和动物）的一种蛋白。在进化过程中，HSP 具有高度的结构保守性。按热激蛋白同源程度及分子量大小，可将其分为 HSP110 家族、HSP90 家族、HSP70 家族、HSP60 家族、小分子 HSP 家族以及泛素等。

2. 热激蛋白的主要生物学功能

HSP 属非分泌型蛋白质，其主要功能与蛋白质代谢有关，主要涉及细胞的结构维持、更新、修复、免疫等，其基本功能为帮助蛋白质的正确折叠、移位、含量维持及降解。由于其伴随着蛋白质代谢的许多重要步骤，因此，被形象地称为"伴侣蛋白"。应激反应时，蛋白质变性，对细胞造成严重损伤。HSP 充分发挥分子伴侣功能，防止蛋白质变性、聚集，促进聚集蛋白质的解聚及复性，使损害严重和不能修复的蛋白质加速降解，因而在各种应激反应中对细胞具有保护作用，是机体内重要的内源性保护机制。

3. 热激蛋白表达的调控

目前认为，应激源引起 HSP 增多可能的机制是：应激源使蛋白质变性、聚集或使新生蛋白质错误折叠，这些异常蛋白质易与 HSP 结合，使正常与 HSP 结合的热激转录因子（HSTF）得以游离而聚合成三聚体，三聚的 HSTF 具有向核内移位并与热激基因上游起动序列相结合的功能，使基因转录加强，合成 HSP 增多，增加的 HSP 可在蛋白质水平起防御、保护作用。已证明，HSP 可增强机体对各种应激源的耐受能力，如可使机体对热、内毒素、病毒感染、心肌缺血等应激源的抵抗力增加，表明应激反应在分子水平上的保护机制。

单元三　应激与疾病

应激是机体的一种防御机制，没有应激反应，机体将无法适应随时变化的环境。但过分的应激反应，超出机体的适应能力或反应异常，则造成内环境紊乱，诱发疾病的发生发展和恶化。

一、应激反应对动物机体的危害

（一）精神危害

过度应激反应会使动物极度兴奋，狂躁不安，攻击性增加，或者精神沉郁，活动量减少，使动物的生理功能降低。

（二）心脏负担

应激反应会使心率加快，心收缩力加强及血压升高，血液浓稠，低血氮，高血钾，给心脏带来严重的负担，特别是在捕捉、打斗、运输等强烈应激时会引起动物的猝死。

（三）消化功能紊乱

应激反应会使胃肠道持续性缺血，胃酸、胃蛋白酶分泌增多，胃肠的黏液分泌不足，肠道菌群紊乱，进而导致消化功能紊乱，严重时发生胃肠性溃疡、腹泻。表现为采食量减少，饮水增加，机体蛋白质合成减少，分解代谢增强，合成代谢减弱，出现负氨平衡，饲料转化率低，从而导致生长发育减缓或停滞等。

（四）呼吸系统损伤

应激反应会使动物的代谢功能加快，需氧量增加，呼吸加快，呼吸负担加重，肺部缺氧、缺血，给病原菌可乘之机，动物的呼吸道、肺部容易受感染而发病。

（五）免疫系统损伤

应激反应会使免疫器官严重萎缩，细胞及体液免疫功能严重下降。单核巨噬细胞及自然杀伤细胞的能力受到抑制，干扰素的产生不足，抗炎因素的反应削弱，使非特异性免疫能力大大降低，免疫功能的降低或功能紊乱可能会诱发感染各种传染性疾病，甚至使动物死亡。

（六）机体代谢紊乱

应激反应会使动物机体消耗严重，体内有毒代谢产物成倍增加，水、电解质及酸碱平衡紊乱，一般会导致家畜的生产性能下降。

二、常见的应激性疾病

（一）猪常见应激性疾病

1. 猝死综合征

这是猪应激反应最严重的形式。发病原因主要为抓捕、惊吓及注射等。临床上常不见任何症状，突然死亡；再比如有的种公猪在配种时，因过度兴奋而突然死亡。

2. 猪应激综合征

多见于应激敏感猪。发病原因常见于运输应激、热应激及拥挤应激等。临床症状：早期肌肉震颤、尾抖，继而呼吸困难，心悸，皮肤出现红斑或紫斑，可视黏膜发绀，最后衰竭死亡。尸僵快，尸体酸度高，肉质发生变化，如水猪肉、暗猪肉、背最长肌坏死。

（1）水猪肉 亦称PSE猪肉。眼观猪肉色泽灰白，质地松软，缺乏弹性，切面多汁。组织学检查可见肌纤维变粗，横纹消失，肌纤维分离，甚至坏死。发生部位主要在眼肌、背最长肌、半腱肌、腰肌及股肌等部位。其发生与遗传易感性关系密切。

（2）暗猪肉 又称DFD猪肉。眼观猪肉色泽深暗，质地粗硬，切面干燥。多发生于强度较小、时间较长的应激反应。多是由于猪的肌糖原消耗较多，贮备水平非常低，产生乳酸少，且被呼吸性碱中毒产生的碱中和，导致出现DFD肉变化。这种猪肉保水能力较强，切面不见汁液渗出。

（3）成年猪背肌坏死 眼观可见双侧或单侧性背肌的无痛性肿胀，背肌苍白、变性、坏死。个别猪因酸中毒死亡。

3. 猪应激性溃疡

常发部位为胃、十二指肠黏膜等。多发生于严重的应激反应中，如斗架、运输、严重疾病病变等（可突然死亡）。通常事前无慢性溃疡的典型症状，而是一种急性胃肠黏膜病变。剖检可见胃肠（十二指肠）黏膜有细小、散在的点状出血；线状或斑片状浅表糜烂；或浅表呈多发性圆形溃疡，边缘不整齐，但不隆起，深度一般达黏膜下层、肌层，甚至穿孔。

4. 消化道菌群失调

常发于更换饲料或饲喂方法，转圈混群及市场交易时等。发病机制一般为应激源作用于机体，损伤胃肠黏膜，破坏消化道正常微生物区系，从而引起细菌性肠炎。

5. 恶性高热综合征

患畜表现为体温过高，皮肤潮红，有的呈现紫斑、黏膜发绀、全身颤抖、肌肉僵硬、呼吸困难、心搏过速、过速性心律不齐，直至死亡。死后出现尸僵，尸体腐败比正常快；内脏呈现充血，心包积液，肺充血、水肿。此类型多发于拥挤和炎热的季节。

6. 慢性应激综合征

由于应激源强度不大，持续或间断反复引起的反应轻微，易被忽视。实际上它们在猪体内已经形成不良的累积效应，致使其生产性能降低，防卫功能减弱，容易继发感染，引起各种疾病的发生。其生前的血清乳酸升高，pH下降，肌酸磷酸激酶活性升高。

（二）牛常见应激性疾病

如牛热应激、牛运输应激综合征等。多发生于饥渴、寒冷、过热、精神恐惧、疲劳、去势、断奶等情况下。

（三）马常见应激性疾病

如马的应激综合征、马疝痛性疾病、结肠炎、急性出血性盲肠炎、急性腹泻等胃肠道疾病。多发生于寒冷、过热、过劳、精神恐惧、饮食应激及病原体感染等情况下。

（四）鸡常见应激性疾病

如鸡应激综合征、肉仔鸡猝死症及大肠杆菌病等。多发生于过热、寒冷、惊群、并群应激、饮食应激及其他应激因素等情况下。

单元四　应激的生物学意义与防治原则

一、应激的生物学意义

良性应激或生理性应激时，物质代谢和各器官功能的改变，特别是能量提供的增加，心、脑和骨骼肌血液供应的保证等，对于动物生存和适应具有积极的防御作用。许多疾病或病理过程都伴有应激。这时的应激是由于应激原的作用过于强烈和 / 或过于持久所引起，故可导致功能代谢的障碍和组织的损害，严重时甚至可以导致死亡。因而这种应激被称为劣性应激或病理性应激。有些动物疾病找不到特异病原体，或者致病因素的特异性不强，其发病往往与应激因素直接作用或激发有关。因此，在研究或探索某些疾病发生原因和机制时，应考虑应激因素。

二、应激的防治原则

（1）避免过于强烈的，或过于持久的应激源作用于机体。例如，避免不良和有害的精神刺激，避免动物处于过度而持久的精神紧张，避免各种意外的躯体性的严重伤害等等。

（2）及时正确地处理伴有病理性应激的疾病或病理过程如烧伤、创伤、感染、休克等等，以尽量防止或减轻对机体的不利影响。

（3）采取一些针对应激本身所造成损害的措施，例如在严重创伤后加强不经胃肠道的营养补充，其目的之一就是弥补应激时因高代谢率和蛋白分解加强所造成的机体的消耗。

（4）急性肾上腺皮质功能不全（如肾上腺出血、坏死）或慢性肾上腺皮质功能不全的患畜，受到应激原刺激时，不能产生应激；或者由于应激时肾上腺糖皮质激素受体明显减少，病情危急，应及时大量补充肾上腺糖皮质激素。

【技能拓展】

猪应激性疾病的治疗方法及预防措施

治疗方法：创造非应激环境，用凉水喷洒皮肤。应激严重的猪（皮肤发紫、肌肉僵硬）则必须使用镇静剂、皮质激素和抗应激药物。如盐酸氯丙嗪（镇静剂），剂量为 1～2mg/kg 体重，一次肌内注射。或者安定 1～7mg/kg 体重，一次肌内注射。也可选用维生素 C、亚硒酸钠维生素 E 合剂、盐酸苯海拉明、水杨酸钠等。使用抗生素防止继发感染，静脉注射 5% 的碳酸氢钠溶液防止酸中毒。

预防措施：①应加强遗传育种选育繁殖工作，通过氟烷试验或肌酸磷酸激酶活性检测和血型鉴定，逐步淘汰应激易感猪。②尽量减少饲养管理等各方面的应激因素对猪产生压迫感而致病。如改善饲养管理、运输及屠宰前等的环境。③在可能发生应激之前，使用镇静剂氯丙嗪、安定等并补充硒和维生素 E，从而降低应激所致的死亡率。

（徐之勇）

模块二　系统病理

项目十一　淋巴与造血系统疾病的认识与病理诊断

【目标任务】

知识目标　熟悉淋巴与造血系统疾病的发生原因与机制，认识和掌握淋巴与造血系统各组织器官的常见病变。

能力目标　能在临床中对淋巴与造血系统各组织器官的常见病做出准确的病理诊断。

素质目标　具备独立思考能力、综合分析能力和解决问题的能力，培养良好的职业素养。

彩图扫一扫

　　淋巴与造血系统包括淋巴组织和髓性组织两个部分。淋巴组织包括胸腺、脾脏、淋巴结以及在人体广泛分布的淋巴组织（如扁桃体、肠道淋巴组织等）；髓性组织主要由骨髓和血液中的各种血细胞成分构成，包括红细胞和白细胞（如粒细胞、淋巴细胞、单核细胞等）以及血小板等。

　　淋巴造血系统的疾病种类繁多，表现为淋巴造血系统各种成分的量和（或）质的变化。量的减少如贫血、白细胞减少、血小板减少等，量的增多如液体增多、实质或（和）间质细胞增生等；质的改变包括变性、坏死以及淋巴造血系统的恶性肿瘤等。

单元一　脾炎

　　脾炎是指脾脏的一种炎症性疾病，是脾脏最常见的一种病理过程，多伴发于各种传染病，也见于血原虫病。脾脏是参与免疫反应的重要外周免疫器官，又是血液循环的滤过器，是机体与病原体斗争的主战场，所以在病原微生物全身感染时，脾脏常会表现出严重的炎症反应。根据其病变特征和病程急缓，可将脾炎分为急性炎性脾肿、坏死性脾炎、化脓性脾炎和慢性（增生性）脾炎四种类型。

一、急性炎性脾肿

　　急性炎性脾肿是指伴有脾脏明显肿大的急性炎症，简称急性脾肿。因主要见于急性败血性传染病，又称为败血脾。

（一）发病原因

急性炎性脾肿多由病原微生物和血液原虫感染引起，常见于急性败血性传染病和急性经过的血原虫病。如急性败血症型炭疽、急性猪丹毒、急性副伤寒、急性猪链球菌病、急性马传贫、牛泰勒氏焦虫病、马犁形虫病、猪弓形虫病、锥虫病等。在上述疾病过程中，病原体大量涌入血液，并在血液中持续存在。炎症介质在血液中大量出现，病原体和炎症介质被过滤积聚在脾脏内，从而诱发脾脏出现严重的急性炎症反应。

（二）病理变化

急性炎性脾肿在病变性质上包含了炎性充血、淤血、出血、浆液渗出，实质和间质的变性坏死，炎性细胞的大量浸润等。

【眼观】 脾脏体积增大，一般比正常增大 2～3 倍，有时甚至可达 5～10 倍；被膜紧张，边缘钝圆；切开时流出血样液体，切面隆起并富有血液，明显肿大时犹如血肿，呈暗红色或黑红色；白髓和脾小梁固有纹理模糊，脾髓质软，用刀轻刮切面，可刮下大量血粥样脾髓。在急性猪丹毒病例中，还可在脾脏切面的暗红色背景上见有颜色更深的小红点，小红点的中心有白髓。也就是在许多白髓周围显露有大小相近、颜色较脾切面更深的紫红色，边缘较整齐的小圆圈，称为"白髓周围红晕"现象。

【镜检】 可见脾髓内充盈大量血液，脾实质细胞（淋巴细胞、网状细胞）弥漫性坏死、崩解；白髓体积缩小，甚至几乎完全消失，仅在中央动脉周围残留少量淋巴细胞；红髓中固有细胞成分也大为减少，有时在小梁或被膜附近可见一些被血液排挤的淋巴组织。脾脏含血量增多是急性炎性脾肿最突出的病变，也是脾体积增大的主要组织学基础，是脾组织炎性充血的结果。在充血的脾髓中还可见病原菌和散在的炎性坏死灶，后者由渗出的浆液、嗜中性粒细胞和坏死崩解的脾实质细胞共同组成，其大小不一，形状不规则。此外，被膜和小梁中的平滑肌、胶原纤维和弹性纤维肿胀、溶解，排列疏松。

二、坏死性脾炎

坏死性脾炎是以脾脏实质急性坏死为主要特征的一种急性脾炎，多见于出血性败血症。

（一）发病原因

坏死性脾炎多见于许多传染性疾病。如鸡新城疫、禽霍乱、巴氏杆菌病、猪瘟、结核病、弓形虫病及牛坏死杆菌病等。

（二）病理变化

【眼观】 脾脏体积不肿大，其外形、色彩、质地与正常脾脏无明显差别，透过被膜可见分布不均的灰白色坏死灶。

【镜检】 可见脾脏实质细胞坏死明显，在白髓和红髓均可见散在的坏死灶，其中多数淋巴细胞和网状细胞已坏死，其胞核溶解或破碎，胞质肿胀、崩解；少数细胞尚具有淡染而肿胀的胞核。坏死灶内同时见浆液渗出和嗜中性粒细胞浸润，有些粒细胞也发生核碎裂，脾脏含血量不见增多，故眼观脾脏的体积不肿大。被膜和小梁均见变性和坏死等变质性变化。

鸡新城疫和鸡霍乱时，会表现出坏死性脾炎。坏死主要发生在鞘动脉的网状细胞，并可扩大波及周围淋巴组织。此时鞘动脉的内皮细胞稍肿胀，尚可辨认，而外围的网状细胞都发生坏死，其胞核溶解，胞质肿胀、崩解；坏死细胞通常与渗出的浆液混合成均质一片。严重时周围的淋巴组织也发生坏死，且可与相邻的坏死灶互相融合。有的坏死性脾炎由于其血管壁被破坏，还可发生较明显的出血。例如有些猪瘟病例，脾脏白髓内出现灶状出血，严重时整个白髓的淋巴细胞几乎全被红细胞替代。

三、化脓性脾炎

是由于化脓性细菌感染而造成的一种特殊类型的坏死性脾炎。

（一）发病原因

化脓性脾炎主要是由其他部位的化脓灶（如肺脓肿等）经血流转移而来，也可直接感染引起，如外伤及脾周围组织或器官化脓性炎症蔓延而致。

（二）病理变化

【眼观】 脾脏肿大或稍肿大，被膜下出现大小不等的黄色或白色化脓灶，以后逐渐软化或形成脓肿。陈旧的化脓灶周围可见包囊形成，中央可因钙盐沉积而发生钙化。

【镜检】 初期化脓灶内有大量的嗜中性粒细胞浸润；以后嗜中性粒细胞发生变性、坏死、崩解，与坏死组织共同形成浓汁；后期化脓灶周围可见结缔组织增生。

四、慢性脾炎

是指以脾脏实质细胞或结缔组织大量增生为特征的慢性增生性炎症，常伴有脾脏的肿大。

（一）发病原因

多见于亚急性或慢性疾病以及寄生虫病过程中。如结核、布鲁氏菌病、副伤寒、亚急性或慢性马传染性贫血、牛传染性胸膜肺炎、锥虫病、焦虫病等。

（二）病理变化

【眼观】 脾脏轻度肿大或比正常肿大 1 ~ 2 倍，被膜增厚，边缘稍显钝圆，其质地硬实，切面平整或稍隆突，在暗红色红髓的背景上可见灰白色增大的淋巴小结呈颗粒状向外突出。

【镜检】 可见增生过程特别明显，此时淋巴细胞和巨噬细胞都可呈现分裂增殖。在不同的传染病过程中有的以淋巴细胞增生为主，有的以巨噬细胞增生为主，有的淋巴细胞和巨噬细胞都明显增生。

例如在亚急性马传贫的慢性脾炎时，脾脏淋巴细胞的增生特别明显，往往形成许多新的淋巴小结，并可与原有的白髓连接。在鸡结核性脾炎时，脾脏的巨噬细胞明显增生，形成许多由上皮样细胞和多核巨细胞组成的肉芽肿，其周围也见淋巴细胞浸润和增生。在布鲁氏菌病慢性脾炎时，既可见淋巴细胞增生形成明显的淋巴小结，又可见由巨噬细胞增生形成的上皮样细胞结节散在分布于脾髓中。慢性脾炎过程中，还可见脾组织内结缔组织增生，因而使被膜增厚和小梁变粗。与此同时，脾髓中也见散在的细胞变性和坏死。

单元二　淋巴结炎

淋巴结作为机体重要的外周免疫器官和防御屏障，在清除抗原性异物发挥重要作用。常受到各种刺激，如各类病原微生物感染、化学药物、外来的毒物、异物、机体自身的代谢产物，以及变性坏死组织等多种因素都可刺激淋巴结内的淋巴细胞、细胞组织和树突状细胞，导致淋巴结炎的发生。淋巴结炎多发生于各种传染病或局部感染的过程中。在组织器官发生病理变化时，所属淋巴结也必然发生相应的病变，甚至比临近组织器官的病变发生的更早或更加明显。

根据其发展经过不同，可将淋巴结炎分为急性和慢性两种类型。急性淋巴结炎常见的有浆液性淋巴结炎、出血性淋巴结炎、坏死性淋巴结炎、化脓性淋巴结炎；慢性淋巴结炎初期为细胞增生性淋巴结炎，后期发展为纤维增生性淋巴结炎。

一、浆液性淋巴结炎

浆液性淋巴结炎又称单纯性淋巴结炎，以淋巴结浆液渗出为主要特征。

（一）发病原因

浆液性淋巴结炎多发生于急性传染病（如急性败血型猪丹毒、急性猪肺疫、猪瘟、猪丹毒、猪巴氏杆菌病等）的初期，或邻近组织器官有急性炎症时。

（二）病理变化

【眼观】 发炎的淋巴结肿大，被膜紧张，质地柔软，呈潮红色或紫红色；切面隆突，颜色暗红，湿润多汁。

【镜检】 可见淋巴结中的毛细血管扩张、充血；淋巴窦明显扩张，内含浆液，窦壁细胞肿大、增生并游离活化为巨噬细胞。扩张的淋巴窦内通常还有不同数量的嗜中性粒细胞、淋巴细胞和浆细胞，而巨噬细胞内常有吞噬的致病菌、红细胞、白细胞；还可见淋巴小结生发中心扩张，并有细胞分裂相，淋巴小结周围、副皮质区和髓索处淋巴细胞增生。

二、出血性淋巴结炎

出血性淋巴结炎是指伴有严重出血的淋巴结炎，出血性淋巴结炎通常是由浆液性淋巴结炎发展而来。

（一）发病原因

出血性淋巴结炎主要见于较为严重的急性传染病，如猪肺疫、炭疽、猪瘟、猪丹毒、猪巴氏杆菌病等。

（二）病理变化

【眼观】 淋巴结肿大，呈暗红或黑红色，被膜紧张，质地变实；切面湿润，稍隆突并含多量血液，呈弥漫性暗红色或呈红白相间的大理石样花纹（出血部暗红，淋巴组织呈灰白色）。在猪咽颊型炭疽时，其咽背及颌下淋巴结肿大、出血，切面干燥呈黑红或砖红色。

【镜检】 除一般急性炎症的变化外，最明显的变化是出血，此时淋巴组织中可见充血和散在的红细胞或灶状出血，淋巴窦内及淋巴组织周围有大量渗出的红细胞。

三、坏死性淋巴结炎

坏死性淋巴结炎是以淋巴结的实质发生坏死为特征的炎症，又名细胞组织性坏死性淋巴结炎、亚急性坏死性淋巴结炎，是一种非肿瘤性淋巴结增大性疾病，属淋巴结反应性增生病变。

（一）发病原因

坏死性淋巴结炎多在上述前两种淋巴结炎的基础上发展而来。常见于猪弓形虫病、坏死杆菌病、仔猪副伤寒以及牛泰勒焦虫病等。

（二）病理变化

【眼观】 淋巴结肿大，呈灰红色或暗红色，切面湿润，隆突，边缘外翻，散在灰白色或灰黄色坏死灶和暗红色出血灶，坏死灶周围组织充血、出血；淋巴结周围常呈胶冻样浸润。

【镜检】 可见坏死区淋巴组织固有结构破坏，细胞核崩解（呈蓝染的颗粒），呈现出大小不一的坏死灶；坏死灶周围血管扩张，充血、出血及嗜中性粒细胞和巨噬细胞的浸润，若为弓形虫病或泰勒焦虫病时，巨噬细胞质内可见原虫体；淋巴窦扩张，其中有多量的巨噬细胞、红细胞、白细胞和组织崩解产物。被膜和小梁水肿，白细胞浸润。

四、化脓性淋巴结炎

指淋巴结的化脓性炎症。其特点是大量嗜中性粒细胞浸润并伴发组织的脓性溶解。

（一）发病原因

多继发于所属组织器官的化脓性炎症过程中，是化脓菌沿血流、淋巴流侵入淋巴结的结果，也可因直接感染而发生。

（二）病理变化

【眼观】 淋巴结肿大，表面和切面可见大小不一的脓肿，脓肿周围有充血、出血现象。严重时淋巴结内充满脓液，好似一个结缔组织膜包裹的脓肿。

【镜检】 炎症初期淋巴窦内聚集浆液和大量嗜中性粒细胞，窦壁细胞增生、肿大。进而淋巴结的固有结构消失，组织溶解坏死，其中有大量的嗜中性粒细胞聚集，并多呈现核碎裂、崩解。周围组织发生充血、出血和嗜中性粒细胞浸润。淋巴窦内有多量脓性渗出物，有时可见化脓灶融合的景象。

五、慢性淋巴结炎

慢性淋巴结炎多由急性淋巴结炎转变而来，是由致病因素反复或持续作用引起的以细胞增生为主要表现的淋巴结炎，又称为增生性淋巴结炎。通常会导致局部淋巴结出现明显的肿胀和疼痛或压痛。

（一）发病原因

常见于某些慢性疾病，如结核、布鲁氏菌病、猪霉形体肺炎等；也可以见于病毒感染和一些非感染性因素（如肿瘤）。淋巴结的增生是机体免疫反应的具体表现。

（二）病理变化

【眼观】 发炎淋巴结肿大，灰白色，质地变硬；切面皮质与髓质界限难分，为一致的灰白色，切面稍隆起，常因淋巴小结增生而呈细颗粒状。后期淋巴结往往缩小，质地硬，切面可见增生的结缔组织不规则交错，淋巴结固有结构消失。

【镜检】 可见淋巴细胞、网状细胞显著增生；淋巴小结数目增多、肿大，生发中心明显。皮髓质间分界不清，淋巴小结与髓索及淋巴窦间界限消失，淋巴窦内充满增生的淋巴细胞；网状细胞肿大、变圆，散在于淋巴细胞间，充血和渗出现象不明显。后期淋巴结中结缔组织显著增生，网状纤维变粗转变为胶原纤维，血管壁硬化。严重时，整个淋巴结可变为纤维结缔组织小体。

单元三　骨髓炎

骨髓炎多因感染或中毒而引起，是骨髓的一种炎症性疾病。多经血源性途径感染引起，也可由创伤或手术感染引起。骨髓炎多发于长骨，四肢骨两端最易受侵。化脓菌和病毒的感染以及中毒均可能引起骨髓炎的发生。

一、急性骨髓炎

是骨髓的急性渗出性炎症。按照病变性质可分为浆液性、纤维素性、出血性和化脓性骨髓炎。非化脓性急性骨髓炎是以骨髓各系血细胞变性、坏死、发育障碍为主要表现的急性骨髓炎，但临床以化脓性急性骨髓炎最为常见。

（一）发病原因

非化脓性急性骨髓炎的常见病因为病毒（如马传染性贫血病毒、鸡传染性贫血病毒）感染、中毒（如苯、蕨类植物中毒）等。化脓性急性骨髓炎是由化脓菌感染所致，感染路径既可由血源性途径引起，如体内某处化脓性炎灶中的化脓菌经血液转移到骨髓；也可以由局部化脓性炎（如化脓性骨膜炎）直接蔓延引起；或骨折损伤所致的直接感染引起。急性骨髓炎多发生于管状骨，特别是富有血管的海绵骨或骨骺端。

（二）病理变化

【眼观】　骨髓病变不尽相同，一般表现为红骨髓颜色变淡，为黄红色，或红骨髓呈岛屿状散在于黄骨髓中，有的可见长骨的红髓稀软，色污红。

化脓性急性骨髓炎时，骨骺端或骨干的骨髓中可见脓肿形成，局部骨髓固有组织坏死、溶解。随着脓肿的扩大，化脓过程不仅可波及整个骨髓，还可侵及骨组织。骨干的骨密质被侵蚀时，可引起骨膜下脓肿。化脓性骨髓炎也可经骨骺端侵及关节，引起化脓性关节炎。如果大量化脓菌进入血液，则可导致脓毒败血症。

【镜检】　骨髓各系细胞因变性坏死明显减少，并有浆液渗出和炎性细胞浸润；常见血管充血、出血性病变。化脓性急性骨髓炎时可见骨髓坏死、溶解，炎灶内有大量的嗜中性粒细胞。骨干骨密质中的骨细胞坏死，后期在病灶邻近骨膜部位有新生成骨细胞增生。

二、慢性骨髓炎

通常指由急性骨髓炎迁延不愈而转变成的骨髓慢性炎症。可分为非化脓性和化脓性慢性骨髓炎两种类型。

（一）发病原因

非化脓性慢性骨髓炎常见于马传染性贫血、慢性中毒等疾病过程中。化脓性慢性骨髓炎是由急性化脓性骨髓炎迁延不愈转变而来的。

（二）病理变化

【眼观】　慢性非化脓性骨髓炎的主要特征是红骨髓逐渐变成黄骨髓，甚至变成灰白色，质地变硬。慢性化脓性骨髓炎的典型病变特征是骨干或骨髓中形成脓肿，其周围骨质常硬化成壳状，形成封闭性脓肿。有的脓肿侵蚀骨质及其相邻组织，形成向外开口的脓性窦道，不断排出脓性渗出物，长期不愈。

【镜检】　慢性非化脓性骨髓炎时，骨髓各系细胞发生不同程度的变性坏死或消失，淋巴细胞、单核细胞、成纤维细胞增生，实质细胞被脂肪组织取代。网状内皮组织增殖病见网状细胞灶状或弥漫性增生，J亚型禽白血病时以髓系细胞增生为主。当机体遭受细菌、病毒、真菌、寄生虫及过敏原的侵害时，则有嗜中性或嗜酸性粒细胞系的骨髓组织增殖。

慢性化脓性骨髓炎时，脓肿周围肉芽组织增生，包囊形成并发生纤维化，窦道周围肉芽组织明显增生并纤维化，骨组织增生。

单元四　贫血

贫血是指单位容积血液中红细胞数和血红蛋白含量低于正常范围的病理过程。在生理情况下，动物体内红细胞是在不断地衰老破坏和不断地新生替补，并且二者经常保持着动态平衡。所以，健康动物单位容积血液中红细胞数和血红蛋白含量经常保持相对恒定。但在病理情况下，由于某些致病因素的作用，使上述动态平衡破坏，致使红细胞生成减少或丧失过多，就会引起贫血的发生。

一、贫血的发生原因与类型

贫血不是一种独立的疾病，而是许多疾病过程中所呈现的一种病症。所以，引起贫血的原因和机制总体上可概括为三种：红细胞生成减少或不足、红细胞破坏过多或失血。根据其发生原因不同可将贫血分为失血性贫血、溶血性贫血、营养不良性贫血、再生障碍性贫血四种类型。

（一）失血性贫血

是由于出血过多所引起的一种贫血，又称出血性贫血。根据其出血速度可将其分为急性和慢性两种。急性出血性贫血常因创伤、手术或疾病导致血管、肝脏或脾脏破裂，或凝血、止血障碍等原因使大量血液在短期内丢失，不仅影响血容量而且引起急性失血后贫血，其发生初期贮铁并不减少。慢性失血性贫血并不是短时间内形成的，多见于长期反复多次的小出血等情况。如某些慢性消耗性疾病、结核病、血矛线虫病、胃肠溃疡、长期多次采血等均可引起慢性出血性贫血。

（二）溶血性贫血

是由于红细胞在体内被大量破坏（溶解）所引起的一种贫血。引起溶血性贫血的因素很多，主要包括化学性因素和生物性因素。苯、氯酸钾可使血红蛋白变性；蛇毒可破坏红细胞膜上的磷脂，胆酸盐可溶解红细胞膜上的胆固醇，均可导致红细胞大量溶解，引起贫血。溶血性链球菌和葡萄球菌可产生溶血性物质（溶血素）而致红细胞大量溶解并可产生大量有毒物质，使血红蛋白变性；焦虫病可导致红细胞大量溶解，而引起溶血性贫血。

（三）营养不良性贫血

是由于红细胞生成原料缺乏所引起的一种贫血。多因长期采食营养缺乏的饲料，或因家畜消化不良，吸收障碍，或消耗和丧失过多等原因所致。红细胞生成原料主要有蛋白质、铁、铜、钴和维生素 B_{12} 和叶酸等，缺乏时均可引起贫血。

（四）再生障碍性贫血

是由于骨髓造血功能破坏，红细胞再生障碍所引起的一种贫血。临床上常表现为较严重的贫血、出血和感染。发生这种类型的贫血时外周血的血细胞减少，网织红细胞绝对值减少。抗贫血药物治疗通常无效，免疫抑制剂治疗有效，也可通过造血干细胞移植进行治疗。

重金属盐、氯霉素和磺胺类药物的慢性中毒，可损伤骨髓内多能干细胞，而使红细胞再生障碍引起贫血。患马鼻疽、结核病、马传贫等病时，病原微生物产生的有毒物质会抑制骨髓的造血功能。某些放射性物质，如放射性镭、放射性锶、放射性钙等的作用。这些放射性物质在体内可长期蓄积在骨髓中，造成骨髓的损伤，导致红细胞再生障碍引起贫血。骨髓纤维化、各种类型的白血病、多发性或转移性骨髓瘤等也可造成再生障碍性贫血。

二、贫血的病理变化

（一）血液形态学变化

贫血时血液中除红细胞数和血红蛋白减少外，还可出现各种病理形态的红细胞。

1. 退化型（衰老型）红细胞

此型红细胞形态各异（椭圆形、梨形、半圆形、哑铃形、多角形），大小不等，染色浓淡不均。此型红细胞多出现于再生障碍性贫血的病理过程中。

2. 再生型（幼稚型）红细胞

此型红细胞有多染性红细胞、网织红细胞、有核或留有核残迹的红细胞。此型红细胞多发于失血性贫血和溶血性贫血。

（二）共性与个性特点

1. 共同变化

各种贫血都可表现血液稀薄、血凝不良，皮肤黏膜苍白，内脏器官色泽变淡，实质器官变性，浆膜、黏膜出血等病理变化。

2. 特殊变化

急性失血性贫血时，病畜可视黏膜突然苍白，体温、血压突然下降，心跳、脉搏加快而减弱。

溶血性贫血时，可出现血红蛋白血症、血红蛋白尿和溶血性黄疸，全身各组织，尤其皮肤黏膜发生黄染。

营养不良性贫血时病畜表现极度消瘦，血液稀薄，血红蛋白显著减少，外围血液中出现淡染性红细胞和小红细胞。

再生障碍性贫血时血液中除红细胞数减少外，白细胞和血小板也减少，外围血液中出现退化型红细胞，骨髓明显退化和萎缩。

三、贫血对机体的影响

贫血时，动物体内会发生一系列病理生理变化，有些是贫血造成组织缺氧的直接结果，有些则是对缺氧的生理性代偿反应。

（一）组织缺氧

红细胞是携氧和运氧的工具，它的主要功能是将氧从肺输送到全身组织，并将组织中的 CO_2 输送到肺，由肺排出。贫血时，毛细血管内的氧弥散压力过低，以致对距离较远的组织供氧不足，此外，血液总的携氧能力降低，输送至组织的氧因而减少，结果造成组织缺氧、组织的物质代谢障碍和发生酸中毒。随着贫血的不断加重和病程延长，各器官、组织出现细胞萎缩、变性、坏死。由于贫血和缺氧，还可引起中枢神经的兴奋性降低，导致患病动物精神沉郁，重者昏迷。

（二）生理性代偿反应

即使在组织缺氧的情况下，血红蛋白中的氧实际上并未完全被释放和利用。身体能通过增加血红蛋白中氧的释放、增加心脏输出量和加速血液循环、血液总量的维持、器官和组织中血流的重新分布、红细胞增多等，发挥多种代偿机制以便充分利用血红蛋白中的氧，使组织尽量获得更多的氧气。

【案例分析】

案例1　某猪场部分成年猪发生疾病，大多无明显临床症状，有的病猪在死前十几小时发现减食、寒战，体温上升至41℃以上，不久死亡；有的病猪未见任何临床症状而突然死亡。对病死猪尸体进行外部检查，无特征性病理变化。白猪可见全身或鼻部、耳部、腹部及腿部皮肤呈紫红色。内部检查，眼观可见心外膜及心房肌、胃和小肠有不同程度的出血；肝脏浊肿及淤血；肾脏浊肿并在皮质部见有针尖大的点状出血；肺脏淤血、水肿。同时发现脾脏淤血并有明显肿大，呈暗红色或樱桃红色，被膜紧张，边缘钝圆，质地柔软；切面外翻、隆起而造成白髓、红髓不在一个平面上。除有上述病理变化之外，尚发现脾切面在暗红色的基面上，有颜色更深的小红点，在小红点的中心可见白髓，即形成"白髓周围红晕"现象。

案例2　某雄性圣伯纳犬（14月龄，体重38kg），到某兽医院就诊。主诉：该犬健康状况一直良好，无任何病史，就诊前2周曾被1条牧羊犬咬伤左后腿小腿部，当时由于伤口不大且出血不多，未去兽医诊所救治。后来患犬一直跛行且小腿伤口未愈合。就诊前两天，患犬突然不吃食物，精神沉郁，患肢不敢着地。临床检查：患犬体温39.8℃，呼吸频率增快，左后肢悬起。左后肢小腿部伤口化脓肿胀，伤口周围被脓汁浸润；触摸患部硬固、灼热，挤压患部有淡黄色、黏稠的脓汁流出，患犬疼痛反应强烈。实验室检查：白细胞总数增加；取脓汁培养见有腐生葡萄球菌生长。X线检查：左肢胫骨距膝关节约3.5cm处骨组织呈"虫蚀"样改变，有1个直径为0.6cm的空洞，边缘模糊，周围层样骨膜反应，局部软组织肿胀增厚。

问题分析：

1. 分析以上案例可能发生的是什么病？其发生原因是什么？
2. 确定各案例病理诊断的依据是什么？

（何书海）

项目十二　心血管系统疾病的认识与病理诊断

【目标任务】

知识目标　了解心血管系统疾病的发生原因，理解其发生机理，认识和掌握心血管系统常见疾病的病理变化。

能力目标　能依据病变特征对心血管系统病变做出正确的病理诊断。

素质目标　具备独立思考能力、综合分析能力和解决问题的能力，培养良好的职业素养。

心脏是血液循环的动力器官，也是动物生命活动的重要器官。当心脏患病导致其功能或形态结构发生改变时，必将引起全身或局部血液循环的障碍，进而导致各器官组织代谢、功能和结构的改变，甚至对生命活动造成严重威胁。

彩图扫一扫

单元一　心包炎

心包炎是指心包壁层与脏层的炎症。心包炎通常是某些疾病过程中的一种伴发症，有时也会单独发生，如牛的创伤性心包炎。心包炎时心包腔内常蓄积多量炎性渗出物，根据渗出物的性质不同可区分为浆液性、纤维素性、出血性、化脓性、腐败性和混合性等类型。心包炎多见于猪、牛和禽类。引起动物心包炎的病因可分为传染性和创伤性两种类型，其中以传染性多见。

一、传染性心包炎

（一）发病原因

传染性心包炎是由于细菌或病毒经血液直接侵入心包而引起，在猪、牛、羊及家禽中发病率较高，如牛巴氏杆菌病、鸡大肠杆菌病、猪传染性胸膜肺炎时发生的浆液或浆液-纤维素性心包炎。邻近器官的炎症也可直接蔓延至心包引起心包炎。病原混合感染在本病的发展中具有重要促进作用。

（二）病理变化

表现为浆液性、浆液-纤维素性或纤维素性心包炎，多伴发某些传染病的过程中。炎症初期，为浆液性渗出物；随着炎症的发展，渗出物常变为浆液性 - 纤维素性或纤维素性。

【眼观】 心包腔内蓄积多量浆液或浆液 - 纤维素或纤维素性渗出物，使心包充盈而紧张，心包膜因炎性水肿而肥厚。心外膜充血，散在点状出血，浆膜面粗糙无光泽。发生纤维素性心包炎时，渗出的纤维素被覆在心外膜上，随心脏跳动摩擦而形成一层灰白色絮状或绒毛状物，俗称"绒毛心"。结核性心包炎时，先发生渗出性心包炎，相继出现干酪化，形成大小不一的干酪样坏死灶，在心脏表面被覆较厚的增生物，状似盔甲，俗称"盔甲心"。此时心包和心外膜因结缔组织增生而显著变厚，粗糙无光泽。

【镜检】 初期心外膜呈现充血、水肿并伴有白细胞浸润，间皮细胞肿胀、变形，浆膜表面有少量浆液 - 纤维素性渗出物，呈条索状或团块状。随后间皮细胞坏死、脱落，浆膜层和浆膜下组织水肿、充血、白细胞浸润，在组织间隙内有大量丝网状纤维素。与发炎心外膜相邻的心肌纤维呈颗粒变性和脂肪变性，心肌纤维间充血、水肿及白细胞浸润。

二、创伤性心包炎

（一）发病原因

创伤性心包炎是由机械性创伤所致，主要见于牛。因为牛采食时不充分咀嚼即行吞咽，另因其口腔黏膜对硬性刺激物感觉比较迟钝，容易将一些尖锐的异物（铁钉、铁丝等）咽下，随着胃的蠕动，异物从网胃向前方穿过膈肌刺入心包或心肌，病原微生物也随之侵入，引起创伤性心包炎。

（二）病理变化

因伴有细菌随着异物侵入心包，常常表现为浆液 - 纤维素性化脓性炎。或继发腐败菌感染，继而腐败、分解并产生气体，转化为腐败性心包炎。

【眼观】 心包腔高度充盈，心包膜增厚，失去原有光泽，变得粗糙不平。心包腔内充积大量污秽的纤维素性或脓性渗出物，常因渗出物发生腐败而具恶臭气味。心外膜也变得粗糙肥厚，被覆厚层污浊或污绿色渗出物，并常与心包膜发生粘连。在心包腔的炎性渗出物和心壁上常可查到刺入的异物或创痕。多数病例还可伴发创伤性网胃炎和心肌炎。在网胃和心包之间有时可见异物穿行而形成的结缔组织性管道。

【镜检】 炎性渗出物由纤维素、中性粒细胞、巨噬细胞、红细胞与脱落的间皮细胞等组成。

单元二　心肌炎

心肌炎是指心脏肌层的炎症，多呈急性经过，以心肌纤维的变性和坏死等变质性变化为主要特征。动物原发性心肌炎极为少见，多伴发于某些全身性疾病过程中，如某些传染病、中毒病和变态反应性疾病等。

一、实质性心肌炎

实质性心肌炎以心肌纤维的变性、坏死性变化为主要特征，渗出和增生变化轻微，常呈急性经过。

（一）发病原因

在急性败血症、中毒性疾病（如磷中毒、砷中毒、有机汞农药中毒等）、细菌性传染病（如巴氏杆菌病、猪丹毒、鸡沙门氏菌病、链球菌病等）和病毒性疾病（如口蹄疫、流感、马传染性贫血等）中常见。上述因素可通过血源性途径，直接侵害心肌，引起心肌炎的发生；也可作用于心内膜或心外膜，引起心内膜炎或心外膜炎，然后其炎症蔓延到心肌，引起心肌炎。

（二）病理变化

【眼观】 心肌呈灰白色煮肉状，质地松软。心脏呈扩张状态，尤以右心室明显。炎症病变呈灶状分布，因而在心脏的表面或切面上可见许多灰红色或灰黄色的斑点状或条索状病变区。有时可见灰黄色条纹病变区围绕心腔呈环层状分布，形似虎皮样斑纹，称为"虎斑心"，在犊牛恶性口蹄疫时可见到。

【镜检】 轻者心肌纤维仅呈颗粒变性或轻度的脂肪变性，重者发生水疱变性和蜡样坏死，甚至出现肌纤维崩解，并可见钙盐沉着。在肌纤维坏死部位和间质中有嗜中性粒细胞、淋巴细胞、浆细胞和嗜酸性粒细胞浸润。

二、间质性心肌炎

以心肌间质渗出性变化明显、炎性细胞呈弥漫性或结节状浸润为特征，心肌纤维的变质性变化比较轻微。

（一）发病原因

间质性心肌炎可发生于传染性和中毒性疾病过程中。

（二）病理变化

【眼观】 间质性心肌炎和实质性心肌炎病因及病变均极其相似，故肉眼观察很难分辨。

【镜检】 初期表现为心肌的变质性变化，以后转变为间质水肿、炎性细胞浸润、间质增生为主。心肌纤维常呈灶状变性和坏死，并发生崩解与溶解吸收。间质呈现充血、出血，并有大量的炎性细胞（主要是单核细胞、淋巴细胞、浆细胞和成纤维细胞）浸润，晚期有成纤维细胞增生。

在慢性过程中，心肌纤维萎缩、变性、坏死，甚至消失，间质结缔组织增生明显，并有不同程度的炎症细胞浸润。由于结缔组织增生，心脏体积有时减小，但硬度增大，颜色变浅，表面有灰白色斑片状凹陷，冠状动脉迂曲呈蛇形。如果结缔组织增生程度较大，由于心脏腔内弹性降低，压力增大，病变的心壁可能向外侧突出，造成心肌扩张受限，多位于心尖。

三、化脓性心肌炎

（一）发病原因

常由化脓性细菌引起，如葡萄球菌、链球菌等。化脓菌可来源于脓毒败血症的转移性细菌栓子，见于子宫、乳房、肺脏等处化脓性炎灶中的脓性栓子经血流转移到心脏，在心肌内形成局灶性化脓性炎症。此外，化脓性心肌炎也可由创伤性心包炎或邻近组织的化脓性炎症蔓延而致。

（二）病理变化

【眼观】 在心肌中散在大小不等的化脓灶或脓肿。新形成的化脓灶周围心肌充血、出血和水肿；陈旧性化脓灶周围有结缔组织包囊形成。脓液的色泽和性状因感染的细菌种类不同，可呈灰白色、灰绿色或灰黄色。脓肿向心室内破溃，脓汁与血液混合流动至全身即导致脓毒败血症。此外，脓肿部位的心壁因心肌变薄及心腔内压作用，常向外扩张，形成局部凸起。

【镜检】 初期血管栓塞部发生出血性浸润，而后为嗜中性粒细胞和纤维素渗出。其周围是由充血、出血和嗜中性粒细胞组成的炎性反应带。化脓灶内及周围的心肌纤维发生变性和坏死。慢性化脓性心肌炎时，脓肿周围形成有结缔组织的包囊。

单元三　心内膜炎

心内膜炎是指心脏内膜的一种炎症性疾病。按照炎症发生的部位，可分为瓣膜性、心壁性、腱索性和乳头肌性心内膜炎。兽医临床最常见的是瓣膜性心内膜炎，以瓣膜血栓形成和瓣膜结缔组织的纤维素样坏死为特征。根据病变的特点，通常分为疣状心内膜炎和溃疡性心内膜炎两种。心内膜炎的发生机理通常与变态反应和自身免疫反应有关。

一、疣状心内膜炎

又称单纯性心内膜炎，以心脏瓣膜损伤轻微和形成疣状血栓为主要特征。

（一）发病原因

疣状心内膜炎常伴发于慢性猪丹毒和化脓性细菌（如链球菌、葡萄球菌、化脓棒状杆菌等）感染的过程中。其发生可能是这些细菌的毒素引起结缔组织胶原纤维变性，形成自身抗原，或菌体蛋白与胶原纤维的黏多糖结合形成自身抗原。在这些抗原的刺激下，产生抗心内膜组织的自身抗体，激发变态反应，导致心瓣膜和心内膜的损伤和炎症。

（二）病理变化

【眼观】 疣状物常见于二尖瓣的心房面，或邻近的心内膜上。炎症局部初期可见微小、串珠状或散在的呈灰黄或灰红色的疣状赘生物。炎症中期，瓣膜上的疣状物不断增大且不断融合，呈灰黄色或黄褐色，表面粗糙，质脆易碎。随着炎症的发展，因瓣膜基部出现肉芽组织增生，疣状赘生物变得坚实，呈灰白色，与瓣膜紧密相连。

【镜检】 炎症早期心内膜内皮细胞肿胀、变性、坏死与脱落，其表面附着有白色血栓，主要由血小板、纤维素、少量细菌及嗜中性粒细胞组成。内皮下水肿，内膜结缔细胞组织肿胀变圆，胶原纤维变性或呈纤维素样坏死。炎症晚期，可见心内膜或血栓性疣状物下面肉芽组织增长，肉芽组织向血栓内生长将其机化，同时伴有巨噬细胞和淋巴细胞浸润。

二、溃疡性心内膜炎

又称败血性心内膜炎，其病变特征是心瓣膜受损严重，炎症侵入瓣膜的深层并呈现明显的坏死和大的血栓性疣状物的形成。

（一）发病原因

溃疡性心内膜炎多是由感染性因素所引起的，病原体侵入血流，引起菌血症、败血症或脓毒血症，并侵袭心内膜。

（二）病理变化

【眼观】 常见于二尖瓣，有时也见于三尖瓣和肺动脉瓣，可分为急性和亚急性两型，在家畜中以亚急性为多见。病变初期在瓣膜上出现淡黄色混浊的小斑点，以后融合成干燥、表面粗糙的坏死灶，常发生脓性分解而形成溃疡。另外，疣性心内膜炎时，疣状血栓发生脓性分解，脱落后也可形成溃疡，溃疡表面覆有灰黄色凝固物，周边常因结缔组织增生而形成小的隆起。病变严重时，可造成瓣膜穿孔，有时可损及腱索和乳头肌，造成严重的心功能障碍。由于化脓性细菌的存在，从溃疡表面崩解、脱落的组织碎片可能形成脓毒性栓子，随着血液循环进入身体其他组织器官，可能出现转移性脓肿病变。

【镜检】 瓣膜深层组织发生坏死，局部有明显的炎性渗出、嗜中性粒细胞浸润及肉芽组织增生，表面附有由大量纤维素、崩解的细胞与细菌团块组成的血栓凝块。

单元四　血管炎

一、动脉炎

动脉炎是指动脉管壁的炎症。根据动脉炎发生时间及规律，通常可分为急性动脉炎、慢性动脉炎和结节性全动脉炎。

（一）发病原因

1. 急性动脉炎

急性动脉炎可由细菌、病毒、寄生虫、免疫复合物以及机械、化学、物理等因素引起。由于致病因素不同，管壁各层发生炎症的先后顺序也不同。①经血管周围炎症蔓延而来的，首先引起动脉周围炎，再引起动脉中膜和内膜发生炎症。②由血流途径侵入的，首先引起动脉内膜炎，继而引起动脉中膜炎和动脉外膜炎。③经动脉壁内的滋养血管侵入的，首先引起动脉外膜炎和中膜炎，最终引起动脉内膜炎。

2. 慢性动脉炎

慢性动脉炎常见于受损伤血管的修复、血栓机化以及慢性炎症中的血管。血管壁有炎性细胞浸润，初期细小纤维和弹性纤维增多，后期则是致密纤维组织增生。

3. 结节性全动脉炎

又叫结节性动脉周围炎，是一种与变态反应有关的病理过程。常见于牛、马、绵羊、鹿等动物，主要侵害动物的中动脉以及小动脉。

（二）病理变化

1. 急性动脉炎

【眼观】 动脉管壁增粗、变硬，内膜粗糙，管腔狭窄，可见血栓。

【镜检】 动脉内膜炎：动脉内皮细胞肿胀、变性或坏死、脱落，嗜中性粒细胞浸润，有时腔内有血栓形成。动脉中膜炎：中膜平滑肌变性或坏死，嗜中性粒细胞浸润，弹性纤维断裂、凝集或溶解。动脉外膜炎：血管壁充血、出血，水肿，胶原纤维变性及炎性。

2. 慢性动脉炎

【眼观】 动脉管壁增厚、变硬。横切见管腔狭小，内膜粗糙，有时也见管壁扩张，甚至破裂以及血栓形成等变化。

【镜检】 动脉局部结缔组织增生，外膜和中膜最为明显，伴有淋巴细胞、浆细胞等炎性细胞浸润，管腔中的血栓常被机化。

3. 结节性全动脉炎

【眼观】 病变器官和肌肉的中动脉呈结节状或索状肥大，横切面血管壁明显增厚，管腔内有血栓，管腔狭窄或闭塞可引起心、肾的贫血性梗死。

【镜检】 病变起自动脉中膜和外膜，可见其发生水肿，大量中性粒细胞浸润。继之中膜平滑肌和弹性纤维解体，呈纤维素样坏死，纤维素样坏死也容易越过弹性膜向外膜和内膜延伸，造成各层血管的损伤，并伴有血栓形成。后期，血管壁坏死组织逐渐被增生性肉芽组织所取代，纤维组织均质化，血栓组织形成闭塞性动脉瘤结构。

二、静脉炎

静脉炎是指静脉管壁的炎症。分为急性静脉炎和慢性静脉炎两种。

（一）发病原因

1. 急性静脉炎

通常在感染及中毒时，可见急性静脉炎的发生。当静脉周围组织的炎症扩散到静脉时，它首先导致静脉周围炎，而当病原通过血流传播时，它先导致静脉内膜炎发生。此外，创伤感染也会导致静脉炎，如颈静脉穿刺或反复静脉注射引起的颈静脉炎。

2. 慢性静脉炎

常为急性静脉炎的转归，多继发于周围组织的慢性炎症。

（二）病理变化

1. 急性静脉炎

【眼观】 发炎部位质地坚硬，肿胀，腔内有脓性坏死性物质存在，内膜粗糙，伴有血栓。

【镜检】 内皮细胞肿胀分离，常见血栓形成。中膜平滑肌变性坏死。各层膜均有水肿和炎症细胞浸润。中膜和外膜因结缔组织增生而增厚。

2. 慢性静脉炎

【眼观】 可见静脉管壁明显增厚、变硬，有时病变静脉呈结节状或索状增肥，内膜粗糙，管腔狭窄。

【镜检】 血管壁高度增生，肌层肥厚，静脉管壁有少量淋巴细胞浸润。

【案例分析】

案例 1 某动物医院有一 3 岁危重病犬前来就诊，病犬表现精神萎靡，眼眶凹陷，饮食欲废绝，呼吸、心跳加快，脉搏快数，四肢及腹下皮肤触之如面团，指压留痕。经治疗无效于次日死亡，死后剖检四肢及腹下皮肤颜色苍白；皮下组织呈半透明胶冻状；胸腔、腹腔内积液增多，呈淡黄色半透明液状；胃、肠浆膜面呈暗红色，血管扩张如树枝状；肝脏呈暗红色，被膜紧张，边缘钝圆，切口外翻，切面湿润多汁；肺呈暗红色，体积增大，重量增加，质地变实，切面上流出多量暗红色泡沫样液体；心包增厚，心包腔内积液较多，心包和心肌表面附着有大量白色絮状物，心脏表面和切面见有灰红色或灰黄色条索状病变。

案例 2 某动物医院接诊一例奶牛病例，病牛表现精神萎靡，眼眶凹陷，饮食欲废绝，听诊瘤胃蠕动微弱，体温为 38.4℃，呼吸、心跳、脉搏频数，在歧部可听到高亢的心音。颈静脉部位可见到随心跳节律而出现的明显波动。右歧部冲击式触诊有振水音。上坡时容易驱赶，而稍退下坡时则不愿行走。医院兽医初步诊断为心包炎。决定采取强心、补液、抗菌的保守疗法进行治疗。结果病牛逐渐出现颈静脉怒张，下颌胸前水肿，听诊心脏区有拍水音，病情逐渐恶化，于 3 日后死亡。死后剖检切开下颌及胸前垂皮皮下均有胶冻状水肿，打开胸腔时流出大量乳黄色发臭的心包液，网胃壁、膈肌、心包膜及心脏（右侧）发现一创伤口，并相互粘连，切开时发现有一长约 6cm 两头尖锐的钢丝。心包膜增厚严重，并与心肌发生粘连。

问题分析：

1. 根据以上案例的各自临床表现与剖检所见，作出初步的病理诊断，是什么病？

2. 确诊各案例病理诊断的依据是什么？

（王学理）

项目十三　呼吸系统疾病的认识与病理诊断

【目标任务】

知识目标　了解呼吸系统疾病的发生原因，理解其发病机理，认识和掌握呼吸系统疾病的病变特征。

能力目标　能科学分析纤维素性肺炎的发生与发展，能对呼吸系统疾病做出正确的病理诊断。

素质目标　具备独立思考能力、综合分析能力和解决问题的能力，培养良好的职业素养。

呼吸系统包括鼻、咽、喉、气管、支气管和肺。呼吸系统疾病比较常见，这主要是因为：①外界有害因素可经呼吸道进入呼吸系统。②病毒、细菌、寄生虫和毒素可通过血液循环进入呼吸系统。③少数情况下，病原微生物可通过胸壁的穿透性创伤进入胸腔。

彩图扫一扫

呼吸系统具有非常有效的防御机制，正常情况下肺部可保持无菌状态。呼吸道可通过咳嗽、纤毛运输、腺体分泌及肺泡巨噬细胞吞噬等方式清除有害物质。如果防御机制受损，就会导致呼吸系统疾病。常见的呼吸系统疾病有很多，本章主要讲述上呼吸道炎、肺炎、肺气肿、肺水肿、肺萎陷和呼吸功能不全等几种病理过程。

单元一　上呼吸道炎

上呼吸道炎是指发生在动物机体上呼吸道的炎症，主要包括鼻炎、喉炎和气管支气管炎。

一、鼻炎

鼻炎是鼻腔黏膜的炎症。鼻炎可单独发生，虽然在大多数情况下只是一种较轻的损害，但鼻炎可作为其他上呼吸道炎症的并发症合并发生。

（一）病因和发病机理

物理因素（寒冷、粉尘、异物等）、化学因素（氨气、二氧化硫等）的刺激、过敏原等均可引起鼻炎。最常见且重要的是细菌、病毒、寄生虫和真菌等生物性因素。如流感病毒可引起上呼吸道感染，犬瘟热病毒能引起卡他性鼻炎；副鸡嗜血杆菌可引起鸡传染性鼻炎；支气管败血波氏杆菌可引起猪传染性萎缩性鼻炎；羊狂蝇的幼虫寄生于羊的鼻腔及鼻窦内，可引起慢性鼻炎。牛的鼻孢子菌病也可表现为鼻炎。另外家禽饲养时维生素A缺乏也可引起鼻炎。

（二）分类及病理变化

鼻炎与一般黏膜部位的炎症病变基本相同。根据病程和组织反应可分为急性鼻炎和慢性鼻炎两种。

1. 急性鼻炎

发病急促，病程短，以渗出病变为主。根据渗出物性质不同，可分为浆液性炎、卡他性炎、化脓性炎和纤维素性炎。

【眼观】 鼻炎初期鼻黏膜红肿，表面被覆稀薄、清亮的液体，呈浆液性鼻炎。随着炎症的发展，杯状细胞和黏液腺分泌大量黏液，黏膜表面的渗出物变为黏稠、半透明或浑浊的黏液，进而变为黄白色、浑浊浓稠的脓性渗出物，即化脓性鼻炎。若纤维蛋白原大量渗出，继而凝聚成不溶性的纤维蛋白（纤维素），在鼻黏膜表面形成一层假膜，即纤维素性鼻炎。鼻炎可继发鼻窦炎，此时鼻窦内充满浆液或脓性渗出物。

鸡传染性鼻炎，主要病变为鼻腔和眶下窦的急性卡他性炎症。病鸡流鼻液，面部肿胀，眼结膜肿胀，鼻腔、眶下窦内有大量浆液或黏液，黏膜充血肿胀。

鸭传染性鼻窦炎，主要病变为眶下窦一侧或两侧肿胀，呈卵圆形或球形，窦内充满浆液性、黏液性或脓性分泌物，窦黏膜充血、水肿。

【镜检】 浆液性鼻炎时，可见鼻黏膜充血、水肿，黏膜上皮细胞变性、坏死、脱落，固有层中有少量炎性细胞浸润。化脓性鼻炎时，可见黏膜下层及渗出物中有大量中性粒细胞，黏膜上皮细胞坏死。变应性鼻炎时，鼻腔分泌物中和鼻黏膜内可见嗜酸性粒细胞渗出。

2. 慢性鼻炎

慢性鼻炎多由急性鼻炎转变而来，病程较长。可分为肥厚性鼻炎和萎缩性鼻炎两种。

【眼观】 慢性肥厚性鼻炎时，鼻黏膜肥厚，黏膜表面不平，呈结节状，或形成鼻黏膜息肉，有少量黏液性渗出物，鼻道变狭窄。慢性萎缩性鼻炎时，上皮变性萎缩，黏膜、腺体、鼻甲骨萎缩及纤维化，动脉、静脉血管壁结缔组织增生，血管腔缩小或闭塞，猪传染性萎缩性鼻炎早期，鼻黏膜发生卡他性炎症，后期鼻甲骨一侧或两侧逐渐萎缩，甚至完全缺失；鼻甲骨萎缩导致鼻道扩张，鼻中隔偏曲，鼻部、面部变形。

【镜检】 黏膜固有层血管充血、水肿，淋巴细胞、浆细胞浸润，黏液腺、杯状细胞增生。后期黏膜、黏膜下层纤维结缔组织增生。

二、喉炎

呼吸道黏膜中以喉黏膜的感觉性最为敏感，因此也最易发生炎症。喉黏膜的炎症虽然可单独发生，但大多数系伴发于邻近黏膜的炎症，如鼻炎、咽炎或气管炎等。

（一）病因和发病机理

吸入寒冷空气、粉尘、刺激性化学气体，误入喉头中异物的机械性刺激，剧烈咳嗽、高声嚎叫等均可引起喉炎。微生物感染也是引起喉炎的重要原因，且是某些传染病的主要病变，如鸡传染性喉气管炎、鸡痘、坏死杆菌病等。喉炎也可继发于鼻炎、口炎、咽炎、气管炎等。

（二）分类及病理变化

根据炎症性质，喉炎可分为急性卡他性喉炎、纤维素性喉炎和慢性喉炎。

1.急性卡他性喉炎

【眼观】 喉黏膜弥漫性充血、肿胀，黏膜表面有浆液性、黏液性或脓性渗出物。例如鸡传染性喉气管炎，喉、气管黏膜充血、出血、坏死，气管内有含血黏液或血凝块，呈卡他性或出血性卡他性炎症。

【镜检】 黏膜下层及固有层有浆液渗出、红细胞浸润或炎性细胞浸润，黏膜下层水肿。黏膜上皮变性、坏死和脱落。

2.纤维素性喉炎

【眼观】 喉头黏膜充血、肿胀，黏膜表面被覆灰白色纤维素性渗出物，形成一层纤维素性假膜，根据严重程度，假膜易剥离或不易剥离。例如黏膜型鸡痘，咽喉和气管的黏膜坏死，纤维素渗出，形成纤维素性坏死性炎症（禽白喉）；鸡传染性喉气管炎，喉头和气管的病变为出血性、纤维素性炎症。犊牛、仔猪、羔羊的坏死杆菌病，可见坏死性鼻炎，坏死性口炎（白喉），鼻黏膜、口腔黏膜、咽喉黏膜坏死、溃疡，表面形成灰白色或灰褐色粗糙的伪膜。

【镜检】 除黏膜上皮变性、坏死，红细胞浸润和炎性细胞浸润外，黏膜面附着大量片状、红染、质地均匀的纤维蛋白物质。

3.慢性喉炎

【眼观】 慢性单纯性喉炎时，喉黏膜弥漫性充血、水肿，黏膜表面可见有黏液附着，常在声门间连成黏液丝。慢性肥厚性喉炎时，黏膜因上皮广泛增生而凹凸不平。有时还可发生萎缩性喉炎，表现为喉黏膜干燥、变薄而发亮，声带变薄、张力减弱。

【镜检】 黏膜毛细血管充血，黏液腺分泌增多，黏膜下淋巴细胞浸润、结缔组织广泛增生，黏膜上皮增厚。

三、气管支气管炎

一般指气管及大支气管和中等大的支气管黏膜的炎症。但这些部位的炎症常常会蔓延到小支气管和肺实质，小支气管及细支气管的炎症称为细支气管炎，其通常与支气管肺炎一起讨论。按病程长短，支气管炎可分为急性支气管炎和慢性支气管炎两种。

（一）病因和发病机理

吸入寒冷空气、粉尘、烟雾、氨气等可使支气管黏膜损伤、坏死，引起气管 - 支气管黏膜发生急性炎症。鼻炎、喉炎等邻近组织的炎症蔓延至气管，进而引起气管 - 支气管炎。急性气管支气管炎主要由细菌、病毒、寄生虫感染引起，以病毒感染最常见。慢性气管支气管炎常常由急性支气管炎转变而来。

（二）分类及病理变化

1.急性气管支气管炎

【眼观】 气管支气管黏膜充血、肿胀，管腔内有多量渗出物。起初为浆液性或黏液性渗出物，随后中性粒细胞大量渗出，变为脓性渗出物。

鸡传染性支气管炎时，气管支气管内有浆液性、黏液性渗出物，病程稍长、渗出物变为干酪样。牛传染性鼻气管炎（又称坏死性鼻炎、"红鼻子病"），可见呼吸道黏膜水肿、充血、出血、坏死。支气管黏膜下层高度水肿，气管壁增厚，管腔狭窄。鼻、气管、支气管黏膜呈现浆液性、卡他性、化脓性及纤维素性炎症。

【镜检】 黏膜上皮细胞变性和脱落，固有层及黏膜下层大量中性粒细胞浸润，气管腔内充满炎性渗出物及脱落上皮细胞。牛传染性鼻气管炎病例可见黏膜上皮变性、坏死、脱落，呼吸道上皮细胞核内可见嗜酸性包涵体（感染早期）。

2. 慢性气管支气管炎

【眼观】 气管、支气管黏膜充血、增厚，黏膜表面有多量黏液性、脓性渗出物，支气管壁增厚，管腔狭窄。由寄生虫引起的慢性支气管炎，支气管腔内可见多量虫体。细支气管内的黏液或寄生虫虫体可阻塞管腔，进而引起阻塞性肺气肿。慢性支气管炎可继发支气管扩张。

【镜检】 黏膜上皮变性、坏死、脱落，上皮细胞纤毛消失，不规则的支气管黏膜上皮增生，慢性支气管炎的刺激引起支气管黏膜鳞状上皮化生，支气管的清除功能丧失。杯状细胞明显增生，支气管腺体增生、肥大，浆液性上皮发生黏液腺化生，导致黏液分泌增加。支气管平滑肌及结缔组织不同程度地增生，常见大量淋巴细胞或嗜酸性粒细胞浸润。

单元二　肺炎

　　肺炎是指肺细支气管、肺泡、肺间质的炎症，是呼吸系统常见的病变。肺炎可以是原发的独立性疾病、也可以是其他疾病的并发症。常由于多种致病因素的共同作用，多种肺炎可同时发生。肺炎可由外界直接吸入的各种致病因子引起，但更多见于在机体抵抗力降低，特别是在呼吸系统的防御功能低下时，呼吸道常在微生物侵入肺组织而引起肺炎。血液内的病毒、细菌、寄生虫及毒素通过血液循环进入肺部，可引起血源性肺损伤。

　　根据炎症侵害的范围大小和病变特点不同，可分为支气管肺炎和纤维素性肺炎两种。根据其炎性渗出物的性质不同分为浆液性、出血性、纤维素性、化脓性、坏疽性肺炎等多种。由肺炎链球菌等常见细菌引起的大叶性肺炎和小叶性肺炎被称为"典型"肺炎。

一、小叶性肺炎

　　小叶性肺炎又称支气管肺炎，是以细支气管为中心、以肺小叶为单位的急性渗出性炎症，病变局限于肺小叶范围，多数为化脓性支气管肺炎。支气管肺炎是动物最常见的肺炎类型，多见于幼驹、幼犊、仔猪和各种年龄的羊。

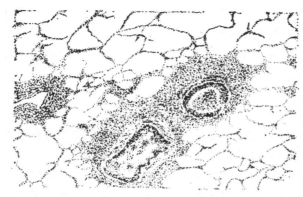

图 13-1　支气管肺炎模式图

（一）病因和发病机理

　　病因主要是细菌（巴氏杆菌、沙门菌、链球菌、支原体等）感染。在有害因子（寒冷、过劳、B 族维生素缺乏等）影响下，机体抵抗力降低，呼吸道防御能力减弱，进入呼吸道的病原菌可大量繁殖，引起支气管炎。炎症沿支气管蔓延，引起支气管所属或周围的肺泡发炎（图 13-1）。病原菌也可经血流引起肺间质发炎，继而波及支气管和肺泡，引起支气管肺炎。

（二）病理变化

支气管肺炎的典型病变特点是病变在肺组织中呈散在的灶状分布，病灶的中心有发炎的细支气管。

【眼观】 病变常呈灶状分布于左右两肺叶，多数发生于肺尖叶、心叶和隔叶的前下部，呈灰红色或灰黄色，米粒或黄豆粒大，形状不规则。病灶实变，呈岛屿状散在分布于肺表面。切面上可见散在或密集的灰红色或灰黄色的大小不等的病灶，中心常见有一个细小的支气管，挤压时支气管断端流出脓性渗出物。支气管黏膜充血、水肿，管腔中含有黏液性或脓性渗出物。后期往往由数个病变区互相融合，形成较大的病变区，即形成融合性支气管肺炎。

【镜检】 病灶中心的支气管壁充血水肿，并有多量嗜中性粒细胞浸润，管壁增厚，管腔内蓄积多量浆液性或黏液性渗出物，其中混有多量嗜中性粒细胞和脱落的黏膜上皮。炎区内肺泡壁毛细管扩张充血，肺泡腔内充满多量的浆液性或黏液性渗出物，其中混有多量的嗜中性粒细胞、脱落的肺泡上皮、少量的红细胞和纤维素，病灶周围肺泡呈代偿性扩张。

二、大叶性肺炎

大叶性肺炎是以肺泡内渗出大量纤维素为特征的急性炎症，又称纤维素性肺炎。此型肺炎常侵犯一个大叶、一侧肺脏或全肺以及胸膜，肺组织会发生大面积实变。

（一）病因和发病机理

纤维素性肺炎多由某些传染性因素引起，多发生于某些传染病过程中，如牛、羊、猪的巴氏杆菌病及马、牛的传染性胸膜肺炎等均可引起纤维素性肺炎的发生。

上述传染病病原体可通过气源性、血源性和淋巴源性等不同途径侵入肺脏，损及肺组织，引起纤维素性肺炎。其中以气源性为主，病原微生物经呼吸道感染，沿支气管树扩散，侵入肺泡引起肺炎。病原菌侵入肺泡后可在肺泡内大量繁殖，并可通过肺泡和肺泡管向其他肺泡迅速扩散蔓延。除此之外，也可通过肺脏淋巴管或结缔组织迅速蔓延，引起肺间质的炎症。因其病原菌扩散迅速，蔓延广泛，故可侵害大片肺组织，引起大片肺组织的炎症。

在纤维素性肺炎时，由于病原菌数量多、繁殖快、毒力强，在其病原菌及其毒素的作用下，致使肺组织内毛细血管遭受严重损伤，管壁通透性增强，血浆纤维蛋白原大量渗出，故在细支气管和肺泡内及其间质中出现大量的纤维蛋白（纤维素）。

（二）病理变化

大叶性肺炎的主要病理变化为肺泡腔内的纤维素性炎，常发生于单侧肺，多见于左肺下叶或右肺下叶，也可同时或先后发生于两个或多个肺叶。大叶性肺炎是一个复杂的发展过程，根据其发展经过不同，可将其分为以下四个相互联系的发展时期。

1.充血水肿期

此期为大叶性肺炎的初期（发病的第 1～2 天）。特征是肺泡隔毛细血管扩张充血和肺泡腔内出现浆液性渗出物。

【眼观】 病变肺叶肿胀，重量增加，肺组织充血、水肿，呈暗红色，质地稍变硬。切面湿润，按压时流出灰红色泡沫状液体。切取病变肺组织一小块投入水中，呈半沉浮状态。

【镜检】 肺泡隔毛细血管显著扩张充血，肺泡腔内充满浆液性渗出物，呈透明粉红色，其中含少量红细胞、中性粒细胞、巨噬细胞和脱落的肺泡上皮。

2. 红色肝变期

此期由充血水肿期发展而来，一般出现于发病后的第 3 ～ 4 天。特征是肺泡隔毛细血管仍显著扩张充血，肺泡腔内有大量纤维素和红细胞。

【眼观】 病变肺叶肿胀明显，重量增加，呈暗红色，质地变实如肝，故称红色肝变期。切面干燥，呈粗颗粒状，这是凝结于肺泡腔内的纤维素性渗出物凸出于切面所致。小叶间质增宽，充满半透明胶样的渗出物，外观呈条索状。间质中的淋巴管扩张，切面上呈圆形或椭圆形的管腔状。炎症常扩展到肺胸膜，在肺胸膜表面被覆薄层的纤维素性渗出物（纤维素性胸膜炎）。胸腔内常含有多量混有淡黄色纤维素凝块的渗出液。此时，切取病变肺组织一小块投入水中，组织沉入水底。

【镜检】 肺泡隔毛细血管扩张充血，肺泡腔内含有大量网状的纤维素和多量红细胞、少量白细胞及脱落的肺泡上皮细胞；小叶间质、血管周周、支气管周围因浆液渗出而疏松、增宽，其中的淋巴管扩张，内含多量网状的纤维素。

3. 灰色肝变期

多见于发病后的第 5 ～ 6 天，此期特征是病变肺叶仍肿大，但肺泡隔毛细血管充血现象减轻或消失，肺泡腔内的红细胞逐渐溶解，肺泡腔内充满大量纤维素和中性粒细胞。

【眼观】 病变肺组织由暗红色转变为灰白色，质地仍实变如肝，故称灰色肝变期。切面干燥，有细颗粒状物突出，间质及胸膜病变与红色肝变期相似。将一块病变肺组织投入水中，组织沉入水底。

【镜检】 肺泡腔中红细胞大部分溶解消失，肺泡腔内充满大量网状的纤维素、中性粒细胞、巨噬细胞，肺泡隔毛细血管因受压而呈缺血状态。

4. 消散期

发病后 1 周左右进入该期。此期特征是渗出的中性粒细胞崩解和渗出的纤维素被溶解，肺泡上皮再生。此期多历时 1 ～ 3 周。

【眼观】 肺体积缩小，质地变柔软，实变病灶消失，色泽变淡，并逐渐恢复正常。切面湿润，肺组织逐渐恢复其正常结构及功能。

【镜检】 肺泡中的中性粒细胞多数处于变性、坏死、崩解状态，数量减少。坏死的细胞碎片由巨噬细胞吞噬清除，纤维素被白细胞崩解后释放的蛋白酶溶解液化，液化的渗出物大部分经淋巴管吸收，小部分被咳出。随着渗出物的吸收，肺泡隔毛细血管又重新扩张，肺泡腔内空气进入，肺泡上皮再生修复。

大叶性肺炎的上述病理变化是一个连续的过程，彼此之间并无绝对的界限。故在同一病变肺叶的不同部位亦可呈现不同阶段的病变，如一些部位处于红色肝变期，而另一些部位则处于灰色肝变期。现今常在疾病早期即开始使用抗生素类药物，干预了疾病的自然经过，故已很少见到典型的四期病变过程；病变范围往往比较局限，病程也明显缩短。临床中大叶性肺炎很少完全消散，渗出物、坏死组织常被机化，使肺组织致密而坚实，变成红褐色肉样组织，称"肺肉变"。由于大叶性肺炎病变范围广，可很快引起动物呼吸困难和心功能障碍而死亡。

三、间质性肺炎

间质性肺炎是指肺泡隔、支气管周围、血管周围及小叶间质等间质部位发生的炎症，特别是肺泡隔因增生、炎性浸润而增宽的炎性反应。可将其分为急性间质性肺炎和慢性间质性肺炎。

（一）病因和发病机理

引起间质性肺炎的原因极为广泛。一些病毒（如流感病毒、犬瘟热病毒、马鼻肺炎病毒）的感染均可引起间质性肺炎的发生；某些寄生虫感染，如肺丝虫感染可引起间质性肺炎的发生；猪感染蛔虫时，其蛔虫幼虫可通过血流途径侵入肺组织，引起间质性肺炎的发生；另外某些支原体（如猪肺炎支原体）感染，也可引起间质性肺炎的发生。

间质性肺炎的特点是发炎的肺间质内（如肺泡间隔、小叶间质、支气管和血管周围等间质内）发生不同程度的炎性细胞浸润和结缔组织增生。在炎症早期，主要以炎性细胞浸润占优势，浸润的炎性细胞主要有淋巴细胞、巨噬细胞、浆细胞、嗜酸性粒细胞等。到炎症晚期主要以间质结缔组织增生占优势，严重时因结缔组织显著增生，而将肺组织取代，使肺组织发生纤维化。

（二）病理变化

间质性肺炎仅凭肉眼变化有时难以诊断，必须依靠病理组织学检查。严重的急性间质性肺炎会发生急性呼吸窘迫综合征，导致动物因呼吸衰竭而死亡。

【眼观】 病变呈弥漫性或局灶性散在分布，红褐色或灰白色，质地硬实，缺乏弹性，呈肉样，有的形成局灶性结节。病灶周围肺组织气肿，肺间质水肿、增宽。慢性间质性肺炎，病变部纤维化，体积缩小、变硬，严重时肺组织发生弥漫性纤维化。

【镜检】 急性间质性肺炎，肺泡隔、支气管周围、小叶间质等间质明显增宽，增宽的间质中淋巴细胞、巨噬细胞浸润；肺泡隔、小叶间质血管充血、水肿，肺泡腔内一般无渗出物，或有少量巨噬细胞、脱落的上皮细胞。病变较严重时，肺泡腔内渗出的血浆蛋白浓缩并贴附于肺泡腔内表面，形成薄层均质红染的膜状物，即透明膜形成。支气管上皮、肺泡上皮增生，部分病毒性肺炎上皮细胞的胞核或胞质内可见嗜酸性或嗜碱性病毒包涵体。

猪繁殖与呼吸综合征病毒、猪肺炎支原体、梅迪-维斯纳病毒、山羊关节炎-脑炎病毒均可引起典型的间质性肺炎，病变肺组织内肺泡隔明显增厚，大量淋巴细胞、巨噬细胞增生，常见淋巴滤泡形成，肺泡上皮增生、化生。病毒性肺炎和支原体肺炎与细菌性肺炎有所不同，病理组织变化不是肺泡的渗出，而是肺间质性炎症，因此为"非典型"肺炎。

四、异物性肺炎

异物性肺炎是由于吸入各种异物而引起，又称吸入性肺炎。

（一）病因和发病机理

吞咽障碍及强行灌药是异物性肺炎最常见的原因。当咽炎、咽麻痹、食管阻塞和伴有意识障碍病史时，由于吞咽困难，容易发生吸入或误咽现象，故可引起异物性肺炎的发生。异物进入肺内，最初是引起支气管和肺小叶的卡他性炎症，随后病理过程剧烈加重，最终引起肺坏疽。

（二）病理变化

【眼观】 支气管腔内积有脓性分泌物，黏膜呈青灰色或灰红色。肺坏疽病灶多在肺脏的前下部，可见大小不一的空洞，内含污黑色恶臭的脓汁。病灶周围充血、水肿，肺表层可见有腐败性胸膜炎、脓胸等病变。

【镜检】 病变区肺组织发生脓性溶解或腐败崩解，呈碎片状，失去原有结构，病灶内见有大量的红细胞、白细胞及吸入的异物。

单元三　肺气肿

肺气肿是指肺组织因空气含量过多而致肺脏体积过度膨胀，伴有肺泡隔断裂为特征的肺脏疾病。按肺气肿发生的部位可分为肺泡性肺气肿和间质性肺气肿两种。

一、肺泡性肺气肿

（一）病因和发病机理

1. 阻塞性通气障碍

慢性支气管炎时，支气管管壁增厚、管腔狭窄，而且炎性渗出物常积聚在管腔内，使空气通道发生不完全阻塞，吸气时支气管扩张，空气可以进入肺泡，但呼气时因支气管管腔狭窄，气体呼出受阻，进入肺的空气量超过肺排出的空气量，肺泡内储气量增多，发生肺气肿，如羊肺线虫、猪肺线虫、羊网尾线虫。牛网尾线虫寄生在支气管、细支气管内，引起慢性支气管炎，细支气管炎，支气管黏膜肿胀，管腔被虫体或炎性渗出物不完全堵塞，引起肺气肿。

2. 代偿性肺气肿

当肺脏某一部位因发生肺炎而实变时，病灶周围组织代偿实变部的呼吸功能，表现为过度充气，形成局灶性代偿性肺气肿。

3. 老龄性肺气肿

随着动物年龄的增长，肺泡隔的弹力纤维减少和弹性回缩力减弱，肺泡不能充分回缩，肺残气量增多，肺泡膨胀，发生老龄性肺气肿。

（二）病理变化

【眼观】　肺体积高度膨胀，打开胸腔后，肺充满胸腔。肺重量减轻，颜色苍白，边缘钝圆；肺胸膜下可见明显扩张的空泡。肺组织柔软而缺乏弹性，有时表面有肋骨压痕；切面干燥，可见大量较大的囊腔，切面呈海绵状或蜂窝状。

【镜检】　可见肺泡扩张，肺泡隔变薄，部分断裂、消失，相邻肺泡互相融合形成较大囊腔。肺泡隔内的毛细血管受压而贫血，数量显著减少或消失，支气管和细支气管常有炎性病变。由肺线虫所引起的肺气肿，在支气管或细支气管管腔内可见虫体断面，支气管周围组织有嗜酸性粒细胞浸润。

二、间质性肺气肿

是由于肺泡及细支气管管壁破裂，空气进入肺小叶间结缔组织内，使肺泡受压而不能扩张的疾病。以突然呼吸困难，皮下气肿为特征，临床不多见，多伴发于肺泡性肺气肿，牛多发。

（一）病因和发病机理

强烈、持久的深呼吸、咳嗽，胸壁穿透伤等造成肺泡、细支气管破裂，空气进入肺小叶间质。牛黑斑病、甘薯中毒时，可发生肺泡性和间质性肺气肿。

（二）病理变化

【眼观】在小叶间隔、肺胸膜下形成多量大小不等的一连串气泡，小气泡可融合成大气泡。肺胸膜下的气泡破裂则形成气胸。气体也可沿支气管和血管周围组织间隙扩展至肺门和纵隔，发生纵隔气肿。气体到达肩部和颈部皮下，形成皮下气肿。

【镜检】 可见间质扩张，结构松散。

单元四　肺水肿

肺水肿是指过多液体积聚在肺间质和（或）溢入肺泡腔的病理现象。一般情况下，水肿液首先在间质即支气管壁及肺泡壁中积聚，称为肺间质水肿；当水肿液进一步增多并溢入肺泡腔内时，称为肺泡水肿。

一、病因和发病机理

可以导致肺水肿的原因很多，肺部感染、心衰、缺氧等各种原因都可引起肺水肿。归纳起来有两大类：一大类是心源性肺水肿；另一大类是非心源性肺水肿。心源性的肺水肿主要是由于器质性的心脏病，包括大量补液、液体排出障碍，以至于左室心排量下降、肺毛细血管的静水压增加导致的肺水肿。从发病机理上讲，主要包括以下方面。

（一）肺毛细血管流体静压增高

见于左心衰竭、二尖瓣狭窄，肺静脉阻塞或狭窄、短时间内输入过多液体时，由于肺静脉回流受阻或肺血容量急剧增多，肺毛细血管流体静压增高，因此发生肺水肿。在伴有肺淋巴回流减少、组织间负压绝对值减小、组织间隙胶体渗透压增高或血浆胶体渗透压降低时尤易发生。此外，肺毛细血管流体静压过高还可能使血管内皮细胞因受过度牵拉而致其连接部裂隙增大，从而引起继发性毛细血管通透性增加。

（二）毛细血管和（或）肺泡上皮通透性增加

某些理化或生物性因素（如吸入毒气、氧中毒、细菌或病毒感染）可直接损伤血管内皮或肺泡上皮，或通过血管活性物质和炎症介质等（如组胺、缓激肽、前列腺素、氧自由基、蛋白水解酶等）的作用间接性引起肺泡膜损伤，增加毛细血管和（或）肺泡上皮的通透性，从而导致通透性肺水肿。

（三）血浆胶体渗透压降低

当血浆蛋白减少或大量稀释（如快速输入大量晶体溶液）时，可因血浆胶体渗透压降低而致肺水肿。

（四）肺淋巴回流受阻

肺内发达的淋巴回流系统具有重要的抗水肿作用。当肺毛细血管血浆滤过增多时，淋巴回流可代偿性增加 3 ~ 10 倍（慢性间质性肺水肿时可达 25 ~ 100 倍）。当肿瘤压迫肺淋巴管或硅肺所致慢性阻塞性淋巴管炎时，若伴有其他因素改变，则极易因肺淋巴回流受阻而发生肺水肿。

二、病理变化

【眼观】 肺脏发生水肿时，外观体积增大，重量增加，质地稍变实，肺胸膜紧张而富有光泽，淤血区域呈暗红色而使肺表面的色泽不一致，肺间质增宽。尤其是猪、牛的肺脏，因富有间质，增宽尤为明显，肺切面呈暗紫红色，从支气管和细支气管断端流出大量白色或粉红色（伴发出血）的泡沫状液体。

【镜检】 发生非炎性肺水肿时，镜下可见肺泡壁毛细血管扩张，肺泡腔内出现多量粉红色的浆液，其中混有少量脱落的肺泡上皮，肺间质因水肿液蓄积而增宽，结缔组织疏松呈网状，淋巴管扩张。在炎性肺水肿时，除见到上述非炎性肺水肿的病变外，还可见肺泡腔水肿液内混有多量白细胞，蛋白质含量也增多。慢性肺水肿时，还可见肺泡壁结缔组织增生，有时病变肺组织发生纤维化。

发生肺水肿时，存在肺通气和肺换气功能严重障碍，会给机体造成各个方面的影响，如呼吸困难、呼吸衰竭、酸碱平衡失调等。

单元五　肺萎陷

肺萎陷是指肺泡内空气含量减少甚至消失，以致肺泡呈塌陷（无气）状态。肺萎陷与先天性肺膨胀不全有区别，肺萎陷是指原已充满空气的肺组织因空气丧失，从而导致肺泡塌陷，是后天性的。先天性肺膨胀不全时，肺组织从未被空气扩张过，由于呼吸道被胎粪、羊水、黏液所阻塞或胎儿呼吸中枢发育不成熟等原因，致使胎儿出生肺泡张开不全或死胎。若为死胎，其肺萎陷的病变是弥漫性的，肺脏全部瘪塌，放于水中会下沉。若生下时仍存活并能吸气则肺不可能发生完全萎陷，可以此来鉴定生下时是否为死胎。

一、肺萎陷的类型

按肺萎陷发生的原因，可将肺萎陷分为压迫性肺萎陷和阻塞性肺萎陷两种类型。

（一）压迫性肺萎陷
压迫性肺萎陷由肺内外的各种压力所引起，比较常见。

1. 肺外压力
胸腔积液、积血、气胸、胸腔肿瘤压迫肺组织，腹水、胃扩张等导致腹压增高，通过膈肌前移压迫肺组织。

2. 肺内压力
肺内肿瘤、脓肿、寄生虫、炎性渗出物等直接压迫肺组织。

（二）阻塞性肺萎陷
主要由于支气管、细支气管被阻塞，位于阻塞后部肺泡内的残存气体逐渐被吸收，肺泡因而塌陷。支气管、细支气管阻塞的原因有急性或慢性支气管炎时的炎性渗出物、吸入的异物、寄生虫、支气管肿瘤等。若完全阻塞，则肺内的气体最终被肺吸收。因小叶的气道受阻，故阻塞性肺萎陷以小叶为单位发病。

二、病理变化

【眼观】 病变部位体积缩小，表面下陷，胸膜皱缩，肺组织缺乏弹性，似肉样。切面平滑均匀、致密。压迫性肺萎陷的萎陷区因血管受压迫而呈苍白色，切面干燥，挤压无液体流出。阻塞性肺萎陷的萎陷区因淤血而呈暗红色或紫红色，切面较湿润，有时有液体排出。

【镜检】 由于肺泡塌陷，可见肺泡隔彼此互相靠近、接触，呈平行排列，肺泡腔呈裂隙状；阻塞性肺萎陷时细支气管、肺泡内可见炎症反应，肺泡隔毛细血管扩张充血，肺泡腔内常见水肿液和脱落的肺泡上皮，压迫性肺萎陷细支气管和肺泡腔内无炎症反应。

【案例分析】

案例 1 某猪场，养有 200 头母猪，自繁自养，免疫程序和保健程序完全按照计划执行。某年初冬季节，场内育肥猪发病严重，死亡 10 多头。临床初期表现为精神沉郁、废食、发热（41℃左右）、呼吸困难、湿性咳嗽，晚期呼吸极度困难；常呆立或呈犬坐式，张口伸舌，咳喘，并有腹式呼吸。死亡前表现发抖，皮肤苍白；死亡后，腹部皮肤发绀。剖检症状典型的猪只，发现病猪气管、支气管中充满泡沫样液体，肺脏呈紫红色，双侧肺脏均有严重病变，肺隔叶与尖叶均出现坚实、轮廓清晰的病灶，呈肉样变，肺间质积留有血色胶样液体，病程稍长的猪肺表面附着有纤维素样渗出物，气管内有混有泡沫的血样渗出物，部分病猪肺和胸膜发生粘连。

案例 2 某蛋鸡场，饲喂有 15000 只蛋鸡，常规饲养，正常接种新城疫、传染性法氏囊、禽流感等疫苗；但在 45 日龄时并未接种传染性喉气管炎疫苗。75 日龄时发现个别鸡只有咳嗽、呼吸困难等症状，3 天后大群开始发病，采食量下降 30% 左右。发病初期鸡只鼻、眼分泌物增多，随着病程发展，病鸡张口伸颈呼吸、甩头、频繁痉挛性咳嗽，咳出血凝块或暗红色干酪样分泌物。剖检患病鸡只，可见病变主要集中在喉头和喉气管，表现为喉头、气管黏膜肿胀、充血、出血，气管腔内含有大量的血样黏液或血凝块，个别鸡只还可看到气管黏膜有坏死灶，支气管黏膜和肺脏充血、肿胀。

问题分析：

1. 分析以上案例可能发生的是什么病？其发生原因是什么？
2. 确诊各案例病理诊断的依据是什么？

（康静静）

项目十四　消化系统疾病的认识与病理诊断

【目标任务】

知识目标　了解胃炎、肠炎、肝炎的发生原因，理解其发生机理，认识和掌握消化系统各器官的常见病变特征。

能力目标　能根据各种胃炎、肠炎、肝炎的病理变化，做出正确的病理诊断。

素质目标　建立常见消化系统疾病病理诊断思维，分析诊断结果并指导临床。

单元一　胃肠炎

彩图扫一扫

　　胃肠黏膜及其深层组织的炎症称胃肠炎。胃肠炎是动物常发病之一，其发生原因很多，细菌、病毒和寄生虫等生物性因素的感染，采食大量粗劣不易消化的饲料或发霉变质的饲料，误食各种有毒物质等，均可引起胃肠炎。

　　按胃肠炎的发病部位和病理变化不同，可将其分为胃炎和肠炎。胃炎和肠炎往往同时发生或相继先后发生，但胃炎和肠炎在病理变化上各有特异之处。

一、胃炎

　　胃炎是指胃黏膜及其深层组织的炎症，根据其发病经过不同分为急性胃炎和慢性胃炎。

（一）急性胃炎

根据其病变特点的不同，又可分为以下三种类型。

1.急性卡他性胃炎

　　是胃黏膜表层的一种轻度炎症，临床较为多见。多由一些生物性因素（细菌、病毒、寄生虫等感染）、冷热因素、饲喂霉变饲料或化学性因素（酸、碱、化学药物）等引起。

【眼观】 胃黏膜尤其胃底黏膜弥漫性潮红充血，肿胀，黏膜表面被覆多量黏液，并散发有点状出血和糜烂。

【镜检】 黏膜上皮细胞变性、坏死和脱落，杯状细胞增多；固有层和黏膜下层毛细血管扩张、充血，固有膜内淋巴小结肿大；组织间隙浆液渗出以及多量炎性细胞浸润。

2. 急性出血性胃炎

是以胃黏膜的弥漫性或斑点状出血为主要特征。多由一些传染性因素和中毒性因素引起。

【眼观】 胃黏膜充血、肿胀，失去原有光泽，并有弥漫性或斑点状出血，黏膜表面被覆多量红褐色黏液，肠内容物含有血液，呈棕黑色。

【镜检】 黏膜上皮变性、坏死和脱落，黏膜固有层和黏膜下层毛细血管扩张、充血，并有明显的出血，红细胞局灶性或弥漫分布于整个黏膜内。

3. 坏死性胃炎

是以发炎的胃黏膜变性坏死和形成溃疡为主要特征。多与传染性、中毒性和应激等因素有关，在家畜中以猪最为多见。

【眼观】 胃黏膜尤其胃底黏膜形成弥漫性溃疡，其溃疡灶大小不一，呈圆形不规则形。溃疡的深度也不相同，有的只表现黏膜表层的糜烂，有的深达黏膜下层、肌层，甚至造成胃穿孔，溃疡灶表面被覆多量黏液性或纤维素性渗出物。

【镜检】 病变区胃黏膜上皮变性、坏死和脱落，溃疡灶周围的黏膜上皮轻度增生，病灶底部毛细血管扩张、充血，并有数量不等的炎性细胞浸润。

（二）慢性胃炎

多由急性转化而来，也可由一些慢性感染（如马胃蝇寄生）直接引起。此型胃炎病程较长，病情也较缓和。

【眼观】 胃黏膜表面被覆有灰白色或灰黄色黏液；有些病例因胃黏膜和黏膜下层腺体和结缔组织增生使胃黏膜和黏膜下层增厚；有些病例的胃腺发生萎缩，兼有肥厚性胃炎和萎缩性胃炎病变，其黏膜上可见纵横交错的皱襞或呈现高低不平状态。

【镜检】 萎缩性胃卡他时，可见胃腺上皮萎缩，黏膜和黏膜下层有淋巴细胞与少量嗜中性粒细胞浸润，偶见新生淋巴小结形成。肥厚性胃卡他时，可见胃黏膜增厚和胃腺增生，黏膜下和肌层淋巴细胞浸润。

二、肠炎

肠炎是指各段肠管的炎症，肠炎的发生原因与胃炎大致相同，并且常同胃炎同时或先后发生。肠炎也可根据其发病经过不同分为急性和慢性两种。

（一）急性肠炎

急性肠炎较为常见，根据其病变特点的不同，可分为以下多种类型。

1. 急性卡他性肠炎

是指黏膜表层的一种轻度炎症，以黏膜充血和黏液渗出为主要特征。

【眼观】 肠黏膜充血、肿胀，有时伴有斑点状出血，黏膜表面伴有浆液或黏液渗出。肠壁淋巴小结肿胀，呈红褐色片状突起，肠系膜淋巴结也呈圆形肿大。

【镜检】 黏膜上皮损伤轻微，仅见部分上皮细胞发生变性，杯状细胞数量增多。黏膜固有层和黏膜下层毛细血管扩张、充血、水肿，并有大量浆液渗出，以及轻度的出血和嗜中性粒细胞、淋巴细胞等炎性细胞浸润。

2. 急性出血性肠炎

是以肠黏膜的明显出血为特征的一种重度急性肠炎，多由一些中毒性因素、感染性因素和应激所引起。

【眼观】 肠黏膜肿胀，呈暗红色或黑红色，有斑点状或弥漫性出血，黏膜表面覆有多量红褐色黏液或暗红色血凝块，肠内容物混有淡红色或紫红色血液。肠壁明显增厚，有时在浆膜面也见有明显的斑点状出血（如鸡球虫病时）。

【镜检】 与急性卡他性肠炎基本相同，不同的是黏膜固有层和黏膜下层有明显的出血。

3. 纤维素性肠炎

是以大量的纤维素渗出和肠黏膜表面形成凝固的纤维素性假膜为主要特征。其发生原因多与感染有关，纤维素性肠炎时往往伴有不同程度的黏膜坏死，根据其黏膜坏死的程度不同而分为浮膜性肠炎和固膜性肠炎。

（1）浮膜性肠炎 其特点是发炎黏膜的坏死程度轻微，渗出的纤维素在黏膜表面形成一薄层纤维素性假膜，其假膜被覆于发炎黏膜表面，容易剥离或可自行脱落，剥离或脱落后发炎黏膜无明显缺损或仅留浅层缺损（糜烂）。

（2）固膜性肠炎 其特点是发炎黏膜的坏死程度严重，可深达整个黏膜层，渗出的纤维素与坏死的黏膜凝固在一起，形成一厚层与深层组织结合牢固的纤维素性坏死性假膜，此种假膜不易剥离，如强行剥离，黏膜则留下深层的缺损（溃疡）。多见于猪瘟，仔猪副伤寒，鸡瘟等时。

【眼观】 浮膜性肠炎时，肠黏膜上纤维素性渗出物有时形成灰白色或灰黄色假膜，易于剥离。有时假膜自行脱落形成圆筒状结构，并混于粪便中排出体外。有时则形成条索状絮状物或糠麸样物被覆于黏膜表面，黏膜表层有浅层糜烂，黏膜下组织有不同程度充血和水肿。

固膜性肠炎时，肠黏膜坏死程度严重。渗出的纤维素与坏死组织凝固在一起，形成一厚层纤维素性坏死性假膜，多与深层组织结合牢固，难以剥离；如强行剥离，可留下深层的组织缺损（溃疡）。其病灶可呈局灶性或弥漫性不等，局灶性病变多发生于肠淋巴组织所在部位，形成圆形扣状肿或扣状溃疡；弥漫性病变可见黏膜大片坏死，其表面粗糙不平，并有糠麸样物覆盖于黏膜表面。

【镜检】 肠黏膜组织见有不同程度的坏死区，其中有大量纤维素性渗出物；坏死区外围交界处为炎性反应区，见血管扩张充血、炎性细胞浸润和交织成网状的纤维素渗出。浸润的炎性细胞以嗜中性粒细胞为主，其次为淋巴细胞、浆细胞和巨噬细胞。

（二）慢性肠炎

慢性肠炎多由急性肠炎转化而来，也可因长期饲养管理不当或寄生虫感染等因素所引起。其主要特征是肠黏膜与黏膜下层结缔组织增生及炎性细胞浸润。

【眼观】 肠黏膜表面被覆有多量黏液，肠腔内常有臌气现象。肠黏膜增厚，有时由于结缔组织的不均匀增生，使肠黏膜表面呈现高低不平的颗粒状或形成皱褶。病程较长者，增生的结缔组织收缩，使肠壁变薄。

【镜检】 肠黏膜上皮细胞变性、坏死脱落，肠腺间结缔组织增生，肠腺萎缩或完全消失。有时结缔组织增生可侵及肌层和浆膜层，并有不同程度的炎性细胞浸润。

单元二 肝炎

肝炎是多数动物的常见性疾病，其发生原因多由感染性因素和中毒性因素所引起。根据其发生原因和病变特点的不同，可将其分为以下两种。

一、传染性肝炎

传染性肝炎主要由病毒、细菌、真菌和寄生虫等生物性因素的感染所引起。

（一）病毒性肝炎

侵害动物肝脏引起炎症的病毒都是一些嗜肝性病毒，如雏鸭肝炎病毒、火鸡包涵体肝炎病毒、犬传染性肝炎病毒等。某些不是以肝脏为主要靶器官的病毒如牛恶性卡他热、鸭瘟、马传染性贫血等病毒，也可引起肝炎。

【眼观】 肝脏呈不同程度肿大，肿大明显者其肝叶边缘钝圆，被膜紧张，切面外翻。肝脏呈暗红色或土黄色相间的斑驳色彩，其间往往有灰白色或灰黄色形状不一的坏死灶。胆囊肿大，胆汁蓄积，胆囊黏膜发炎。

【镜检】 肝小叶中央静脉扩张，小叶内见出血和坏死病灶；肝细胞发生水泡变性或气球样变，淋巴细胞浸润，肝窦充血；小叶间组织和汇管区内小胆管和卵圆形细胞增殖；部分病毒性肝炎还可在肝细胞的胞核或胞质内发现特异性包涵体，用免疫组织化学或特殊染色方法有时可发现细胞内病毒粒子。病毒性肝炎病程较久时，可转为慢性经过，其主要特征为出现修复性反应，肝内发生大量结缔组织增生和最终导致肝硬变。

（二）细菌性肝炎

引起此类肝炎的细菌种类很多，如沙门氏杆菌、坏死杆菌、钩端螺旋体和各种化脓性细菌等。其病理变化特征有坏死、化脓或肉芽肿形成等多种表现形式。

1. 坏死性肝炎

是以肝组织的坏死为主要特征的一类肝炎，多因感染性因素引起。

【眼观】 肝脏肿胀，表面和切面可见许多形态不一的灰白色凝固性坏死灶。其中，由禽巴氏杆菌引起的肝炎，坏死灶通常极其细小，多呈密集分布；坏死灶较大的，分布较为稀疏。由鸡白痢沙门氏杆菌引起者，除见坏死灶外，肝脏多有充血和出血。由钩端螺旋体引起者，在肝的切面还见呈黄绿色的胆汁淤积点。

【镜检】 坏死灶集中于肝小叶内，因感染的细菌种类不同，坏死呈局灶性或弥漫性不等。坏死灶内的肝细胞完全坏死时，整个坏死灶呈均质无结构红染状。有时尚见坏死细胞的轮廓和一些未完全溶解的核碎屑，坏死灶外围常有炎性细胞浸润。仔猪副伤寒时的肝坏死灶内还有渗出的纤维素和白细胞，以后可逐渐过渡为由单核细胞和网状细胞增生组成的细胞性结节。

2. 化脓性肝炎

以肝组织的化脓为主要特征，化脓菌一般经由门静脉侵入；少数情况则来源于肝脏附近化脓灶，也可发生于全身脓毒败血症时。

【眼观】 病变肝脏体积肿大，肝组织中有大小不一、数量不等的充满脓液的脓肿。

【镜检】 病变区肝组织发生脓性溶解，化脓灶内充满大量的嗜中性粒细胞和脓球（变性坏死的嗜中性粒细胞）。

3. 肉芽肿性肝炎

以肝组织内肉芽肿形成为主要特征，多由某些慢性感染，如结核杆菌、鼻疽杆菌、放线菌等感染时。

【眼观】 肝内肉芽肿的结构大致相同，多为大小不等的结节状病变，其结节中心为黄白色干酪样坏死物。如有钙化时质地坚硬，刀切时有磨砂音。

【镜检】 结节中心为均质无结构坏死灶，或有钙盐沉着；周围为多量上皮样细胞浸润，其间还可见到胞体较大的多核巨细胞；周围有多量淋巴细胞浸润和数量不等的结缔组织环绕，结节与周围组织分界清楚。

（三）霉菌性肝炎

其病原体常见有烟曲霉菌、黄曲霉菌等致病性真菌。由这些霉菌所引起的疾病其病变实际上并不局限于肝脏，其中烟曲霉感染时，病变主要集中于肺脏。黄曲霉菌感染时，其主要病理变化为肝细胞脂肪变性、出血、坏死和淋巴细胞增生，间质小胆管增生。慢性病例则形成肉芽肿结节，其组织结构与上述肉芽肿相似，但可发现大量菌丝。

（四）寄生虫性肝炎

多由某些寄生虫在肝实质或肝内胆管内寄生繁殖，或某些寄生虫幼虫在肝脏内移行所引起。常见的有以下几种。

1. 鸡组织滴虫性肝炎

鸡组织滴虫主要寄生在鸡的盲肠黏膜和肝细胞内，引起盲肠和肝脏的坏死性炎症。

【眼观】 肝脏体积肿大，表面有许多圆形的坏死灶，呈黄色或黄绿色，中间凹陷，边缘凸起。

【镜检】 许多肝小叶内的细胞呈弥漫性坏死，坏死灶外围见有大量组织滴虫和巨噬细胞，并有淋巴细胞广泛浸润。病情较缓和的病灶内因结缔组织增生而发生瘢痕化。

2. 兔球虫性肝炎

病原为艾美尔球虫，主要寄生于肠黏膜和肝胆管黏膜内。在肝内寄生主要引起球虫性肝炎。

【眼观】 肝脏体积肿大，表面有数量不等的米粒大至豌豆大的黄白色结节。胆管扩张，管壁增厚，呈弯曲的条索状。

【镜检】 初期胆管黏膜呈卡他性胆管炎变化，以后由于胆管上皮增生，使胆管显著扩张，黏膜上皮呈乳头状或树枝状突起于胆管腔内，在上皮层内可见到球虫卵囊和裂殖体。慢性病变胆管周围和肝小叶间有多量结缔组织增生，附近的肝组织萎缩。

3. 幼虫移行性肝炎

某些寄生虫（蛔虫和肾虫）的幼虫在肝脏内移行时，可引起肝组织的损伤和肝炎的发生。

【眼观】 肝脏实质受到不同程度的破坏，继而出现纤维结缔组织增生的修复过程。在肝脏被膜与间质中可见结缔组织增生。肝脏表面有大量形态不一的白斑，俗称"乳斑肝"。白斑质地致密和硬固，有时高出被膜位置。

【镜检】 许多肝小叶内见局灶性坏死，其周围有大量嗜酸性粒细胞以及少量嗜中性粒细胞和淋巴细胞浸润，小叶间和汇管区结缔组织增生。病程稍久的病例，小叶内坏死灶多被增生的结缔组织所取代而形成瘢痕组织，这就是肉眼观察时所见的白斑。

二、中毒性肝炎

中毒性肝炎是指由内外源性的有毒物质作用所引起的一种肝炎。引起中毒性肝炎的有毒物质主要有化学毒（如四氯化碳、硫酸亚铁、氯仿、磷、铜、砷、汞等有毒化学药物）、植物毒（各种有毒植物）、霉菌毒素（如黄曲霉等）和代谢产物（体内代谢过程中产生的中间代谢产物）。这些有毒物质都能对肝脏起毒害作用，只要达到了一定程度，就会引起中毒性肝炎的发生。

中毒性肝炎的主要病理变化是引起肝组织的重度变性和坏死，同时还伴有充血、水肿和出血。炎性细胞反应较生物性病因所致的肝炎微弱。

【眼观】 肝脏体积肿大，重量增加，质脆，呈苍白或黄褐色。肝脏表面和切面偶有暗红色出血斑点，常见棕黄色的胆汁沉着斑点或条纹。胆囊多皱缩，胆囊壁水肿增厚，胆汁黏稠。

【镜检】 肝小叶中央静脉扩张，肝窦淤血和出血，肝细胞重度脂肪变性和颗粒变性，小叶周边、中央静脉周围肝细胞有散在的坏死灶。严重病例坏死灶遍及整个小叶，呈弥漫性坏死；未完全坏死溶解的肝细胞见胞核固缩或碎裂。肝小叶内或间质中炎性细胞浸润不太明显，有时仅见少量的淋巴细胞浸润。

单元三　肝硬变

肝硬变是由多种原因引起的以肝组织严重损伤和结缔组织增生为特征的慢性肝脏疾病。

一、肝硬变的分类

根据肝硬变发生的病因、病变特点和临床特征不同，将之分为门脉性、坏死后性、淤血性（心源性）、寄生虫性和胆汁性肝硬化，它们各由不同的原因引起。

（一）门脉性肝硬变

多由传染性肝炎、体外毒物（如四氯化碳中毒）、体内的代谢毒物中毒所引起。由于叶下静脉受压，肝窦内血液排出受阻，门静脉的血液注入肝内出现障碍，导致门静脉高压现象，是最常见的一种。肝细胞严重变性坏死，汇管区和小叶间结缔组织广泛增生形成假小叶。

（二）坏死后性肝硬变

多由慢性黄曲霉毒素中毒，四氯化碳和吡咯林碱等中毒以及猪的营养性肝病所引起。病变特点是肝表面可见大小不等的结节，结节之间有下陷较深的瘢痕。间质内结缔组织增生显著，但分布不均，胆管增生明显。

（三）淤血性肝硬变

多由右心功能不全，肝脏长期淤血、缺氧导致小叶中心区肝细胞萎缩变性，继而发生中心区纤维化。纤维化逐渐扩大，与汇管区结缔组织连接而形成假小叶。病变特点是肝体积稍缩小，呈红褐色，表面呈细颗粒状。肝小叶中心区纤维化较为明显。

（四）寄生虫性肝硬变

多由寄生虫或虫卵沉着在肝内或胆管内所引起。寄生虫首先引起肝细胞变性坏死，然后胆管上皮和间质结缔组织增生而发生肝硬变。病变特点是肝内有嗜酸性粒细胞浸润。

（五）胆汁性肝硬变

多由胆道慢性阻塞、胆汁淤积所引起。病变特点是肝脏体积增大，表面平滑或呈细颗粒状。肝组织常被胆汁染成明显的黄绿色；胆小管及假胆管增生。

二、病理变化

肝硬变基本变化过程：肝细胞发生缓慢的进行性变性坏死；肝细胞再生和间质结缔组织增生；增生的结缔组织将残余的和再生的肝细胞集团围成结节状；结缔组织纤维化，导致肝硬变。

【眼观】 早期肝脏肿大，后期缩小。肝脏表面凹凸不平，呈颗粒状或结节状突起，结节切面周围有较多灰白色的结缔组织包围。肝脏色彩不一，脂肪变性严重者呈土黄色或黄褐色，伴有胆汁淤滞的呈黄绿色。肝脏被膜增厚，边缘锐薄，质地坚硬。

【镜检】 结缔组织在肝小叶内及间质中广泛性增生，增生的结缔组织包围或分割肝小叶，使肝小叶形成大小不等的圆形小岛，称假小叶。肝细胞变性、坏死、再生。再生的肝细胞体积大，着色深，核大而浓染或呈双核。胆管数量增多或形成假胆管。淋巴细胞和巨噬细胞浸润，在寄生虫性肝硬化时常见嗜酸性粒细胞浸润。纤维化或再生的结节压迫血管，血液循环障碍和组织缺氧，使肝实质继续进行性减少。

单元四　黄疸

由于胆色素代谢障碍，血浆胆红素浓度增高，使动物皮肤、黏膜、巩膜等组织染成黄色的病理现象，称为黄疸。因巩膜富含与胆红素亲和力高的弹性蛋白，往往是临床上首先发现黄疸的部位。黄疸不是一种独立的疾病，而是许多疾病过程中常见的临床表现，尤其是肝脏疾患最容易出现的一种先兆症状。

胆色素主要来源于红细胞，即由衰老的红细胞被吞噬到单核巨噬细胞系统内破坏而形成。正常时体内红细胞可不断衰老，衰老的红细胞被脾、骨髓和肝脏内的单核巨噬细胞吞噬，在吞噬细胞体内破坏，释放出血红蛋白。血红蛋白继续分解成珠蛋白，胆绿素和铁三个部分，其中珠蛋白和铁重新参与红细胞血红蛋白的合成，唯有胆绿素在吞噬细胞内还原为胆红素，而进入血液。这种胆红素在血浆中与白蛋白结合成胆红素白蛋白复合物。其分子较大，不能透过肾小球滤出，故不能随尿排出，不溶于水，不能直接与重氮试剂起作用，但溶于乙醇，所以做胆红素定性试验呈间接反应，称为间接胆红素。

间接胆红素经血液进入肝脏，在肝细胞膜上与白蛋白分离后进入肝细胞，受肝细胞内葡萄糖醛酸酶的作用，与葡萄糖醛酸结合成胆红素葡萄糖醛酸酯，称结合胆红素，可溶于水，能直接与重氮试剂起作用，故胆红素定性试验呈直接反应，称直接胆红素。

直接胆红素在肝细胞内与胆固醇、胆酸盐、卵磷脂一起形成胆汁，分泌到毛细胆管，经胆管系统排出到十二指肠。在肠内胆红素与葡萄糖醛酸分解，其中胆红素又受肠道菌作用还原为无色的粪胆素原，其中大部分粪胆素原经氧化形成褐色的粪胆素，随粪排出，构成粪便的颜色。还有一小部分粪胆素原由肠黏膜回收，经门静脉血液入肝，这一部分胆素原中的大部分又重新转变为直接胆红素，再合成胆汁排入肠道，这个过程称胆色素的肝肠循环。另一小部分胆素原直接经血流入肾随尿排出，形成尿胆素原，并氧化为尿胆素，构成尿液的颜色。

在正常情况下，体内胆红素的生成和排泄经常维持着动态平衡，所以外周血中胆色素含量是相对恒定的（图14-1）。但在某些疾病时，由于胆红素代谢障碍，其生成增多，或转化和排泄障碍，致使这种动态平衡破坏时，就会导致胆色素含量增多，引起黄疸的发生。

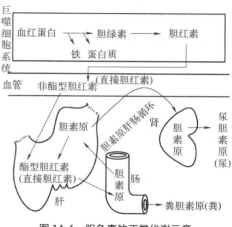

图14-1　胆色素的正常代谢示意

一、溶血性黄疸

由于红细胞大量溶解，胆色素形成过多所引起的一种黄疸。某些药物中毒，血液寄生虫病，溶血性传染病等均可引起溶血性黄疸的发生，也称为肝前性黄疸。

（一）发病原因

有先天和后天两个方面因素。常见的免疫性因素（血型不合的异型输血、溶血病、自身免疫性溶血性贫血、溶血或某些药物致敏）。生物性因素（细菌、病毒、某些毒蛇咬伤等可致溶血）。物理性因素和化学性因素所造成的红细胞破坏。

（二）发病机理

红细胞大量破坏，胆红素的生成过多，超过了肝细胞的处理能力，血中有非酯型胆红素的潴留，导致黄疸。

不同病因导致红细胞溶解的机理不完全一样。如马传贫、猪附红细胞体病，因红细胞膜抗原发生改变，或在疾病中变形而被破坏清除；新生骡驹溶血病，是由于母马妊娠后期胎盘损伤使胎儿红细胞漏出，母马可产生抗胎儿红细胞的抗体并存在于初乳中，幼驹吸吮这种初乳而发生溶血；蛇毒中毒时，因蛇毒中含磷脂酶可降解红细胞膜；苯或苯胺中毒过程中，常因珠蛋白变性，使循环血液中红细胞容易破碎。由于大量红细胞被破坏形成非酯型胆红素，超过肝脏的处理能力而大量出现在血液中，引起黄疸。

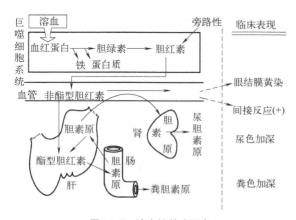

图14-2　溶血性黄疸示意

（三）病理变化

溶血性黄疸的特点是血中有非酯型胆红素增多，胆红素定性试验时呈间接反应阳性；粪、尿胆素原都增多，二便颜色加深（图14-2）。溶血性黄疸一般为轻度黄疸，皮肤黏膜呈浅柠檬色。急性溶血时可有发热、寒战、呕吐，以及不同程度的贫血、血红蛋白尿；尿可呈酱油色或茶色，严重时可发生肾衰竭。慢性溶血所致的黄疸，除贫血外还可能会有脾肿大。

二、阻塞性黄疸

由于胆道堵塞，胆汁排出受阻所引起的一种黄疸。造成胆道阻塞的原因很多，某些寄生虫（猪胆道蛔虫、牛羊肝片吸虫、兔球虫），胆结石，胆管和十二指肠炎等诸多因素均可造成胆道的阻塞，引起此型黄疸的发生。

（一）发病原因

常见于十二指肠炎、胆道炎、胆道结石或寄生虫等阻塞胆管、肿块压迫胆道，导致肠肝循环障碍引起的黄疸。

（二）发病机理

由于肝外胆管梗阻，肠肝循环障碍，胀满的胆汁逆流入肝，吸收入血，血中酯型胆红素增多导致黄疸。在阻塞性黄疸时，由于胆道阻塞，胆汁不能排入肠内，而在胆囊内淤积，使致胆管尤其毛细胆管显著扩张，其内压升高，最终导致毛细胆管的破裂，胆汁流入肝组织中并经淋巴间隙或肝窦进入血液，而使血液中出现大量胆汁，胆汁中大量直接胆红素进入血液，血胆红素定性试验呈直接反应。还含有大量的胆固醇和胆酸盐等其他胆汁成分。

（三）病理变化

由于此型黄疸时，大量直接胆红素可通过血液流经肾脏随尿排出，所以尿胆素原和尿胆素的含量增加，尿色显著加深。血中酯型胆红素增多，胆红素定性试验时，呈直接反应阳性。由于胆汁未进入肠内，粪胆素原减少，粪色淡（灰白色）。但是没有尿胆素原，尿色无色而且清亮。另外，在此型黄疸时由于胆汁中大量的胆酸盐进入血液，故可引起胆酸盐中毒（图 14-3）。病理学检查可见汇管区和肝血窦有大量中性粒细胞浸润。

三、实质性黄疸

由于肝实质（肝细胞和毛细胆管）的损伤所引起的一种黄疸，又称为肝性黄疸。引起此型黄疸的原因也很多，如某些传染病（如马传贫）、寄生虫病（如焦虫病）、中毒病（如霉玉米中毒）等均可引起肝实质的损伤和实质性黄疸的发生。

（一）发病原因

多是由病毒（肝炎病毒）或者中毒（磷、汞中毒）所引起的，某些败血症和维生素 E 缺乏等引起肝细胞损坏也可引起实质性黄疸。

（二）发生机理

肝细胞损坏，其对胆红素的摄取、酯化和排泄都受到影响。此时机体胆红素生成量正常，肝细胞的处理能力下降，不能把非酯型胆红素全部转化为酯型胆红素，血中非酯型胆红素的潴留。同时已经被酯化胆红素，从损坏的毛细胆管又渗漏到血窦，血中酯型胆红素也增多，导致黄疸。

（三）病理变化

血中非酯型和酯型胆红素均增多，胆红素定性试验时，呈双相反应阳性。胆汁分泌障碍，进入肠内的胆红素和粪胆素原减少，粪色淡。但是血中酯型胆红素透过肾小球毛细血管从尿排出，尿胆素原增多，尿色加深。巩膜、黏膜、皮肤及其他组织被染成黄色。

在上述疾病过程中，由于各种病因的作用，致使肝组织发生广泛性损伤。此时，一方面由于肝细胞的广泛性损伤，对血液中间接胆红素的转化能力降低，致使血液中间接胆红素含量增多。另一方面由于部分肝细胞形成的部分直接胆红素进入肝组织，经淋巴间隙和肝窦进入血液，所以，此型黄疸时血液中含有两种胆红素，胆红素定性试验呈双相反应；尿色加深，粪色变浅。总之，实质性黄疸，具有溶血性黄疸和阻塞性黄疸的综合特点（图 14-4）。

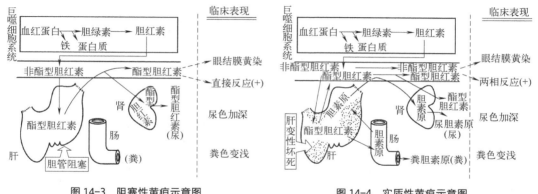

图 14-3　阻塞性黄疸示意图　　　　　　　　　图 14-4　实质性黄疸示意图

另外，在实质性黄疸时，由于肝组织的严重损伤，在引起实质性黄疸的同时，还伴有其他肝功能（如解毒功能，蛋白质的合成功能等）障碍的表现。

四、黄疸对机体的主要影响

黄疸对机体的影响主要是对神经系统的毒性作用。尤其是间接胆红素对神经系统产生较大的毒性作用。新生幼畜发生黄疸后，由于胆红素侵犯较多的脑神经，严重时可出现抽搐、痉挛、运动失调等神经症状，往往导致幼畜的迅速死亡。黄疸时在血中聚积的异常成分，除胆红素外，还可有胆汁的其他成分，可影响正常的消化吸收功能。同时胆酸盐也有刺激皮肤感觉神经末梢，引起瘙痒，抑制心跳等作用。

【案例分析】

案例 1　某猪场育肥猪群突然发生呕吐，食欲减退，畜主投喂抗菌、解毒药物后疗效不理想，2 日后病猪出现腹泻，母猪、仔猪相继发病，不到一周传遍整个猪场。早期患猪体温升高（40.2～40.6℃），精神不振、厌食、先呕吐后水样腹泻，肛门红肿。后期出现脱水、消瘦，大量饮水，被毛粗乱。哺乳仔猪粪便呈黄色或灰白色，内含未消化的凝乳块和气泡，味腥臭。发病末期，由于严重脱水，体重迅速减轻，发病后 1～4 天死亡，耐过小猪，生长缓慢。剖检病死猪，主要病变发生在胃肠。胃胀满，充满未消化的凝乳块。胃底黏膜充血、出血。小肠壁变薄呈半透明状，大肠充满黄色或绿色粪便，肠黏膜易剥离。肠系膜充血；淋巴结肿大。

案例 2　病犬，4 岁母西施犬。厌食明显、呕吐、精神不振、嗜睡，偶见其拱腰排粪、粪便腥臭，痛感明显，眼结膜黄染。穿刺可见其腹水偏黄色，心音弱，体温稍低，叩诊肝部浊音区扩大，病犬躲闪。

问题分析：

1. 根据以上案例的各自临床表现与剖检所见，做出初步的病理诊断，是什么病？
2. 确定以上案例患病类型的病理诊断依据是什么？

（李根）

项目十五　神经系统疾病的认识与病理诊断

【目标任务】

知识目标　了解脑和脊髓疾病的发生原因，理解其发病机理，认识和掌握神经组织的基本病理变化。

能力目标　能根据脑炎、脑软化以及脑脊髓炎的病理变化，对神经系统常见疾病做出正确的病理诊断。

素质目标　培养严谨的学习态度，建立神经系统常见疾病的病理诊断思维，分析诊断结果并指导临床。

单元一　神经组织的基本病理变化

彩图扫一扫

一、神经元及其神经纤维的变化

神经元由神经元胞体和神经纤维两部分组成。在各种疾病过程中，由于缺氧、感染、中毒或营养物质缺乏，必然导致神经元的变化，包括神经元胞体的变化和神经纤维的变化。

（一）神经元的变化

1. 神经元肿胀

神经元肿胀或称神经元变性。表现为神经元胞体肿大，树突变粗，胞质中充满微细的蛋白颗粒，胞核偏在，尼氏小体（染色质）溶解。多因细胞缺氧、感染或中毒、细胞代谢障碍所致。如鸡新城疫和猪瘟疾病过程中发生非化脓性脑炎时，病变神经元胞体肿胀变圆，染色变浅，中央染色质或周边染色质溶解，树突肿胀变粗，核肿大淡染、靠边。神经元肿胀是一种可复性变化，但肿胀持续时间过久，神经元则逐渐坏死，此时可见核破裂、溶解消失，胞质染色变淡或完全溶解。

2. 神经元固缩

又称神经元的缺血性变化，是神经元因缺血、缺氧所发生的坏死性变化。起初表现细胞皱缩，胞质结构消失，继而细胞变性、肿胀，而后胞核皱缩、破裂、整个细胞崩解消失。

3. 空泡变性

是指神经元胞质内出现小空泡。常见于病毒性脑脊髓炎，如羊痒病和牛海绵状脑病时，主要表现为神经元和神经纤维网中出现大小不等的圆形或卵圆形空泡。一般单纯性空泡变性是可复性的，但严重时则可导致细胞坏死。

4. 液化性坏死

是指神经元坏死后进一步溶解液化的过程。在严重中毒或全身感染时，神经元可发生液化性坏死。最初细胞肿胀，有空泡形成，细胞质结构消失，尼氏小体溶解，核固缩，而后胞核破碎、消失，整个细胞溶解消失。

5. 包涵体形成

神经元中包涵体形成可见于某些病毒性传染病的过程中。包涵体的大小、形态、染色特性及存在部位，对一些疾病具有确诊价值。

（二）神经纤维的变化

神经纤维由轴突和髓鞘组成，神经纤维的变化包括轴突和髓鞘的变化。当神经纤维损伤时，如切断、挤压、挫伤或过度牵拉时，轴突和髓鞘二者都会发生相应的变化，包括轴突变化、髓鞘崩解和细胞反应三个环节。

1. 轴突变化

轴突出现不规则的变化，断裂并收缩成椭圆形小体，或崩解形成串珠状，并逐渐被吞噬细胞吞噬消化。

2. 髓鞘崩解

形成单纯的脂质和中性脂肪，称为脱髓鞘现象。在 HE 染色切片中脂滴溶解成空泡。

3. 细胞反应

在神经纤维损伤处，由小胶质细胞参与细胞碎片的吞噬作用（吞噬轴突和髓鞘的碎片），并把髓磷脂转化为中性脂肪。通常将含有脂肪滴的小胶质细胞称为格子细胞或泡沫细胞，它们的出现是髓鞘损伤的指征。当脑组织局部缺血、缺氧发生水肿时，以及在梗死、脓肿及肿瘤周围，星形胶质细胞可发生肥大。

二、神经胶质细胞的变化

神经胶质细胞包括星形胶质细胞、小胶质细胞、少突胶质细胞。在脑组织内起支持、营养和保护作用。

（一）星形胶质细胞变化

在缺氧、中毒等致病因素作用下，星形胶质细胞可出现增生、肥大、变性等变化。增生是星形胶质细胞对损伤的修复反应，呈弥散性和局灶性增生，称为胶质增生病。这种星形胶质细胞增生通常是病毒性脑炎的重要特征之一。当致病因素作用较弱时，星形细胞表现肥大，即细胞变大，胞质增多，常呈现极微细空泡，胞核增大偏于一侧，并有神经胶质纤维形成。星形细胞变性见于缺血、缺氧及急性炎症病灶等情况。表现为胞体肿胀呈颗粒状，最后出现核浓缩而死亡。有时可在星形胶质细胞内生成变性小体，即淀粉样小体。当星形胶质细胞死亡而消失时，淀粉小体仍可残留在脑组织中。

（二）小胶质细胞变化

小胶质细胞主要位于脑灰质中，是脑内的巨噬细胞，属于单核 - 巨噬细胞系统。在神经元发生变性时，小胶质细胞增生并在变性细胞周围积聚，形成所谓的卫星现象。这是小胶质细胞企图处理变性的及正在死亡的神经元残体的一种表现。如果神经元死亡，小胶质细胞进入神经元内，吞噬其细胞质，称为噬神经元现象。在坏死的神经元处，小胶质细胞还可呈局灶性增生，形成神经胶质结节。常见于病毒性脑炎时，如禽脑脊髓炎、猪瘟的非化脓性脑炎、马乙型脑炎等疾病过程中。

（三）少突胶质细胞变化

正常时，少突胶质细胞少部分位于灰质大神经元周围，大部分在白质纤维间排列成行。对缺氧、中毒、高热等损害很敏感。常可发生如下变化。

1. 急性肿胀

表现胞体肿大、胞质内形成空泡，核浓缩，染色变深。多见于中毒、感染和脑水肿。该变化是可复性的，当病因消除后，细胞形态可恢复正常，若液体积聚过多，胞体持续肿胀，可致细胞破裂崩解。

2. 细胞增生

表现为数量增多。见于脑水肿、狂犬病、破伤风、乙型脑炎等疾病。在慢性增生时，少突胶质细胞也可围绕在神经元周围，形成卫星现象，在白质内的神经纤维内形成长条状的细胞索，或聚集于血管周围。

3. 黏液样变性

在脑水肿时，少突胶质细胞的胞质出现黏液样物质，HE染色呈蓝紫色，同时胞体肿胀，核偏于一侧。

三、脑组织血液循环障碍

脑组织具有丰富的血管，在各种病理过程中，常可引起脑组织的血液循环障碍。包括充血、淤血、出血、血栓形成、栓塞和梗死等。

1. 充血

多见于感染性疾病、日射病和热射病。眼观脑组织色泽红润，血管扩张，有点状出血。镜检可见小动脉和毛细血管扩张，并充满红细胞。

2. 淤血

多发生于全身性淤血，主要见于心脏和肺脏疾病时。另外，颈静脉受压也可引起脑组织淤血，如颈部肿瘤、炎症以及颈椎关节变位等均可压迫颈静脉而引起脑淤血。眼观脑组织色泽暗红，静脉怒张。镜检可见小静脉和毛细血管扩张，并充满红细胞。

3. 缺血

脑缺血可并发于各种全身性贫血，脑动脉痉挛、血栓形成和各种栓塞，以及脑瘤、脑积水等过程中。在这些情况下，均可使动脉管腔狭窄或堵塞，引起脑组织缺血，进而导致脑组织坏死。

4. 血栓形成、栓塞和梗死

脑动脉血管内血栓形成或栓塞，轻者可导致脑组织缺血，重者可导致脑组织梗死。

5. 血管周围管套

脑组织受到损伤时，血管周围间隙中出现数量不等的炎性细胞，环绕血管形成管套，称此为"管套形成"。管套的厚薄与浸润细胞的数量有关，有的只有一层细胞组成，有的可达几层或十几层细胞。管套的细胞成分与病因有一定关系。链球菌感染时，以嗜中性粒细胞为主；李氏杆菌感染时，以单核细胞为主；病毒性感染时，以淋巴细胞和浆细胞为主；食盐中毒时，以嗜酸性粒细胞为主。

四、脑脊液循环障碍

（一）脑积水

由于脑脊液回流受阻，以致脑脊液在脑室内过多蓄积的现象，称脑积水。脑积水有先天性的，也有获得性的。先天性脑积水主要见于幼犬、犊牛、马驹和仔猪。获得性脑积水见于多种动物，在脑膜炎、脉络膜炎、室管膜炎、颅内肿瘤、囊尾蚴（棘球蚴、多头蚴）寄生和某些病毒性感染等，都可使脑脊液回流障碍，引起脑积水。

轻度脑积水变化不明显，病因消除后，积水很快回收，对机体影响不大。但严重脑积水时，可使脑组织受压而逐渐萎缩，甚者引起脑组织血液循环障碍，导致动物死亡。

（二）脑水肿

脑实质内蓄积过多的液体而使脑体积增大称为脑水肿。根据原因及发生机理将其分为以下两种类型。

1. 血管源性脑水肿

由血管壁的通透性升高所致。常见于细菌内毒素血症，弥漫性病毒性脑炎、某些金属毒物（铅、汞、锡和铋）中毒以及内源性中毒（如肝病、妊娠中毒、尿毒症）等。另外，任何占位性的病变，如脑内肿瘤、血肿、脓肿、脑包虫等压迫静脉而使脑组织静脉血液回流受阻，均可引起脑水肿的发生。

脑水肿时表现硬脑膜紧张，脑回扁平，蛛网膜下腔变狭窄或阻塞，色泽苍白。表面湿润，质地较软，切面稍突起。白质变宽，灰质变窄，灰质和白质的界线不清楚。脑室变小或闭塞，小脑因受压而变小。镜下表现血管外周间隙和细胞周围增宽，充满液体，组织疏松。

2. 细胞毒性脑水肿

指水肿液聚集在细胞内。内、外源性毒物中毒时，细胞内的三磷酸腺苷（ATP）生成障碍，使细胞膜的钠泵供能不足，钠离子在细胞内蓄积，细胞内的渗透压升高所致。另外，低渗性水中毒也可产生细胞毒性水肿，其病理变化类似于血源性水肿。

单元二　脑炎

脑炎是指脑实质的炎症。如同时伴有脑膜炎症，称为脑膜脑炎；如同时伴有脊髓炎症，称为脑脊髓炎。一般根据其炎症性质的不同分为非化脓性脑炎、化脓性脑炎和嗜酸性粒细胞性脑炎三种类型。

一、非化脓性脑炎

非化脓性脑炎又称病毒性脑炎，此型脑炎也是动物脑炎中最常见的一种。以脑组织神经元变性、坏死、脑血管周围有大量炎性细胞（淋巴细胞、浆细胞或嗜酸性粒细胞）浸润，构成"血管套"和胶质细胞增生等变化为特征的一种脑炎。

（一）发病原因

是由多种病毒感染所引起的。多见于动物的乙型脑炎、狂犬病、伪狂犬病、猪瘟、犬瘟热、鸡新城疫、禽脑脊髓炎等传染病过程中。

（二）病理变化

【眼观】 软脑膜及脑实质充血、水肿，脑回变短、变宽，脑沟变浅。重症病例脑组织表面及切面可见点状出血，并有散在或聚集成群的粟粒至米粒大软化灶。

【镜检】

① 神经元变性、坏死。神经元变性的通常形式是中心染色质溶解，并逐渐扩展到整个细胞，然后细胞肿胀、苍白，细胞核消失。严重时神经元固缩、变圆，胞质深染伊红，此时称为红色神经元；继而发生核溶解、核消失。如仅见死亡细胞的轮廓称为"鬼影细胞"。神经元数量减少，如鸡患脑脊髓炎时，小脑浦肯野氏细胞变性、坏死，而且数目明显减少。

② 血管变化。脑血管扩张充血，血流停滞，血管内皮细胞肿胀。血管周围有浆液渗出，间隙增宽，由集聚的淋巴细胞、单核细胞等构成的"血管套"。

③ 神经胶质细胞增生。神经胶质细胞呈弥漫性或局灶性增生，且主要是小胶质细胞的增生为主。变性、坏死的神经元被吞噬后，常为增生的胶质细胞所取代，形成胶质细胞结节。

病毒性脑炎不仅有上述共同的病变，还有一些特异病变。如在狂犬病的脑神经元胞质内可见有病毒包涵体，其又叫内基氏小体（Negri bodies），常见于大脑海马区神经元的轴丘处，这是诊断狂犬病的重要依据。其病毒包涵体多为圆形或椭圆形，呈嗜伊红性染色。

二、化脓性脑炎

是指其炎症过程中有大量的嗜中性粒细胞浸润和脑组织的脓性溶解，在脑组织中形成大小不一的化脓灶为特征的一种脑组织炎症。

（一）发病原因

化脓菌侵入脑组织的途径主要有两种。一是血源性蔓延，即病原体从机体其他部位的化脓灶侵入血液，经血流转移到脑内血管，首先引起脑栓塞性血管炎，破坏血脑屏障，进入脑组织，随后有大量嗜中性粒细胞浸润而形成脓肿。二是直接蔓延，在筛囊与内耳、副鼻窦（鼻旁窦）等部化脓性炎症时，其化脓菌可经这些部位直接蔓延至脑组织，引起化脓性脑炎的发生。

（二）病理变化

【眼观】 软脑膜充血，脑组织中见有大小不等的化脓灶，蛛网膜下腔内充满奶油状脓液或灰黄色纤维素性脓性渗出物。严重者脑回、脑沟被脓液覆盖而模糊不清。

【镜检】 蛛网膜下腔有多量脓性渗出物，其中有大量的嗜中性粒细胞和脓球。脑实质内也形成有微小的局灶性化脓灶，其中浸润有大量嗜中性粒细胞和脓球。陈旧的脓肿灶周围由增生的神经胶质细胞及结缔组织形成包囊。

三、嗜酸性粒细胞性脑炎

由食盐中毒引起，以大量的嗜酸性粒细胞浸润为特征的一种脑炎。

（一）发病原因

本病多发于鸡、猪在食入含盐过多的饲料而饮水又受限制的情况下。

（二）病理变化

【眼观】 软脑膜充血，脑回变平，脑实质有小出血点，其他病变不明显。

【镜检】 大脑软脑膜充血、水肿，有时有出血。脑膜及灰质内血管周围有嗜酸性粒细胞构成的血管套，多者达十几层。脑实质毛细血管内常形成微血栓，靠近血管的部位也有嗜酸性粒细胞浸润。

单元三　脑软化

脑软化是指脑组织坏死后分解液化的过程。因为脑组织富含类脂质（磷脂类物质）和水分，而类脂质对凝固酶有抑制作用，因此脑组织坏死后不易发生凝固，而很快发生液化，变成乳糜状，即形成脑软化。

引起脑软化的病因很多，如细菌、病毒的感染，维生素等营养物质的缺乏，霉菌毒素中毒等。由于病因不同，脑软化形成的部位、大小及数量均有不同。下面介绍三种常见脑软化疾病。

一、马中毒性脑软化

（一）发病原因
马中毒性脑软化是由霉玉米中的镰刀菌毒素中毒引起的一种中毒性疾病。该毒素耐热，对马属动物的脑白质具有明显的选择性毒性作用，髓鞘是原发的作用部位。

（二）病理变化
【眼观】 硬膜下腔积液、出血、软脑膜充血、出血、蛛网膜下、脑室及脊髓中央管内脑脊液增多。在大脑半球、丘脑、脑桥、四叠体及延脑的白质中形成大小不一的软化灶，质地较软，其色泽呈黄色或浅黄色糊状，如伴有明显出血则呈灰红色。大的软化灶常为单侧性，在脑表面有波动感。

【镜检】 脑膜血管和脑组织内血管扩张充血，其周围间隙积聚水肿液和红细胞，附近脑组织因水肿而疏松。脑组织崩解呈颗粒状，形成软化灶，并有大量水肿液积聚。病灶周围胶质细胞增生，有时可形成胶质小结。其他部位的神经元变性，并出现卫星现象与噬神经元现象。

二、牛海绵状脑病

（一）发病原因
牛海绵状脑病是由朊病毒的感染所引起的一种人畜共患性传染病，又称疯牛病。

（二）病理变化
其病变主要侵害中枢神经系统，以脑组织软化为主要特征。

【眼观】 本病无明显眼观变化。

【镜检】 可见脑干灰质两侧对称性变性，脑干神经核内的神经元和神经纤维网中散在分布有中等大小的圆形或卵圆形空泡。脑干迷走神经背核、三叉神经束核、孤束核、前庭核、红核及网状结构的神经元核周围和轴突内形成有单个或多个大空泡，使胞体呈气球样，使局部脑组织呈海绵状结构，故称之为海绵状脑病。延脑、中脑的中央灰质部，下丘脑的室旁核区以及丘脑的中隔区空泡变性最为严重，而小脑、海马、大脑皮层和基底神经节很少形成空泡。此外，由于神经元变性及坏死，使神经元数量减少，而胶质细胞表现增生和肥大。

三、鸡营养性脑软化

（一）发病原因

鸡的营养性脑软化是由维生素 E 缺乏引起，又称疯狂病。维生素 E 缺乏还可引起雏鸡的渗出性素质和肌肉萎缩。

（二）病理变化

鸡脑软化通常发生于 15 ～ 30 日龄，有时青年鸡或成年鸡也可发生。病鸡运动吃力，共济失调，角弓反张，头后仰或向下挛缩，少数鸡全身麻痹，最终导致衰竭死亡。

【眼观】 最常见的病变部位是小脑、纹状体、大脑、延脑与中脑。小脑软化肿胀，脑膜水肿，脑回被挤平，表面有微细出血点，病灶小时肉眼不能分辨；脑软化症状出现 1 ～ 2 天后，坏死区即出现绿黄色不透明外观；纹状体坏死组织常显苍白，肿胀和湿润，早期就与正常组织分界明显。

【镜检】 病变包括血液循环障碍、脱髓鞘和神经元变性。脑膜、小脑、大脑血管充血、水肿。因毛细血管内微血栓形成而引起坏死。神经元变性，尤以浦肯野氏细胞和大运动核里的神经元病变最明显，细胞皱缩并深染，核呈典型的三角形，周边染色质溶解。

单元四　神经炎

神经炎是指外周神经的炎症。特征是在神经纤维变性的同时，神经间质内有不同程度的炎性细胞浸润或增生。发生原因有机械性损伤、病原微生物感染、维生素 B 缺少等。根据发病快慢可分为急性神经炎和慢性神经炎两种。

一、急性神经炎

急性神经炎又称急性实质性神经炎，其病变以神经纤维的变质为主，间质炎性细胞的浸润和增生轻微。

【眼观】 神经水肿变粗，呈灰黄色或灰红色。

【镜检】 轴突肿胀、断裂或完全溶解，髓鞘脱失；在间质可见巨噬细胞和淋巴细胞浸润。

二、慢性神经炎

慢性神经炎又称间质性神经炎，在神经纤维变质的同时，间质中炎性细胞浸润及结缔组织增生明显。

【眼观】 神经纤维肿胀变粗，质地较硬，呈灰白色或灰黄色，有时与周围组织发生粘连，不易分离。

【镜检】 轴突变性肿胀、断裂，髓鞘脱失或萎缩消失。神经膜上及周围有大量炎性细胞浸润及成纤维细胞增生。

单元五　脊髓炎

脊髓炎是指由病毒、细菌、螺旋体、立克次体、支原体、原虫等感染所致的脊髓灰质和白质的炎性病变，以肢体瘫痪、感觉障碍和植物神经功能障碍为主要临床特征。临床上虽有急性、亚急性和慢性等不同的表现形式，但在病理学上均有病变部位神经元变性、坏死、缺失；白质中髓鞘脱失、炎性细胞浸润、胶质细胞增生等变化。本病的确切病因尚未明了，但受凉、过劳、外伤、中毒、过敏、病毒感染等常为本病的诱因。由于脊髓炎常与脑炎同时发生，所以除单纯性脊髓损伤造成的脊髓炎外，常体现为脑脊髓炎的临床表现。

一、犬猫脊髓炎

犬猫脊髓炎是指发生于脊髓实质和血管的炎症性疾病。因常伴发脊髓膜炎而又称脊髓膜脊髓炎。多发生于犬，猫的发病率较低。

（一）发病原因

该病多数由感染引起。常见于犬瘟热、狂犬病、伪狂犬病、猫传染性腹膜炎、破伤风、弓形虫病、全身性霉菌感染等；也见于感冒、败血症和脓毒败血症；还可见于脊椎骨折、跌倒及脊髓震荡。特发性脊髓炎见于肉芽肿性脑脊髓炎。

（二）病理变化

【眼观】 主要表现为软脊膜和脊髓水肿，严重者出现脊髓软化、坏死、出血。

【镜检】 脊髓神经元变性，炎症细胞浸润、渗出，神经元肿胀，慢性期神经元萎缩，神经髓鞘脱失、轴突变性，神经胶质细胞增生。

二、禽传染性脑脊髓炎

（一）发病原因

该病又称流行性震颤，是由禽脑脊髓炎病毒引起的一种主要侵害雏鸡中枢神经系统的传染病。以共济失调、头颈震颤和两肢麻痹、瘫痪为特征。蛋鸡产蛋下降，蛋重减轻。

（二）病理变化

【眼观】 病死雏鸡一般无特征性肉眼病理变化。有时可见脑部轻度充血，仔细检查仅可在胃的肌层中出现灰白色区。

【镜检】 病理组织学病变特征表现为中枢神经系统非化脓性脑脊髓炎，出现大量由小淋巴细胞浸润形成的血管套，神经胶质细胞增生。神经元变性坏死，中央染色质溶解，并出现轴突型变性。外周神经系统无病变。腺胃肌层和胰腺间质内淋巴滤泡呈灶状增生。

三、猪传染性脑脊髓炎

该病于 1929 年首次发现于捷克斯洛伐克的捷申地区，所以又称"捷申病"。

（一）发病原因

猪传染性脑脊髓炎是由猪捷申病毒感染导致猪中枢神经系统受侵害而产生的一系列神经症状的传染病，以感觉过敏、震颤、麻痹、瘫痪和惊厥为特征。

（二）病理变化

【眼观】 脑膜水肿、充血，脑血管充血，发生弥散性的非化脓性脑脊髓炎。

【镜检】 炎症以脊髓最为严重，其中脊髓腹角、小脑皮质、间脑和视神经床等处最为明显。神经元变性、坏死、神经元被吞噬和神经胶质细胞增生，伴随变性坏死的噬神经元结节形成。血管周围管套形成，还有部分浆细胞和嗜中性粒细胞。大脑的组织学变化较小脑轻微。

【案例分析】

案例1 一牧场的牛被牧羊犬咬伤后肢，后自愈。2个月后，发现该牛逐渐表现出精神沉郁，食欲减少，不久食欲和饮水停止，明显消瘦，腹围变小。随后病牛精神狂暴不安，神态凶猛，意识紊乱，不断嚎叫，声音嘶哑。病牛不时磨牙，大量流涎，不能吞咽，瘤胃臌气，有的兴奋与沉郁交替出现，最后倒地不起，转入抑制状态，发病7天后，该牛最后以麻痹死亡。随后兽医工作人员对该牛进行了病理剖检，在对死亡牛的大脑进行病理组织学检查后，发现在大脑神经元内发现病毒包涵体。

案例2 秋季阴雨天气，一鸡场饲养的海布罗种肉鸡在3周龄至1月龄相继发病。主要临床症状为共济失调，病鸡营养状况一般都较好。病鸡发病突然，脚软弱不能站立，很快倒于一侧，偶见两腿轻度震颤，部分鸡头部紧缩，扭向一侧，绝大多数雏鸡在症状后1～2天死亡。病理剖检发现绝大多数病鸡脑膜有不同程度充血，小脑有多少不等圆形出血点，部分小脑水肿，脑回变平，质地软而易碎，少数鸡大脑也有少量圆形淡红色出血点。询问该批鸡的饲料配方和添加剂，得知都以玉米、大麦、麸皮等为主，蛋白质饲料只有鱼粉或鲜鱼，且鱼粉质量较差，鲜鱼也常发臭变质。饲料添加剂主要为维生素和矿物质。

问题分析：

1. 请根据以上案例的各自临床表现和剖检所见，做出初步的病理诊断，是什么病？

2. 确诊各案例病理诊断的依据是什么？

（李根）

项目十六　泌尿与生殖系统疾病的认识与病理诊断

【目标任务】

知识目标　了解泌尿生殖器官疾病的发生原因，理解其发病机理，认识和掌握泌尿与生殖系统常见疾病的病变特点。

能力目标　能根据泌尿与生殖系统疾病的病变特点，对泌尿与生殖系统常见疾病做出正确的病理诊断。

素质目标　培养严谨的学习态度，建立泌尿与生殖系统常见疾病的病理诊断思维，分析诊断结果并指导临床。

由于泌尿系统与生殖系统在胚胎发生与解剖结构上存在着密切关系，病理上常将二者合并为泌尿生殖系统病理。泌尿系统疾病包括肾脏、输尿管、膀胱和尿道四部分的疾病，生殖系统疾病包括雄性和雌性生殖系统疾病。在本项目中，主要介绍与动物生产密切相关的肾炎、子宫内膜炎、乳腺炎、睾丸炎等内容。根据病变累及的部位不同，肾脏疾病分为肾小球疾病、肾小管疾病、肾间质疾病和血管性疾病。其中慢性肾脏疾病最终可累及肾脏各部分

彩图扫一扫

组织，引起肾功能不全。生殖系统疾病以炎症性疾病最为常见，常常导致繁殖功能和泌乳功能障碍，严重影响动物的生产性能。

单元一　肾炎

肾炎是指以肾小球、肾小管和肾间质的炎症为特征的疾病，是肾脏及整个泌尿系统的常见病变之一。引起肾炎的因素很多，感染性因素、中毒性因素、变态反应性因素等均可引起肾炎的发生。其他泌尿器官及体内其他器官的炎症，也可转移到肾脏引起肾炎。根据发生的部位和性质，通常把肾炎分为肾小球肾炎、间质性肾炎和化脓性肾炎三种。

一、肾小球肾炎

肾小球肾炎以肾小球的炎症为主。炎症常常始于肾小球，然后逐渐波及肾球囊、肾小

管和间质。根据病变波及的范围，肾小球肾炎可分为弥漫性和局灶性两类，病变累及全部肾小球者，为弥漫性肾小球肾炎，仅有散在的肾小球受累者，为局灶性肾小球肾炎。

（一）病因和发病机理

引起肾小球肾炎的原因尚不完全明确，随着对肾脏结构和功能认识的提高以及免疫学研究的进展，对肾小球肾炎的发病原因和机理的认识也有了进一步的提高。近年来，应用免疫电镜和免疫荧光技术证实肾小球肾炎的发生主要是通过两种方式。一种是血液循环内的免疫复合物沉着在肾小球基底膜上引起的，称为免疫复合物型肾小球肾炎；另一种是抗肾小球基底膜抗体与宿主肾小球基底膜发生免疫反应引起的，称为抗肾小球基底膜抗体型肾小球肾炎。

1. 免疫复合物型肾小球肾炎

免疫复合物型肾小球肾炎的发生是由于机体在外源性抗原（如链球菌的胞质膜抗原或异种蛋白等）或内源性抗原（如由于感染或其他原因引起的自身组织破坏而产生的变性物质等）刺激下产生相应的抗体，抗原和抗体在血液循环内形成抗原抗体复合物并在肾小球滤过膜的一定部位沉积而致。大分子抗原抗体复合物常被巨噬细胞吞噬和清除，小分子可溶性抗原抗体复合物容易通过肾小球滤过膜随尿排出，只有中等大小的可溶性抗原抗体复合物能在血液循环中保持较长时间，并在通过肾小球时沉积在肾小球毛细血管壁的基底膜与脏层细胞之间。如用免疫荧光法检查，沿毛细血管基底膜表面可见有不连续的大小不等颗粒状物质，此型肾炎属Ⅲ型变态反应。

2. 抗肾小球基底膜抗体型肾小球肾炎

抗肾小球基底膜抗体型肾小球肾炎的发生是某些抗原物质的刺激致使机体产生抗自身肾小球基底膜抗体，并沿基底膜内侧沉积而致。引起此种肾炎的原因可能是：在感染或其他因素作用下，细菌或病毒的某种成分与肾小球基底膜结合，形成自身抗原，刺激机体产生抗自身肾小球基底膜的抗体；机体在感染后体内某些成分发生改变，或某些细菌成分与肾小球毛细血管基底膜有共同抗原性，这些抗原刺激机体产生的抗体，既可与该抗原物质起反应，也可与肾小球基底膜起反应，即存在交叉免疫反应。如用免疫荧光法检查时，抗肾小球基底膜抗体呈均匀连续的线状分布于基底膜内皮细胞一侧，称为线型荧光型肾炎，此型肾炎属于Ⅱ型变态反应。

（二）类型与病理变化

肾小球肾炎的分类方法很多，分类的基础和依据各不相同。根据肾小球肾炎的病程和病理变化一般将肾小球肾炎分为急性、亚急性和慢性三大类。

1. 急性肾小球肾炎

急性肾小球肾炎发病急、病程短。病理变化主要在肾小球毛细血管网和肾球囊内，通常开始以血管球毛细血管变化为主，以后肾球囊内也出现明显病变。病变性质包括变质、渗出和增生三种，但不同病例，有时以增生为主，有时以渗出为主。

【眼观】 急性肾小球肾炎早期变化不明显，以后肾脏轻度或中度肿大、充血，被膜紧张，表面光滑，颜色较红，所以称"大红肾"。若肾小球毛细血管破裂出血，肾脏表面及切面可见散在的针尖大到针鼻大小出血点，形如蚤咬，称"蚤咬肾"或"雀斑肾"。肾切面可见皮质由于炎性水肿而变宽，纹理模糊，与髓质分界清楚。

【镜检】 主要病变是肾小球内细胞增生。早期肾小球毛细血管扩张充血，内皮细胞和系膜细胞肿胀增生，毛细血管通透性增加，血浆蛋白滤入肾球囊内，肾小球内有少量白细胞浸润。随后肾小球内系膜细胞严重增生，这些增生细胞压迫毛细血管，使毛细血管管腔狭窄甚至阻塞，肾小球呈缺血状。此时，肾小球内往往有多量炎性细胞浸润，肾小球内细胞增多，肾小球体积增大，膨大的肾小球毛细血管网几乎占据整个肾球囊腔。囊腔内有渗出的白细胞、红细胞和浆液；病变较严重者，毛细血管内有血栓形成，导致毛细血管发生纤维素样坏死，坏死的毛细血管破裂出血，致使大量红细胞进入肾球囊腔。

不同的病例其病变表现形式不同。有的以渗出为主，称为急性渗出性肾小球肾炎；有的以系膜细胞的增生为主，称为急性增生性肾小球肾炎；伴有严重大量出血者称为急性出血性肾小球肾炎。肾小管上皮细胞常发生颗粒变性、玻璃样变性和脂肪变性，管腔内含有从肾小球滤过的蛋白、红细胞、白细胞和脱落的上皮细胞，这些物质在肾小管内凝集成各种管型。由蛋白凝固而成的称为透明管型，由许多细胞聚集而成的称为细胞管型。肾脏间质内常有不同程度的充血、水肿及少量淋巴细胞和中性白细胞浸润。

2. 亚急性肾小球肾炎

亚急性肾小球肾炎可由急性肾小球肾炎转化而来，或由于病因作用较弱，病势一开始就呈亚急性经过。

【眼观】 肾脏体积增大，被膜紧张，质地柔软，颜色苍白或淡黄色，俗称"大白肾"。若皮质有无数瘀点，表示曾有急性发作。切面隆起，皮质增宽，颜色苍白、浑浊，与颜色正常的髓质分界明显。

【镜检】主要表现肾小囊上皮细胞增生，肾小囊壁层上皮细胞增生、重叠，被覆于肾小囊壁层的尿极侧，形成"新月体"。而当增殖的上皮细胞环绕肾小球囊壁时，则形成"环状体"。肾小管上皮细胞变性、坏死，肾小管的管腔内含有蛋白质、白细胞和脱落上皮形成的管型。

3. 慢性肾小球肾炎

慢性肾小球肾炎可以由急性和亚急性肾小球肾炎演变而来，也可以一开始就呈慢性经过。慢性肾小球肾炎发病缓慢，病程长，常反复发作，是各型肾小球肾炎发展到晚期的一种综合性病理类型。

【眼观】 由于肾组织纤维化、瘢痕收缩和残存肾单位的代偿性肥大，肾脏体积缩小，表面高低不平，呈弥漫性细颗粒状；肾脏质地变硬，肾皮质常与肾被膜发生粘连，颜色苍白，故称"颗粒性固缩肾"或"皱缩肾"；切面见皮质变薄，纹理模糊不清，皮质与髓质分界不明显。

【镜检】 大量肾小球发生纤维化或玻璃样变，所属的肾小管也萎缩消失，有的发生纤维化。由于萎缩部位有纤维化组织增生，继而发生收缩，致使玻璃样变的肾小球互相靠近，这种现象称为"肾小球集中"。有些纤维化的肾小球消失于周围增生的结缔组织之中，残存的肾单位发生代偿性肥大，表现为肾小球体积增大；肾小管扩张，扩张的肾小管管腔内常有各种管型，间质纤维组织明显增生，并有大量淋巴细胞和浆细胞浸润。

二、间质性肾炎

间质性肾炎是在间质发生的以淋巴细胞、单核细胞浸润和结缔组织增生为原发病变的非化脓性肾炎。

（一）病因和发病机理

本病原因尚不完全清楚，一般认为与感染或中毒性因素有关。临床上多发生于马传贫、钩端螺旋体病、大肠杆菌病、牛恶性卡他热和水貂阿留申病等疾病过程中。在这些疾病过程中，各种病原微生物及其有毒产物、组织蛋白分解产物、胃肠内产生的有毒产物等在经肾脏排出时，均可侵害肾间质，引起肾间质的损伤和间质性肾炎的发生。间质性肾炎常同时发生于两侧肾脏，表明病原或毒性物质多是经血源性途径侵入肾脏的。

（二）类型与病理变化

根据炎症波及的范围不同，可将间质性肾炎分为急性间质性肾炎和慢性间质性肾炎两种。

1. 急性间质性肾炎

多为间质性肾炎初期病变，其特点是以间质内炎性细胞浸润占优势。

【眼观】 病肾体积肿大，被膜紧张，容易剥离。剥离后表面光滑，并散发有多量针尖大至米粒大灰白色或灰黄色小病灶。重者小病灶互相融合成玉米粒大至更大的灰白色斑，故有"白斑肾"之称，切面可见这种病灶呈线条状散布。

【镜检】 肾间质内有多量的淋巴细胞、巨噬细胞、嗜中性粒细胞和浆细胞浸润，并有少量成纤维细胞增生，这是构成眼观所见灰白色斑点状病灶的基础。

2. 慢性间质性肾炎

多为间质性肾炎晚期病变，其特点是以间质结缔组织增生占优势。

【眼观】 病肾体积缩小，质地变硬，被膜皱缩、增厚、不易剥离，表面高低不平，故有"皱缩肾"之称；切面皮质变薄，增生的结缔组织呈条纹状，常可在皮质和髓质内见到囊肿，其中充满淡黄色尿液。牛肾脏表面可见蚕豆大油脂样白斑，称之为"白斑肾"。

【镜检】肾间质有淋巴细胞和单核巨噬细胞局灶性浸润和增生，形成炎性细胞结节。随病情发展，肾间质也可出现结缔组织增生，压迫肾小球和肾小管，使其发生萎缩。有的肾小球发生纤维化或透明变性，部分肾小管发生阻塞，有的肾小球呈代偿性肥大，肾小管呈代偿性扩张，形成大小不一的囊泡。

三、化脓性肾炎

化脓性肾炎是指肾脏实质和肾盂的化脓性炎症，根据病原感染途径不同分为以下两种类型。

1. 肾盂肾炎

是肾盂和肾组织因化脓菌感染而发生的化脓性炎症。通常是从下端尿路上行的尿源性感染，常与输尿管、膀胱和尿道的炎症有关。

（1）病因和发病机理 细菌感染是肾盂肾炎的主要原因。主要病原菌有棒状杆菌、葡萄球菌、链球菌、绿脓杆菌，大多是混合感染。尿道狭窄与尿路阻塞都是引起肾盂肾炎的重要因素，尿路阻塞导致尿液蓄积，细菌大量繁殖，引起炎症，细菌沿尿道逆行蔓延到肾盂，经集合管侵入肾髓质，甚至侵入肾皮质，导致肾盂肾炎。

（2）病理变化

【眼观】 初期肾脏肿大、柔软，被膜容易剥离，肾表面常有略显隆起的灰黄色或灰白色斑状化脓灶，化脓灶周围有出血。切面可见肾盂高度肿胀，黏膜充血水肿，肾盂内充满脓液，髓质部见有自肾乳头伸向皮质呈放射状的灰白或灰黄色条纹；以后这些条纹融合成楔状的化脓灶，其底面转向肾表面，尖端位于肾乳头，病灶周围充血、出血，与周围健康组织分界清楚。严重病例中肾盂黏膜和肾乳头组织发生化脓、坏死，引起肾组织的进行性脓性溶解，肾盂黏膜形成溃疡。后期肾实质内楔形的化脓灶被吸收或机化后，形成瘢痕组织，在肾表面出现较大的凹陷，肾体积缩小，称为继发性皱缩肾。

【镜检】 初期肾盂黏膜血管扩张、充血、水肿和炎性细胞浸润，浸润细胞以中性粒细胞为主，黏膜上皮细胞变性、坏死、脱落。自肾乳头伸向皮质的肾小管（主要是集合管）内充满中性粒细胞，细菌染色可发现大量病原菌，肾小管上皮细胞坏死脱落；间质内常有中性粒细胞浸润、血管充血和水肿。后期转变为亚急性或慢性肾盂肾炎时，肾小管及间质内浸润的细胞以淋巴细胞和浆细胞为主，形成明显的楔形坏死灶。病变区成纤维细胞广泛增生，形成大量结缔组织，结缔组织纤维化形成瘢痕组织。

2. 栓子性化脓性肾炎

是指因血源性感染在肾实质内形成的一种化脓性炎症，其特征性病理变化是在肾脏形成多发性脓肿。

（1）病因和发病机理　病原是各种化脓菌，且化脓菌多来自机体的其他器官组织的化脓性炎症。引起机体其他器官组织发生化脓性炎症的化脓菌团块侵入血流，经血液循环转移到肾脏，进入肾脏的化脓菌栓子在肾小球毛细血管及间质的毛细血管内形成栓塞，引起化脓性肾炎。

（2）病理变化

【眼观】 病变常累及两侧肾脏，肾脏体积增大，被膜容易剥离，肾表面见有多个隆起的灰黄色或乳白色圆形小脓肿，周边围有鲜红色或暗红色的炎性反应带。切面上的小脓肿较均匀地散布在皮质部，髓质内的脓肿较少，髓质内的病灶往往呈灰黄色条纹状，与髓放线的走向一致，周边也有鲜红色或暗红色的炎性反应带。

【镜检】 在血管球及间质毛细血管内有细菌团块形成的栓子，其周围有大量中性粒细胞浸润；肾小管间也可见到同样的细菌团块和中性粒细胞，以后浸润部位肾组织发生坏死和脓性溶解，形成小脓肿，脓肿范围逐渐扩大融合，形成较大的脓肿，其周围组织充血、出血、炎性水肿以及中性粒细胞浸润。如时间较久转为慢性时，可在脓肿周围见有结缔组织增生所形成的脓肿膜。

单元二　子宫内膜炎

子宫内膜炎是指炎症仅局限于子宫内膜的病理过程，可分为急性子宫内膜炎和慢性子宫内膜炎。本病是母畜的常发病之一，尤以乳牛多见。

引起子宫内膜炎的病原菌较多，主要是化脓杆菌、葡萄球菌和链球菌，其次是大肠杆菌、坏死杆菌和恶性水肿梭菌。此外，结核分枝杆菌、布鲁氏菌及马副伤寒流产杆菌也可引起子宫内膜炎。助产中刺激性药物和器械对子宫的直接损伤也会引起子宫内膜炎。子宫内膜炎多发生于产后。难产、胎衣不下、子宫脱出、子宫恢复不全、流产时更易发生。某些全身感染性疾病时，病原体可进入血液，经血道转移至子宫引起子宫内膜炎。腹膜炎或腹腔其他组织器官的炎症，可直接蔓延或经淋巴管蔓延至子宫引起子宫炎和子宫内膜炎。

一、急性卡他性子宫内膜炎

（一）发病原因

急性卡他性子宫内膜炎是最常见的一种子宫内膜炎，多因产后病原菌经阴道上行感染引起。

（二）病理变化

病变常以卡他性炎为特点。一般无明显症状，发情期的牛、马可从子宫内排出大量混浊的或含有絮状物的黏液。

【眼观】 子宫外形常无明显异常，但切开子宫时，可见子宫腔内积有数量不等、混浊、黏稠的呈灰白色或因混有血液而呈褐红色的渗出物。子宫内膜出血、水肿，呈弥漫性或局灶性潮红肿胀，其中有散在出血点和出血斑。有时由于内膜上皮细胞变性、坏死，与渗出物的纤维素凝结在一起，而在内膜形成一层假膜，称为纤维素性子宫内膜炎。如果假膜与内膜深层组织黏着较牢固，强行剥离时常遗留有锯齿状边缘的溃疡，称为纤维素性坏死性子宫内膜炎。炎症如果发生于一侧子宫角，则病侧子宫角膨大，两侧子宫角的大小极不对称。

【镜检】 子宫内膜的毛细血管和小动脉扩张充血，常伴有出血，黏膜表层子宫腺周围有白细胞浸润，腺腔内也有白细胞集聚，黏膜小血管常有血栓形成，黏膜上皮常见有坏死。

二、化脓性子宫内膜炎

（一）发病原因

化脓性子宫内膜炎是由化脓性细菌感染引起的病变。

（二）病理变化

【眼观】 可见病变子宫体积增大，子宫腔内蓄积大量脓液，触摸有波动感。子宫腔内脓液的颜色依感染的化脓性细菌种类不同而有所不同，可呈黄色、黄绿色或红褐色；脓液有时稀薄如水，有时混浊浓稠或呈干酪样。子宫内膜表面粗糙、污秽、无光泽，多被覆一层坏死组织碎屑，并可见到糜烂或溃疡灶。子宫壁的厚度往往与脓液蓄积量有关，大量脓液充满子宫时，子宫扩张，壁变薄；仅有少量脓液时，子宫壁厚度正常或稍见肥厚。

【镜检】 子宫黏膜固有层和黏膜表面有大量中性粒细胞，子宫腺和黏膜上皮细胞变性、坏死、脱落，与坏死崩解的中性粒细胞形成脓液，有时也可见细菌团块，肌层和外膜下充血、水肿，以及中性粒细胞、巨噬细胞和淋巴细胞浸润。

三、慢性子宫内膜炎

（一）发病原因

慢性子宫内膜炎多数是由急性子宫内膜炎演变而来。

（二）病理变化

患病子宫内膜结缔组织增生，浆细胞浸润，腺腔堵塞而致囊肿形成，息肉样增生，内膜上皮脱落和上皮化生为鳞状上皮等。

病变初期多呈现轻微的急性卡他性子宫内膜炎的变化，如黏膜充血、水肿和中性粒细胞浸润，以后则以淋巴细胞和浆细胞浸润为主，并有成纤维细胞增生，致使内膜肥厚；细胞浸润和成纤维细胞增生以腺管周围最为显著。

若腺腔堵塞，子宫内膜肥厚的程度不均匀，变化显著的部分可呈息肉状隆起，称为慢性息肉性子宫内膜炎。随着成纤维细胞的增生和成熟，子宫腺的排泄管因受压迫而完全被堵塞，其分泌物排出受阻，管腔呈囊状扩张，在子宫黏膜上形成大小不等的囊肿，囊肿呈半球状隆起，内含白色混浊液体，称为慢性囊肿性子宫内膜炎。

部分病例随着病程的不断发展，子宫内膜结缔组织弥漫性增生，子宫腺体萎缩或消失、增生的结缔组织老化、收缩，子宫内膜变薄，称为慢性萎缩性子宫内膜炎。牛慢性子宫内膜炎时，子宫内膜坏死处常有钙盐沉着，形成灰白色硬固的钙化灶。

单元三　卵巢囊肿

卵巢囊肿是指卵巢的卵泡或黄体内出现液性分泌物积聚，或由其他组织（如子宫内膜）异位性增生而在卵泡中形成的囊泡。卵巢囊肿多发生于牛、猪、马、鸡、犬和猫。发病原因尚不清楚，一般认为与遗传因素有关。

根据发生部位和性质，卵巢囊肿分为以下三种类型。

一、卵泡囊肿

卵泡囊肿是成熟卵泡不破裂或闭锁卵泡持续生长，卵泡腔内液体蓄积形成的。囊肿呈单发或多发，可见于一侧或两侧卵巢，囊肿大小不等。

【眼观】　囊肿壁薄而致密，内含透明液体，其中含有少量白蛋白。

【镜检】　镜下变化因囊肿的大小不同而有差异，小囊肿内可见退变的粒层细胞和卵泡膜细胞，大囊肿因积液膨胀而囊壁变薄，细胞变为扁平甚至消失，只残留一层纤维组织膜。

二、黄体囊肿

正常黄体是囊状结构，若囊状黄体持续存在或生长，或黄体含血量较多，血液被吸收后，均可导致黄体囊肿。

【眼观】　黄体囊肿多为单侧性，呈黄色，核桃大至拳头大，囊内容物为透明液体。

【镜检】　可见黄体囊肿的囊壁是由 15～20 层来自颗粒层的黄体细胞构成，黄体细胞大，呈圆形或多角形，内含大量脂质和黄色素，这些细胞构成一条宽的细胞带，外围主要是结缔组织。当黄体囊肿为两侧性时，常表现为多发性小囊肿。

三、黄体样囊肿

黄体样囊肿实质上是一种卵泡囊肿，是卵泡不破裂，不排卵，直接演变出来的一种囊肿，是在发情周期黄体生成素释放延迟或不足的基础上发展起来的，多见于牛和猪。

【病理变化】　囊腔为圆形，囊壁光滑，在临近黄体化的卵泡膜细胞区衬有一层纤维组织。

单元四　乳腺炎

乳腺炎是动物常见的乳房疾病，指母畜乳腺的炎症。可发生于各种动物，最常发生于奶牛和奶山羊。引起乳腺炎的原因较多，如物理性、代谢性和生物性因素等。病因不同，乳腺炎的发生机制和病理变化也不同。大多数乳腺炎是由病原微生物感染所致。多种诱因可促进乳腺炎的发生，如当乳腺受到机械性损伤、乳汁在乳腺内停滞、卫生条件差和饲养管理不当等，均可促进乳腺炎的发生。此外，乳腺炎也可继发于急性子宫炎、急性胃肠炎、产后败血症以及其他疾病。

病原体可经过三个途径进入乳腺而引起乳腺炎：①通过乳头输乳管孔进入乳腺，这是主要的感染途径；②通过损伤的乳房皮肤由淋巴道侵入乳腺；③经血液循环侵入乳腺。

一、急性弥漫性乳腺炎

（一）发病原因

该病是牛最常见的一种乳腺炎，多发生于泌乳初期。通常由葡萄球菌、大肠杆菌感染，或由链球菌、葡萄球菌、大肠杆菌混合感染引起。

（二）病理变化

【眼观】 发炎的乳腺肿大、坚硬，用刀易于切开；因炎性渗出物的性质不同，乳房的切面呈现不同的病理变化。浆液性乳腺炎时乳腺切面湿润，有光泽，颜色稍苍白，乳腺小叶呈灰黄色。卡他性乳腺炎时乳腺的切面稍干燥，因乳腺小叶肿大，切面呈蛋黄色颗粒状，压之则流出混浊的液体。出血性乳腺炎时乳腺切面光滑，呈暗红色，有的乳管内有白色或黄白色的栓子。乳腺淋巴结（腹股沟浅淋巴结）肿大，切面呈灰白色髓样肿胀。

【镜检】 浆液性乳腺炎时，腺腔内有少量白细胞和剥脱的腺上皮，小叶及腺泡间结缔组织呈现明显的水肿；卡他性乳腺炎时，可见腺泡内有多量白细胞和剥脱的腺上皮，间质具有明显水肿，并有白细胞及巨噬细胞浸润；出血性乳腺炎时，乳池的黏膜充血、肿胀、出血，黏膜上皮损伤，并有纤维蛋白及脓汁渗出。

二、慢性弥漫性乳腺炎

（一）发病原因

慢性弥漫性乳腺炎除由急性炎症转化而来外，多是由无乳链球菌和乳腺炎链球菌引起。

（二）病理变化

【眼观】 病变常侵害一个乳叶，且常发生于后侧乳叶。初期病变以卡他性或化脓性炎症为特征，可见病变乳叶肿大、硬实，容易切开，切面呈白色或灰白色。乳池和输乳管扩张，其内充满黄褐色或黄绿色的脓样液体，乳池和输乳管黏膜充血，呈颗粒状结构。随后，病变由初期的卡他性化脓性炎症逐渐发展为慢性增生性炎症，间质内结缔组织显著增生，乳腺组织逐渐减少。继而因结缔组织纤维化收缩，病变部乳腺萎缩和硬化，乳腺淋巴结显著肿胀。

【镜检】 乳腺腺泡缩小，腺泡腔内的炎性渗出物中混有多量中性粒细胞和脱落的上皮，输乳管周围淋巴细胞和浆细胞浸润，结缔组织增生，乳腺组织萎缩。

三、化脓性乳腺炎

（一）发病原因

化脓性乳腺炎常并发或继发于卡他性乳腺炎或纤维素性乳腺炎。

（二）病理变化

发炎的乳腺渗出物内含有脓性混合物，病原为化脓棒状杆菌，常见于牛、猪及羊。当乳腺有脓肿时，位于浅部的单个脓肿可突出于乳房表面，有热痛，后期波动明显，界限不清。乳腺蜂窝组织炎时常常伴发脓毒败血症，乳腺轻度肿胀，切开时可见乳池及输乳管内充满黄白色或绿黄色的脓性渗出物，稀薄或浓稠，黏膜粗糙或形成溃疡，表面覆有坏死组织碎块，乳腺组织化脓坏死，形成瘘管时脓汁可由皮肤和乳管的穿孔排出。化脓性乳腺炎有时表现为皮下和间质的弥漫性化脓性炎，炎症过程可由间质波及乳腺实质，使乳腺组织大范围坏死糜烂。病灶若为湿性坏疽，则见乳管排出混浊、红色并带有恶臭的渗出物，乳腺组织呈污秽绿色或褐色，乳腺淋巴结肿大，也见有化脓、坏死灶或脓肿形成。

四、肉芽肿性乳腺炎

肉芽肿性乳腺炎是一类以肉芽肿形成为主要病变特征的乳腺慢性炎症，兽医临床常见的主要包括结核性乳腺炎、放线菌性乳腺炎和布鲁氏菌性乳腺炎；此外还有一类特发性肉芽肿性乳腺炎，是指乳腺的非干酪样坏死，检测不到病原体，可能与自身免疫性疾病有关，发病率不高，对其观察研究不多。

（一）结核性乳腺炎

1. 发病原因

结核性乳腺炎是由于感染结核杆菌而引起的，可以通过呼吸感染本菌，并经血源性途径感染乳腺。结核性乳腺炎主要见于奶牛。

2. 病理变化

病变以增生性结核结节较多。

【眼观】 乳腺中弥漫分布的结核结节，呈灰白色，周围有结缔组织增生，质地较硬。乳腺结核也可呈弥漫性渗出性结核，病变常波及几个乳腺小叶或整个乳腺，使乳腺显著肿胀而硬实，切面见不规则的大面积干酪样坏死灶，故也称为干酪性乳腺炎。结核病灶也可波及输乳管、乳池，其黏膜形成结核性病变。

【镜检】 可见典型的增生性结核性肉芽肿或大片干酪样坏死，在乳汁中可查出大量结核菌。

（二）放线菌性乳腺炎

1. 发病原因

一般经皮肤创伤感染，在乳腺皮下或深部组织发生放线菌性化脓灶。放线菌性乳腺炎多见于牛和猪。

2. 病理变化

【眼观】 感染部位乳腺皮肤和皮下肿胀，切开肿胀部，可见厚的结缔组织包囊，其囊腔内有稀稠不等的脓汁，其中含有淡黄色硫黄样颗粒，脓肿及表面皮肤可逐渐软化和破溃，并形成瘘管或窦道。

【镜检】 脓汁中可见放线状排列的菌块。菌块中央是相互交织的菌丝，菌丝向四周放射，菌丝末端呈曲颈瓶状膨大；菌块周围是含多核巨细胞的特殊肉芽组织；外围是普通肉芽组织。

（三）布鲁氏菌性乳腺炎

1. 发病原因

是由布鲁氏菌感染引起的乳腺炎，多见于牛和羊，呈亚急性或慢性经过。

2. 病理变化

【眼观】 发病初期，病变轻微，不易被注意，后期乳腺变硬、萎缩，其内分布有硬固结节。

【镜检】 可见局灶性增生性病灶，增生的细胞主要是淋巴细胞和上皮样细胞，其内混有少量中性粒细胞和巨噬细胞，结节外围有结缔组织增生，结节内腺泡上皮细胞变性、坏死和脱落，腺泡崩解。

单元五　睾丸炎

睾丸位于阴囊鞘膜内，其表面被覆厚而坚韧的白膜，可以阻止细菌和其他致病因素对睾丸的直接危害，因此睾丸炎的发生多是经血源扩散的细菌感染或病毒感染而引起的；尿道、生殖道有病原体感染时，可发生逆行感染，此时往往先引起附睾炎，然后波及睾丸。此外，各种外伤引起的阴囊腱鞘炎，也可继发睾丸炎。根据睾丸炎的病程和病变，可将其分为急性睾丸炎、慢性睾丸炎和特异性睾丸炎三种类型。

一、急性睾丸炎

急性睾丸炎往往引起睾丸充血，使睾丸变红肿胀，白膜紧张变硬，切面湿润隆突，常见有大小不等的坏死灶。当炎症波及白膜时，可继发急性鞘膜炎，引起阴囊积液。组织学可见病变睾丸发生局灶性坏死，结缔组织水肿，中性粒细胞浸润，生精小管出血、坏死，严重者可形成睾丸脓肿及睾丸梗死。急性睾丸炎的病原常是化脓菌，睾丸切面常分散有大小不等的灰黄色化脓灶。

二、慢性睾丸炎

慢性睾丸炎多由急性炎症转化而来。慢性睾丸炎病程长，常表现为间质结缔组织增生和纤维化，睾丸体积变小，质地变硬，被膜增厚，切面干燥。伴有鞘膜炎时，因机体使鞘膜脏层和壁层粘连，以致睾丸被固定，不能移动。

三、特异性睾丸炎

特异性睾丸炎是由特定病原菌（如结核分枝杆菌、布鲁氏菌、鼻疽杆菌）引起的睾丸炎，病原多源于血源散播，病程多取慢性经过。眼观，睾丸体积增大，鞘膜呈局灶性或弥漫性增厚，鞘膜腔积液，切面可见病变睾丸呈弥漫或局限性灰白或黄褐色。镜下，细精管破坏，有由大量上皮样细胞、淋巴细胞、浆细胞、组织细胞和一些多核巨细胞与中性粒细胞形成的结核样结节，结节中央可见退化的精子，肉芽肿周围纤维组织增生，细精管的基底膜纤维性增厚，间质内有大量淋巴细胞和浆细胞浸润及纤维组织增生。

【案例分析】

案例 1　1 条 5 岁母犬，产后 3 周，其尿道一直有血样分泌物排出。主人怀疑该犬恶露不尽，至宠物医院就医，主要采用消炎、止血处理。治疗 1 周后患犬出现血尿，且整个排尿过程中尿液均呈现红色，而且动物精神变差，食欲降低，弯腰拱背，触碰左侧腰侧有疼痛反应。临床检查患犬体温稍有升高，实验室检查患犬尿液，发现其中红细胞数量升高，白细胞数量升高，且白细胞主要为中性粒细胞，腹部 B 超检查患犬左侧肾脏明显肿大，约为右侧肾脏的 2～3 倍，且左肾轮廓不清。

案例2 猪场妊娠母猪生产后，不让仔猪吮吸乳头，常常趴卧，食欲下降。驻场兽医检查后发现，母猪乳腺组织肿大变硬，指压留痕，触诊有温热，挤压有疼痛感。且乳汁量减少或无乳汁，挤出的乳汁颜色、质地异常，色黄浓稠，甚至可见脓样絮状物或血样分泌物。

问题分析：

1. 分析以上案例可能发生的是什么病？其发生原因是什么？

2. 确诊各案例病理诊断的依据是什么？

（康静静）

模块三　疫病病理

项目十七 畜禽常见细菌病的认识与病理诊断

【目标任务】

知识目标 熟悉畜禽常见细菌病的病原与发病机理，识别畜禽常见细菌病的病理变化。
能力目标 根据畜禽常见细菌病的病理变化，做出正确的病理诊断。
素质目标 根据畜禽常见细菌病的流行特点及其对畜禽养殖生产的危害，建立科学的疾病防控观念和畜禽养殖管理措施。

单元一 巴氏杆菌病

巴氏杆菌病是由多杀性巴氏杆菌感染所引起的多种动物共患性传染病。急性型常以败血症和各组织器官发生出血性炎症为主要特征，又称为出血性败血症。

彩图扫一扫

一、病原与发病机理

病原为多杀性巴氏杆菌，本病的感染分内源性感染和外源性感染两种途径。巴氏杆菌是畜禽的扁桃体和上呼吸道常在的条件性病原菌，但当机体抵抗力和上呼吸道防御屏障功能降低时，这些病原菌就会大量繁殖，并侵入淋巴或血流而发生内源性感染。外源性感染以患病动物为主要传染源，细菌通过被污染的饲料、饮水和其他器物经消化道、呼吸道或皮肤伤口感染发病。

二、类型与病理变化

多杀性巴氏杆菌能感染多种动物，猪巴氏杆菌病又称猪肺疫，急性病例为出血性败血症、咽喉炎和肺炎为主，慢性病例以慢性肺炎为主；牛巴氏杆菌病又称牛出血性败血症，以败血症和出血性炎症为主；禽巴氏杆菌病又称禽霍乱，以最急性型和急性型为多见，多呈败血症变化。

1. 猪巴氏杆菌病

（1）**最急性型** 多呈急性经过，以咽喉炎和败血症为主要特征。咽喉部黏膜及周围组织充血、水肿，引起声门部狭窄。咽喉周围组织有明显的出血，严重时向前扩展至舌系带和舌，向后延伸到下颌部。败血症变化表现为急性淋巴结炎，颌下、咽后和颈部的淋巴结炎最明显；全身浆膜、黏膜出血，胸膜和心外膜出血显著；浆膜发生浆液-纤维素性炎；肺脏充血、水肿；脾脏呈坏死性脾炎，通常不肿大。

（2）急性型　主要病变为纤维素性肺炎、胸膜炎、心外膜炎。肺部病变最为典型，多发生于尖叶、心叶和膈叶的前下部，严重者可危及整个肺叶。病变肺组织肿胀、质地变实，被膜粗糙，肺小叶间质水肿、增宽。由于不同的病变区其发展时期不同，而呈现出暗红色、灰黄色或灰白色，整个病变区肺组织呈现出多色性的大理石样外观。胸腔和心包内有多量淡红色混浊积液，内混有纤维素。胸膜和心包膜表面因有纤维素渗出而粗糙不平，有时心包和胸膜或者肺与胸膜发生粘连。

（3）慢性型　慢性经过者，尸体消瘦，贫血，肺炎病变陈旧，有的肺组织内有坏死或干酪样物，外有结缔组织包围；胸膜增厚，甚至与周围邻近组织发生粘连。支气管淋巴结、纵隔淋巴结和肠系膜淋巴结有干酪样变化。

2. 牛巴氏杆菌病

（1）败血型　全身可视黏膜淤血呈紫红色，皮下组织、体腔浆膜、呼吸道和消化道黏膜，以及肺和肌肉有散在性出血点。心、肝、肾等实质器官变性，脾不肿大，呈现急性坏死性脾炎，全身淋巴结充血、水肿，呈急性浆液性淋巴结炎。浆膜出现浆液-纤维素性炎，心包腔内有多量絮状的纤维素性渗出物蓄积。

（2）水肿型　主要表现为颌下、咽喉部、颈部、面部、胸前等处发生不同程度的炎性水肿，切开水肿部流出淡黄色液体，皮下呈黄色胶冻样。颌下、咽部、颈部和肺门淋巴结充血、水肿，切面湿润，呈急性淋巴结炎变化。肺淤血、水肿，消化道呈卡他性或出血性炎症，各实质器官细胞变性。

（3）肺炎型（胸型）　主要呈现纤维素性肺炎和浆液纤维素性胸膜炎病变。整个肺脏有不同大小和不同时期的肝变性肺炎病灶，病变部质地变实，肺表面与切面呈暗红色、灰红色或灰白色大理石样外观。除此之外，还表现有纤维素性胸膜炎、心包炎，胸腔、心包腔积有大量纤维性渗出物。全身浆膜、黏膜点状出血，实质器官变性。

3. 禽巴氏杆菌病

禽巴氏杆菌病又称禽霍乱，多呈败血症变化。根据其病理变化特点不同分为最急性型、急性型和慢性型三种，以最急性型和急性型为多见。

（1）最急性型　见于本病流行初期，病程极短，不显示任何临床症状而突然死亡，剖检多无特征性变化，仅见心脏冠状沟的心外膜有针尖大出血点，肝脏肿大，有时在肝脏表面散在有针尖大灰白色或灰黄色的坏死灶。

（2）急性型　病变较为典型，尸体一般营养良好，被毛蓬乱，鸡冠及肉髯发紫，嗉囊积食，从口腔和鼻腔流出黏稠液体，肛门附近的羽毛多被粪便污染。剖检特征为腹膜、皮下组织及腹部脂肪常见小点状出血。心包变厚，心包腔内积有多量不透明淡黄色液体，有的含纤维素絮状液体，心外膜、心冠脂肪出血尤为明显。肺有充血或出血点。肝脏稍肿大，质变脆，呈棕色或黄棕色，表面散布许多针尖大灰白色坏死点。脾脏无变化或稍微肿大，质地较柔软。肌胃出血显著，肠道尤其是十二指肠呈卡他性和出血性肠炎，肠内容物含有血液。

（3）慢性型　多数由急性型转来，通常只是某些局部发生病变，如纤维素性坏死性肺炎、心包炎、胸膜炎、腹膜炎、关节炎等。

三、病理诊断要点

1. 猪巴氏杆菌病

最急性型以败血症和咽喉炎为主要特征；急性型以纤维素性肺炎为主要特征；慢性型多以肺部陈旧性的纤维素性肺炎、纤维素性胸膜肺炎及心外膜炎为主要特征。

2. 牛巴氏杆菌病

急性型以败血症变化为特征；水肿型多以肺水肿，淋巴结水肿，皮下水肿为特征；肺脏以纤维素性胸膜肺炎、肺肝变为特征。

3. 禽巴氏杆菌病

急性型剖检可见心外膜、心冠脂肪出血，肝脏坏死灶；慢性型通常只是某些局部发生病变，如纤维素性坏死性肺炎、心包炎、腹膜炎、关节炎等。

单元二　沙门氏菌病

沙门氏菌病是由沙门氏菌属的细菌感染所引起的人畜共患性传染病。在畜禽中对猪、牛和鸡的危害最为严重，最常见的有猪沙门氏菌病、牛沙门氏菌病和鸡沙门氏菌病。

一、病原与发病机理

病原为沙门氏菌属的细菌，猪沙门氏菌病的病原为猪霍乱沙门氏菌和鼠伤寒沙门氏菌，主要传染源是病猪和隐性带菌猪。病原通过消化道侵入机体后，在肠壁淋巴组织繁殖，产生内毒素，引起肠壁发炎。病原沿淋巴管扩散到肠系膜淋巴结，并经胸导管进入血液，形成菌血症，继而引起败血症。

牛沙门氏菌病的病原为鼠伤寒沙门氏菌、都柏林沙门氏菌或纽波特沙门氏菌。病菌污染水源和饲料等，最终经消化道感染健康牛群。病原菌经消化道感染，侵害肠黏膜，并突破局部屏障侵入血液，引起心血管系统、实质器官和胃肠等部位的病变。肠炎和腹泻的发生同沙门氏菌具有多种毒力因子有关，其中主要的有脂多糖、肠毒素、细胞毒素等。

鸡沙门氏菌病的病原为鸡白痢沙门氏菌，感染途径为消化道感染、交配或人工授精、种蛋垂直感染等。母鸡感染后，主要引起慢性卵巢炎和卵泡变性。垂直感染后，孵化出的雏鸡带菌并可发病。通过病健雏的直接或间接接触，经消化道感染发病，临床上以白色痢便为主要特征。

二、类型与病理变化

1. 猪沙门氏菌病

该病又称为猪副伤寒，主要发生于 2～4 月龄仔猪，成年猪多以伴发的形式出现。根据其病理变化特点不同，分为急性型和慢性型，急性型呈败血症病变，慢性型呈坏死性肠炎病变。

（1）急性败血型　以败血症变化和肝脏的点状坏死为病变特征。病死猪耳部、鼻端、面部及腹部皮肤呈蓝紫色。全身浆膜、黏膜及各内脏器官点状出血。全身淋巴结发生急性淋巴结炎，脾脏呈急性炎性脾肿，胃黏膜有出血斑，肠黏膜充血、潮红，肠壁淋巴滤泡肿胀。肠系膜淋巴结索状肿大，切面呈大理石样变。肝脏肿大，被膜下密布细小的灰黄色坏死点。

（2）**慢性肠炎型** 以坏死性肠炎为特征。病猪消瘦，胸、腹下部或腿内侧等部，常见黄豆或豌豆大痂样湿疹，暗红色或黑褐色。肠道病变主要在回肠和大肠，可见回肠、盲肠、结肠黏膜表面附着有大量的糠麸样纤维素性渗出物或呈现纤维素性坏死性肠炎变化，肠黏膜上覆灰黄色纤维素性坏死性假膜或形成四周隆起，中央凹陷，边缘不整的溃疡面。肝、脾肿大、有坏死点，肠系膜淋巴结充血、肿大、坏死。

2. 牛沙门氏菌病

该病又称为牛副伤寒，主要发生于 10 ～ 14 日龄以上的犊牛。犊牛发病后常呈流行性，而成年牛则为散发。

（1）**成年牛** 主要表现急性出血性肠炎。剖检可见肠黏膜充血、出血，大肠黏膜脱落，有局部坏死区。肠系膜淋巴结呈不同程度的水肿，出血。肝脏脂肪变性或灶状坏死。胆囊壁增厚，胆汁混浊，呈黄褐色。病程长的病例，肺部有肺炎区，脾脏充血、肿大。

（2）**犊牛** 急性型呈败血症变化，心壁、腹膜、膀胱黏膜有小出血点。胃肠道呈急性卡他性或出血性炎，炎症主要位于皱胃和小肠后段。肠系膜淋巴结、肠孤立淋巴滤泡与淋巴集结增生，均呈"髓样肿胀"或"髓样变"。脾脏肿大、质软，镜下可见淤血，也可见网状内皮细胞增生与坏死。肝脏表面可见多少不一的灰黄或灰白色细小病灶，镜下为肝细胞坏死灶、渗出灶或增生灶（即副伤寒结节）。肾脏偶见出血点和灰白色坏死灶。亚急性或慢性型，主要表现为卡他性或化脓性支气管性肺炎、肝炎和关节炎。肺炎可见到实变或化脓灶，并常有浆液 - 纤维素性胸膜炎。肝炎病变与急性型病变相似，但增生灶较为明显。关节受损时常表现为浆液 - 纤维素性关节炎。

3. 鸡沙门氏菌病

该病又称为鸡白痢，是由鸡白痢沙门氏菌引起，幼雏感染后常呈急性败血型变化，发病率和死亡率都高。成年鸡感染后，多呈慢性或隐性带菌，可随粪便排出。因卵巢带菌，可通过种蛋垂直传播，严重影响孵化率和雏鸡成活率。

（1）**雏鸡** 1 周龄以内的病死雏鸡可见脐环愈合不良，卵黄变性和吸收不良。1 周龄以上的病雏鸡主要病变为肝脏肿大，表面及切面散在有针尖至小米粒大小的灰白色或灰黄色坏死灶。胆囊肿大、充盈。脾脏充血、肿大，被膜下散在有针尖大至小米粒大的灰白色或灰黄色坏死灶。肺脏充血、淤血，病程长者见有灰白色或灰黄色结节或干酪样坏死。心肌肿胀，有大小不等的灰白色坏死结节。肾脏肿大，肾小管和输尿管内充满灰白色尿酸盐。盲肠肿大，肠腔内有灰白色或灰黄色干酪样坏死物。

（2）**产蛋鸡** 主要以卵巢炎和卵黄性腹膜炎为主要特征。剖检可见卵泡变性、变形、变色。卵黄囊由正常的深黄色或淡黄色变为灰色、红色、褐色或铅黑色，其内容物为红色、褐色的半流状物或呈干酪样；大小不等，形态不规则，多带有柄蒂。蒂断裂后，其囊泡游离于腹腔，当病变囊泡破裂后，其卵黄物质布满腹腔，引起卵黄性腹膜炎。此时可见腹膜充血、肿胀、呈污灰色，表面被覆有卵黄和浆液 - 纤维素性渗出物。

三、病理诊断要点

1. 猪沙门氏菌病
急性败血型呈败血症变化和肝脏的点状坏死，慢性肠炎型呈回肠和大肠的固膜性肠炎。

2. 牛沙门氏菌病
成年牛呈急性出血性肠炎，犊牛呈急性败血性病变和慢性卡他性或化脓性支气管性肺炎、肝炎和关节炎。

3.鸡沙门氏菌病

雏鸡脐环愈合不良，卵黄变性和吸收不良；肝、脾、肾肿大，表面及切面散在有针尖至小米粒大小的灰白色或灰黄色坏死灶，肾小管和输尿管内充满灰白色尿酸盐，盲肠肠腔内有灰白色或灰黄色干酪样坏死物。成年鸡呈卵巢炎和卵黄性腹膜炎。

单元三　大肠杆菌病

大肠杆菌病是由致病性大肠杆菌感染所引起的一类人畜共患性传染病。本病主要侵害幼畜和幼禽，常引起幼畜禽的严重腹泻、肠毒血症和败血症而大批死亡。特别是对猪和鸡的危害最为严重，临床上常见的有猪大肠杆菌病、禽大肠杆菌病。

一、病原与发病机理

1.猪大肠杆菌病

根据其菌型种类和表现特点不同，可分为仔猪黄痢、仔猪白痢、猪水肿病三种类型。

（1）**仔猪黄痢**　又称早发性大肠杆菌病，是由产肠毒素大肠杆菌感染引起。多发生于1周龄内（尤其是1～3日龄）初生仔猪，属于一种高度致死性肠道传染病，以剧烈腹泻、排黄色液状粪便、迅速脱水死亡为特征。带菌母猪是主要的传染源，病菌污染环境和母猪乳头和皮肤，仔猪通过吮乳引起感染和发病。如初乳中缺乏母源抗体，病原菌即可在仔猪黏膜上皮中繁殖并产生毒素，引起剧烈腹泻，导致脱水和酸碱平衡紊乱，最后虚脱而死亡。

（2）**仔猪白痢**　是由致病性大肠杆菌感染引起的一种急性肠道传染病，10～30日龄仔猪易发，以排出腥臭的乳白色或灰白色浆液状或糊状粪便为主要特征。天气突变、舍内环境较差或暴饮暴食等都是本病的诱因。细菌毒素一方面对肠黏膜的侵害和损伤；另一方面由于炎症刺激肠液和炎性渗出分泌增加，引起腹泻。食糜中的大量脂肪得不到充分的消化，与肠腔内碱性离子结合，形成灰白色脂肪酸皂化物，而使粪便变成灰白色，临床上表现为拉白色痢便。

（3）**猪水肿病**　是由溶血性大肠杆菌感染引起的一种急性肠毒血症。断奶前后仔猪多发，发病率不高，但死亡率很高。本病的传染性不明显，通常呈散发性，常常在一窝仔猪中较肥壮而生长快的首先发病。本病的发生似与饲料和饲养方法的改变、气候变化有关，也与消化功能紊乱、肠道微环境改变，以及微量元素缺乏有关。引起水肿的大肠杆菌可产生和释放一种有抗原性的水肿病因子，从肠道吸收后使小血管受损，管壁通透性增强，而引起水肿。

2.禽大肠杆菌病　是由致病性埃希氏大肠杆菌引起的多种疾病。包括大肠杆菌性肉芽肿、腹膜炎、输卵管炎、脐炎、滑膜炎、气囊炎、眼炎、卵黄性腹膜炎等疾病。病禽和带菌禽为主要传染源。大肠杆菌属于体内常在性与条件性致病菌，当饲养条件差或饲养管理不当，以及感染其他疫病等，而使机体抵抗力降低时，这种条件性致病菌就会大量繁殖，引起本病。病禽和带菌禽可随粪便排出病菌，通过污染蛋壳、感染胚胎造成胚胎或幼雏的早期死亡，或通过粪便污染饲料饮水传染给健康幼雏引起本病。

二、类型与病理变化

1.猪大肠杆菌病

（1）**仔猪黄痢**　病死仔猪严重脱水，皮肤皱缩，肛门松弛，肛周有黄色稀粪污染。胃膨胀，胃内充满酸臭的凝乳块，胃底部黏膜充血或出血。小肠扩张，肠腔内充满腥臭的黄色或黄白色内容物和气体，肠壁变薄，黏膜充血、水肿。肠系膜淋巴结充血、肿大。心、肝、肾等实质器官变性、坏死。胃肠黏膜发生纤维素性或纤维素性坏死性炎变化。

（2）**仔猪白痢**　病死猪体消瘦，肛门与尾部沾污有白色痢便。主要病变位于胃和小肠前部，胃内有少量凝乳块，胃黏膜充血、出血、水肿，表面覆有数量不等的黏液。肠黏膜有卡他性炎症变化，表现为肠壁变薄，灰白半透明，肠黏膜充血、潮红、易剥落，肠壁淋巴小结稍肿大，肠腔内含有大量气体或有少量稀薄黄白色酸臭的粪便。肠系膜淋巴结肿大，心、肝、肾等实质器官肿胀、变性。

（3）**猪水肿病**　病死猪体营养良好，皮肤、黏膜苍白。眼睑和面部水肿。切开头部皮肤，皮下蓄积水肿液，皮下组织呈胶冻状。喉头黏膜水肿，贲门与胃底黏膜水肿，呈半透明胶冻状，结肠肠系膜水肿。全身淋巴结水肿，颌下淋巴结和肠系膜淋巴结更为明显。心包、胸腔积液，肺水肿、出血。

2. 禽大肠杆菌病

大肠杆菌所侵害的部位不同，其病理变化可表现出多种类型，其特征是引起心包炎、肝周炎、气囊炎、腹膜炎、输卵管炎、滑膜炎、大肠杆菌性肉芽肿和脐炎等病变。

（1）**鸡胚与幼雏早期死亡型**　蛋壳被粪便污染或产蛋母鸡患有大肠杆菌性卵巢炎或输卵管炎，致使鸡胚卵黄囊被感染，在鸡胚孵化过程中感染发病，造成鸡胚或幼雏早期死亡。死亡胚胎或幼雏卵黄呈黄棕色水样物或干酪样物，多数病雏还有脐炎，病雏腹部大，脐孔发红、水肿，俗称"大肚脐"。剖检卵黄囊充血、出血，卵黄吸收不良。

（2）**败血型**　主要发生于6～8周龄肉仔鸡，强毒力致病菌通过脐、消化道或呼吸道水平传播，而在短期内造成大批幼雏感染，引起急性败血症变化。表现为突然死亡，皮肤、肌肉淤血，血液凝固不良，呈紫黑色。肝脏肿大，呈紫红色或铜绿色，肝脏表面散在白色的小坏死灶。肠黏膜弥漫性充血、出血，整个肠管呈紫色。心脏体积增大，心肌变薄，心包腔充满大量淡黄色液体。肾脏体积肿大，呈紫红色。肺脏充血、出血、水肿。

（3）**呼吸道感染（气囊炎）型**　主要发生于6～9周龄雏鸡，多与霉形体病、新城疫、传染性法氏囊炎混合感染。病菌主要侵害气囊，以引起气囊炎为主要特征。表现气囊混浊或呈云雾状，囊壁增厚，气囊表面有黄白色纤维素性渗出物，气囊内有黏稠的黄色干酪样分泌物。

（4）**心包炎与心肌炎型**　由大肠杆菌经血源性传播引起，主要以心包炎和间质性心肌炎为特征，表现为心包膜混浊、增厚，心包腔中有浆液-纤维素性渗出物，心包膜及心外膜上有纤维蛋白附着，呈灰白色或灰黄色，严重者心包膜与心外膜粘连。心肌内有大小不一的灰白色结节，切面有灰白色或带粉红色的致密组织，杂有灰黄色坏死灶。

（5）**肝周炎型**　主要以纤维素性肝包膜炎为特征，表现为肝脏肿大，被膜增厚，表面有一层黄白色的纤维素附着，肝脏变形，质地变硬，肝实质有许多大小不一的坏死点。

（6）**肉芽肿型**　主要以肝脏、心脏、盲肠与肠系膜等部位形成典型的肉芽肿为特征。眼观这些器官见有粟粒大至黄豆大肉芽肿结节，结节的切面呈黄白色，呈放射状或环状波纹和多层性，中央有脓性渗出物。镜检结节中心为含有大量核碎屑的坏死灶。由于病变呈波浪式进展，故聚集的核碎屑物呈轮层状；坏死灶周围环绕上皮样细胞带，结节的外围可见厚薄不等的普通肉芽组织，其中尚有异染性细胞浸润。

（7）**输卵管炎型**　多见于产蛋鸡，呈慢性输卵管炎病变，特征是输卵管高度扩张，内积异形蛋样渗出物，表面不光滑，切面呈轮层状，输卵管黏膜充血、增厚。镜检上皮下有异染性细胞积聚，干酪样团块中含有许多坏死的异染性细胞和细菌。

（8）**卵黄性腹膜炎型**　多见于产蛋鸡和母鹅，病变主要侵害卵巢、卵泡和输卵管，以引起卵黄性腹膜炎为特征。剖检可见腹腔内充满淡黄色腥臭的液体和破损的卵黄，腹腔脏器表面覆盖一层淡黄色纤维素性渗出物，肠系膜发炎，肠襻互相粘连，肠浆膜散在针尖大的点状出血。卵巢中卵泡变形皱缩，呈灰色、褐色或酱色。病程较长者，滞留在腹腔内的卵黄物质凝固成硬块，切面成层状。输卵管黏膜发炎，有针尖大出血点和淡黄色纤维素性渗出物沉着，管腔中也有黄白色的纤维素性凝块。

（9）**关节炎型**　多见于幼、中雏鹅及肉仔鸡，多为慢性经过，以纤维素性或化脓性关节炎为特征。表现跗关节和趾关节肿大，关节腔内有纤维素性渗出物或混浊的关节液，滑膜肿胀增厚。

（10）**眼炎型**　单侧或双侧眼肿胀，有干酪样渗出物，眼结膜潮红，严重者失明。镜检见全眼都有异染性细胞和单核细胞浸润，脉络膜充血，视网膜完全破坏。

三、病理诊断要点

1. 仔猪黄痢

1 周龄内仔猪严重脱水，肛周有黄色稀粪污染，胃内充满酸臭凝乳块，胃底部黏膜充血或出血，小肠腔内充满腥臭的黄色或黄白色内容物和气体，肠系膜淋巴结充血、肿大。

2. 仔猪白痢

10～30 日龄仔猪排白色痢便，胃和小肠前部黏膜充血、出血、水肿和卡他性炎症，肠腔内有黄白色或灰白色黏性稀薄的内容物，肠系膜淋巴结肿大。

3. 猪水肿病

断奶前后仔猪眼睑和面部水肿，贲门与胃底黏膜半透明胶冻状水肿，结肠肠系膜、全身淋巴结、颌下淋巴结和肠系膜淋巴结水肿。

4. 禽大肠杆菌病

鸡胚与幼雏早期死亡，卵黄吸收不良，成年鸡气囊炎、肝周炎、纤维素性心包炎、关节炎，产蛋鸡卵黄性腹膜炎等。

单元四　结核病

结核病是由结核分枝杆菌感染引起的一种人畜共患慢性传染病。我国已将该病列为二类动物疫病，其特征是患畜渐进性消瘦，并在多种组织器官中形成结核结节（肉芽肿）和干酪样坏死灶。家畜中以牛的结核病最为多见，特别是奶牛最易患病。

一、病原与发病机理

牛结核病是由结核分枝杆菌引起的一种慢性传染病。以组织器官的结核结节性肉芽肿和干酪样、钙化的坏死病灶为特征。结核分枝杆菌可分为人型、牛型、鼠型和禽型，牛结核病主要由牛型结核杆菌引起。不同类型的结核杆菌的形态稍有差异。人型结核菌是直的或微弯的细长杆菌，呈单独或平行相聚排列，多为棍棒状，间有分枝状。牛型结核菌的菌体形状为短粗状，且着色不均匀；禽型结核菌短而小，呈多形性。本菌不产生芽孢和荚膜，也不能运动，为革兰氏阳性菌。

患结核病的家畜是该病的主要传染源，结核杆菌在机体内可分布在不同的器官中，因病畜能由粪便、乳汁、尿及气管的分泌物排出病菌，污染周围环境而导致该细菌发生传染，该细菌主要经呼吸道和消化道传染，也可经胎盘发生感染。

经呼吸道感染后到达肺泡的结核杆菌可吸引巨噬细胞，并被巨噬细胞所吞噬。在细胞免疫建立以前，巨噬细胞将其杀灭的能力很有限，结核杆菌在细胞内繁殖，一方面可引起局部炎症，另一方面可发生全身性血源性播散，进而可发展成肺结核病。

1. 结核结节的形成机理

结核杆菌由外界侵入机体内或由原发病灶转移到某一局部组织。首先细菌在部分组织内繁殖，侵害局部组织。在结核杆菌存在部位，最初出现大量嗜中性粒细胞，嗜中性粒细胞可吞噬结核杆菌，阻止病菌扩散，但却不能将病菌消灭，病菌则在其胞体内繁殖，最终导致嗜中性粒细胞解体。随后，在病灶中出现大量的单核吞噬细胞吞噬结核杆菌。如病菌毒力较强，病菌在细胞体内不能被消灭，而在胞体内继续繁殖，导致巨噬细胞解体。如机体抵抗力较强，病菌就会在细胞体内被消灭，菌体崩解后，菌体内类脂质成分弥散于吞噬细胞体内，使之转变为胞体较大、胞质淡染的上皮样细胞。在结核病灶内上皮样细胞之间还可出现一些多核巨细胞，其吞噬能力更为强大。上述上皮样细胞和多核巨细胞构成肉芽组织，其病灶中心上皮样细胞在细菌毒素作用下发生干酪样坏死和钙化，周边则由肉芽组织增生和淋巴细胞浸润包围。所以，一个典型的结核结节有三层结构，即中心层为干酪样坏死灶或钙化状；中间层为上皮样细胞和多核巨细胞构成的特异性肉芽组织；外围层为增生的成纤维细胞和淋巴细胞所构成的普通肉芽组织。

2. 结核结节的类型

（1）增生性结核结节　此种结节最为多见，其特点是在组织和器官内形成粟粒大至豌豆大灰白色结节。此种结节有时孤立散在，有时密发，有时几个结节互相融合形成较大的融合性结节。此种结节以特殊肉芽组织的增生占优势，中心干酪样坏死不大或缺乏，周围有密集的淋巴细胞与普通肉芽组织围绕。

（2）渗出性结核结节　此种结核较为少见，其特点是在结核病灶内有明显的渗出性变化，主要表现为有多量浆液、纤维素的渗出和大量的巨噬细胞、淋巴细胞和少量嗜中性粒细胞浸润。并且这些渗出与病灶内的组织很快发生干酪样坏死。病灶局部失去原有结构，形成灰黄色或灰白色干燥的干酪样物质，称为干酪样坏死。在其干酪样坏死灶的周围仅有薄层肉芽组织包围。

二、类型与病理变化

1. 原发性结核

原发性结核是机体第一次感染结核杆菌所引起的结核，多发生于犊牛。主要通过呼吸道和消化道感染，其病变多局限于肺和肠及其所属淋巴结。

肺脏原发性结核最突出的病变特征是在肺脏及其所属淋巴结内形成数量不等，大小不一的结核结节。结节中心为灰白色或黄白色的干酪样坏死，周围为颜色稍深的肉芽组织。结节分布在一个至数个肺小叶之内，数量多为一个，偶见两个以上。原发病灶的结核杆菌可迅速侵入所属的淋巴管和淋巴结，引起淋巴管和淋巴结的结核性炎症。

胃肠道原发性结核多发生于扁桃体和小肠。扁桃体结核病变表现为干酪样坏死或黏膜溃疡，并继发咽背淋巴结的干酪样坏死。小肠病变主要位于小肠的后 1/3 处，特别是回肠的淋巴小结，多形成干酪样坏死或黏膜溃疡病变。并由此通往肠系膜淋巴结和淋巴管，形成淋巴结干酪样坏死和淋巴管的串珠状结节。

2. 继发性结核

继发性结核是指原发病灶痊愈后再次感染结核或原发病灶内的结核杆菌向外扩散，在周围组织或其他器官形成结核病变。原发病灶内细菌经血道或淋巴道向全身各器官扩散，在多个器官形成继发性结核的过程，称晚期全身化。

（1）**肺结核**　根据病原扩散的途径不同，其表现形式也各有不同。

① 干酪性支气管肺炎：结核杆菌沿支气管扩散引起干酪性支气管肺炎。以形成腺泡性、小叶性和大叶性干酪性支气管肺炎三种病变为特征。腺泡性干酪性支气管肺炎病变多局限于肺小叶内的局部肺泡，炎灶仅有小米粒大小。当病变扩展到整个肺小叶时，称小叶性干酪性支气管肺炎，病灶有黄豆到蚕豆大小，呈灰白色或灰黄色干酪样。病变再进一步波及更多小叶乃至整个肺叶时，病灶形成大面积的干酪样坏死，称大叶性干酪性支气管肺炎。

② 粟粒性结核：结核杆菌经血液扩散引起粟粒性结核，多发生于肺脏和肾脏等部。肺粟粒性结核时可见肺表面和切面均匀分布大小一致的灰白色结节。可表现渗出性和增生性两种形式，增生性结节中心为干酪样坏死或钙化，周围有结缔组织包膜。渗出性结节中心为灰黄色坏死，周边有红色炎性反应带。

（2）**淋巴结结核**　结核杆菌经淋巴道扩散可引起淋巴结结核，多发生于支气管、纵隔和肠系膜等部位的淋巴结。淋巴结高度肿大，切面可见大部分淋巴组织发生干酪样坏死呈灰黄色，其中散在灰白色钙化灶，坏死灶之间为增生的肉芽组织。

（3）**浆膜结核**　结核杆菌经血源性和淋巴源性扩散或直接蔓延均可引起浆膜结核，多发生于胸膜、腹膜、心包膜等浆膜表面，有两种表现形式。

① 珍珠病：多发生于胸膜、腹膜上，为增生性结核，在浆膜面上形成许多绿豆至豌豆大或更大的结核结节。结节为增生性结节，呈灰白色，近圆形，表面光滑，好似在浆膜表面撒布一层珍珠。故有"珍珠病"之称。

② 干酪样浆膜炎：多发生于心包膜或心外膜上，为渗出性结核，其特征是在浆液 - 纤维素性炎的基础上，发生干酪样坏死。浆膜常因结核性肉芽组织增生而增厚，因大量干酪样坏死物被覆在心脏表面状似盔甲，俗称"盔甲心"。

三、病理诊断要点

① 肺脏形成结核性肺炎或结核结节，病期较久者结核病灶相互融会，结节中心发生干酪样坏死或钙化，或形成脓腔和空洞。

② 肺门淋巴结或肠系膜淋巴结形成原发性或继发性结核结节。

③ 胸腔、腹腔浆膜形成许多绿豆至豌豆大灰白色，表面光滑的珍珠样结核结节。

单元五　猪丹毒

猪丹毒是由猪丹毒杆菌感染所引起的一种急性、亚急性或慢性传染病，其临床特征是急性败血型或亚急性疹块型、慢性疣状心内膜炎及皮肤坏死与多发性非化脓性关节炎（慢性）。多发于育肥猪和性成熟后的猪，一年四季都可发生，应激对本病的流行起到促进作用。

根据临床和剖检特征可分为急性型、亚急性型和慢性型猪丹毒三种。

一、病原与发病机理

病原为猪丹毒杆菌，病猪与带菌猪为主要传染源，病菌主要通过消化道或损伤的皮肤等途径感染。病原体侵入机体后，很快进入血液引起菌血症。如果病原毒力强，在体内大量繁殖可引起败血症。如果病原毒力较弱或机体抵抗力较强时，病原只在局部组织或器官繁殖，如局限在皮肤血管引起皮肤疹块型病变。病原也可长期存在或作用于体内某一部位，形成自身抗原，而引起机体的变态反应性疾病，如引起心内膜炎、关节炎和皮肤坏死等病变。

二、类型与病理变化

1. 急性型（败血型）

病死猪主要表现为败血症变化，皮肤会形成丹毒性红斑。可视黏膜淤血发绀，皮肤充血形成不规则的鲜红色的丹毒性红斑，红斑相互融合成片，并稍隆突于正常皮肤表面。随着病程的发展，红斑上形成浆液性水疱，水疱破溃后逐渐干涸形成黑色痂皮。

【眼观】 皮下、浆膜及黏膜散在小出血点，胸腔、腹腔及心包腔内有少量浆液-纤维素渗出。全身淋巴结呈急性出血性淋巴结炎变化，外观肿大，呈紫红色，切面隆突，湿润多汁，伴点状出血。脾脏肿大，呈樱桃红色，质地柔软，结构模糊。肾淤血、肿大，俗称"大红肾"，呈现出血性肾小球肾炎变化，表面及切面有小出血点。胃肠呈卡他性或出血性肠炎变化。

【镜检】 心肌纤维变性，严重时会出现蜡样坏死；肝脏中央静脉、窦状隙出现扩张，有大量巨噬细胞浸润；肺脏毛细血管浸润，可见肺泡间隔有明显增厚；脾脏红髓和白髓可见红细胞渗出，可见浆液、纤维素和炎性细胞渗出，且形成大小不一的病灶；肾小球出现充血和出血，肾小球上皮细胞、内皮细胞及系膜细胞均出现增殖，肾小球体积增大，肾间质有充血和淤血现象，部分毛细血管内有血栓，血栓周围的肾小管坏死。

2. 亚急性型（疹块型）

亚急性型也可称为荨麻疹型，此型特征为皮肤上出现特征性疹块，疹块通常多见于颈部、背部，其他如头、耳、腹部及四肢亦可出现，但较为少见。疹块的皮肤略隆起，大小不等，多呈方形、菱形或不规则形，与周围界限明显。疹块的色泽最初呈苍白色，以后转变为鲜红色或紫红色，或呈边缘红色而中心苍白。严重时疹块可相互融合成片，导致大块皮肤坏死。亚急性型的死亡率较低，部分病例会转变为慢性型。

3. 慢性型

由急性和亚急性转化而来，以形成疣状心内膜炎、关节炎和皮肤坏死为主要特征。

（1）疣状心内膜炎　其病变主要发生于二尖瓣，其次是主动脉瓣。二尖瓣瓣膜见有大量灰白色的血栓性增生物，表面高低不平，外观似花椰菜样。基底部有肉芽组织增生，瓣膜上的血栓增生物常可引起瓣膜孔狭窄或闭锁不全，继而导致心肌肥大和心腔扩张。血栓脱落则往往使心肌、脾脏、肾脏小动脉发生阻塞而形成梗死。

（2）关节炎　主要侵害四肢关节，尤其是腕关节和跗关节最为多见。患病关节肿胀，关节囊内蓄有多量浆液性纤维素性渗出物，滑膜充血、水肿，关节软骨面有小糜烂，关节面粗糙。病程较久者，因肉芽组织增生，在滑膜上形成灰红色绒毛样物和关节囊发生纤维性增厚，甚至使关节粘连和变形。

（3）**皮肤坏死**　主要发生于背部、肩部，外耳和尾部等也可发生。其坏死灶有时呈局灶性，有时可遍及整个背部。坏死的皮肤逐渐干燥形成干性坏疽，呈黑褐色，质地坚硬，其坏死的皮肤可通过炎症反应和痂下愈合而脱落痊愈。

三、病理诊断要点

1. 急性型
呈败血症变化，皮肤形成丹毒性红斑，全身淋巴结和脾脏肿大，肾脏淤血、出血、肿大，呈暗红色，部分病猪伴随有出血性肠炎或卡他性肠炎。

2. 亚急性型
剖检病猪的内脏发现其病理变化和急性型极为相似，皮肤出现典型疹块。

3. 慢性型
皮肤坏死、关节肿胀、疣状心内膜炎。若病程较长，则可见肉芽组织增生和关节囊肥厚。

单元六　副猪嗜血杆菌病

　　副猪嗜血杆菌病是由副猪嗜血杆菌感染引起的，以多发性浆膜炎、关节炎为特征的一种传染病。

一、病原与发病机理

　　病原为副猪嗜血杆菌，病猪和带毒猪为主要传染源，一般通过呼吸道感染，也可通过消化道感染。2周到4月龄的猪都可能发生感染，以5～8周龄的断奶保育仔猪最为多见。该病菌属于一种条件性病原菌。当猪群健康状况良好、抵抗力强时，病原不能发挥致病作用。当猪体健康水平下降、抵抗力降低时，病原就会大量繁殖引起发病。各种应激因素，特别是在发生呼吸道疾病，如猪喘气病、流感、蓝耳病、伪狂犬病等情况下，更易引起本病的发生。

　　呼吸道感染首先引起上呼吸道黏膜的卡他性或脓性炎症，继而突破局部屏障侵入血流，引起菌血症。病菌在血液中大量繁殖，并产生大量毒素，引起败血症和毒血症。由于其病菌和细菌毒素的作用，使血管的通透性增强，而引起多发性纤维素性浆膜炎和关节炎的发生。

二、类型与病理变化

1. 胸膜炎型
胸腔内积有大量灰黄色或淡红色积液，胸膜、脏胸膜表面附着有纤维素性渗出物，心外膜表面形成一层绒毛状纤维素性假膜，心包与心外膜严重粘连。肺脏淤血、水肿，表面常被覆薄层纤维素性假膜，并常与胸壁发生粘连。

2. 腹膜炎型
腹腔内积有淡红色浑浊积液，腹腔浆膜表面、肠浆膜和肝脾表面附着有大量的纤维素性渗出物，常导致脏器之间或与腹膜之间的粘连。

3. 关节炎型

关节周围组织发炎和水肿，关节囊肿大，关节滑液增多、浑浊，内含黄绿色的纤维素性化脓性渗出物。

4. 纤维素性化脓性脑膜炎型

蛛网膜腔内积蓄有纤维素性化脓性渗出物，脑髓液浑浊。脑软膜充血、淤血和轻度出血，脑回变得扁平，脑膜与头骨内膜及脑实质之间粘连。镜检脑膜血管充血并有出血，脑膜内有大量嗜中性粒细胞浸润，呈化脓性炎症变化。

三、病理诊断要点

1. 胸腹膜炎型

胸腔、腹腔浆膜发生浆液性纤维素性炎，浆膜腔积液，浆膜表面附着有纤维素性渗出物。

2. 关节炎型

关节组织发炎，关节肿大，关节囊内蓄积有黄绿色纤维素性化脓性渗出物。

3. 脑膜炎型

脑组织发生纤维素性化脓性炎症，蛛网膜腔内蓄积有纤维素性化脓性渗出物。

单元七 链球菌病

链球菌广泛存在于自然界，对人和动物的健康造成严重影响。链球菌病是由链球菌感染所引起的一种人畜共患性传染病。动物链球菌病中以猪、牛、羊、马、鸡较常见。临床表现多种多样，可以引起局灶性化脓创和出血性败血症。

一、病原与发病机理

病原为链球菌，多数致病菌株具有溶血能力。致病性链球菌主要通过呼吸道或受损皮肤和黏膜感染。溶血性致病链球菌在其代谢过程中，能产生一种透明质酸酶，可溶解结缔组织中的透明质酸，使其结构疏松，通透性增强，便于病菌在组织中扩散和蔓延，可很快突破局部屏障侵入淋巴管和淋巴结，继而突破淋巴屏障，沿淋巴系统扩散到血液，引起菌血症。

病菌可产生大量毒素（溶血素），使红细胞大量溶解，造成血液循环障碍，网状内皮系统的吞噬机能降低，引发全身性败血症。或者病原突破血脑屏障，引起脑脊髓炎，导致病情恶化。如机体抵抗力较强，可将病菌局限在局部或关节囊内，引起局部脓肿或化脓性关节炎。

二、类型与病理变化

1. 猪链球菌病

（1）急性败血型　主要呈现出血性败血症变化，病死猪胸、腹部及四肢内侧皮肤淤血发绀。耳、腹下及四肢末端皮肤有紫红色出血斑，皮下、黏膜、浆膜出血，血液凝固不良。鼻黏膜充血、出血，呈紫红色。喉头、气管黏膜出血，常见大量泡沫样液体。脾肿大，呈暗红色或蓝紫色，软而易脆裂，肾脏多轻度肿大、充血和出血。全身淋巴结有不同程度的充血、出血和水肿，有的淋巴结切面坏死或化脓。胸腔、腹腔及心包腔内积有大量黄色或混浊液体，内含纤维素性絮状物或附着于脏器表面，有的造成脏器的粘连。

（2）**脑膜炎型**　临床症状与猪伪狂犬病毒的临床症状相似，脑膜和脊髓软膜充血、出血，脑脊髓液增多。有的病例脑膜下水肿，脑切面可见白质与灰质有针尖大出血点，并有败血型病变。

（3）**慢性关节炎型**　病猪的关节周围出现肿胀，且可见病猪出现跛行和站立困难等症状，关节呈现浆液 - 纤维素性炎症变化，关节皮下有胶样水肿，关节囊膜面充血、粗糙，滑液混浊，关节囊内外有黄色胶冻样液体或纤维素性脓性物质。

（4）**心内膜炎型**　心瓣膜增厚，表面粗糙，在瓣膜上有菜花样赘生物，常见二尖瓣或三尖瓣，有时还见于心房、心室和血管内。

（5）**淋巴结脓肿型**　断奶仔猪和生长育肥猪多见，主要表现为在颌下、咽部、颈部等处的淋巴结化脓和形成脓肿。受害淋巴结最初出现小脓肿，然后逐渐增大，感染后3周局部显著隆起，触诊坚硬、有热痛。脓肿成熟后，表皮坏死，破溃流出脓汁。脓汁排净后，肉芽组织生长结疤愈合。该类型链球菌病的病程较长，但该类型链球菌病的愈后效果较好。对病猪剖检发现淋巴结切面有明显的化脓灶。

2. 牛链球菌病

（1）**乳房炎型**　急性病例患病乳房组织松弛，有浆液浸润。切面发炎部分明显隆起，小叶间呈黄白色，柔软有弹性。乳房淋巴结髓样肿胀，切面湿润多汁，点状出血。乳池、乳管黏膜脱落、管腔内有脓性渗出物。腺泡间组织水肿、变宽。慢性病例以间质增生和乳腺硬化为特征，乳腺组织肥大或萎缩兼有。切面隆起，硬度增加。有局灶性的浆液 - 纤维素性或化脓性炎症病变。乳池黏膜呈细粒状突起，乳管壁增厚，管腔变窄，腺泡萎缩，失去泌乳作用。小叶萎缩，呈浅灰色。乳房淋巴结肿大。

（2）**肺炎型**　以肺炎和急性败血症为主要症状，皮肤、浆膜、黏膜点状出血。皮下组织有胶样浸润，胸腔积有浆液偶有带血。部分病畜发生支气管炎、肺炎，呼吸困难，共济失调，听诊可听到肺部锣音。肺脏有浆液 - 纤维素性或化脓性炎症变化。脾脏充血、肿大，脾髓呈黑红色，质韧如橡皮，即所谓的"橡皮脾"，为本病特征。肝脏和肾脏充血，出血，有脓肿。成年牛感染则表现为子宫内膜炎和乳房炎。

3. 绵羊链球菌病

病变以败血症变化为主。表现为尸僵不全。咽喉部及下颌淋巴结肿胀，皮肤、浆膜、黏膜广泛点状出血。肺脏呈现大叶性肺炎变化，有时肺脏尖叶有坏死灶，肺脏常与胸壁粘连。胆囊肿大，肾脏质地变脆、变软、肿胀、梗死，被膜不易剥离。脾肿大、质软且有出血点，有梗死灶。子宫黏膜、胃、大小肠浆膜和黏膜有弥漫性出血点，各脏器浆膜面常覆有纤维素性渗出物。

4. 禽链球菌病

（1）**急性型**　主要为败血症症状，家禽突然发病，会出现羽毛蓬乱、食欲减退和站立困难等症状；鸡冠和肉髯呈现为苍白色，病鸡的部分皮肤变为黄绿色，腹泻较严重，可见黄色或灰白色的稀粪，部分病禽会出现共济失调。急性型病禽剖检可见肝脏肿大且呈暗紫色，肝脏、肾脏和脾脏表面均可见出血点和坏死病灶，腹腔和心包内均有浆性积液出现，浆膜和肌肉出现严重的水肿，肺脏肿大且可见淤血、气囊增厚，且部分病禽还会出现卵黄性腹膜炎和卡他性肠炎。

（2）**亚急性或慢性**　该病主要以亚急性型或慢性型为主。亚急性型表现为病禽食量减退，可见病禽出现精神不振、腹泻及跛行等症状，部分病禽出现头部抖动、头颈扭曲或角弓反张等症状；部分病禽的跗、趾关节肿大，组织出现局部性坏死；部分病禽出现结膜炎和眼炎，甚至小部分病禽发生失明；部分病禽羽毛松垂，翅膀出现肿胀、溃烂，且部分病禽出现转圈等神经症状。雏鸡的大脑皮层出血，肝脏和胆囊均肿大，盲肠和扁桃体出血。慢性型表现为病禽腹膜、肝脏和心脏等器官出现炎性病变，部分器官的组织出现坏死；病禽消瘦且下颌骨间会出现脓肿。

三、病理诊断要点

1. 猪链球菌病

急性型以出血性败血症、脑脊髓炎为特征；慢性型则以关节炎、心内膜炎、淋巴结化脓为特征。

2. 绵羊链球菌病

以败血症变化、各浆膜和黏膜出血和纤维素渗出为特征。

3. 牛链球菌病

以乳房和乳房淋巴结脓肿、肺脏的浆液 - 纤维素性或化脓性炎症为特征。

4. 禽链球菌病

急性型无症状，病鸡在短时间内迅速死亡，且会发生抽搐。慢性型常以病鸡精神沉郁、腹泻和消瘦等症状为特征。雏鸡会出现下痢，部分病鸡会出现神经症状。

【案例分析】

　　案例 1　2019 年 12 月，某牛场的牛发病，咳嗽超过一个月，且伴随有消瘦和下痢的症状，病牛体温 38.7℃。病程初期判断为感冒，使用头孢类药物和双黄连对患病牛进行治疗，发现用药时病情有所好转，停药后病情立刻反弹，病牛死亡。同一圈舍内的牛近几天出现了与病死牛相似的症状。剖检肺脏表面出现大量突起状白色结节，切面处呈现为干酪样坏死，部分结节已钙化；病牛体内坏死的组织出现溶解和软化，而后形成大量空洞；胸膜、腹膜和胃肠黏膜均有大小不一的半透明状灰白色结节；乳房可见结核病灶，且可见干酪样物质渗出；子宫呈现干酪样坏死，子宫壁的黏膜表面出现白色结节，黏膜下的组织发生溃疡，局部呈瘢痕化，子宫腔内有油样脓液；卵巢肿大，输卵管变硬；全身淋巴结坚硬、肿大。

　　案例 2　2021 年 4 月，某养鸡场 16 日龄雏鸡发病。表现咳嗽、打喷嚏、流鼻液。户主凭经验认为是慢性呼吸道病，用泰乐菌素饮水治疗无效；20 日龄时改用罗红霉素（饮水 3 天）治疗仍无效。此时大群鸡只出现全身症状，并开始零星死亡。症状观察发现鸡群状况不良，病鸡精神沉郁，羽毛松乱，闭目缩颈垂翅，个别鸡只伸颈张口喘气，有湿啰音，鼻腔排出浆液性渗出物；部分病鸡拉白色、黄绿色米汤样稀粪，采食量下降，个别废绝，但饮水量略有增加。剖检见皮肤与肌肉不易分离，干爪；气管内有浆液性和干酪样渗出物；心包膜增厚，混浊，其上覆盖灰白色渗出物，心包腔有浆液性渗出物；气囊增厚、混浊，肝被膜表面亦覆盖一层灰白色渗出物；肾肿大苍白，输尿管变粗，内有大量白色尿酸盐沉积，呈花斑状（花斑肾）。小肠黏膜充血，有卡他性炎症。泄殖腔有白石灰样粪便。

　　问题分析：

　　1. 请根据以上案例的各自临床表现和剖检所见，做出初步的病理诊断。

　　2. 请针对各案例拟定出进一步诊断的方法和关键性的防控措施。

（王学理　康静静）

项目十八　畜禽常见病毒病的认识与病理诊断

【目标任务】

知识目标　熟悉畜禽常见病毒病的病原与发病机理，识别畜禽常见病毒病的病理变化。

能力目标　根据畜禽常见病毒病的病理变化，做出正确的病理诊断。

素质目标　根据畜禽常见病毒病的流行特点及其对畜禽养殖生产的危害，建立科学的疾病防控观念和畜禽养殖管理措施。

单元一　口蹄疫

口蹄疫是由口蹄疫病毒感染所引起的一种急性、热性、高度接触性传染病。其主要病变特征为成年动物的口腔黏膜、蹄部和乳房等处皮肤发生水疱和溃烂。幼龄动物多因心肌受损使其死亡率升高。

彩图扫一扫

一、病原与发病机理

病原为口蹄疫病毒。口蹄疫病毒主要侵害偶蹄兽，偶见于人和其他动物。家畜以牛最为易感，其次是猪。仔猪和犊牛不但易感而且死亡率高。各型病毒的致病性没有太大差异，其引发的病症也基本相同，主要引起口腔黏膜、蹄部和乳房皮肤发生水疱和溃烂，以及消化道急性出血。

口蹄疫传染性强发病率高，病畜为主要传染源。在患病部位水疱皮及水疱液中含有大量病毒，水疱破溃后，可直接向外排毒，病畜和健畜可通过直接接触进行传染。易感动物也可通过采食污染的饲草、饮水、损伤的皮肤或接触其他污染物感染。病毒侵入机体后，首先在侵入部位的上皮细胞内生长繁殖，引起浆液渗出而形成原发性水泡（常不易发现）。1～3天后进入血液形成病毒血症。病毒随血液扩散到所嗜好的部位（如口腔黏膜、蹄部、乳房皮肤组织内）继续繁殖，引起局部组织内的淋巴管炎，形成淋巴栓。若淋巴液渗出淋巴管外则形成继发性小水疱，水疱可融合增大乃至破裂。此后病畜进入恢复期，多数病例逐渐好转。但有些幼龄动物常因病毒侵害心脏，引起急性心肌炎，导致心肌变性、坏死而致死亡。

二、类型与病理变化

1. 牛、羊口蹄疫

牛患口蹄疫时病变主要发生在易遭受机械性损伤的区域，如口鼻皮肤、口腔黏膜，特别是舌、蹄叉、乳腺。在唇内侧、齿龈、舌面和颊部黏膜形成蚕豆至核桃大的水疱，有时在鼻镜和外鼻孔形成水疱。有的水疱破溃形成浅表的红色糜烂，如有细菌感染，糜烂加深，发生溃疡，有的愈合成瘢痕。在趾间、蹄冠的柔软皮肤上红肿也会发生水疱，并很快破溃，出现糜烂，或干燥结成硬痂。若病牛体弱或糜烂部位被粪尿等污染，可继发感染化脓，形成溃疡、坏死，甚至蹄壳脱落变形。当乳头皮肤出现水疱（主要见于奶牛），很快破溃，形成烂斑，若波及乳腺则引起乳腺炎。患病动物的呼吸道及消化道黏膜也可见水泡烂斑和溃疡，上面覆有黑棕色的痂块。真胃和大小肠黏膜可见出血性炎症。

犊牛口蹄疫主要表现为心肌炎病变，会因心脏麻痹而突然倒地死亡。心包膜有出血点，心肌松软，心腔常呈扩张状态。切开，心包内有大量混浊而黏稠的液体，心肌发生变性和坏死，切面有灰白色或淡黄色斑点或条纹，有时可见灰黄色条纹病变区围绕心腔呈环状分布，好似虎皮样花纹，有"虎斑心"之称。

羊口蹄疫与牛大致相似，绵羊的水疱多见于蹄部，山羊则多见于口腔，呈弥漫性口膜炎，口唇、齿龈、硬腭、舌面出现水疱和溃疡。患羊疼痛流涎，涎水泡沫状，死亡原因为心肌炎。

2. 猪口蹄疫

患猪口鼻皮肤、口腔黏膜（包括舌、唇、齿龈、咽、腭）形成小水疱或糜烂。蹄冠、蹄叉、蹄踵等部位出现局部发红或形成米粒大、蚕豆大的水疱，水疱破裂后表面出血，形成糜烂。病变也可发生在鼻面和泌乳母猪的乳头上。妊娠母猪患病可引发流产和慢性蹄变形。母猪哺乳期发病，整窝小猪都会发病，多呈急性胃肠炎和心肌炎而突然死亡。哺乳仔猪的心肌炎病变：表现为心包膜有弥漫性或斑点状出血，心脏质地松软，色泽变淡如煮肉状；心室壁和乳头肌有大小不等、界限不清的灰白色或淡黄色斑块或条纹状，呈现虎皮样花纹，称"虎斑心"。

三、病理诊断要点

1. 皮肤黏膜

成年患畜口、鼻、蹄部及乳房皮肤及口腔黏膜形成水疱，水疱破溃后形成糜烂或溃疡。

2. 心脏

幼畜心肌变性和坏死，呈现灰白色或淡黄色斑块或条纹状病变，形成"虎斑心"。

3. 胃肠道

胃肠道出血性炎症，黏膜可见水疱烂斑和溃疡，覆有黑棕色的痂块。

单元二　猪伪狂犬病

该病是由伪狂犬病病毒所引起猪的一种发病急、传播迅速的烈性传染病，表现为体温升高，哺乳仔猪以中枢神经症状为特征，呈现非化脓性脑炎；断奶仔猪及育肥猪以呼吸系统症状为主；妊娠母猪表现流产、产死胎、产木乃伊胎。公猪表现为精液品质下降和呼吸系统症状。该病传染源主要是病猪、带毒猪和带毒鼠类等。其他家畜和野生动物也可发生该病。

一、病原与发病机理

该病的病原为伪狂犬病病毒，伪狂犬病病毒能在很多种动物细胞中生长繁殖。猪自然感染本病的传播途径是鼻腔和口腔。另外，母猪感染后，可通过胎盘传递给子代，造成母猪流产、产死胎和仔猪死亡。病毒侵入体内18h后，便在扁桃体、咽黏膜增殖，再经嗅神经、三叉神经和舌咽神经的神经鞘到达脊髓和脑。病毒亦可经鼻、耳、咽等处黏膜经呼吸道侵入肺泡。

病毒血症呈间歇性出现，且病毒滴度底，难以检测，但病毒可经血液到达全身各部位。病猪在出现毒血症之后，通常便会引起各种不同的神经综合征，可引起神经的麻痹。如病程较长，则可发生呼吸器官和消化器官的病理变化。

二、病理变化

该病无特征性病变。病猪可见鼻腔黏膜呈卡他性或卡他性 - 出血性炎，鼻腔内含有泡沫状水肿液。肺淤血、水肿，有小叶性间质性肺炎或出血点。病程稍长，可见咽炎和喉头充血、水肿，在鼻后孔和咽喉部有类似白喉的覆盖物。在仔猪中，扁桃体、肝脏、脾脏均有散在的渐进性白色坏死灶。哺乳仔猪发生非化脓性脑膜脑炎，表现脑膜及实质充血、出血、水肿变化，断奶仔猪及育肥猪表现间质性肺炎病变。流产母猪有轻度子宫内膜炎，流产、产死胎，死产胎儿大小较一致，有不同程度的软化现象，胸腔、腹腔及心包腔有多量棕褐色潴留液，肾及心肌出血。支气管淋巴结肿大、多汁，有时伴有出血。胃黏膜呈卡他性炎，胃底黏膜出血。小肠黏膜出血、水肿，大肠黏膜呈斑点状出血。公猪表现为阴囊水肿和渗出性鞘膜炎。若病猪有神经症状时，脑膜明显出血、出血和水肿，脑脊髓液增多。

组织病变可见在脑神经元内、鼻咽黏膜、脾及淋巴结的淋巴细胞内可见核内嗜酸性包涵体和出血性炎症。肝脏小叶周边出现凝固性坏死。肺脏充血，肺泡腔内充满水肿液，肺泡隔、小叶间质增宽，有淋巴细胞、单核细胞浸润。有些病例在支气管、细支气管和肺泡发生广泛的坏死。淋巴结也有一定的出血和细胞增生，而一部分淋巴结还伴发凝固性坏死和中性粒细胞浸润。

三、病理诊断要点

1. 患病母猪

发生子宫内膜炎，流产和产死胎。流产胎儿的胸腔、腹腔及心包腔有多量棕褐色潴留液，肾及心肌出血，肝、脾有灰白色坏死点。

2. 患病公猪

表现为阴囊水肿和渗出性鞘膜炎。

3. 患病仔猪

哺乳仔猪发生非化脓性脑膜脑炎，脑神经元内、鼻咽黏膜、脾及淋巴结的部分细胞内可见核内嗜酸性包涵体。

4. 鉴别诊断

可使用病猪的脊髓、脑组织、扁桃体和脾脏等，匀浆后接种家兔以分离病毒，接种家兔出现奇痒死亡。

单元三 猪瘟

猪瘟又称典型猪瘟、欧洲猪瘟或烂肠瘟，是由猪瘟病毒所引起的猪的一种急性、热性和高度接触传染的病毒性传染病。其主要有最急性、急性、亚急性和慢性型等临床类型，急性型以发病猪高热稽留和小血管壁变性引起各组织、器官广泛出血，脾脏梗死和坏死为特征。近年来，国内外普遍爆发非洲猪瘟，可导致家猪和各种野猪（如非洲野猪、欧洲野猪等）组织器官广泛性的出血，是一种急性、出血性、烈性传染病。非洲猪瘟临床症状与猪瘟症状相似，只能依靠实验室监测确诊。

一、病原与发病机理

病原为猪瘟病毒。目前认为猪瘟病毒株的毒力有强、中、弱之分。高毒力株可引起各种年龄的猪发生典型的急性猪瘟，表现腹部和大腿内侧皮肤出血和回盲瓣口呈纽扣状结节。中等毒力和低毒力的猪瘟病毒株不会引起典型的临床症状，但可以在猪群中缓慢传播。中毒力株一般引起亚急性或慢性感染，病猪有高病毒血症。低毒力株感染多见于生产母猪，病毒可侵袭子宫中的胎儿。

病猪和带毒猪为该病主要传染源，病毒主要经消化道侵入机体。猪瘟病毒侵入猪体后，首先在扁桃体的隐窝上皮细胞内增殖，然后扩散至周围的淋巴网状组织，并在脾、骨髓、内脏淋巴结以及小肠的淋巴样组织中大量增殖，最后侵入实质器官。通常在感染后 5～6 天内病毒即可传播到全身，并经口、鼻、泪腺分泌物以及尿和粪便等排泄到外界环境中。

二、类型与病理变化

1.急性败血型猪瘟

（1）**皮肤、浆膜、黏膜出血** 全身皮肤尤其耳、颈、腹下及四肢内侧皮肤出现大小不等的出血斑点，皮下组织出血性浸润。心外膜、喉黏膜、膀胱黏膜斑点状出血。

（2）**出血性淋巴结炎** 全身各部淋巴结发生急性出血性炎症，表现淋巴结肿大、出血，表面呈暗红色，切面呈红白相间的大理石样外观，严重时整个淋巴结类似一个血肿。

（3）**出血性肾炎** 肾脏发生出血性炎症，出血最为明显。在肾表面或切面均弥散有针尖大至粟粒大的出血点，称"雀斑肾"。

（4）**脾脏出血性梗死** 脾脏边缘或一端形成黄豆大或更大的出血性梗死灶，梗死灶突出于脾脏表面，质地坚实，呈红褐色。切面致密、干燥，失去原有结构。

2.亚急性胸型猪瘟

此型猪瘟是在急性败血型猪瘟的基础上，又有巴氏杆菌的并发感染。此型猪瘟除具有急性败血型猪瘟变化外，还具有典型的纤维素性肺炎、胸膜炎和心包炎等巴氏杆菌病的病变特征。病变肺脏表面隆起，无光泽，或附有纤维素性假膜，肺脏表面粗糙，有时可与胸壁浆膜发生粘连。肺炎病灶发生"肝变"，质地变实，表面及切面呈暗红色、灰黄色或灰白色相间的大理石样花纹；有时肺脏内还见有灰白色或灰黄色的坏死病灶，心脏见有纤维素性心包炎和心外膜炎病变。

3.慢性肠型猪瘟

此型猪瘟是在急性败血型猪瘟的基础上，又并发感染沙门氏菌，而导致肠管发生纤维素性坏死性肠炎。除具有败血型猪瘟变化外，最突出的变化是在回肠末端、结肠和盲肠（尤其回盲口附近）形成纤维素性坏死性肠炎。病变以肠壁淋巴滤泡为中心，首先肠壁的淋巴小结增生肿胀，中心发生坏死，并有纤维素渗出，与坏死组织凝固在一起，形成干涸的坏死痂。由于其炎症的发展是间歇性的，时而加重，时而减轻，故使其坏死和渗出的纤维素形成轮层状或纽扣状结构，故称"扣状肿"。扣状肿呈灰白色或灰黄色，干燥，隆突于肠黏膜表面；当其坏死痂脱落后，遗留有扣状溃疡，严重时甚至造成肠穿孔，故称"烂肠瘟"。

三、病理诊断要点

1. 急性败血型

全身皮肤、浆膜、黏膜出血，淋巴结肿大，切面呈红白相间的大理石样外观；肾表面或切面弥散有针尖大至粟粒大的出血点，称"雀斑肾"；脾脏边缘形成黄豆至蚕豆大小或更大的梗死灶。

2. 亚急性型

出血性纤维素性肺炎。肺脏发生"肝变"，表面及切面呈暗红色、灰黄色或灰白色相间的大理石样花纹。

3. 慢性型

纤维素性坏死性肠炎。回肠末端、结肠和盲肠（尤其回盲口附近）形成纤维素性坏死性肠炎，形成大小不等的局灶性灰黄色圆形纽扣状溃疡，呈轮层状，灰褐色或黑褐色，中央稍凹陷。病变以肠壁淋巴滤泡为中心。

单元四　猪繁殖与呼吸障碍综合征

猪繁殖与呼吸障碍综合征又称高致病性蓝耳病，是由猪繁殖与呼吸障碍综合征病毒感染所引起的一种以繁殖障碍和呼吸道病变为特征的传染病。以母猪流产、产死胎、产木乃伊胎，哺乳仔猪和断奶仔猪呼吸道病变为主要特征。由于部分病猪出现耳部发紫的临床症状，故该病俗称猪蓝耳病。

一、病原与发病机理

猪繁殖与呼吸障碍综合征病毒是本病病原。猪是本病唯一的易感动物，本病主要危害繁殖母猪和仔猪，患病母猪及其所产的仔猪为主要传染源。本病主要通过呼吸道感染，其次病猪还可以通过分泌物向外部传播病毒，进而污染饮水、饲料等。病毒首先在肺泡巨噬细胞中增殖，造成肺泡巨噬细胞和肺组织损伤，引起间质性肺炎病变，肺泡壁增厚，并有单核巨噬细胞浸润。临床上呈现呼吸障碍综合征症状。随后大量病毒进入血液和其他组织。病毒对巨噬细胞侵害严重，而使机体的防御与免疫功能降低，常引起其他病菌的继发感染。在母猪妊娠后期，病毒可穿过胎盘，感染胎儿，故可造成妊娠中后期流产、早产、产死胎、产木乃伊胎或产弱仔。

二、病理变化

1. 母猪病变

母猪怀孕后期流产、早产，产自溶胎、木乃伊、死胎和弱仔。剖检流产胎儿全身皮肤出血，体表淋巴结如下颌淋巴结、股前淋巴结充血、肿大，表面有弥漫性出血点。心肌柔软，心冠脂肪有出血点；肺脏淤血、水肿，有局灶性肺炎病变。脑内灶性血管炎，动脉周围淋巴鞘的淋巴细胞数目减少。

2. 仔猪病变

仔猪病变最为典型。仔猪皮下、头部水肿、胸腹腔积液，肺多出现间质性肺炎，表现为充血、出血、水肿，呈红褐色花斑状。镜检肺脏呈间质性肺炎变化，肺泡隔中有巨噬细胞浸润，肺泡壁上皮细胞增生肥大，肺泡内有炎性渗出物，病程长者可出现胸膜肺炎。免疫器官淋巴滤泡中的淋巴细胞变性坏死。耐过猪呈多发性浆膜炎、关节炎、非化脓性脑膜炎和心肌炎等病变。晚期因血液循环与呼吸严重障碍，部分病猪全身皮肤特别是耳部皮肤淤血发绀，呈蓝紫色，故称"蓝耳病"。

三、病理诊断要点

1. 患病母猪

母猪通常表现为一过性精神倦怠、发热。怀孕母猪中后期流产、早产，产死胎、自溶胎、木乃伊胎、弱仔。流产胎儿全身皮肤出血，体表淋巴结充血、出血、肿大。

2. 患病仔猪

大部分出生仔猪出现呼吸困难、共济失调等症状。断奶前仔猪的死亡率可高达80% ～ 100%。仔猪皮下、头部水肿；肺脏变实，呈间质性肺炎变化。全身淋巴结充血、出血、肿大。脾脏中的淋巴细胞变性坏死、呈泡沫样，边缘或表面可见梗死灶；肾脏表面可见针尖至小米粒大出血点。

3. 患病公猪

表现为咳嗽、气喘、精神沉郁、食欲不振、发热、厌食、精液质量下降等症状。

单元五　猪圆环病毒病

猪圆环病毒病是由猪圆环病毒感染所引起的一种传染病。各日龄的猪均可感染和发病，临床上以仔猪先天性震颤、断奶仔猪多系统衰竭综合征及皮炎肾病综合征为主要特征。

一、病原与发病机理

病原为猪圆环病毒，对猪具有较强的感染性，不受季节因素影响，可经口腔、呼吸道途径感染不同年龄的猪群，育肥猪多表现为隐性感染，不表现临床症状；少数怀孕母猪感染后，会造成繁殖障碍。病毒可经胎盘垂直感染仔猪，造成仔猪先天性震颤或断奶仔猪多系统衰竭综合征。淋巴细胞缺失和淋巴组织巨噬细胞浸润，是断奶仔猪多系统衰竭综合征的基本特征。

二、病理变化

1. 断奶仔猪多系统衰竭综合征

（1）**淋巴器官病变**　全身淋巴结肿大2～5倍，特别是腹股沟淋巴结，纵隔淋巴结，肺门淋巴结，肠系膜淋巴结及颌下淋巴结等肿大更为明显。质地变硬，切面湿润隆突，髓质发白或呈粉红色，皮质淋巴窦有出血，而致淋巴结的边缘呈暗红色。有的病例并发细菌感染，淋巴结则可呈现出血性或化脓性炎症病变。脾脏肿大，呈肉样变，表面有脓性渗出物和坏死。

（2）**心脏病变**　心包腔积液，心脏扩张，心肌松弛，心冠部脂肪水肿。

（3）**肝脏病变**　肝脏发暗，萎缩，由于肝小叶结缔组织增生，而呈现不同程度的花斑样。胆囊扩张，囊内胆汁蓄积、浓稠。

（4）**肾脏病变**　肾脏肿大，色泽变浅，被膜增厚，较难剥离，皮质脆而易碎，表面有散在性白色坏死灶。

（5）**肺脏病变**　呈现弥漫性间质性肺炎变化，体积肿胀，质地变实，类似于橡皮状；严重病例肺泡出血，颜色加深，整个肺脏呈紫褐色，有的病例肺尖叶和心叶发生肉变。

（6）**胃肠病变**　胃的食管部黏膜水肿和非出血性溃疡。回肠和结肠段肠壁变薄，盲肠和结肠黏膜充血和淤血。

2. 皮炎肾病综合征

主要发生于育肥猪，可见病猪耳朵、肚皮、臀部等部皮肤增厚，呈圆形或不规则形隆起，而后融合成条状或斑状瘢痕，呈红色或紫红色，随着时间的延长，逐渐变为黑色。肾脏肿大、苍白，有红色出血点，淋巴结出血、肿大，胆囊肿大，脾脏萎缩。

3. 母猪繁殖障碍

母猪在不同的妊娠阶段会出现流产和产死胎、木乃伊胎、弱仔等情况。对死胎进行剖检，可见多处脏器病变明显，肝脏充血、心肌肿大变色，呈纤维素性或者坏死性的心肌炎。

三、病理诊断要点

1. 断奶仔猪多系统衰竭综合征

肺有轻度多灶性或高度弥漫性间质性肺炎；肝脏有以单个肝细胞坏死为特征的肝炎；肾脏有轻度至重度的多灶性间质性肾炎；心脏有多灶性心肌炎；淋巴结、脾、扁桃体和胸腺常出现多样性肉芽肿炎症。

2. 皮炎肾病综合征

耳朵、肚皮、臀部等部皮肤有圆形或不规则形隆起，肾脏肿大、苍白、有出血点。

3. 母猪繁殖障碍

对死胎剖检可见肝脏有慢性淤血，心脏心肌肥大，有非化脓性、坏死性或纤维素性心肌炎。

单元六　犬瘟热

该病是由犬瘟热病毒感染所引起的一种高度接触性传染病。病犬以表现双相热型、呼吸道和消化道的卡他性炎症、非化脓性脑脊髓炎及皮肤湿疹样病变为主要特征。

一、病原与发病机理

犬瘟热病毒在分类上属副黏病毒科，麻疹病毒属，RNA病毒。病犬为主要传染源，发病初期病犬的分泌物、排泄物中含有大量病毒。经飞沫或污染物传播，通过呼吸道和消化道感染。病毒可在侵入门户附近的淋巴组织中大量复制，约经7～8天的潜伏期后引起病毒血症，出现急性发热，高热持续4天左右，然后降至常温，经过11～12天体温再次升高出现第二个热峰，这种双相型发热是本病的主要临床特征。病毒通过血流扩散至全身，可在多种组织中复制，引起一系列病理变化与临床表现。

二、病理变化

1. 皮肤病变

病犬躯体消瘦，发生化脓性结膜炎、溃疡性角膜炎或鼻黏膜化脓性炎。腹下、四肢内侧、耳壳、包皮等处皮肤发生水疱性或化脓性皮炎，干涸后可形成褐色痂皮。有时可见脚部肉趾增厚、变硬。

2. 胃肠病变

胃肠黏膜卡他性炎症，常有糜烂和溃疡病灶。孤立淋巴滤泡和集合淋巴滤泡肿胀，严重病例可发生出血性肠炎。肠黏膜上皮细胞内也可见胞质和胞核包涵体。

3. 肝肾病变

肝脏、肾脏呈颗粒变性和脂肪变性。尿道黏膜，特别是肾盂和膀胱黏膜充血，上皮细胞内有核内包涵体。

4. 脑的病变

脑膜充血、水肿，脑室扩张，脑脊液增加。镜检，呈非化脓性脑脊髓炎变化，病变主要位于小脑脚、前髓帆、小脑有髓神经束和脊髓白质。病变特点是在有髓神经束部位出现界限明显的不规则的海绵状孔眼，称为海绵样病变。胶质细胞内有核内包涵体。病程较久的病例神经元发生渐进性坏死和胶质细胞增生。

三、病理诊断要点

1. 急性胃肠炎型

胃肠黏膜弥漫性出血肠黏膜脱落肠系膜淋巴结肿大出血，肠黏膜上皮细胞内也可见胞质和胞核包涵体。

2. 神经症状型

脑膜充血、水肿，镜检，呈非化脓性脑脊髓炎变化，在有髓神经束部位出现界限明显的不规则的海绵状孔眼，称为海绵样病变。胶质细胞内有核内包涵体。

3. 呼吸道感染型

上呼吸道黏膜充血和卡他性炎。随着病情发展，特别是伴发细菌感染后使病情复杂化。上呼吸道黏膜发生卡他性或化脓性炎症，黏膜上皮内可见核内病毒包涵体。肺部发生支气管性肺炎，炎症多见于尖叶、心叶和隔叶的前缘，病灶呈大小不等的红褐色，质地硬实。有时病灶布满全肺，多伴发纤维素性胸膜炎。

单元七　高致病性禽流感

禽流感是禽流行性感冒的简称，又称真性鸡瘟或欧洲鸡瘟，是由 A 型禽流感病毒感染所引起禽类的一种急性、高度致死性传染病，临床上以急性败血性死亡或无症状带毒等多种病征为特点。世界动物卫生组织（OIE）将高致病性禽流感列为必须向 OIE 申报的动物疫病，我国将其列为一类动物疫病。

一、病原与发病机理

病原为流感病毒，该病毒易发生变异，在自然界它们组合成众多的亚型毒株。本病毒可感染多种家禽和野鸟，天然病例见于鸡、火鸡、鸭、鹅及多种野鸟。患病或带毒禽鸟为主要传染源，病毒通过病禽的分泌物、排泄物等污染饲料、饮水及其他物体，通过直接接触和间接接触发生感染。

呼吸道和消化道是主要的感染途径。病毒入侵机体后，首先在呼吸道和消化道黏膜上皮大量繁殖，细胞破裂后释放，引起黏膜上皮的进一步感染，导致黏膜组织的损伤。随着病毒毒力的增强和黏膜屏障能力的降低，病毒就会突破局部屏障，随淋巴液侵入血液，形成病毒血症，并随血流侵入全身组织器官，引起全身性的组织损伤和病理变化。

二、类型与病理变化

禽流感的病理变化因感染病毒株毒力的强弱、病程长短和禽种的不同而变化不一。

1.急性型禽流感

多见于高致病性禽流感暴发时，禽突然发病死亡，无特征性病变。

2.亚急性型禽流感

（1）**呼吸系统病变**　眼、鼻有分泌物，鸡冠及肉髯淤血发紫、水肿，颜面、头颈部肿大，皮下水肿呈胶冻状。鼻窦内充满黏液或干酪样物，喉头、气管黏膜充血、出血，在黏膜表面有多量黏液性分泌物；肺脏肿胀、有严重淤血、出血；气囊膜增厚，内有纤维素性或干酪样物。

（2）**消化系统病变**　口腔内有黏液，嗉囊内积有酸臭的液体；腺胃乳头出血，有脓性分泌物，腺胃与食道、腺胃与肌胃交界处有带状出血；肌胃角质下出血；十二指肠及小肠黏膜红肿，有程度不等的出血点或出血斑；盲肠扁桃体肿大、出血；直肠黏膜及泄殖腔出血。火鸡还能见到卡他性或纤维素性肠炎和盲肠炎。

（3）**生殖系统病变**　卵泡充血、出血。有的卵泡变形、破裂，卵黄液流入腹腔，形成卵黄性腹膜炎；卵巢充血、出血，输卵管内有黄白色黏液性或脓性分泌物。

（4）**实质器官病变**　肝脏肿大，有出血点，可见灰黄色坏死点、血肿（毛细血管破裂）；心包膜增厚，冠状沟及心外膜出血，心肌条状或点状坏死；胰腺出血和淡黄色斑点状坏死点；肾脏肿大，肾小管中含有尿酸盐沉积。

三、病理诊断要点

① 鸡冠、肉髯严重淤血水肿，头、颈、胸部皮下水肿，呈淡黄色胶冻样；喉头、气管黏膜、腿部、胸部肌肉、腹部脂肪、腺胃、肌胃角质膜下及泄殖腔黏膜等处有出血斑点。

② 腺胃乳头、盲肠扁桃体、小肠、直肠和泄殖腔黏膜有出血点和出血斑。

③ 卵泡充血、出血，输卵管发生黏液性或化脓性炎，以及卵黄性腹膜炎。

④ 实质器官的广泛性出血和局灶性坏死。

单元八　鸡新城疫

鸡新城疫又称亚洲鸡瘟、伪鸡瘟等，是由新城疫病毒感染所引起的一种急性高度接触性败血型传染病。主要特征为呼吸困难、下痢、神经功能紊乱、黏膜和浆膜出血。

一、病原与发病机理

病原为新城疫病毒，病鸡和带毒鸡为主要传染源。病毒从呼吸道或消化道侵入后，先在呼吸道和肠道内繁殖，随后突破黏膜屏障迅速侵入血流，形成病毒血症。继而病毒在血液中大量繁殖，而引起败血症。本病毒属于一种泛嗜性病毒，可随血流扩散至全身各部。病毒可存在于病鸡所有器官，可造成许多器官组织的损伤。由于病毒对血管壁的损伤，使血管壁的通透性增强，引起浆液渗出、水肿和出血性变化。由于病毒对消化道、呼吸道黏膜的损伤，而致使严重的消化紊乱和呼吸中枢紊乱，导致呼吸困难。慢性病例后期，病毒主要存在于中枢神经系统和骨髓中，引起脑脊髓炎变化，故可引起特征性的神经症状。

二、病理变化

本病以出血性败血性变化为基础，消化道变化明显，以黏膜弥漫性出血和溃疡为主要特征。

1. 出血性素质病变

病死鸡颈部、胸部皮下组织呈胶样浸润，体腔与内脏浆膜、消化道与呼吸道黏膜均有不同程度的出血斑点。鼻腔及喉头充满污灰色黏液，黏膜充血或有小点出血，偶有纤维素性坏死点。气管内集有大量黏液，黏膜充血或出血。肺脏充血、水肿，多见有小而坚实的肺炎病灶。气囊膜增厚、混浊，有时气囊内积有炎性渗出物。心、肝、脾、胰、肾等实质器官体积肿大，被膜紧张，质地柔软易碎，表面与切面多散在有针头大至粟粒大的灰白色坏死灶。脑组织呈现非化脓性脑膜脑炎病变。表现脑膜充血、出血，脑实质中见胶质细胞增生灶、神经元变性、血管周围淋巴细胞浸润与血管内皮细胞肿胀等病理变化。产蛋鸡卵黄膜充血或出血，甚至卵黄破裂流入腹腔。

2. 消化道黏膜病变

口腔和咽部黏膜黏液增多，有芝麻至米粒大小黄白色隆起的纤维素性坏死性病灶。食管黏膜充血、水肿，黏液分泌增多。嗉囊常充满散发酸败气味的食物和污灰色的液体。

腺胃黏膜出血，其出血多见于腺胃乳头处。有时在腺胃与食道或腺胃与肌胃的交界处常呈带状或不规则的出血斑，近食道的腺胃黏膜出血斑点常形成溃疡。肌胃角质层下的肌肉有出血点，从小肠到盲肠和直肠黏膜有大小不等数量不一的出血点。

小肠黏膜红肿，有小点状或麸皮样坏死灶，有些大似枣核状，突出于肠表面，黄褐色，脱落后形成溃疡。其炎症病变主要以肠淋巴滤泡为中心，首先表现为淋巴滤泡肿胀，继而发生局灶性坏死，同时伴有纤维素渗出，并与坏死组织凝结在一起，形成纤维素性坏死性痂皮。其病灶有南瓜子大小，呈岛屿状隆起。当其痂皮自行脱落或强行剥离后可留下深层溃病，常见于十二指肠后半段与空肠、回肠的黏膜面。盲肠与直肠黏膜皱褶常呈条纹状出血，在盲肠基部的扁桃体呈紫红色肿大、出血或坏死。

三、病理诊断要点

① 心、肝、脾、胰、肾等实质器官体积肿大，质地柔软易碎，表面与切面多散在有针头大至粟粒大的灰白色坏死灶。

② 脑组织非化脓性脑膜脑炎病变，脑实质中见胶质细胞增生灶、神经元变性、血管周围淋巴细胞浸润与血管内皮细胞肿胀等。

③ 腺胃黏膜、腺胃乳头、腺胃与食道或腺胃与肌胃的交界处常呈带状出血，肌胃角质层下的肌肉有出血点。肠黏膜形成出血和"枣核状"坏死溃疡，盲肠基部扁桃体出血或坏死。

单元九　传染性法氏囊病

传染性法氏囊病（传染性法氏囊炎）是由传染性法氏囊病病毒引起幼鸡的一种急性、高度接触性传染病。以腹泻，颤抖，极度虚弱，法氏囊、腿肌和胸肌、腺胃和肌胃交界处出血为特征。本病毒主要侵害的靶器官为中枢免疫器官法氏囊，使机体免疫力下降，对多种病原易感性增强，造成严重的免疫抑制现象。主要病理变化为法氏囊的出血和坏死性炎症。

一、病原与发病机理

病原为传染性法氏囊病病毒，病鸡和带毒鸡为主要传染源，通过粪便排出大量的病毒，污染饲料、饮水、垫料、用具等经消化道或呼吸道感染健康鸡。病毒侵入机体后，首先侵害鸡的中枢免疫器官法氏囊，主要在法氏囊 B 淋巴细胞内增殖，导致法氏囊淋巴组织及其细胞发生变性、坏死，使其产生免疫球蛋白的功能和体液免疫功能发生障碍，引起免疫抑制和免疫应答反应强度降低。本病主要侵害雏鸡和幼年鸡，成年鸡因法氏囊萎缩而不易感染发病。

二、病理变化

本病的典型病变在法氏囊，以法氏囊出血和坏死性变化为主要特征。其他器官和组织如盲肠、扁桃体、脾脏、胸腺、骨骼肌等也有相应的病变。

1. 法氏囊病变

法氏囊充血、水肿，体积肿大，质量增加，体积和质量可达正常的 2～3 倍。法氏囊表面常被覆多量淡黄色胶冻样渗出物，原有的纵行条纹变得明显。切开法氏囊可见囊内蓄积大量红褐色胶冻样渗出物，其黏膜重度充血、肿胀，黏膜皱褶趋于平坦。黏膜表面散在有斑点状出血，重者发生弥漫性出血，整个黏膜呈现紫红色，类似一个血肿。有的病例在法氏囊黏膜表面见有粟粒大黄白色圆形坏死灶，囊内有大量黄白色奶油状物或黄白色干酪样物质。随着病程的迁延，慢性病例可见法氏囊体积缩小，质量减轻，呈灰白色。

2. 肾脏病变

肾脏体积肿大，肾小管因蓄积尿酸盐而显著扩张，形成"花斑肾"，输尿管扩张，管内充满大量的尿酸盐。

3. 肌肉出血

胸部、腹部和腿部肌肉出血，顺肌纤维走向呈条纹状或斑点状出血，严重病例发生大面积弥漫性出血。

4. 消化道病变

腺胃和肌胃交界处常见有斑点状或带状出血，盲肠扁桃体肿大并突出于黏膜表面，有出血点。泄殖腔黏膜表面见有程度不同、大小不等的出血点。

5. 其他病变

脾脏轻度肿大，被膜下散布有灰白色或灰红色坏死灶。另外，患鸡因生前严重腹泻而重度脱水，皮肤干瘪，身体消瘦。

三、病理诊断要点

1. 肌肉病变

病死鸡脱水，腿部和胸部肌肉出血，腺胃和肌胃交界处带状出血。

2. 法氏囊病变

法氏囊充血、水肿，呈斑点状或弥漫性出血，黏膜有灶状坏死。

单元十　鸡传染性支气管炎

鸡传染性支气管炎是由鸡传染性支气管炎病毒感染引起的鸡的一种急性、高度接触传染性呼吸道传染病。其特征是病鸡咳嗽、喷嚏和气管发生啰音。雏鸡可出现流鼻涕，蛋鸡产蛋量减少和质量低劣，肾脏肿大，有尿酸盐沉积。

一、病原与发病机理

病原为鸡传染性支气管炎病毒，属于冠状病毒科冠状病毒属，单股RNA病毒，有囊膜，其上有花瓣状纤突。病鸡和带毒鸡是主要传染源，病鸡从呼吸道排毒，通过空气飞沫、饲料、饮水经消化道或呼吸道感染易感鸡。

二、类型与病理变化

1. 呼吸道型

主要病变是气管、支气管黏膜充血、出血，鼻腔和鼻窦内有浆液性、卡他性和干酪样渗出物。气囊混浊或含有黄色干酪样渗出物。在死亡鸡的后段气管或支气管中常可见干酪性栓子。在大的支气管周围可见到小灶性肺炎。产蛋母鸡的腹腔内可发现液状的卵黄物质，卵泡充血、出血、变形。

2. 肾脏型

肾脏肿大、出血，呈斑驳状的"花斑肾"，肾小管和输尿管因尿酸盐沉积而扩张。严重病例，白色尿酸盐沉积可见于其他组织器官表面。

三、病理诊断要点

1. 呼吸道型

气管、支气管黏膜出血，气管、支气管管腔及鼻腔、鼻窦内有浆液性、卡他性和干酪样渗出物。

2. 肾脏型

"花斑肾"和肾小管、输尿管内尿酸盐沉积。

【案例分析】

案例1 2月，某养殖户饲养6头母猪中有2头母猪所产仔猪发病全部死亡，有2头母猪产仔后的第16天和第18天时仔猪开始发病、死亡，仅分别存活2头和3头仔猪，且生长不良，最后2头母猪在产仔后第19天发病死亡。病死仔猪剖检见耳尖发绀，脾稍肿大、表面有少量针尖大小出血点。肾表面及切面有多量针尖大出血点。脑膜表面充血、出血、水肿，有多量脑脊液，大脑质地较软，全身淋巴结充血、水肿，膀胱积尿，黏膜有少量针尖大出血点。

案例2 4月份，福建某养殖场饲养的20000只雏鸡突然出现陆续死亡。起初每天死亡10多只，3天后每日递增，最多每天死亡200～300只，投喂5天药物效果不明显，死亡继续。主诉鸡群14日龄免疫过传染性法氏囊病冻干疫苗。开始鸡群中个别鸡只缩头打蔫，闭眼，2～3天后出现呼吸道症状，排鸡蛋清样或米汤样暗红色稀便，陆续出现死亡，死亡鸡只干瘦。剖检可见部分鸡只气囊混浊增厚，肾脏肿胀，有尿酸盐沉积；法氏囊肿大，囊内瓣膜出血，内有脓样物，个别鸡法氏囊外膜有胶冻样分泌物，其中2只腿肌有出血点。

问题分析：

1.请根据以上案例的各自临床表现和剖检所见，做出初步的病理诊断。

2.请针对各案例拟定出进一步诊断的方法和关键性的防控措施。

（盛金良　李根）

项目十九　畜禽常见真菌及霉形体病的认识与病理诊断

【目标任务】

知识目标　熟悉畜禽常见真菌和霉形体病的病原与发病机理，认识畜禽常见真菌和霉形体病的病理变化。

能力目标　根据畜禽常见真菌和霉形体病的病理变化，做出正确的病理诊断。

素质目标　根据畜禽常见真菌和霉形体病的流行特点及其对畜禽养殖生产的危害，建立科学的疾病防控观念和畜禽养殖管理措施。

单元一　放线菌病

彩图扫一扫

　　该病是由放线菌感染所引起的一种人畜共患性慢性传染病，以形成传染性肉芽肿和化脓性炎症为主要特征。动物种类不同，感染放线菌后所引起的疾病和病理变化也不完全相同。如牛放线菌病常发生头骨疏松性骨炎；羊放线菌病多见皮下及皮下淋巴结脓性肿胀；猪放线菌病常见乳房、扁桃体和腭骨肿胀。

一、牛放线菌病

牛放线菌病是一种多菌性的非接触性慢性传染病，以头、颈、颌下和舌等部位形成放线菌肿为主要病变特征。

（一）病原与发病机理

引起牛放线菌病的病原主要有牛放线菌、林氏放线菌和伊氏放线菌。此外，金黄色葡萄球菌和化脓棒状杆菌等也可参与致病作用。牛放线菌主要引起骨骼的病变，林氏放线菌主要引起皮肤和软组织器官（如舌、乳腺、肺等）的病变。

放线菌病原体多存在于环境污染的土壤、垫草、饲料和饮水中，是体内的常在性寄生菌，寄生于动物的口腔和消化道中。当换齿、患口蹄疫等口腔黏膜或皮肤破损时，便可突破屏障引起感染。当牛采食带刺的饲料时，常可刺伤口腔黏膜而感染本病。其发病机制可能与机体对病菌产生变态反应有关。病菌侵入组织后首先在局部引发炎症反应，形成圆形灰白色或灰黄色小结节，最后形成大小不等呈分叶状的肉芽肿，称放线菌肿。其断面常见软化的灰白色或灰黄色病灶，内有黏液脓性内容物和淡黄色砂粒状的菌块，因其硬度和色彩似硫黄粉粒，故俗称"硫黄颗粒"，陈旧菌块可发生钙化。此外，放线菌可经血液或淋巴液扩散，引起转移性放线菌肿。有时也可经呼吸道入肺，引起肺放线菌病。

（二）病理变化

牛放线菌常侵害下颌骨，患部显著肿大，受侵骨发生骨膜炎和骨髓炎，甚至发生大块骨坏疽性病变。随着骨髓内肉芽组织的增生，使骨和骨膜肿大增厚，形成大量骨样组织。肿大的骨样组织内含有化脓灶和菌块，骨组织粗糙、疏松呈海绵状。有时附着在骨骼上的皮肤化脓破溃，流出脓汁，形成瘘管，经久不愈。经常受侵害的部位除下颌骨外，还有头颈部皮下组织、唇、舌、淋巴结和肺。头、颈、颌下等部位的软组织受侵后常出现硬结，无热无痛，逐渐增大，隆突于皮肤表面，顶部脱毛，破溃后流出黄白色脓液。硬结切面呈海绵状结构，海绵状孔隙内散在肉芽组织或小的化脓灶，结节周围环绕结缔组织包膜。

唇和舌受侵时，唇黏膜下组织内出现数量不等的豌豆至鸡蛋大的圆形、卵圆形硬实结节，当发生脓性软化时则形成脓肿。舌黏膜和肌层内散发粟粒至玉米粒大的结节，隆起于舌面，或突破黏膜呈红黄色蕈状增生，后期因舌内结缔组织弥漫性增生，坚硬如木板，故兽医临诊上称"木舌病"。

淋巴结放线菌病通常由邻近组织中的病原菌经淋巴管扩散而引起，常见于下颌淋巴结、咽淋巴结、上颌淋巴结和纵隔淋巴结等。主要表现为淋巴结肿大变硬，切面呈灰白色颗粒状，含有黄色软化灶，有时发生脓性软化时则形成脓肿，内有黏稠的脓液，周围包裹结缔组织性包膜。

肺脏受侵害时，主要发生于肺的膈叶，结节较大，由肉芽组织构成，在肉芽组织内散发小的化脓灶，脓汁内含砂粒样菌块，结节周围包裹结缔组织性包膜。

（三）病理诊断要点

① 头、颈、颌下等部位形成肉芽肿和脓肿，脓液呈乳黄色，含有硫黄样颗粒。下颌淋巴结、咽淋巴结、上颌淋巴结和纵隔淋巴结肿大变硬，切面呈灰白色颗粒状，含有黄色软化灶，内有黏稠的脓液，周围包裹结缔组织性包膜。

② 唇和舌受侵时，其受侵部位形成肉芽肿或脓肿和溃疡。

③ 肺脏受侵时，其膈叶形成肉芽肿，或出现化脓灶，脓汁内含砂粒样菌块。

二、羊放线菌病

羊放线菌病是由林氏放线菌等病原菌感染引起的一种慢性传染病，其病理变化特征是头颈部皮肤、皮下及皮下淋巴结呈脓性肿胀。

（一）病原与发病机理

病原为林氏放线菌，主要侵害头部和颈部皮肤及软组织，可蔓延到肺部。病菌平常存在于污染的饲料和饮水中，当羊的口腔黏膜被草芒、谷糠或其他粗饲料刺破时，细菌即乘机由伤口侵入软组织，如舌、唇、齿龈、腭及附近淋巴结，有时损害到喉、食道、瘤胃、肝、肺及浆膜。

（二）病理变化

羊的下颌骨组织或软组织如鼻、唇、颊部、局部淋巴结、附睾、乳房与肺内发生单个或多个放线菌肿，表面呈蓝紫色，挤压有淡黄色的液体渗出。组织病理变化可见典型的菊花或玫瑰花形菌块，其周围是中性粒细胞、上皮样细胞和多核巨细胞等成分构成的肉芽肿。

（三）病理诊断要点

鼻、唇、颊部、局部淋巴结、附睾、乳房与肺内发生单个或多个放线菌肿或带有瘘管的脓肿，光镜下病变组织内可见典型的菊花或玫瑰花形菌块。

三、猪放线菌病

猪放线菌病是由猪放线菌引起的一种慢性传染病，主要病变特征为皮肤、黏膜或其他组织形成明显的肉芽肿或脓肿。

（一）病原与发病机理

病原为猪放线菌，患病猪和带菌猪为主要传染源。猪放线菌常存在于各种年龄健康猪的扁桃体、口腔和健康母猪的阴道内。猪的上呼吸道、消化道和皮肤，污染的土壤、饲料和饮水也存在该菌。猪放线菌属于条件性致病菌，主要通过损伤的黏膜或皮肤感染。6月龄或更大公猪的包皮内也存在猪放线菌，未感染的公猪与感染公猪同舍时也会受到感染。饲养公猪的猪圈地面、饲养人员的鞋常受到本病原的污染。猪放线菌可经配种时由公猪传给母猪。

（二）病理变化

肉芽肿或脓肿常发生于乳房、扁桃体、耳郭、包皮、口腔黏膜和淋巴管等处。乳房受侵时，乳头基部出现硬块，逐渐蔓延到乳头，乳腺局部或全部变成硬固的肿瘤样，乳房表面凹凸不平，乳头缩短或继发坏疽。放线菌肿由致密结缔组织构成。其中含有大小不等的脓性软化灶，灶内有黄色"砂粒"状菌块，切面呈海绵状或筛孔状。耳壳受害时，耳壳皮肤和皮下结缔组织显著增生，切面偶见软化灶，内含黄色"砂粒"状放线菌菌块。肺脏、心脏、肝脏、脾脏、皮肤和小肠出血，肺小叶坏死和纤维素渗出，肠系膜淋巴结和肾脏可见到粟粒状脓肿。

（三）病理诊断要点

乳房、扁桃体、耳壳、包皮、口腔黏膜、肠系膜淋巴结和肾脏等处出现粟粒状肉芽肿或脓肿，其中，含有大小不等的脓性软化灶，灶内有黄色"砂粒"状菌块，切面呈海绵状或筛孔状。

单元二　曲霉菌病

曲霉菌病由曲霉菌感染所引起的一种人畜共患性真菌传染病。自然界中许多禽类和哺乳动物都能感染，其中以禽类发病率较高，尤其是育雏期的幼禽（鸡、鸭、鹅、鸽等）易感性最强，往往造成大批发病甚至死亡。曲霉菌主要侵害呼吸器官，其主要病变特征是在受侵器官、组织内形成肉芽肿结节。禽类在肺及气囊发生霉菌性炎症或形成肉芽肿结节；哺乳动物则在肺组织内形成多发性肉芽肿。

一、禽曲霉菌病

禽曲霉菌病是禽类最为常见的一种霉菌病，幼禽最易感染，常呈急性爆发性流行，发病率和死亡率均较高；成年禽常呈慢性散发，其特点是病程较长，病变较严重。禽曲霉菌病表现形式有曲霉菌性肺炎、曲霉菌性脑炎、曲霉菌性眼炎、曲霉菌性皮炎，还可呈现消化系统曲霉菌病、心血管系统曲霉菌病、泌尿系统曲霉菌病、蛋源性曲霉菌病等。

（一）病原与发病机理

烟曲霉菌是引起禽曲霉菌病的主要病原菌，对禽类的致病性最强，分布于肺脏和气囊等组织器官。内源性病原菌存在于正常禽类机体内，这类病原菌对禽类是条件性致病菌。外源性病原菌存在于自然环境中，经呼吸道和消化道感染。经鼻腔吸入机体内的曲霉菌孢子，首先在肺泡壁吸附繁殖，在侵入部位引起炎症。随后或侵入局部淋巴结或随血流转移至其他器官组织，并在侵入组织内繁殖，造成组织器官的损伤。感染性病灶互相融合，加之炎性细胞浸润和组织增生，形成广泛性的组织坏死和肉芽肿性炎症。

（二）类型与病理变化

1.肺脏曲霉菌病

该病是禽曲霉菌病中最为常见的表现形式，主要由吸入受曲霉菌污染环境中的曲霉菌孢子所致，又称禽曲霉菌性肺炎。

病理剖检可见上呼吸道有浆液性或卡他性炎症，气囊和肺部的病变具有特征病变，胸腹气囊膜混浊、肥厚。气囊膜上有大量黄白色霉菌结节，肺脏表面有散在或密集的针头大、小米大、绿豆大乃至豌豆大的灰白色或灰黄色结节。其结节易于剥离，切开见层次结构清晰，内部包有干酪样物质。在肺炎结节周围常看到红晕，有时数个或十多个结节融合在一起，形成较大的坏死灶。有时形成较大的灰白色或灰绿色的菌丝团块（霉斑）覆盖于肺脏及其他器官表面。有时在皮下、体腔内形成巨大的霉菌结节。有时在肠系膜上密布小米粒大小的霉菌结节。用该团块涂片时，可看到菌丝呈烧瓶状的孢子体。

镜下可见肺脏组织病变由局部性肺炎、肉芽肿性结节和坏死灶构成。肺组织充血，并有浆液性、卡他性炎症；有些部位发生坏死，间质中有巨噬细胞、淋巴细胞和异嗜性粒细胞浸润。肉芽肿结节可密布于肺组织中，结节结构具有层次性。中心为干酪样坏死，其中有粗大分枝的菌丝体，HE染色组织菌丝体呈深蓝色，周围是核破裂的坏死物。向外由上皮样细胞、多核巨细胞、巨噬细胞构成的霉菌性肉芽组织。最外层是淋巴细胞和成纤维细胞形成的普通肉芽组织。

2.脑膜脑炎性曲霉菌病

曲霉菌自气囊病灶侵入血管随血流扩散到脑部，在大脑和小脑形成肉芽肿、化脓和坏死性病灶。组织病理检查，除发现菌丝生长外，大脑病变以坏死、嗜酸性粒细胞及单核细胞浸润为特征，坏死区周围出现水肿，血管周围浸润有淋巴细胞，有时可见动脉栓塞，血管炎和渗出性真菌性脑膜炎。

3.眼曲霉菌病

该病是由于曲霉菌自气囊病灶侵入血管随血液扩散到眼部而引起，以眼炎为特征。眼结膜、瞬膜充血肿胀，继之眼睑肿胀，最后形成蚕豆大干酪物，有时上下眼睑粘连在一起，有的鸡在角膜中央还形成溃疡。

（三）病理诊断要点

1.肺脏曲霉菌病

肺脏和气囊等呼吸器官发生广泛性炎症和灰白色半透明或混浊的霉菌性肉芽肿结节。

2. 脑膜脑炎性曲霉菌病

大脑和小脑形成肉芽肿、化脓和坏死性病灶。

3. 眼曲霉菌病

眼结膜、瞬膜、眼睑充血肿胀，角膜有溃疡。

二、猪曲霉菌病

该病又称猪霉菌性肺炎，由致病性曲霉菌感染所引起的一种真菌性传染病，以霉菌性肺炎和形成霉菌性肉芽肿结节为主要特征。

（一）病原与发病机理

病原主要为烟曲霉菌、黄曲霉菌、毛霉菌、白霉菌等，广泛存在于自然界，在气温高，空气湿度大的雨季，致病性霉菌大量繁殖，通过呼吸道或消化道感染而发病。致病性霉菌的致病作用既有感染性作用，也有中毒性作用。霉菌先感染肺部，以呼吸道症状为主；霉菌产生的毒素被吸收后，因霉菌毒素的作用，出现消化道和神经系统症状。

（二）病理变化

鼻腔内有灰白色脓性鼻液堵塞鼻道，喉部肿胀，气管、支气管含有大量灰白色黏液。气管、肺、胸膜可见有团块状霉菌斑，肺与胸膜常发生粘连。肺充血，水肿，间质增宽，充满混浊液体。将肺切开，切面流出大量带泡沫的血水。肺组织散在豆粒大、米粒大、鸽蛋大及数量不等的灰白或黄白色肉芽肿结节，结节较柔软有弹性，结节切面层次结构明显，内容物呈干酪样。全身淋巴结肿大，切面多汁，有干酪样坏死。

（三）病理诊断要点

气管、肺、胸膜可见有团块状霉菌斑，肺组织散在如豆粒大、米粒大、鸽蛋大及数量不等的灰白或黄白色肉芽肿结节，结节柔软有弹性，结节切面层次明显，中心为坏死的干酪样物质，周围为肉芽组织。

单元三　霉形体病

一、猪霉形体肺炎

猪霉形体（支原体）肺炎又称猪地方流行性肺炎、猪支原体性肺炎，由猪肺炎霉形体（猪肺炎支原体）感染所引起的一种高度接触性慢性呼吸道传染病。因其临诊特征主要是气喘和咳嗽，俗称猪气喘病。以融合性间质性肺炎，慢性支气管周围炎，血管周围炎，肺气肿，肺脏尖叶、心叶、中间叶和膈叶前缘呈"肉样"或"胰样"实变，同时伴发肺门淋巴结和纵隔淋巴结增生性炎症为特征。

（一）病原与发病机理

猪肺炎霉形体是一种介于细菌和病毒之间的没有细胞壁的多态微生物，寄居于猪的呼吸道。病猪和隐性带菌猪是传染源。猪肺炎霉形体常存在于患猪呼吸系统淋巴结等处。病猪通过咳嗽随飞沫和痰液向外界排出大量霉形体，使周围猪群发生接触性感染。哺乳仔猪可通过患病母猪感染。霉形体进入呼吸道后，首先侵入黏膜的淋巴间隙，并沿淋巴流扩散，引起支气管周围炎。炎症常侵及左右两侧肺脏下垂的尖叶、心叶、中间叶和膈叶的前下部。随着炎灶的扩大，发展为支气管肺炎和融合性支气管肺炎。慢性病例，肺门淋巴结、纵隔淋巴结以及左右两肺支气管周围淋巴组织显著增生。

（二）类型与病理变化

根据发展经过和病理变化将本病分为以下三种类型。

1.急性型

较少见，多发生于新疫区或怀孕以及哺乳的母猪。剖检可见两侧肺叶呈均等的高度膨大，色泽灰红或灰白，表面光滑，边缘钝圆，切面湿润。在心叶、尖叶和中间叶上散在黄豆大小，呈灰红或灰白色稍透明的病灶，病灶质地坚实，切面湿润，像鲜嫩的肌肉样，俗称"肉变"或"胰变"。切开后从小支气管流出混浊、灰白带泡沫的浆液性或黏液性液体。肺门淋巴结和纵隔淋巴结显著肿大，质地坚实，切面湿润，呈灰白色脑髓样。

2.慢性型

此型多发生于老疫区的仔猪，中猪通常由仔猪期感染发病迁延而来。由于病程较久，患猪大多躯体瘦弱，被毛无光泽。病理剖检可见肺气肿和融合性支气管肺炎病变，在心叶、尖叶和膈叶的下部，出现融合性支气管肺炎病灶。病灶呈灰红色或灰黄色，质地坚实，略透明。切面湿润多汁，从切面流出灰白色黏稠的液体。部分病灶呈灰红色虾肉样外观，严重时病灶互相融合成较大的类似纤维素性肺炎的灰色肝变期变化。肺门和纵隔淋巴结显著肿大，为正常的 3 ~ 10 倍，呈灰白色脑髓样，质地坚硬。

3.继发感染型

继发感染是引起病猪病情加重和死亡的重要原因之一，常继发感染的病原有巴氏杆菌、各种化脓性细菌、肺炎球菌、沙门氏菌，以及猪鼻霉形体等。晚期病例除有本病的固有变化外，还可见肺有大小不等的灰黄色坏死灶、化脓灶和干酪样坏死灶等。胸膜常发生纤维素性炎症，并发生胸膜粘连。眼观可见各肺叶病变区域色彩不一，多呈灰黄色、灰红色，硬度显著增加，表面常覆有灰黄色絮样或片状渗出物；切面平整、致密，或见一些干燥、无光泽的灰黄色与灰白色坏死灶呈镶嵌样分布，压挤时常见从支气管断端流出黄色或黄绿色黏稠脓液。肺门淋巴结和全身淋巴结发生点状出血和坏死等病变。

（三）病理诊断要点

1.急性型

肺脏充血、水肿、出血，出现灰红色或灰白色，质地坚实的"肉变"或"胰变"区。肺门淋巴结和纵隔淋巴结呈现增生性炎症变化，体积肿大，质地坚实。

2.慢性型

呈现肺气肿和融合性支气管肺炎变化。

3.继发感染型

除见本病固有变化外，还可见纤维素性、化脓性肺炎和坏死性病变。

二、鸡霉形体病

（一）病原与发病机理

病原主要有鸡败血霉形体和鸡滑液囊霉形体两种。霉形体的自然宿主是鸡和火鸡，病鸡和带菌鸡是主要传染源，大量病原体随其排泄物及分泌物排出，通过直接接触而感染，也可通过尘埃或飞沫经呼吸道吸入而传染，或经消化道传染。病鸡的精液、输卵管中都含有病原体，并能经卵垂直传播给下一代，鸡胚多于14 ~ 21日龄发生死亡，或出现难脱壳的弱雏，这种弱雏早期发生气囊炎，成为新的传染源。

（二）类型与病理变化

1. 鸡败血霉形体病

属于一种慢性呼吸道传染病，又称鸡慢性呼吸道病。其病变特征是上呼吸道及鼻窦黏膜、气囊等处发生浆液性、卡他性、化脓性、干酪性炎症。鼻腔、喉头、气管、肺、气囊和眶窦中含有黏液性渗出物。气管黏膜增厚，气囊膜轻度混浊，增厚，水肿，有灰白色增生性结节。严重的慢性病例，气囊膜呈混浊或浅黄色肥厚，囊腔内有大量干酪样物，特别是胸气囊和肺之间、腹气囊和腹壁之间有干酪样渗出物。炎症延及眼部时，眼结膜发生浆液性、黏液性或化脓性炎症，一侧或双侧眼部肿胀，眼角流出浆液性、黏液性或脓性渗出物，有时渗出物中带有泡沫，结膜囊内积有黄白色干酪样物质。肺充血、水肿，背侧可见大小不等的灰白色硬结，肺切面可见以支气管为中心的小叶性肺炎。肝脏覆有一层淡黄色或白色伪膜，呈纤维性肝周炎。

2. 鸡滑液囊霉形体病

主要侵害关节膜和腱鞘滑膜为主，又称鸡传染性滑膜炎或传染性关节炎，其病变特征为关节肿大，滑膜囊和腱鞘发炎。气囊受侵害后，出现混浊、增厚，有干酪样结节。公鸡有睾丸炎，母鸡卵巢萎缩。

（三）病理诊断要点

1. 鸡败血霉形体病

病鸡鼻腔、喉头、气管、肺、气囊和眶窦发炎，有黏液性渗出物，气囊膜混浊，增厚，有灰白色结节。

2. 鸡滑液霉形体病

病鸡关节和滑液囊肿大，滑膜囊和腱鞘发炎，病变关节腱鞘的滑液囊内常积有黏稠的奶酪样渗出物。

三、牛羊霉形体病

牛羊霉形体病又称传染性胸膜肺炎，由丝状霉形体（丝状支原体）感染引起的高度接触性传染病，主要病变特征为高热、咳嗽和纤维素性胸膜肺炎。

（一）病原与发病机理

病原为丝状支原体丝状亚种、丝状支原体山羊亚种、绵羊肺炎支原体，病牛和病羊及带菌牛和羊是本病的主要传染源，病原菌存在于病牛和病羊的肺组织、胸腔渗出液及纵隔淋巴结中，经支气管分泌物排出，污染周围环境。病愈后肺组织内的病原体能存留很长时间，并可散布传染。

（二）病理变化

以一侧性或两侧性纤维素性胸膜肺炎为主要病变特征。胸腔内有大量淡黄色液体或纤维素性渗出物。胸膜变厚而粗糙，其上有黄白色豆腐渣样纤维素性渗出物附着，甚至造成胸膜与肋膜、心包发生粘连。肺脏肝变区凸出于肺表面，呈暗红色至灰白色不等，切面呈"大理石"样外观，肺间质增宽，小叶界限明显。支气管淋巴结和纵隔淋巴结肿大，切面湿润，有点状出血。心包积液，心肌松弛柔软，并发生淤血、出血、水肿。急性病例可见肝、脾肿大，胆囊肿胀。肾脏肿大，被膜下有小出血点。

（三）病理诊断要点

1. 胸膜

变厚而粗糙，有黄白色纤维素性渗出物附着，胸膜与肋膜、心包膜发生粘连。

2. 肺脏

出现肝变区，肺表面与切面呈"大理石"样外观，肺间质增宽，小叶界限明显。

3. 淋巴结

支气管淋巴结和纵隔淋巴结肿大，切面湿润，有点状出血。

【案例分析】

案例 1 11 月，某猪场一头体重 60kg 左右的育肥猪出现咳嗽、气喘，当时没有引起饲养员的重视。一周内同一圈舍 60 头育肥猪，有 51 头出现同一病症，有 2 头病情严重的猪死亡。送兽医院病理剖检可见在心叶、尖叶和中间叶上散在黄豆大小、灰红或灰白色稍透明的病灶。病灶质地坚实，切面湿润，像鲜嫩的肌肉样，俗称"胰变"。切开后从小支气管流出混浊、灰白带泡沫的浆液性或黏液性液体。肺门淋巴结和纵隔淋巴结显著肿大，质地坚实，切面湿润，呈灰白色脑髓样。

案例 2 8 月，某大型肉牛育肥场购进了 200 多头架子牛，其中有几头牛颈部有一小肿块。由于开始肿块较小，且牛并无其他异常表现，并未引起饲养人员的注意。直到 10 月，上述几头牛的颈部肿块逐渐增大，且其中 1 头牛肿块部开始破溃。患病牛体温、精神、食欲均未见异常；肿块非常坚硬，没有弹性，无热无痛，界限明显。头部肿块在上颌骨的眼眶下，手摸肿块，可感觉肿块和颌骨连在一起。挤压破溃的肿块，流出污血和脓液，脓液中含有坚硬光滑、黄白色的细小菌块，很像"硫黄颗粒"。取菌块涂片染色，为革兰氏阴性。

问题分析：

1. 请根据以上案例的各自临诊表现和剖检所见，做出初步病理诊断。
2. 请针对各案例拟定出进一步诊断的方法和关键性的防控措施。

（马春霞）

项目二十　畜禽常见寄生虫病的认识与病理诊断

【目标任务】

知识目标　熟悉畜禽常见寄生虫的病原与发病机理，认识畜禽常见寄生虫病的病变特点。

能力目标　根据畜禽常见寄生虫病的病变特点，做出准确的病理诊断。

素质目标　根据畜禽常见寄生虫病的流行特点及其对畜禽养殖生产的危害，建立科学的疾病防控观念和畜禽养殖管理措施。

单元一　原虫病

彩图扫一扫

一、球虫病

球虫病是分布广泛的一种原虫病。各种家畜家禽都有其专性寄生的球虫，不相互感染。球虫是否引起疾病，取决于球虫的种类、致病力的强弱、感染的数量、宿主的年龄和抵抗力、饲养管理条件及其他外界环境因素。大多数动物都可能会被球虫寄生，但对鸡、兔的危害性最为严重，因此重点介绍鸡球虫病和兔球虫病。

（一）病原与发病机理

鸡、兔球虫病的病原为艾美尔科球虫，本病以食入感染性卵囊而发病。卵囊被易感动物吞食后被消化酶所消化，子孢子从卵囊内逸出，侵入易感肠段黏膜上皮细胞内变为滋养体，滋养体经无性分裂形成体积较大的裂殖体。由于裂殖体在肠管黏膜上皮内大量繁殖的过程中，严重破坏黏膜，而引起黏膜发炎和上皮细胞崩解。一方面引起肠管的功能障碍，严重影响营养物质的消化吸收，导致营养不良；另一方面由于肠黏膜及其血管的损伤，大量的体液和血液流入肠腔内，引起患病畜禽的血痢、贫血和消瘦；加之崩解的上皮细胞和炎性产物的毒性作用，使机体发生自体中毒，导致病情的恶化，临床上出现精神不振、翅膀下垂和昏迷的现象。

（二）类型与病理变化

临床上最多见的是鸡球虫病和兔球虫病，其中鸡球虫病其球虫主要寄生在肠黏膜上皮内，以引起球虫性肠炎为主要特征；而兔球虫病其球虫主要寄生在肝胆管上皮内，以引起球虫性肝炎为主要特征。

1. 鸡球虫病

病鸡消瘦，鸡冠和可视黏膜苍白，泄殖腔周围羽毛被粪、血污染，羽毛蓬乱。体内病变主要在肠管，以引起卡他性出血性肠炎为主要特征。急性病例可见一侧或两侧盲肠显著肿大，可为正常的 2～3 倍，其中充满新鲜或凝固的暗红色血液。盲肠黏膜增厚，有严重的糜烂，甚至坏死脱落，与肠内容物及血凝块混合形成"肠栓"。肠腔内充满混有血液的内容物，取肠内容物涂片镜检可发现大量的球虫卵囊。取肠切片镜检，可见肠黏膜上皮变性、坏死和脱落，黏膜上皮内见有裂殖体，在肠腔内见有球虫卵囊。

2. 兔球虫病

兔球虫病时，球虫主要寄生在肝胆管内，以球虫性肝炎为主要病变特征。剖检可见病肝肿大，从表面或切面见有粟粒大至豌豆大的黄白色结节。切开时可见管内充满大量凝乳状物，取之涂片镜检，可发现大量的球虫卵囊。肝组织学检查，初期可见胆管上皮坏死脱落。稍后胆管上皮增生，呈乳头状或树枝状，胆管扩大，管壁增厚，慢性病例胆管壁及肝小叶间结缔组织增生，胆管管腔内见有多量球虫卵囊。

（三）病理诊断要点

1. 鸡球虫病

剖检病变主要在盲肠，可见盲肠显著肿大，肠腔内充满混有血液的内容物，取肠内容物涂片检查可发现大量球虫卵囊。

2. 兔球虫病

剖检病变主要在肝脏，可见肝脏肿大，表面或切面见有粟粒大至豌豆大的黄白色结节，切开结节见有扩张的胆管，管内充满大量凝乳状物，取其涂片镜检，可发现大量的球虫卵囊。

二、猪弓形虫病

弓形虫病是由刚地弓形虫感染引起的一种人、畜、禽共患性原虫病。本病可侵害多种畜禽，猪、牛、羊、犬、猫、鸡、鸭均可感染，猪的发病率最高；多发于断乳前后的猪，死亡率可达 30%～40%，成年猪急性发病较少，多呈隐性感染。

（一）病原与发病机理

本病的病原体为刚地弓形虫，消化道是本病的主要感染途径，人、畜、禽主要通过误食卵囊或带虫动物的肉、内脏及乳、蛋中的滋养体、包囊引起感染。弓形虫对寄生的细胞有特异的选择性。虫体侵入机体后首先在局部大量繁殖，然后通过血流传播到全身，寄生到各组织内。引起各部组织的损伤，形成局灶性坏死、出血和炎症性病变。虫体在肠黏膜上皮内寄生时可产生卵囊。卵囊随粪便排至外界环境，被易感动物或人食入后发生感染。

弓形虫的致病作用与虫体毒力和宿主的免疫状态有关，此病的严重程度取决于寄生虫与宿主相互作用的结果。裂殖子逸出后又重新侵入新的细胞，加之毒素的毒害作用，刺激淋巴细胞、巨噬细胞增殖和浸润，导致组织出现急性炎症和变性坏死。

（二）病理变化

本病主要病变特征为广泛性的渗出性出血，间质性肺炎，实质器官变性、坏死及非化脓性脑膜脑炎等。病猪体表各部（耳、颈、背腰、下腹、四肢内侧）皮肤因渗出性出血而出现紫红色斑点。浆膜腔内常有多量橙黄色清亮的渗出液，以胸腔及心包腔内尤为显著。

肺脏体积膨大、充血、水肿，表面湿润有光泽，呈淡红色或橙黄色。肺脏切面可流出较多混有泡沫的浅红色液体。切面被膜增厚、间质增宽，并散布有灰白色针尖到粟粒大的坏死灶。镜检可见肺泡隔毛细血管充血，肺泡腔及细支气管内有多少不一的浆液、纤维素渗出，以及少量的嗜中性粒细胞、淋巴细胞、嗜酸性粒细胞、巨噬细胞及脱落的肺泡上皮。在巨噬细胞和脱落上皮的胞质内见有被吞噬的滋养体型虫体或有弓形虫假囊形成。

肝脏肿大、变性，表面可见散在或密布的出血点与针尖大到粟粒大的灰黄色或灰白色病灶。镜检可见肝小叶内有数量不等的小坏死灶或结节。灶内有细胞崩解产物、少量的滋养体，周围可见吞噬有弓形虫的巨噬细胞，弓形虫常为 1～6 个不等，呈圆形、卵圆形、弓形或新月形等不同形状。

全身淋巴结肿大，尤其是腹股沟淋巴结明显肿大；淋巴结充血，切面湿润呈砖红色，有多量浆液渗出，并有黄白色或灰白色粟粒大坏死灶；肠系膜和胃、肝、肾、肺等处淋巴结出血最为显著。被膜与周围结缔组织呈黄色胶样浸润。镜检可见淋巴组织不同程度的坏死，并可发现吞噬有滋养体型虫体或有弓形虫假囊的巨噬细胞。

脾脏轻度肿胀，被膜下有少量小出血点，切面呈暗红色，白髓结构模糊，脾小梁明显，散在有坏死灶。镜检白髓中央动脉周围淋巴细胞显著减少，其周边或整个淋巴组织发生凝固性坏死，红髓亦可见大小和形状不等的坏死灶。

肾脏出现变性，部分病例在被膜下可见散在的出血点。膀胱黏膜上见有针尖大出血点。镜检部分病例可见肾小球膨大，毛细血管内皮细胞及小囊上皮细胞肿胀、增生，并有少数嗜中性粒细胞和淋巴细胞浸润。肾小管上皮细胞变性或坏死，管腔中可见管型。

心包积液，蓄有黄色透明液体；心肌褪色，柔软。房室腔均扩张，尤以右心房最为明显，各房室腔内均存有凝血块。镜检可见心肌纤维颗粒变性，间质水肿与淋巴细胞浸润。

大肠和小肠浆膜呈斑驳状出血，小肠黏膜呈卡他性炎，回盲口处黏膜发生出血和坏死。镜检可见肠黏膜上皮变性、坏死和脱落。固有层和黏膜下层血管扩张充血，并有淋巴细胞和嗜酸性粒细胞浸润，肠壁淋巴小结坏死、出血。

大脑表现脑软膜内血管充血，脑实质散发许多细小的非化脓性坏死灶。镜检可见灰质中毛细血管充血或出血，血管周围淋巴间隙扩张，多数病例血管内皮肿胀、增生，管壁及周围有一至数层淋巴细胞浸润。神经元变性，小胶质细胞呈弥漫性或局灶性增生，并见噬神经现象或卫星现象。多数病例在灰质深层见到小的坏死灶，灶内有游离的弓形虫或在神经元内形成"假包囊"。

（三）病理诊断要点

1. 广泛性的渗出性出血

体表皮肤因渗出性出血形成紫红色斑块。

2. 间质性肺炎

肺脏体积膨大，表面湿润有光泽，呈淡红色或橙黄色。切面散布有灰白色针尖到粟粒大坏死灶，坏死产物中可检出虫体。

3. 坏死性肝炎

肝脏肿大，表面及切面散在或密布针尖大到粟粒大灰黄色或灰白色坏死灶。取其坏死组织涂片镜检，可见少量的弓形虫滋养体或吞噬有弓形虫的巨噬细胞。

4. 淋巴结炎

淋巴结肿大、充血、出血，切面湿润，有出血点和灰白色粟粒大坏死灶。淋巴结触片镜检可见有弓形虫假囊或吞噬有滋养体型虫体的巨噬细胞。

5. 非化脓性脑炎

脑软膜充血，脑实质散发许多细小的非化脓性坏死灶。取其坏死组织涂片镜检，可见有游离的弓形虫或在神经元内形成"假囊"。

三、猪附红细胞体病

该病是由附红细胞体寄生于红细胞表面或在血浆、组织液、脑脊液中游离而引起的一种人畜共患寄生虫病。猪、牛、羊、猫、人均可感染，猪的发病率最高。临床以贫血、溶血性黄疸、发热、呼吸困难为主要特征。

（一）病原与发病机理

病原为附红细胞体，不同品种、年龄、性别的猪均可感染发病。节肢动物（虱、螨）为主要传播媒介，也可通过污染的手术器械尤其是注射针头传播。本病主要发生于夏秋季，冬季也可发生。

附红细胞体进入猪体后，主要寄生在骨髓和外周血液中。在一定条件下可大量繁殖，并附着于红细胞膜上，使红细胞体积增大、变形，红细胞膜凹陷或形成空洞，脆性增强，易于破裂。虫体抗原不断地释放入外周血液中，刺激和引发单核巨噬细胞系统增生和免疫应答反应，使附红细胞体和被寄生的红细胞受到破坏，导致机体贫血、黄疸、发热等一系列病理反应。

（二）病理变化

剖检可见尸僵不全，全身皮肤黄染，并有大小不等的斑点状出血；耳尖、四肢末梢、腹下、股内侧出血更为突出；血液稀薄，呈淡粉色，凝固不良。全身脂肪黄染，皮下结缔组织及内脏浆膜黄染，并有胶冻样水肿，胸腹腔内有淡黄色积液。肝脏肿大，呈土黄色或棕黄色，质地脆弱易碎，并有出血点或坏死点；或出现黄色条纹状坏死灶，表面凹凸不平。肺脏淤血水肿明显，肝脏脾脏显著肿大，质地变软，在脏器组织表面还会出现针尖大小的出血点，或者黄色点状的坏死灶。淋巴结水肿，切面多汁，呈灰白色或灰褐色。胆囊肿胀，充满绿色黏稠的胆汁。

镜检可见肝脏肝小叶有灶状坏死，肝细胞脂肪变性，星状细胞吞噬有含铁血黄素。心脏心肌纤维发生颗粒变性，间质水肿。肺脏水肿或有支气管炎病变。肾脏球囊腔变窄，内有红细胞和纤维素渗出，肾小管上皮变性、坏死。鲜血压片后高倍镜下观察，可见血浆中有圆形、卵圆形、环形、杆状、月牙状的虫体不停翻转、运动，同时有虫体依附的红细胞呈星形。血涂片瑞氏染色后高倍镜下观察，可见血浆中及红细胞表面有大量蓝色虫体；虫体可呈圆盘形、梨籽形、纺锤形、杆状以及不规则形等多种形态。

（三）病理诊断要点

1. 黄疸

全身皮肤黄染，并有大小不等的斑点状出血；皮下结缔组织及内脏浆膜黄染，并有胶冻样水肿，胸腹腔内有淡黄色积液。

2. 贫血

血液稀薄，色淡，凝固不良，取血涂片镜检可发现猪附红细胞体。

3. 肝脏肿大坏死

肝脏有黄色点状或条纹状坏死灶。取肝组织切片镜检，可见肝小叶发生灶状坏死，肝细胞脂肪变性，并可发现吞铁细胞。

四、鸡住白细胞虫病

鸡住白细胞虫病是主要侵害禽类血液、肌肉和内脏器官的一种原虫病，又名鸡白冠病。病原主要寄生于鸡的白细胞和红细胞。本病在我国许多地方均有发生，特别是南方地区较为普遍，常呈地方流行。鸡、鸭、鹅和火鸡以及多种野禽均可发生本病。该病主要危害雏鸡，在鸡群中可引起暴发性流行，以肌肉和内脏器官广泛性出血为主要特征，发病急死亡率较高。

（一）病原与发病机理

病原包括卡氏住白细胞虫、沙氏住白细胞虫和休氏住白细胞虫三种，其中卡氏住白细胞虫致病力最强，危害最严重，库蠓为其传播媒介。库蠓通过叮咬病鸡再叮咬健鸡，将成熟的子孢子传入鸡体内，子孢子在血管内皮细胞中繁殖，形成裂殖体。当感染至 9～10 天时，内皮细胞被摧毁，裂殖体释出并随血流转运至肾、肝、脾、心、肺、卵巢、睾丸、肌肉及脑等各处继续发育，并造成组织损伤。

（二）病理变化

本病主要病变特征为肌肉和内脏器官广泛性的出血，以及由裂殖体形成的灰白色小结节。病鸡贫血，鸡冠与肉髯苍白，口角有出血迹或口腔内有血凝块，全身肌肉多处见出血点或出血斑，尤以胸肌、腿部肌肉常见大片出血。内脏病变也较严重，肾脏、肺脏、肝脏、心脏、脾脏、胰腺、卵巢和睾丸等均见出血，其中肾脏和肺脏出血特别严重，常有大片血凝块覆盖。有些病例可见肌肉和器官内针尖大到粟粒大灰白色裂殖体结节。在胃肠浆膜、肠系膜和肺脏可见到更大的巨型裂殖体结节。

（三）病理诊断要点

1. 贫血

病鸡贫血，鸡冠与肉髯苍白。

2. 出血

全身皮下、肌肉和内脏器官广泛出血。

3. 可见虫体

胸肌、腿肌、心肌和肝、脾等实质器官见有针帽大或更大一些的灰白色裂殖体结节。取病鸡血液、实质器官涂片，或取裂殖体结节压片可发现配子体或裂殖体。

五、鸡组织滴虫病

该病是由火鸡组织滴虫感染所引起的一种原虫病。主要发生于火鸡和鸡，以 2 周龄至 4 月龄火鸡易感性最高，8 周至 4 月龄雏鸡也易感，成年鸡也能感染，但病情轻微，不显症状。本病以肝脏坏死和盲肠溃疡为特征，亦称为盲肠肝炎。在疾病的末期，由于血液循环障碍，病鸡头部变成暗褐色或暗黑色，又称为黑头病。

（一）病原与发病机理

本病病原体属鞭毛虫纲单鞭毛科火鸡组织滴虫，是一种单细胞多形性虫体，大小与球虫相似。本病主要通过消化道感染。当组织滴虫通过消化道进入肠道，在肠道某些细菌（如大肠杆菌）的协同作用下，滴虫则侵入盲肠黏膜内大量繁殖，引起盲肠黏膜发炎、出血和坏死。进而炎症向肠壁深层发展，可波及肌层和浆膜层，引起整个盲肠的严重损伤。在肠壁各层寄生的组织滴虫，可突破肠壁屏障，侵入肠壁毛细血管，随门脉循环进入肝脏，破坏肝组织，而引起肝组织坏死和炎症性病变。

（二）病理变化

盲肠病变多以一侧较为严重，但也有两侧同时受侵害的。剖检可见一侧或两侧盲肠肿大、增粗，肠壁增厚、变硬。肠内容物硬实，形似香肠。剪开肠管可见肠腔内充满大量干燥、硬实、干酪样凝固物和凝血块混合物。如横切肠管可见干酪样内容物呈同心层状结构，其中心为暗红色的凝血块，外围是黄白色干酪样的渗出物和坏死物质。盲肠黏膜表面被覆着干酪样坏死物，黏膜失去光泽，可见出血、坏死或形成溃疡。炎症也波及黏膜下层、肌层和浆膜，可见程度不同的充血、出血和水肿。急性病例，盲肠发生急性出血性肠炎，肠内含有血液。HE染色镜检可见盲肠黏膜充血，有浆液、纤维素渗出和炎性细胞浸润，黏膜上皮变性、坏死、脱落，渗出液中可见组织滴虫；黏膜固有层中可见许多圆形或椭圆形、淡红色的组织滴虫，并见有异嗜性粒细胞、淋巴细胞和巨噬细胞浸润；肠腔内有由脱落上皮、红细胞、白细胞、纤维素和肠内容物混合而成的团块。

肝脏发生不同程度肿胀，被膜表面可见散在或密布有圆形或不规则形的坏死灶，坏死灶大小不等，坏死灶呈黄白色或黄绿色，中央稍凹陷，边缘稍隆起，似火山口样。有些病例，肝脏表面坏死灶连在一起呈花环状，有些部位坏死灶互相融合而形成大片坏死。肝脏早期病变镜下可见汇管区有成簇的异嗜性粒细胞、淋巴细胞和单核细胞；以后在病变中心肝细胞坏死崩解，可见数量不等的核破碎的异嗜性粒细胞，外围区域的肝细胞索排列紊乱，并显示变性、坏死和崩解，其间见有大量成簇的组织滴虫。坏死灶周边见有巨噬细胞及淋巴细胞浸润，有的巨噬细胞胞质内吞噬有组织滴虫。严重时，肝脏的固有结构完全破坏，被坏死组织及各种炎性细胞取代。

（三）病理诊断要点

1. 黑头

病鸡头部变成暗褐色或暗黑色，俗称黑头病。

2. 盲肠病变

肿大、增粗、硬实，形似香肠。肠腔内充满大量干燥、硬实、混有凝血块的干酪样凝固物。

3. 肝脏病变

肝脏肿大，表面可见散在或密布圆形或不规则形的坏死灶，呈火山口样。取病鸡肝脏坏死灶的坏死组织制成悬滴标本可检出活动的组织滴虫。

六、梨形虫病

该病是由于梨形虫感染所引起的一种原虫病。因其虫体主要寄生在病畜的红细胞内，故又称之为血孢子虫病或焦虫病。本病主要以引起溶血性贫血、黄疸和巨噬细胞、淋巴细胞增生为特征。

（一）病原与发病机理

该病的病原体属于梨形虫纲梨形虫目的泰勒科和巴贝斯科，在家畜中主要侵害牛和马。其中牛梨形虫病的病原体有环形泰勒梨形虫和双芽巴贝斯虫；马梨形虫病的病原体有驽巴贝斯虫（又名马梨形虫）和马巴贝斯虫（又名纳氏梨形虫）。

在牛、马发生梨形虫病时，因其虫体主要寄生在病畜的红细胞内，一方面对红细胞起到机械性损伤作用；另一方面可释放毒素，而使红细胞大量溶解，故可引起溶血性贫血。由于红细胞的大量破坏，胆红素的形成增加，又可引起溶血性黄疸。

另外，梨形虫侵入病畜体内后，首先进入巨噬细胞和淋巴细胞内生长繁殖，故可引起巨噬细胞和淋巴细胞的损伤，同时也引起巨噬细胞和淋巴细胞的增生。

（二）病理变化

其主要病变特征是贫血、黄疸和细胞增生（巨噬细胞、淋巴细胞）。剖检时可见病尸消瘦，被毛蓬乱，可视黏膜苍白或黄染。皮下出血、水肿，疏松结缔组织发生胶样浸润。血液稀薄，血色变淡，凝固不良。各内脏器官的浆膜和黏膜黄染，并伴有点状出血，各实质器官均有不同程度的变性和坏死，肝、脾和淋巴结等器官的巨噬细胞和淋巴细胞增生。尤其在牛梨形虫病时，增生性变化更为明显，在肝、脾和淋巴结等器官内形成特异性的梨形虫性结节。牛梨形虫还可在病牛增生的巨噬细胞内发现石榴体（即由病原体不断裂体增殖所形成的多核性虫体）。临床上以耳静脉采血涂片镜检发现虫体作为确诊的主要依据。

（三）病理诊断要点

① 死于焦虫病的家畜尸体消瘦、贫血，血液稀薄、色淡、凝固不全。肝、脾、淋巴结高度肿胀，表面有出血点。

② 胸、腹部皮下水肿，皮下结缔组织充血、黄染，可视黏膜黄染。

③ 在血涂片红细胞中见到虫体即可确诊。环形泰勒梨形虫呈环形或卵圆形，双芽巴贝斯虫呈双梨籽状排列，两虫的尖端锐角相连。

④ 肝、脾和淋巴结等器官内形成特异性的梨形虫性结节。牛梨形虫可在病牛增生的巨噬细胞内发现石榴体。

单元二　绦虫病

一、囊尾蚴病

囊尾蚴病是由各种绦虫的幼虫（囊尾蚴、绦虫蚴）感染所引起的一种人畜共患性寄生虫病的总称，又称绦虫蚴病或囊虫病。有些囊尾蚴的终末宿主是人，如猪囊尾蚴、牛囊尾蚴。同时，人体又是某些囊尾蚴寄生的中间宿主。家畜和人患囊尾蚴病往往比患绦虫病所造成的危害更加严重。因此，严格控制家畜或人的囊尾蚴病，对保障人类公共卫生和身体健康具有极为重要的意义。

（一）病原与发病机理

绦虫蚴的种类较多，不同种类的绦虫可在不同的中间宿主体内发育成各种不同类型的绦虫蚴（如囊尾蚴、棘球蚴、多头蚴、裂头蚴等），从而引起不同的家畜或人发生不同的绦虫蚴病。

绦虫蚴属于一类幼虫，其成虫主要寄生在人、犬和野生食肉动物等终末宿主的小肠内。其终末宿主粪便中的成熟节片（孕节或虫卵）污染饲料或饲草，被中间宿主牛、羊等草食动物和猪等杂食动物采食后感染。本病的传播还不能忽视厕蝇、禽类、蚯蚓和食粪类甲虫等传播六钩蚴的作用，家畜可以通过食入上述动物或动物的粪便而感染。

（二）类型与病理变化

1. 猪囊尾蚴病

该病是由寄生在人小肠内的有钩绦虫的幼虫感染所引起的一种绦虫蚴病，常称为猪囊虫病。其病变特征是在肌纤维间形成无色半透明的大米粒到豆粒大的包囊，民间称患病猪为"米猪"。人是有钩绦虫的终末宿主，有钩绦虫的成熟节片可随人的粪便排出，被猪误食后，节片中的幼虫在猪的小肠内逸出并钻入肠壁，经血液或淋巴到达全身各部肌肉，发育成囊尾蚴，引起猪囊尾蚴病。当人误食了感染有囊尾蚴的病猪肉后，可感染有钩绦虫。同时人也可成为中间宿主，感染囊尾蚴病。猪囊尾蚴抵抗力较弱，2℃存活 52 天，从肌肉中摘出虫体，加热至 48～49℃时可被杀死；但肉中的虫体要在煮沸到深部肌肉完全变白时，才能杀死全部虫体。盐淹和冷冻也能获得良好的杀灭效果。

猪囊尾蚴主要侵害咬肌、颈部肌肉、颊部肌肉、肩胛肌、臀肌，有时也可见于舌肌、心肌及肺、脑等器官。咬肌有多量虫体寄生时，病猪头部增宽；咽喉被侵害时，会出现吞咽困难，叫声嘶哑；若眼睑、结膜下、舌部有寄生时，可见到局部肿胀；若虫体寄生于脑部，则出现疼痛、狂躁、四肢麻痹等神经症状。

剖检时可见猪肉内有数量不等的幼虫所形成的白色半透明的囊泡，外观似石榴籽样，约 5mm×10mm 大小；囊泡内有透明液体，囊壁上有一高粱米粒大小的乳白色小结，其中镶嵌着一个头节。囊虫包埋在肌纤维间，像散在的豆粒或米粒。虫体死亡后囊液被吸收，形成肉芽肿样结构或钙化病灶。

2. 牛囊尾蚴病

该病是由寄生在人小肠内的无钩绦虫的幼虫感染所引起的一种绦虫蚴病，又称牛囊虫病。牛囊尾蚴的发育方式和病变特征与猪囊尾蚴基本相似，其成虫无钩绦虫寄生在人的小肠内，幼虫（牛囊尾蚴）寄生在骨骼肌或心肌内。

在大多数情况下，牛囊尾蚴虫体对牛肉的感染较轻，常个别散在于肌肉组织中。因此，当在一个肌肉切面上没有发现或仅发现个别的囊尾蚴（包括变性或钙化虫体以及可疑的肌肉内含物）时，必须再切开其他可检部位详细检验。

剖检可见患部肌肉内形成有小豆至大豆大的小囊泡。发育充分的虫体囊泡约 4mm×8mm，囊泡内充满液体，囊泡呈白色，内有无钩绦虫幼虫，其黄白色的头节附于囊壁上，头节直径 1～2mm，镜检其头节上具有 4 个吸盘，没有角质钩。囊泡外有少量结缔组织与肌组织连结。大量寄生时可压迫肌组织，使肌组织萎缩。病程较长者，其虫体死亡，由致密的结缔组织包囊包围，最后机化形成瘢痕。

（三）病理诊断要点

① 猪囊尾蚴病可在咬肌、颈部肌肉、颊部肌肉、肩胛肌、臀肌、舌肌、心肌及肺、脑等器官内观察到数量不等的白色半透明的囊泡，形似大米粒或石榴籽样。

② 牛囊尾蚴病可在骨骼肌或心肌纤维间发现数量不等的大米粒到豆粒大无色半透明的虫体包囊。

二、细颈囊尾蚴病

该病是由犬和野生食肉动物泡状绦虫的幼虫（细颈囊尾蚴）所引起的一种绦虫蚴病。幼虫寄生在猪、牛、羊等多种家畜及野生动物的肝脏浆膜、网膜及肠系膜等处，严重时还可进入胸腔，寄生于肺部。成虫寄生在犬、狼等肉食动物的小肠内。

（一）病原与发病机理

泡状带绦虫成虫寄生于犬、狼、狐狸的小肠内，孕节随粪便被排出体外；孕节及其破裂后散出的虫卵如果污染了牧草、饲料和饮水，被猪、羊、骆驼及野生动物吞食，则在消化道内发育成六钩蚴，钻入肠壁血管，随血流到肝实质，以后在肝脏内发育成囊尾蚴。囊尾蚴有时可穿过肝被膜落入腹腔，而在大网膜和肠系膜上发育成感染性细颈囊尾蚴，如被犬误食，即可在肠内发育成泡状绦虫成虫。

（二）病理变化

细颈囊尾蚴常寄生在猪、牛、羊的大网膜、肠系膜、肝脏、肺脏等部位，如虫体寄生于实质器官，常压迫局部组织形成凹陷。虫体大小不等，小者有豌豆大，大者有鸡蛋大，呈囊泡状，囊泡内充满液体。囊壁上有一细长颈的头节，故称细颈囊尾蚴，俗称"水铃铛"。虫体常被结缔组织所包裹，有时形成较厚的包膜。包膜内的虫体可发生死亡、钙化，此时常形成皮球样硬壳，剖开后可见许多黄褐色钙化碎片以及淡黄色或灰白色头颈残骸。

肝脏内有细颈囊尾蚴寄生时，肝脏体积肿大，表面有出血点，在肝实质中能找到虫体移行的虫道。初期，虫道内充满血液，以后逐渐变为灰黄色。肝表面可见到数量不等大小不一的囊泡，直径从几毫米到几厘米不等；其囊壁为结缔组织包膜，包囊含有透明液体，囊上连着相当大的头节，提起头节可见有一细长的颈，包囊周围的肝组织发生压迫性萎缩。此外，幼龄虫体很小，仅有数毫米大，易与囊尾蚴相混淆，但细颈囊尾蚴的头节不嵌入囊内，可据此区别。

（三）病理诊断要点

① 细颈囊尾蚴常寄生在猪、牛、羊的大网膜、肠系膜、肝脏、肺脏等部位。

② 虫体呈囊泡状，豌豆大至鸡蛋大不等，囊泡内充满液体。囊壁上有一细长颈的头节，形似"水铃铛"。

三、多头蚴病

该病是由多头绦虫的幼虫所引起的一种绦虫蚴病。多头绦虫寄生在犬、狼的小肠，其幼虫（多头蚴）主要寄生在绵羊的脑内；此外，也可寄生于山羊，牛等脑内，又称脑包虫病。患畜临床常呈现明显的转圈运动，俗称"脑回旋病"。

（一）病原与发病机理

多头绦虫成虫主要寄生于犬和野生食肉动物的小肠内，孕卵体节陆续脱落，随宿主粪便排出到外界，被羊等中间宿主采食后，造成感染。多头蚴在羊的胃肠内虫卵胚膜被溶解，幼虫（六钩蚴）逸出钻入肠壁血管，随血流进入脑和脊髓，并在脑和脊髓内发育成成熟的多头蚴。

感染初期当六钩蚴被血液带到脑组织时，因虫体在脑膜及脑组织中移行，引起刺激与损伤，产生脑炎与脑膜炎。当多头蚴继续增大，可压迫脑髓，引起脑贫血、萎缩，并出现嗜酸性粒细胞增多的现象。随着多头蚴的不断增大，压迫脑髓，导致患畜出现视神经营养不良、运动机能障碍、痉挛等。严重时可间接影响全身脏器，最终使患畜出现贫血及恶病质而死亡。

（二）病理变化

多头蚴病的病理变化主要为脑部病变，可引起脑膜炎和脑炎。剖检可在脑内发现多头蚴。后期感染病例，在脑组织中可以找到囊状虫体。虫体外形呈现一个充满液体的囊泡，大小不一，小如豌豆，大如鸡蛋。囊壁内膜附有头节，称为多头蚴。脑实质因受囊泡的压迫而发生贫血和萎缩，重者脑组织发生脑膜脑炎、脑坏死，有时多头蚴死亡，病灶萎缩、变性并钙化。

（三）病理诊断要点

① 羊多头蚴病可在脑部检查出脑内多头蚴。

② 虫体外形呈现一个充满液体的囊泡，大小不一，小如豌豆，大如鸡蛋。

四、棘球蚴病

棘球蚴病是由细粒棘球绦虫的幼虫（棘球蚴）所引起的一种绦虫蚴病，又称包虫病。主要寄生于绵羊、山羊、黄牛、水牛、骆驼、猪、马等家畜，野生动物和人的肝脏、肺脏及其他器官，但以绵羊和牛受害最重。

（一）病原与发病机理

棘球绦虫有细粒绦虫和多房棘球绦虫两种，都是小型绦虫。细粒棘球绦虫的成虫主要寄生于犬、狼和狐狸等终末宿主的小肠内。当其虫卵随粪便污染牧草或水源，牛、羊等中间宿主通过吃草饮水食入后感染。虫蚴在胃肠内逸出，并钻入肠壁血管，随血流到达全身各部，发育为成熟的棘球蚴。通常最先侵害肝脏，其次肺脏、肾脏、心脏、脑、生殖器官等。

棘球蚴对机体的危害以机械损害为主，严重程度取决于棘球蚴的体积、数量、寄生时间、部位以及机体的免疫力。虫蚴入侵宿主组织后，其周围出现炎症反应和细胞浸润，并出现纤维性外囊，对组织器官造成挤压。棘球蚴的囊液会对机体造成剧烈的过敏反应，使宿主发生呼吸困难、体温升高、腹泻等，如短时间有大量囊液流入血液，可使宿主发生过敏性休克而骤死。

（二）病理变化

棘球蚴可以寄生于包括脑和骨髓腔在内的各种组织，主要以肝脏等内脏器官最为多见。剖检可见在肝肺表面凹凸不平，此处可找到棘球蚴囊泡，囊泡呈不规则形，内有黄白色虫体。轻症病例仅见肝脏表面有少量黄豆大至鸡蛋大小的灰白色圆形囊泡，呈半球状隆突于肝脏表面；囊泡质地稍坚实，囊内充满淡黄色透明液体，少数较小的囊肿触摸易脱落。重症病例肝脏显著肿大，表面密布大小不等，相互重叠的灰白色囊泡，切面呈蜂窝状结构。发生在骨髓内的包囊，多围绕在小梁或小梁间生长，构成形状不规则的囊状结构。当牛的肝动脉和脾脏受到多房棘球蚴侵害时，严重病例的肝脏会增大数倍，重量可达数十千克。镜下观察可见包囊的外表为一层较厚的角质膜，内层为很薄的生发膜，囊内可见棘球蚴的头节等结构。

（三）病理诊断要点

① 牛、羊棘球蚴病可在肝脏等器官内检查到棘球蚴囊泡，呈半球状隆突于肝脏表面；切面呈蜂窝状结构。

② 囊泡质地稍坚实，囊内充满淡黄色透明液体，少数较小的囊肿触摸易脱落。骨髓内

的虫体包囊多呈不规则的囊状结构。

五、豆状囊尾蚴病

该病是由寄生于狗、狐、猫及其他食肉动物小肠内的豆状带绦虫（又称锯齿带绦虫）的幼虫（豆状囊尾蚴）寄生于家兔体内所引起的疾病，又叫兔囊虫病。本病各季节均可感染，但以夏、秋季节感染较多；各种品种、年龄、性别的兔均可感染，但很少致死。

（一）病原与发病机理

豆状绦虫寄生于终末宿主犬和猫的小肠内，其虫体外形的边缘呈锯齿状，又称为锯齿绦虫。当其孕节或虫卵随犬和猫的粪便排出，污染的饲料被兔误食后感染。虫蚴随血液到达肝脏，并发育成豆状囊尾蚴。虫蚴在肝组织内移行一段时间后，在肝被膜下再停留14天左右，最后穿过被膜进入腹腔，并在肠系膜和网膜上寄生。

一般情况下，豆状囊尾蚴对兔的致病作用不是很严重，大量感染时可出现临床症状。若寄生于肝脏内，则造成肝脏损伤，引起患兔消化功能紊乱。

（二）病理变化

豆状囊尾呈白色的囊泡状，大小如豌豆，囊壁透明，囊内充满液体，囊壁上可见嵌于壁内的白色头节，头节上有3个吸盘，两圈角质钩。豆状带绦虫的成虫为白色带状，链体长约50cm，边缘锯齿状，故又称锯齿带绦虫。

虫蚴在肝组织内移行过程中，可引起急性囊尾蚴性肝炎，表现肝表面和切面布满白色条纹状病灶，仔细剥开病灶可发现细小的白色虫蚴囊泡。其病变周围肝组织出现炎性充血、水肿，肝细胞索变性、坏死。经时较久者，可发展为肝硬变。

寄生在肠系膜和网膜上的虫蚴囊泡类似豌豆形状和大小，呈灰白色半透明状，内含一个白色头节。囊泡常形成葡萄串状，一般为5～10个，多者可达数百个。将水泡内的白色物放在载玻片上，低倍镜下可见明显的头节，至此可确诊为豆状囊尾蚴病；将肝脏内病变的白色物放在载玻片上，低倍镜下可见成虫虫体，其由头节和3～4个节片组成。

（三）病理诊断要点

① 兔豆状囊尾蚴病可在肝脏、肠系膜和网膜上形成虫蚴囊泡。

② 虫蚴囊泡如豌豆大小，呈乳白色半透明状。

单元三　线虫病

一、旋毛虫病

旋毛虫病是由旋毛虫的幼虫或成虫感染所引起的一种人畜共患性寄生虫病。其幼虫对人、畜的危害性大，主要侵害人、猪、犬和野生肉食动物。

（一）病原与发病机理

旋毛虫的成虫寄生在宿主的小肠内，称肠旋毛虫。幼虫寄生在宿主的横纹肌内，称肌旋毛虫。旋毛虫幼虫对横纹肌具有亲嗜性，尤其活动频繁的肌肉最易感染，如膈肌（特别是膈肌角）、咬肌、舌肌、心肌、腓肠肌及股部肌肉等。成虫在小肠内寄生，可引起小肠的卡他性肠炎，对机体影响不大。幼虫在横纹肌内寄生，可形成虫体包囊或包囊性肉芽肿。陈旧包囊可被体液中的钙盐沉着而发生钙化，若钙化波及虫体，幼虫则迅速死亡。

在家畜中以猪的旋毛虫病最为多见，猪旋毛虫病多因误食被带有旋毛虫包囊的肉、洗肉水等污染的饲料，或吞食患有旋毛虫病的病鼠而感染发病。人误食了患有旋毛虫病的病猪肉可引起人患旋毛虫病。旋毛虫病的病猪肉是人旋毛虫病的主要来源，应加强检疫。

（二）病理变化

旋毛虫成虫和幼虫都有致病作用，其病理变化主要发生在肠道和肌肉。

【眼观】 成虫在小肠内寄生危害性较小，以引起轻度的卡他性肠炎为主要特征，如表现小肠黏膜肿胀、充血、出血、黏液分泌增多等变化。幼虫在横纹肌内寄生，以形成肌旋毛虫包囊为主要特征。肌肉病变初期眼观难以辨认，只有在包囊发生钙化或形成肉芽肿后，才能在肌组织中肉眼观察到散在性的白色小点状病变。用低倍镜检查，可发现有蜷曲的虫体。

【镜检】 病初在横纹肌内肌纤维之间可见到呈直杆状的幼虫，此时肌纤维无明显变化。而后可见幼虫进入肌纤维内，虫体变得细长，此时可见肌纤维肿胀变性，横纹消失。虫体周围的肌细胞胞质溶解，胞核坏死崩解。随着幼虫的不断发育，虫体逐渐蜷曲，使肌纤维呈纺锤形膨胀，虫体所在部位形成梭形肌腔，肌腔内残存细胞分裂增殖，形成多核型成肌细胞。以后多核型成肌细胞核逐渐消失，从而形成透明的囊壁，构成旋毛虫的包囊。

在幼虫侵害肌纤维的同时，肌组织呈现不同程度的炎症反应。主要表现淋巴细胞、嗜中性粒细胞和嗜酸性粒细胞浸润。而后由成纤维细胞增生，与淋巴细胞、嗜酸性粒细胞等炎性细胞共同构成肉芽肿，形成肉芽肿性包囊，陈旧的包囊中心可见坏死和钙化灶。

（三）病理诊断要点

① 肌肉内形成旋毛虫包囊或包囊性肉芽肿，在包囊发生钙化或形成肉芽肿后，眼观可在肌组织中发现散在性的白色小点状病变。

② 肉样压片用低倍镜检查，可在旋毛虫包囊内发现有蜷曲的旋毛虫虫体。

二、肺线虫病

肺线虫病是由网尾线虫寄生于家畜的气管、支气管以及肺脏所引起的寄生虫病，俗称肺丝虫病。各种家畜有其特殊的寄生虫种，如网尾线虫常寄生于牛、马、羊体内，后圆线虫常寄生于猪体内，而毛样缪勒线虫则寄生于羊体内。此病多侵害犊牛和羔羊。

（一）病原与发病机理

网尾线虫雌虫在呼吸道内产卵，咳嗽时，虫卵随痰液咽入消化道并在消化道内孵出幼虫，再随粪排出，发育为感染性幼虫（后圆线虫和毛样缪勒线虫必须通过中间宿主才能发育）。经饲料、饮水等侵入消化道，钻入肠壁，沿淋巴管或血液移行到达肺脏后，最后通过毛细支气管进入支气管并发育成成虫。

（二）病理变化

临床症状为患畜发育停滞，阵发性或痉挛性咳嗽，早晚、运动或遇冷空气刺激后尤为剧烈，并流鼻涕。随病情加重，头部、颈部、胸下部及四肢出现水肿，最终死亡。

剖检濒死或病死牛、羊，可见其尸体消瘦，伴有贫血。主要病变部位为肺脏，可见肺脏的边缘存在白色的肉样结节，底部存在透明的斑块，四周有充血现象。支气管、细支气管明显发炎，并出现气肿、萎缩等。气管、支气管以及细支气管中存在大量黏液，其中往往能够发现大量线虫的成虫或者幼虫，有时管内被虫体堵塞。

（三）病理诊断要点

① 肺脏的边缘存在白色的肉样结节，底部存在透明的斑块，四周有充血现象。

② 气管、支气管以及细支气管中存在大量黏液，其中往往能够发现大量线虫的成虫或者幼虫，有时管内被虫体堵塞。

三、蛔虫病

蛔虫病是由蛔虫科的线虫寄生于人和动物的寄生虫病。该病是人和动物常见的寄生虫病，世界范围内广泛流行。少数感染者可引起多种并发症，如引起营养不良、蛔虫性肺炎、胆道蛔虫、肠梗阻等。

（一）病原与发病机理

人兽共患蛔虫病的病原为似蚓蛔线虫，俗称蛔虫，寄生于机体小肠，大多数感染者无明显症状。寄生在宿主动物小肠中的雌虫卵随粪便排出，发育成含有感染性幼虫的卵，虫卵随同饲料或饮水被宿主动物吞食后，在小肠中孵出幼虫。幼虫随血流液带到肝脏，再继续沿腔静脉、右心室和肺动脉而移行至肺脏。幼虫由肺毛细血管进入肺泡，在这里度过一定的发育阶段，此后再沿支气管、气管上行，后随黏液进入会厌，经食道而至小肠，再次回到小肠发育为成虫。小肠中的成虫以黏膜表层物质及肠内容物为食，继续生长发育。蛔虫的致病作用主要是幼虫造成各器官和组织的机械性损伤和阻塞，以及掠夺宿主营养和引起过敏反应。

（二）病理变化

幼虫移行至肝脏时，可引起肝组织出血、变性和坏死，形成乳白色云雾状的蛔虫斑。幼虫滞留在肝脏，尤其在叶间静脉周围的毛细血管时，造成小点状出血和肝细胞混浊肿胀、脂肪变性或坏死。移行至肺时，引起蛔虫性肺炎，表面出现大量出血点，呈暗红色。幼虫移行时还引起嗜酸性粒细胞增多，出现荨麻疹和某些神经症状类的反应。

成虫寄生在小肠，剖检可见雄虫体长 15～25cm，宽约 3mm，尾端向腹面作钩状弯曲；雌虫体长 25～40cm，宽约 5mm，虫体粗直，尾端较钝。虫体对肠黏膜造成机械性地刺激，引起卡他性肠炎，肠黏膜出血、坏死、溃疡。蛔虫数量多时常扭结成团，堵塞肠道，导致肠破裂。有时蛔虫可进入胆管，造成胆管堵塞，胆管上皮细胞变性坏死，可引起黄疸，肝脏黄染和变硬。

成虫能分泌毒素作用于中枢神经和血管，引起一系列神经症状。成虫夺取宿主大量营养，使仔猪发育不良，生长受阻，被毛粗乱，常是造成"僵猪"的一个重要原因，严重者可导致死亡。

（三）病理诊断要点

① 幼虫移行至肝脏时，可引起肝组织出血、变性和坏死，形成乳白色云雾状的蛔虫斑。

② 幼虫虫体可造成胆道受损，肠黏膜受损，引起黏膜上皮细胞变性坏死，肺线虫病时可引起蛔虫性肺炎，肺表面有暗红色出血点。

【技能拓展】

猪旋毛虫虫体检查法

国家《生猪屠宰肉品质检验规程（试行）》中规定：食肉旋毛虫检查时，应采取左右膈肌角的肌肉，剥去肌膜，用肉眼仔细地观察，如有肉眼可见的乳白色、灰白色、黄白色的小点，即属旋毛虫可疑，应剪下小点制成压片，经显微镜检查确定。实际检验过程中，因未发生机化和钙化的虫体肉眼难以察觉，《生猪屠宰肉品品质检验规程（试行）》要求，必须对每块送检样品进行随机采样，用小剪顺肌纤维方向，剪取麦粒大肉粒24粒，顺序排列在旋毛虫检验器上，盖上另一玻片，捻紧螺丝使肉片压薄，用低倍镜检查，发现有卷曲的虫体为阳性。

【案例分析】

案例1　7月，某养鸡户来报其饲养的雏鸡发病：鸡群表现精神不好，羽毛逆立，鸡冠发白，采食量下降，不愿走动，拉橘红色稀便或全血便，发病和死亡数量越来越多。送检病死鸡剖检可见病变主要在盲肠，可见一侧或两侧盲肠显著肿大，似香肠状；其中充满新鲜或凝固的暗红色血样内容物。盲肠黏膜增厚，有严重的糜烂，甚至坏死脱落，与肠内容物及血凝块混合形成"肠栓"。

案例2　3月，某猪场猪群暴发疫情，病猪病初表现精神不振，食欲减退，怕冷聚堆，咳嗽，尿液淡黄，体温升高（41℃～42℃），病猪皮肤发红，指压褪色；中期病猪行走时后躯摇晃，便秘或拉稀，呼吸困难，皮肤苍白，耳内侧、颈背部、腹侧部皮肤出现暗红色出血点，可视黏膜轻度肿胀，轻度黄疸；后期病猪耳朵变蓝色、坏死，排血便和血尿，最后衰竭死亡。剖检可见全身皮肤黄染，并有大小不等的斑点状出血，耳尖、四肢末梢、腹下、股内侧最为突出。全身脂肪黄染，血液稀薄，凝固不良。肝脏肿大，呈土黄色或棕黄色，并有出血点或坏死点，胆囊肿胀，充满绿色黏稠的胆汁。淋巴结水肿，呈灰白色或灰褐色，脾脏肿大，质地柔软。

问题分析：

1. 请根据以上案例的各自临床表现和剖检所见，做出初步的病理诊断。
2. 请针对各案例拟定出进一步诊断的方法和关键性的防控措施。

（何书海）

项目二十一　　动物病理诊断常用技术

【目标任务】

知识目标　掌握动物病理诊断常用技术的原理和方法。
能力目标　具备动物尸体剖检技能和病理组织切片制作及染色技能。
素质目标　熟练掌握病理诊断技能，养成良好职业素养，培养工匠精神和创新精神。

　　动物病理诊断技术是病理学的一个重要分支，是病理学研究中的方法学，是病理诊断的基础。常规病理是病理技术最重要的部分，任何病理诊断离不开它。主要包括动物尸体剖检技术、病理组织检验材料的采取、保存和送检，病理组织切片的制片与染色技术。

单元一　　动物尸体剖检技术

　　动物尸体剖检技术是运用病理学以及其他有关学科的理论知识、技术，用解剖学的方法检查死亡动物尸体的病理形态学变化，来诊断疾病的一种技术或方法。

一、尸体剖检的目的和意义

1. 尸体剖检的目的

　　尸体剖检其目的在于通过系统解剖检查尸体的病理变化，查明病畜患病和死亡的原因，确定疾病的性质，建立客观而准确的病理学诊断。剖检时，必须对病尸的病理变化做到全面观察、客观描述、详细记录，然后运用辩证唯物主义观点进行科学分析和推理判断，从而作出符合客观实际的病理解剖学诊断结论。

2. 尸体剖检的意义

　　（1）可提高临床诊断和治疗质量。在临床实践中，通过尸体剖检，可以检验兽医临床诊断和治疗的准确性，及时总结经验，提高诊疗质量。

　　（2）尸体剖检是最为客观、快速的畜禽疾病诊断方法之一。对于一些群发性疾病，如传染病、寄生虫病、中毒性疾病和营养缺乏症等，或对一些饲养动物（尤其是中、小动物如猪和鸡）疾病，通过尸体剖检，观察器官特征病变，结合临床症状和流行病学调查等，可以及早做出诊断（死后诊断），及时采取有效的防治措施。

（3）促进病理学教学和病理学研究。尸体剖检是病理学不可分割的、重要的实际操作技术，是研究疾病的必需手段，也是学生学习病理学理论与实践结合的重要途径。通过大量尸体剖检积累，可为动物病理学的学习研究提供重要的第一手资料。

尸体剖检之所以常能对患病动物做出死后诊断，就在于不同的疾病有其不同的病理变化。一般来说，动物疾病的临诊症状与其器官组织的病理形态变化有着密切的内在联系，但有时由于症状不明显，临诊上难以确诊，通过剖检发现病理变化后才得以确诊。必须强调，有些动物疾病虽有较明显的临诊症状，但缺乏证病性病理变化，或病理变化不明显、不典型，此时仅以尸体剖检难以做出准确的结论。因此，尸体剖检只是诊断疾病的重要手段，但不是确诊疾病的唯一方法。疾病的确诊必须将临诊症状、尸体剖检、流行病学调查、细菌学检查、血清学诊断、病理组织学及实验室化验检查等密切配合，最后做出综合性诊断，以提高疾病的确诊率。

二、尸体剖检的种类

1. 诊断学剖检

其目的在于查明病畜发病和死亡的原因、目前所处的阶段和应采取的措施。这就要求对待检动物的全身每个脏器和组织都要做细致的检查，汇总相关资料进行综合分析。只有这样，才能得出准确的结论。在临诊工作中需要经常总结经验，尸体剖检是行之有效方法之一。

2. 科学研究剖检

以学术研究为目的，如人工造病以确定实验动物全身或某个组织器官的病理变化规律。多数情况下，且标集中在某个系统或某个组织，对其他的组织和器官只做一般检查。

3. 法兽医学剖检

是以解决与兽医法律有关问题为目的的剖检，是应法律上要求进行的。此种剖检必须特别慎重、全面，要详细分析所能获得的一切材料，做出恰如其分的结论，因为剖检结论往往是法律判决上的主要依据。

三、动物尸体剖检的基本条件

（一）剖检场所及其选择

剖检场所因条件限制和需要而不同。在专业学校、某些兽医院、兽医研究机构等单位，应设有动物尸体剖检室。而在实际生产单位和广大农村，一般都是在野外露天进行剖检。剖检前，先做好尸体无害化处理的准备；剖检后，将尸体连同垫布或垫草和污染的土壤一起无害化处理。

1. 剖检室地点的选择

必须与动物圈舍、公共场所、住宅、水源和交通要道有一定的距离。其面积可根据实际情况而定，原则上要求比较宽大。室内采光要充足，通风良好，地面及墙壁有利于清洗和消毒，供水和排水便利。

2. 野外露天地点的选择

在现地野外进行动物尸体剖检时，地点选择必须符合兽医卫生相关法律规定或要求，尤其是要保证人及其他动物安全，防止疫病扩散及蔓延，故应选择环境僻静、地势较高、比较干燥、远离水源、道路、房屋和动物圈舍的地方。

（二）动物尸体剖检时间的确定

动物死后由于体内微生物和细胞中酶的作用而发生腐败和自溶，故动物死后尸体剖检要求越快越好，否则就失去剖检的意义。动物死后尸体发生自溶和腐败的时间与环境温度密切相关。在夏季，由于环境温度较高，腐败和自溶发生尤为迅速，尸体腐败则影响剖检结果，以至丧失剖检的科学价值；在冬季（特别寒冬季节），尸体容易冻结，当其解冻时不仅发生尸体的腐败自溶现象，而且可因红细胞溶解而呈现血色素污染状态，也影响尸体剖检结果的准确性。因此，应尽早进行尸体剖检，动物死后如超过24h，一般就失去剖检的科学意义。

尸体剖检最好在白天自然光线充足时进行。因为自然光线能正确辨认器官组织的颜色。人工光线可改变器官组织的颜色，如黄疸、变性等在灯光下很难辨识。特殊情况下，必须在夜间用人工光线进行剖检时，应尽可能使光线充足。对不易辨识颜色的器官组织，可切取部分标本，低温保留，待次日于光线充足时再进行复检。

（三）动物尸体剖检前的准备

剖检前应准备好必要的剖检用具。包括剖检器械、剖检服、手套、口罩、胶靴、消毒药品、纱布、组织标本固定液等。有尸体剖检室时，上述设备应经常保存在一定位置，以便随用随取。另需盆、瓷盘、水桶及污水桶，供细菌学检查用的灭菌试管、培养皿、吸管等，以及消毒用品等。确因条件限制但还必须要进行尸体剖检时，只要有解剖刀、剪等常用器械也可进行剖检。

1. 剖检时常用药品

（1）**常用消毒药品**　3%～5%的来苏儿、1%石炭酸、70%乙醇、0.2%高锰酸钾液、3%碘酒、2%的过氧乙酸、新洁尔灭等。

（2）**常用固定液**　10%福尔马林液、95%乙醇等。

（3）**其他**　除上述常用消毒药品和固定液外，还应准备凡士林、滑石粉、肥皂、2%～3%草酸溶液、液体石蜡、酒精棉、脱脂棉、纱布、绷带等。

2. 清洁、消毒和剖检人员的防护

（1）**剖检室的清洁和消毒**　每次剖检完毕后，剖检室的地面及靠近地面的墙壁均须用水冲洗干净。必要时可用消毒药水进行消毒，如用2%过氧乙酸8.0ml/m³（相当于0.16g/m³）进行密闭喷雾消毒30分钟。

（2）**剖检器械的清洗与消毒**　剖检器械使用后用清水冲洗干净，然后浸泡在1：1000新洁尔灭中4～6小时或浸泡于10%福尔马林溶液内消毒2～4h，消毒后用流水将器械冲洗干净，再用纱布擦干器械上的水。对金属器械必要时可放入消毒柜内消毒或高温干燥箱内烘干处理，最后再涂上液体石蜡或凡士林以防锈蚀，保存。

（3）**剖检人员的防护**　为了预防剖检者和现场人员污染或感染，以及防止造成疫病的散播，剖检者及现场人员均应穿着剖检服，特别是剖检者还应外罩胶皮或塑料围裙，手戴乳胶手套，其外面再戴上线手套；头戴工作帽，脚穿胶鞋，必要时可戴口罩和眼镜。如缺乏上述用品，剖检者可在手上涂抹凡士林或液体石蜡等油脂类物品，保护皮肤，以防感染。

四、动物尸体变化

动物死亡之后，尸体会发生一系列变化，称尸体变化或尸征。产生尸体变化的原因主要有两个方面。一方面是细菌和动物自体内组织酶的作用；另一方面是尸体所在的外界环境的影响。剖检时必须把死后变化与死前发生的病理改变相区别，以免将死后变化误认为病理变化，影响对疾病的正确诊断。

1. 排酸

此变化是动物死后出现的一种生物化学变化。从尸僵开始发生及其以后的时间内，组织中均出现酸性介质（pH 在 6 以下）。

2. 尸冷

动物死亡之后，体内产热过程停止，但散热过程仍在继续进行，直至体温与周围环境温度接近。在室温（15℃）条件下，动物死后体温平均每小时下降 1℃，约经 28h 降至与环境温度接近。尸冷首先从四肢末梢部开始，动物体表温度比内部冷却速度快。检查尸冷对判定动物死亡经过的时间和疾病的性质有重要参考意义。

3. 尸僵

指动物死亡后，肌肉收缩变硬和关节不能伸屈的状态。尸僵的发生和发展，因动物种类、个体、生前活动、环境温度和湿度等的不同而异。尸僵出现的次序是先从头部开始，然后按颈部、前肢、躯干和后肢的顺序发生。尸僵一般在动物死后 2 ～ 4h 开始出现，12 ～ 24h 发展完全，持续 24 ～ 48h 后尸僵又按发生的顺序开始缓解。但尸僵出现的速度、强度和持续时间等，往往受周围环境及自身状态的影响。检查尸僵除对判定动物死亡经过时间有参考意义外，尚有助于推测动物死亡姿态及死亡原因。

4. 尸斑

动物死亡之后，在沉积部位形成暗红色或紫色条纹或斑点，称尸斑。尸斑形成的最初阶段，用手指按压尸斑时，其色可消散，手离开后则又复现。斑纹可逐渐扩大，并相互融合成较大的斑块。如果改变尸体卧位，因血液尚未凝固，所以尸斑也发生相应改变。约经 2h 后，血液完全凝固，并出现血色素浸润。此时，变换尸体位置或用手指按压均不能使红色消失。死后 12 ～ 24h 尸斑最明显。动物因有被毛，尸斑难以察见，一般是剥皮后观察皮下结缔组织来确定。剖检时应注意把尸斑与动物死前的病理变化（如充血、淤血及出血）区别开。

5. 血液凝固

动物死后一般经 0.5 ～ 1h 血液开始凝固，在血管内见有暗红色血液凝块，有时血凝块呈现分层现象，上层为淡黄色，状似鸡脂肪，下层为暗红色，该情况多见于伴有血沉速度快的疾病或伴有低蛋白血症的一些疾病。死后血凝块应与生前形成的血栓加以严格区别。

6. 组织自溶及尸体腐败

尸体组织受其中存在的酶和消化液酶的作用而被溶解或消化，称组织自溶。胰、胃肠道黏膜和肾小管上皮细胞的自溶现象发生得最为迅速而明显。胃肠道黏膜可因自溶而脱落，胰腺常因自溶而变软，甚至呈"泥状"。组织自溶的同时，组织蛋白因体内外细菌的作用而发生分解，称尸体腐败（简称尸腐）。尸腐过程中，动物的组织分解为简单的化合物，如 NH_3、CO_2、H_2S 等，并具有恶臭气味。由于气体充满胃肠道，致腹部高度膨胀，严重时可造成膈肌及腹壁肌破裂。肝脏由于产生气体导致体积增大。肝脏包膜下出现大小不等的气泡，切面呈海绵状。

五、动物尸体剖检方法

动物尸体剖检的最终目的是对死亡动物做出正确的疾病诊断。为达此目的，需要采取适当方法，以对动物尸体进行全面解剖和仔细观察，并将所检查到的病理变化如实记录下来。应用已经掌握的病理学理论基础知识，通过对病理变化的综合分析和归纳，最后总结出规律，并做出病理结论（即病理诊断）。本部分主要介绍常见动物的尸体剖检技术，包括剖检方法及顺序、器官组织的检查方法等。实际上许多检查是在尸体剖检过程中同时进行的，也随之做好记录。将剖检方法和剖检记录分开介绍，只是为了便于阐述和理解。

（一）检查方法

尸体剖检时，可发现某些病理变化和问题，再通过剖检资料整理、分析和归纳，最终得出病理诊断结论。因此，尸体剖检一般分为检查收集资料阶段和资料归纳总结阶段。多数情况下，剖检和检查过程同时进行。

1. 病史调查

首先要确定动物的种属、品种、年龄、毛色、特征、性别、体长、体高及体重。了解动物生前的营养状况，并根据营养状态将动物分为优良、中等、肥胖、瘦弱等不同类型。

在剖检之前，可通过询问畜主、主治兽医，充分了解死亡动物的患病经过、临诊症状和诊断以及治疗情况等。必要时，剖检者应亲自检查与死亡动物同群的健康动物，掌握饲养管理和生前情况，若有患病动物也应进行临诊检查。

2. 外部检查

是指在剥皮前对尸体外表的检查，其检查内容包括以下方面。

（1）**尸体状态** 检查尸体的体温，有助于确定死亡时间；检查尸僵程度是否完全，死于败血症的动物，尸僵不全。死于破伤风的动物，因生前肌肉痉挛，死后尸僵特别明显；检查尸体腐败情况，有助于判断死亡时间和生前病情，死于败血症或有大面积化脓的动物尸体极易腐败。

（2）**肢体形态** 检查有无骨折、变形、赘生物、肿胀，蹄部有无刺伤或钉伤，腹部膨胀程度等。腹部膨大是牛羊肠臌气和反刍类动物瘤胃扩张的症状，也可能是动物死后胃、肠内容物腐败发酵的结果，其两者的主要区别在于，前者可见腹腔内各实质器官高度贫血，而胸腔器官，体表及脑血管呈现充血、淤血等血液重新分配性变化；而后者见不到血液重新分布的改变。

（3）**可视黏膜** 检查眼结膜、口鼻黏膜、肛门和生殖器黏膜等。着重检查可视黏膜的色彩和完整性，观察其有无贫血、充血、淤血、出血、黄疸和外伤等。

（4）**体表检查** 检查体表有无新旧外伤。此外还要检查和天然孔的开闭状态和有无分泌排泄物。用手触摸皮肤，可检查皮下有无气体，气肿时可出现碎裂音或捻发音；若有捏粉样质感时，表明皮下结缔组织有水肿。同时检查皮肤被毛有无光泽，皮肤有无创伤、溃疡、斑疹，有无充血、淤血和出血，皮肤厚度、硬度和弹性。

3. 内部检查

包括体腔剖开及其器官摘出前的视检、内脏器官的检查等，具体检查方法如下所述。

（二）常见动物剖检方法和顺序

为了便于操作和系统检查动物尸体内所呈现的各种病变，尸体剖检必须按照一定方法和顺序进行。剖检方法和顺序应服从病变检查，但不是一成不变的。可根据具体情况灵活掌握，适当调整。一般剖检顺序遵循的原则是，先体外后体内，先腹腔后胸腔，再其他。

1. 牛羊的尸体剖检

（1）外部检查

① 剥皮和皮下组织检查

a. 剥皮：首先使尸体仰卧，从下唇正中线沿颌间正中线，经颈、胸、腹下正中线做一切线，切开皮肤，切至脐部时向左右分为两条。绕过阴茎或乳房等器官后切线又合并为一，直至尾根。再从腹正中切线垂直沿肢内侧正中做一切线分别切开四肢皮肤，切至球节部做一环形切线。然后沿其切线，剥离全身皮肤（图21-1）。患传染病死亡的尸体一般不剥皮。

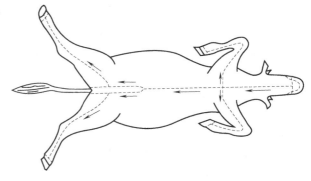

图21-1　牛剥皮切线示意图

b. 皮下组织检查：在剥皮时应随时对皮下组织进行检查，主要检查皮下脂肪含量及性状，肌肉的丰瘦情况，皮下有无出血、水肿和炎症等。

② 内脏器官的采出和检查

内脏器官的采出包括：腹腔剖开→腹腔脏器采出→锯开胸腔→胸腔脏器采出→骨盆腔脏器采出→口腔及颈部器官采出→颅腔打开与脑采出→鼻腔锯开→脊髓采出。

第一，腹腔剖开。牛的尸体持左侧卧（马属动物持右侧卧、小动物持仰卧），切离剖检侧前后肢，同时切除母畜乳房或公畜外生殖器。然后从欣窝肋骨弓后缘至剑状软骨部，再从欣窝沿髂骨体至耻骨前缘做两条切线，切开腹壁并翻转到腹下，即可显露出腹腔。此时应随时检查腹腔脏器的位置有无变化，胃肠壁的完整性，腹膜有无出血、炎性反应、损伤和粘连，腹腔积液的数量及性状等。

第二，腹腔脏器采出。剖开腹腔后，在剑状软骨部可见到网胃，右侧肋骨后缘部为肝脏、胆囊和皱胃，右腹部可见盲肠，其余脏器均被网膜覆盖。因此，为了采出牛的腹腔器官，应先将网膜切除，并依次采出小肠、大肠、胃和其他器官。

a. 切取网膜：首先检查网膜有无充血、出血及其他病变，然后将两层网膜切下采出。

b. 空肠和回肠采出：提起盲肠，沿盲肠体向前，在三角形回盲韧带处切断，分离一段回肠，在距盲肠约15cm处做双重结扎，从结扎间切断。再抓住回肠断端向前牵引，使肠系膜呈紧张状态，在接近小肠部切断肠系膜。分离十二指肠空肠曲，再做双重结扎，于两扎间切断，即可取出全部空肠和回肠。与此同时，要检查肠系膜及其淋巴结等有无变化。

c. 大肠采出：在骨盆口处将直肠内粪便向前挤压并在直肠末端做一次结扎，在结扎后方切断直肠。抓住直肠断端，由后向前分离直肠、结肠系膜至前肠系膜根部。再把横结肠、肠盘与十二指肠回行部之间联系切断。最后切断前肠系膜根部的血管、神经和结缔组织，可取出整个大肠。

d. 胃、十二指肠和脾脏采出：先将胆管、胰管与十二指肠之间的联系切断，然后分离十二指肠系膜。将瘤胃向后牵引，露出食管，并在末端结扎切断。再用力向后下方牵引瘤胃，用刀切离瘤胃与背部的联系，切断脾膈韧带，将胃、十二指肠及脾脏同时采出。

e. 胰腺采出：胰脏可从左叶开始逐渐切下或随腔动脉、肠系膜一并取出。

f. 肝脏采出：先切断左叶周围的韧带及后腔静脉，然后切断右叶周围的韧带、门静脉和肝静脉（勿伤及右肾），便可取出肝脏。

　　g.肾脏和肾上腺采出：首先应检查输尿管的状态，然后沿腰肌剥离其周围的脂肪囊，并切断肾门处的血管和输尿管，采出左肾，并用同样方法采出右肾。肾上腺可与肾脏同时采出，也可单独采出。

　　第三，锯开胸腔。锯开胸腔之前，应先检查肋骨的高低及肋骨与肋软骨结合部的状态。然后将膈左半部从季肋部切下，用锯把左侧肋骨的上下两端锯断，只留第一肋骨，即可将左胸腔全部暴露。锯开胸腔后，应检查左侧胸腔液的量和性状，胸膜的色泽，有无充血、出血或粘连等。

　　第四，胸腔脏器的采出。

　　a.心脏采出：先在心包左侧中央作十字形切口，将手洗净，把食指和中指插入心包腔，提取心尖，检查心包液的量和性状；然后沿心脏的左侧纵沟左右各1cm处，切开左、右心室，检查心室内血量及性状；最后将左手拇指和食指分别伸入左、右心室的切口内，轻轻提取心脏，切断心基部的血管，取出心脏。

　　b.肺脏采出：先切断纵隔的背侧部，检查胸腔液的量和性状；然后切断纵隔的后部；最后切断胸腔前部的纵隔、气管、食管和前腔动脉，并在气管轮上做一小切口，将食指和中指伸入切口牵引气管，将肺脏取出。

　　c.腔动脉采出：从前腔动脉至后腔动脉的最后分支部，沿胸椎、腰椎的下面切断肋间动脉，即可将腔动脉和肠系膜一并取出。

　　第五，骨盆腔脏器采出。先锯断髋骨体，然后锯断耻骨和坐骨的宽臼支，除去锯断的骨体，盆腔即暴露。用刀切离直肠与盆腔上壁的结缔组织。母牛还应切离子宫和卵巢，再由盆腔下壁切离膀胱颈、阴道及生殖腺等，最后切断附着于直肠的肌肉，将肛门、阴门做圆形切离，即可取出骨盆腔脏器。

　　第六，口腔及颈部器官采出。先切开咬肌，再在下颌骨的第一臼齿前，锯断左侧下颌支，再切开下颌支内面的肌肉和后缘的腮腺、下颌关节的韧带及冠状突周围的肌肉，将左侧下颌支取出；然后用左手握住舌头，切断舌骨支及其周围组织，再将喉、气管和食管的周围组织切离，直至胸腔入口处，可采出口腔及颈部器官。

　　第七，颅腔打开与脑采出。

　　a.切断头部：沿环枕关节切断颈部，使头与颈分离，然后除去下颌骨体及右侧下颌支，切除颅顶部附着的肌肉。

　　b.脑采出：先沿两眼的后缘用锯横行锯断，再沿两角外缘与第一锯相连接锯开，并于两角中间纵锯一正中线，然后两手握住左右两角，用力向外分开，使颅顶骨分成左右两半，脑即可取出。

　　第八，鼻腔锯开。沿鼻中线两侧各1cm纵行锯开鼻骨、额骨，暴露鼻腔、鼻中隔、鼻甲骨及鼻窦。

　　第九，脊髓采出。剔去椎弓两侧肌肉，凿（锯）断椎体，暴露椎管，切断脊神经，即可取出脊髓。

　　上述各体腔的打开和内脏的采出，是系统剖检的程序，在实际工作中，可根据生前的病情，进行重点剖检，适当地改变或取舍某些剖检程序。

　　（2）内脏器官检查

　　① 肝脏检查。先检查肝门部的动脉、静脉、胆管和淋巴结；然后检查肝脏的形态、大

小、色泽、包膜性状、有无出血、结节、坏死等；最后切开肝组织，观察切面的色泽、质地和含血量等情况。注意切面是否隆突，肝小叶结构是否清晰，有无脓肿、寄生虫结节和坏死灶等。

② 脾脏检查。脾脏摘除后，注意其形态、大小、质地；然后纵行切开，检查脾小梁、脾髓的颜色，红、白髓的比例，脾髓是否容易刮脱。

③ 肾脏检查。先检查肾脏的形态、大小、色泽、质地，然后由外侧面向肾门部将肾脏纵切为相等的两半，检查包膜是否容易剥离，肾表面是否光滑，皮质和髓质的颜色、质地、比例、结构，肾盂黏膜及肾盂内有无结石等。

④ 心脏检查。先检查心脏纵沟、冠状沟的脂肪量和性状，有无出血；然后检查心脏的外形、大小、色泽及心外膜；最后检查心腔。沿左侧纵沟切开右心室及肺动脉，再切开左心室及主动脉。检查心腔内血液的性状，心内膜、心瓣膜的性状，心肌的色泽、质地、心壁的厚薄等。

⑤ 肺脏检查。首先注意其大小、色泽、质地、有无病灶及表面附着物等，然后用剪刀沿支气管剪开，注意检查支气管黏膜的色泽、表面附着物的数量、黏稠度。最后横切左右肺叶，注意观察切面的色泽、流出物的数量、色泽变化，同时观察切面有无出血、坏死和结节等病变。

⑥ 胃检查。检查胃的大小、质地、浆膜的色泽，有无粘连、胃壁有无破裂和穿孔等，然后将瘤胃、网胃、瓣胃、皱胃之间的联系分离，使四个胃展开。首先沿皱胃小弯剪开至皱胃与瓣胃交界处，再沿瓣胃的大弯部剪开至瓣胃与网胃口处，并沿网胃大弯剪开，最后沿瘤胃上下缘剪开。分别检查胃内容物的数量、性状及黏膜变化等。并检查瘤胃内有无吸虫、网胃内有无异物和刺伤、瓣胃内容物是否干燥等。

⑦ 肠检查。从十二指肠、空肠、回肠、大肠、直肠分段进行检查。先检查肠管浆膜的色泽和有无粘连、破裂、穿孔等。然后沿肠系膜附着处剪开肠腔，检查肠内容物数量、性状，再除去内容物检查胃肠黏膜有无病变。

⑧ 内脏淋巴结检查。应随内脏器官采出或检查时同步进行，特别要注意肺门淋巴结、肠系膜淋巴结的检查。注意检查其大小、颜色、硬度，以及与周围组织的关系，切面的色泽及有无出血、坏死、增生病变等。

2. 猪的剖检技术及特点

猪的基本剖检技术原则上与牛羊的相同，现仅将其不同点加以叙述。猪剖检时一般取背卧位（图21-2）。外部检查后将四肢腹侧与躯干连接的皮肤、肌肉等切断，但不必完全切离，即在背侧保留部分皮肤和肌肉与躯干相连，然后将四肢与躯干垂直放置。借四肢固定尸体，以防尸体左右倾斜。其剖检特点如下。

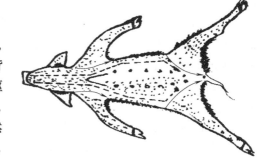

图21-2 猪剖检切线示意图

（1）**腹腔的剖开及其器官的摘出** 由剑状软骨后方沿腹白线从前向后切开腹壁，直至耻骨联合。再从剑状软骨沿左右两侧肋骨后缘切至腰椎横突，将腹壁切成两块大小相等的楔形，然后将腹壁向两侧翻开，可充分暴露腹腔。腹腔器官的摘出顺序一般为，脾脏与网膜 → 空肠 → 回肠 → 大肠 → 胃 → 十二指肠等。

① 网膜和脾脏的摘出。 提起脾脏，在接近脾脏部切断网膜及其他的联系后，即可取出

脾脏。然后再将网膜从附着部切离。

② 肠管摘出。用手提起盲肠以显示回盲韧带和回肠。将回肠在距盲肠入口约20cm处做双结扎切断。左手抓住回肠断端，右手用刀逐渐向前分离小肠肠系膜，直至胰脏部，将十二指肠双重结扎切断，即可摘出空肠和回肠。然后自结肠剥离胰脏，再用左手牵拉结肠和盲肠，切断前肠系膜动脉和静脉及其他联系，至直肠末端结扎切断直肠，摘出大肠。然后摘出胃及十二指肠。

（2）胸腔的剖开　首先检查胸腔内压，再剔去胸壁肌肉，然后用锯从两侧胸壁胸骨侧1/3处自后向前锯断肋骨，将其连同胸骨取下，则胸腔器官即完全暴露。猪胸腔器官的摘出及其检查与牛羊的相同。

（3）鼻腔的剖开　用骨锯沿头骨正中线纵轴锯开，切去鼻中隔，可见到鼻甲骨和筛骨。鼻腔的剖开亦可将头部横轴切断，一般是在下颌的第一臼齿前方锯断。

（4）小猪的剖检　可自下颌沿颈部、腹部及腹部两侧至肛门切开，暴露胸腔、腹腔，切开耻骨联合暴露出骨盆腔。最后将口腔、颈部、胸腔、腹腔及骨盆腔的全部脏器一并摘出。

3. 禽类的剖检技术及特点

（1）外部检查

① 天然孔检查。首先检查口、鼻、眼等部位有无分泌物，若有分泌物检查其数量和性状。

② 皮肤的检查。检查禽冠、肉髯，注意头部及其他各部的皮肤有无痘疮或皮疹。

③ 关节及营养状态。检查各关节有无肿胀，龙骨突有无变形、弯曲等。用手触摸禽胸骨两侧的肌肉丰满度及龙骨的显突情况，判断病禽的营养状况。

（2）内部检查

① 体腔剖开。用1%石炭酸溶液或清水将羽毛浸湿。将大腿与躯干连接的皮肤切开，用力将两大腿向外下翻压直至两髋关节脱臼，使禽体背卧位平放。拔掉颈部、胸部和腹部羽毛，观察皮肤的色泽和性状，然后由啄角沿颈下体中线至泄殖腔前做一纵切口，再在泄殖腔前的皮肤做一横切口。向两侧剥离皮肤，暴露皮下组织，观察其色泽，有无充或出血，肌肉丰满程度及其色泽等；龙骨有无变形、弯曲；嗉囊及其充盈度，内容物的性状及其数量等。

皮下组织检查后，于后腹部，将腹壁横向切开，在切口的两侧分别向前，用骨剪剪断两侧肋骨、乌啄骨及锁骨，然后握住龙骨突的后缘用力向上前方翻压，并切断周围的软组织，即可去掉胸骨，露出体腔。体腔剖开后，检查气囊，有无混浊、增厚、表面有无渗出物或增生物。观察各脏器的位置、颜色、浆膜的状况，体腔内的液体及其性状。各脏器之间有无粘连。

② 脏器的摘出。先将心脏和心包一并剪出，然后摘出肝脏，再将肌胃、腺胃、肠、胰腺、脾脏及生殖器官一同摘出；陷于肋骨间隙内的肺脏及腰荐骨的肾脏，可用外科刀柄剥离摘出。

③ 颈部组织的摘出。先用剪刀将下颌骨、食道及嗉囊剪开。观察食道黏膜的状况和嗉囊内容物的数量、性状以及嗉囊黏膜有无病变；然后剪开喉头、气管，检查黏膜和管腔内的分泌物。

④ 脑的摘出。先剥离头部皮肤，再用剪刀剪除颅顶骨，可暴露出大脑和小脑。然后轻轻剥离前端的嗅脑，并剪断脑下垂体及视神经交叉联系，即可取出整个大脑和小脑。

4. 实验类动物的剖检技术及特点

（1）**兔的剖检** 剖检前应先了解动物生前的一般状况，包括性别、年龄、品种、毛色、发病时间、临诊主要症状及其诊断、治疗方法、死亡时间、死亡数量等。除特殊情况外，一般可不剥皮，对实验或急宰兔需要进行剖检时，可用敲击脑部或采用耳缘静脉注射少量空气的快速方法处死。

① 外部检查。观察可视黏膜的颜色，外耳、鼻孔、皮肤及肛门等部位有无病理改变。

② 内部检查。取背卧位固定，切开腹、胸和颈下部的皮肤并分离之。也可采用小猪的剖检方法，用刀切割四肢内侧的皮肤及其组织，然后将其压倒在两侧，以便固定尸体。沿腹白线剖开腹腔，视检腹膜及腹腔脏器。然后，再按照其他动物的剖检方法剖开胸腔，剪开心包膜，并对其进行视检。

器官的摘出及其检查。首先摘出舌、食管、气管、肺及心等颈部和胸腔器官，并检查之。进而摘出脾脏和网膜。胃与小肠一并摘出，大肠可单独摘出。分离肝脏与其他器官组织的联系，并将其摘出。然后分别对各内脏器官进行检查。也可依据实际情况，将胃肠道一并摘出，再分别做进一步检查。检查胃肠道时，要特别注意胃肠道的浆膜、黏膜、肠壁、圆小囊及肠系膜淋巴结有无病理学变化。

泌尿、生殖器官和脑的剖检方法和检查同其他动物。在实际工作中，常常采取一边摘出检查器官，一边取材的剖检方法。某些器官组织也可不必摘出，而直接检查后取材即可。

（2）**小鼠和大鼠的剖检** 小鼠和大鼠的剖检有以下特点：

① 个体小、易于固定。 因大、小鼠体形小，故剖检器械一般只需小的剪刀、镊子和外科手术刀等即可。尸体置于小瓷盘中，或放在小木板上，四肢用图钉（或大头钉）固定，取背卧位。

② 腹腔和胸腔的剖开及其视检。从耻骨前缘至剑状软骨，再从剑状软骨至两侧腰区剪开皮肤和腹壁，将其翻向两侧后，腹腔即可剖开。然后从剑状软骨至下颌骨剪开皮肤，向两侧剥皮，再剖开胸腔。各器官的检查，可根据需要随时取材，但剖检应尽量全面细致。

③ 腹腔剖开后各器官的位置。前部为肝脏，前左侧为胃，胃右肝后是十二指肠，盲肠位于腹腔左后部，为圆锥状，盲端细，呈弯曲状，盲肠小弯为回肠和结肠起始段；腹腔右侧和中部几乎被空肠和部分回肠所占据。脾脏位于胃的左后方、腹壁内侧。

④ 消化道的特点。较短，消化道主要部分为空肠和盲肠，结肠前段较粗，附着于盲肠大弯。胃可分为贲门区和幽门区，前者浆膜面呈白色，后者为肉红色。大鼠无胆囊。

豚鼠的剖检技术与小鼠和大鼠的基本相同。

（三）剖检记录

1. 剖检记录的意义

（1）**作为综合诊断的材料** 尸体剖检只是诊断疾病的方法之一，对动物疾病的诊断，特别是疑难病例或新发现的疾病，往往需要作多方面的综合研究，最后才能确定。因此，剖检记录乃是综合分析的原始（基本）素材之一。

（2）**作为科学资料保存** 剖检记录应妥善保管，以作为兽医病理学研究的第一手原始文献资料。剖检记录对认识本地区疫病发生情况和改进疾病防控工作也有重要的参考价值。

（3）**作为业务行政上的重要文件和法律依据** 在疫病防控工作中如要确定疫区或封锁疫区，必须呈报相关文件作为诊断依据，而剖检记录则为这种正式文件的重要组成部分。在动物死亡与诊断诉讼案件（如畜主控诉兽医医疗错误致动物死亡）中，剖检记录和剖检诊断书则可成为法律上判决的重要依据之一。

2. 剖检记录的内容

剖检记录包括叙述部分和总结部分。

（1）**剖检记录的叙述部分**　该部分是将一般情况和剖检过程中所发现的一切异常现象全面如实地记录下来。概括为以下内容。

① 一般情况。包括动物种类、品种、编号、年龄、性别、毛色、特征、用途、死亡时间、剖检日期、剖检地点、畜主、剖检人、记录者、剖检记录编号。

② 临诊摘要。包括主述、发病经过、主要症状、临诊诊断、治疗经过。必要时应抄录处方、治疗方法和用药时间，以及临诊化验结果等。

③ 病理变化记录。包括外部检查、体腔检查，以及各种器官检查。

④ 辅助检查结果。各种化验室辅助检查（如细菌学、血清学、寄生虫学、病理组织学等）的检查项目和结果。

（2）**剖检记录的总结部分**　总结是在剖检结束后对各种病理变化进行综合分析，总结部分包括以下内容。

① 病理诊断。是根据肉眼观察和病理组织检查对所发现的各种病理变化进行概括。病理解剖学变化中包括主要的、原发的、次要的和继发的病理变化，对这些变化应加以有规律地排列。一般来说，主要的和原发的病理变化应列在最前面，接着排列次要的和继发的病理变化。与主要疾病无直接关系，又对机体无明显影响的病理变化则不必一一列入。

此外，经外科治疗被切除但与动物死亡原因又有直接关系的病理变化，虽然剖检时并未检查到，除应在临诊摘要中予以记载外，在病理诊断部分也应列入。

② 讨论和总结。剖检者对于每一个剖检病例都要根据病理变化，结合流行病学、临诊、微生物学及化验等检查材料进行综合分析和讨论。并分析各种病理变化之间的关系，病理变化的发生与临诊症状的关系，最后判定动物死亡原因和疾病种类。

在分析讨论过程中，对该病例重要特点如参考有关文献而提出某一的观点或看法时，应将有关文献附在后面。有时对重要病例需要组织有关人员以会议形式进行讨论分析时，则应将会议记录中有关要点摘录附后。

3. 剖检记录的写法

尸体剖检有两部分工作，一是解剖尸体进行检查阶段；另一是总结阶段。但两者最终都是以剖检记录的形式保存下来。剖检记录是否全面而客观地反映尸体的病理变化，决定着结论是否客观和正确，因此，写好剖检记录是剖检工作的重要环节。

剖检记录最好是在剖检中同时进行，即随剖检者在检查过程中的口述进行记录，使记录的程序和剖检程序一致。正确的剖检程序和方法，是写好记录的先决条件，因为遵循正确的剖检程序和方法，可保证不会发生漏检，从而保证记录的全面性和真实性。

另一种记录方法，是在剖检完成后，进行追记，或按照事先印刷好的表格逐项填写的方式追记。剖检后追记的方法有可能发生遗忘，或造成"张冠李戴"的现象，所以只有在无人协助记录的情况下，迫不得已才采取追记方法，但必须在剖检后立即进行追记。

检查阶段和总结阶段要求不同的记录方法。检查阶段要求如实地反映客观现象，要求用形容的方式进行描述，切忌用抽象的病理名词，例如检查肝脂肪变性时可描述为："肝体积显著增大，被膜紧张，边缘钝圆，表面呈黄红色，由被膜可清楚地认出肝小叶轮廓；切面肝实质膨隆，质地脆弱，自切口流出多量暗红色血液；侧射光下见有油脂样光泽，小叶中心呈暗红色并略显凹陷。"不允许简单地以"肉豆蔻肝"或"肝淤血及脂肪变性"等病理术语代替。

剖检记录要重点突出，对主要患病器官、系统和重要病理变化应详细记载。对次要的病理变化，可作简单描述。未发现病变的器官可省略描述，可用"无明显变化""未见异常"等字样注明，但最好不用"正常"或"无病变"等字样。文字要简洁，通俗易懂。病变部位用插图、模式图来标记，可省略许多文字。对特别病变或供事后查对的病变最好摄拍照片。

总结部分病理诊断的写法则恰与记录病变相反，是剖检者根据剖检所见及病理组织检查，对各种病理变化做出概括性的判断，要求用概念性病理术语，不宜再用形容描述方式。

（四）病理检验材料的采取和寄送

1. 病理组织检验材料的采取和寄送有关事宜

① 病理组织材料要新鲜。动物死亡后，应尽快采取病理组织材料，取材后立即将被检组织放入固定液中。

② 组织块大小要适当。用作切片的组织块，其大小可根据具体情况而定，通常为长和宽各 1cm 左右，厚 0.3 ～ 0.5cm。

③ 防止组织受挤压。切取组织的刀、剪要锋利；动作要仔细、轻巧，防止组织块被挤压受损。所取组织应尽量全面并具代表性，要保持器官的正常结构和层次，组织块既要带有病变部，又要有病变和周围组织交界部，还要包含正常部。病变较大时，可从其不同区域切取组织块。心脏应包括心肌、心内膜和心外膜；肾脏应包含皮质和髓质；胃、肠壁各层应连在一起。

④ 尽量保持组织的原有形态。新鲜组织固定后，组织发生不同程度的收缩，有时甚至完全变形。为了使组织展平，尽量保持原形，对神经、皮肤、胃肠道等组织，可将其平铺在硬纸片上固定，黏膜勿按压、擦拭、冲洗，以免破坏组织正常结构和病理变化。

⑤ 选好组织块切面。根据器官组织的结构，确定其切面走向，采取纵切或横切方法选取组织。切取组织时，需将病变显著的部位切平，另一面可切成不平面，以便包埋时不致倒置。

⑥ 保持材料清洁。组织块上如果附着血液、黏液、食物、粪便、脓汁等污物，应先用生理盐水轻轻冲洗干净，再放入固定液中固定。

⑦ 切除不需要部分。被检组织周围的无关组织（如脂肪组织等）应予切除，以免影响随后的组织处理和显微镜检查。

⑧ 要有标记。不同病例的组织，应在不同容器中固定，或分别用纱布包好后放在同一容器内，并要用铅笔书写标号。对于特殊病灶要做适当标记。当类似组织块较多，容易混淆时，可分别固定于不同小瓶中，或用分载盒分装固定，或将组织切成不同形状（如长方形、三角形等）以便辨认。此外，还可将用铅笔标注的小纸片和组织块一同用纱布包裹，再进行固定。

2. 病理组织检验材料的固定

病理组织块一般固定于 10% 福尔马林溶液中，固定液的量应为组织块的 5 倍以上。固定时间一般为 1 ～ 3 天。为了防止组织块粘底而导致组织固定不良，固定容器底部可垫以脱脂棉；肺组织块常漂浮在固定液面上，可在其上覆盖脱脂棉或纱布。囊腔器官取材时，最好先将被检组织平展于较硬厚的纸片上，再慢慢浸入固定液中。如果组织块过小或易碎，为防丢失或破裂，可先装入特制的标本分载盒内再进行固定。

（1）组织常用固定液的种类

① 10% 福尔马林固定液。此为病理实验室最常用固定液，可固定各种组织，也可用于病理标本的常规保存。该固定液的主要缺点是其弱酸性，如果组织固定时间过久，可使组织嗜酸性染色增强，并有福尔马林色素沉积。

② 10% 中性福尔马林固定液。该固定液由于加有磷酸盐缓冲剂，可保持中性，固定后的组织着色良好。

③ 乙醇 - 福尔马林混合固定液。对组织兼有固定和脱水作用，用此混合液固定组织较快，一般 12 ～ 24h。取出组织块可直接投入 95% 乙醇。

④ 乙醇固定液。市售普通乙醇浓度为 95%，纯乙醇即无水乙醇，易挥发，也易吸水，应密封保存。高浓度乙醇对组织收缩性较大，组织若用乙醇固定时，宜先用 80% 乙醇固定数小时，然后再移入 95% 乙醇固定 2 ～ 3h，可直接移入无水乙醇脱水。

此外，还有 Zenker 氏固定液、Helly 氏固定液、Bouin 氏固定液和 Carnoy 氏固定液等，可根据固定液的特性和实际工作需要进行选择。以上固定液的配制方法可查阅相关资料。

（2）组织固定注意事项

① 固定液用量要充足。用量勿少于组织块总体积的 4 ～ 5 倍。不时摇动，使组织块充分接触固定液，勿使其沉底或贴壁。固定时应将尸检号用铅笔写在纸片上随组织块一同投入固定液中。固定容器上做好标签，以便查阅。

② 恰当掌握固定时间。任何组织都是愈新鲜愈好，固定时间根据组织块的大小和固定液的性质而定。通常由数小时至数天。时间过短组织固定不充分，影响染色效果；固定时间过长或固定液浓度过高，则使组织收缩变硬，也影响切片染色质量。

③ 组织块不宜过厚。固定液渗入组织的速度通常比较缓慢。无论任何固定液，经数小时渗入组织深度只达 2 ～ 3mm，因此，组织块不宜过厚。为了终止细胞内蛋白溶解酶的作用，最好将组织块置于冰箱 4℃冷藏固定，以使酶失去作用，细菌停止生长。

④ 特殊标本。对于特殊标本，如进行组织化学实验或抗原定位追踪，则应根据被检组织的性质而选用恰当的固定液固定，才能正确保存被固定组织的固有成分及其结构。

3. 病理组织检验材料的寄送

将固定完全和修整后的组织块，用浸渍固定液的脱脂棉包裹，放于广口瓶或塑料袋内，并将其口封固。瓶外套以塑料袋，然后用大小适当的木盒包装，即可交邮寄公司寄送。同时应将整理过的尸体剖检记录及相关材料一同寄出，并在送检单上说明送检的目的、要求，组织块的名称、数量以及其他需要说明的事宜。除寄送病理组织块外，本单位还应保留一套病理组织块，以备必要时复查之用。

4. 病理组织检验材料的接收

接收送检的病理组织材料时，应根据送检单详细检查被送的检验物。注意送检物的名称、数目是否与送检单相符，负责人及地址填写是否清楚。如发现送检单与送检物不符，或送检单填写有误，应立即退回更正。送检组织固定不当，如干硬、腐败不能制片时，应立即退回。检查无误后，将组织块编号登记并装瓶，瓶外贴上标签（即病例号），以防错乱。

5. 细菌检验材料的采取和寄送

细菌检验材料应于尸体剖检开始时立即采取。采取病料的手术刀、手术剪、镊子等一切器械物品必须严格消毒，以无菌操作法将采取的组织块放入预先消毒，并盛有灭菌液体石蜡、30%甘油缓冲盐水或饱和氯化钠溶液的容器中，以便寄送。

不同疾病可采取不同的组织器官，病料的采取法也因其质地不同而异，急性败血性疾病可采取心血、脾脏、淋巴结和肝脏等。肺炎时常采取肺，支气管淋巴结、心血和肝脏。生前患有神经症状的动物可采脑、脊髓和有关器官。有病变的部位原则上都应取材。一般内脏器官可剪取和切取，浆液、心血、脑脊髓液、关节液、胆汁和排出物可用棉拭子蘸取。血液、体腔液、炎性渗出物的涂片和组织触印片，固定后插入切片盒中，或玻片之间用火柴棒隔开包扎、寄送。装有病料的容器应放在有冷藏条件下寄出或送出，同时附上尸检记录和有关说明。

6. 病毒检验材料的采取和寄送

根据不同病毒性疾病，无菌采取不同的病料，病料最好在冷藏条件下或放入装有50%甘油盐水溶液中寄送。心血、血清和脑脊液等，最好也在冷藏条件下寄送。脑组织病料放入50%甘油盐水或鸡蛋清生理盐水中寄送。

7. 毒物检验材料的采取和寄送

将采取的肝、胃、肾等器官，血液、胃肠内容物、尿液分别装入清洁的容器中，封口，在冷藏条件下寄送。容器的清洗方法，先用洗涤液浸泡，擦拭，再用清洁水冲洗，最后用蒸馏水清洗3～5次。采取的病料不要沾污消毒剂或其他化学物品，寄送时不要在容器中加防腐剂。

六、尸体剖检应注意的事项

1. 剖检前的准备及注意事项

（1）剖检前应了解死亡动物生前情况，包括动物发病情况、饲养管理、流行病学、临诊症状、临诊诊断及治疗经过等。必要时可亲自检查同厩健康动物及患病动物的情况等。

（2）如果需要搬运尸体，特别是搬运疑似炭疽、开放型鼻疽等传染病尸体时，应先用浸透消毒液的脱脂棉或布团等塞住死亡动物的天然孔，并用消毒液喷洒尸体表面，以防止液体流出污染运输工具和道路。已被污染的地面、运送器具等应进行严格消毒。

（3）剖检之前应准备好必需的用具，穿好剖检服，如无手术手套，可用凡士林涂在手上。将器械，手套和胶靴用消毒药浸湿。

（4）对疑似炭疽的尸体，剖检前必须首先进行细菌学检查和炭疽试验，若确诊为炭疽，则停止剖检，立即焚烧。

2. 剖检过程中应注意的事项

（1）由2人或2人以上同时进行剖检时，两剖检者应相互配合，以免造成误伤。

（2）剖检过程中，剖检者因不慎而受伤时，应立即停止剖检，迅速用清水彻底冲洗伤口，并进行必要的处置后，依实际情况确定停止剖检，还是继续剖检。

（3）保持清洁、注意消毒，尽可能防止或减少尸体中的血液、脓汁、排泄物等污染剖检者及现场其他人员，剖检中使用的各种器械、物品及剖检者的手臂应随时清洗消毒。

（4）未经检查的脏器组织切面，勿用水冲洗，以免组织原有的颜色和性状改变。

（5）根据诊断需要可采取必要的实验室检查材料，病料采取方法详见"病理检验材料的采取和寄送"部分。

3. 剖检结束时应注意的事项

（1）仔细复查是否有漏检现象，需要进一步检查的病料是否采集齐全。

（2）现场人员（尤其是对有医疗纠纷病例的双方人员）如有疑问或要求对某部位进行复查时，应尽可能满足其要求。征得现场人员无异议后，方可将尸体合理处理，必要时应将具有证病性变化的相关器官或组织制作标本保留，以备随时查对。

（3）在尸体处理之前，应检查剖检器械是否齐全，避免因遗忘使器械遗留于尸体内而丢失。

（4）一切剖检用具应立即彻底清洗和消毒。

（5）剖检者必须协助和监督做好尸体及剖检场所的处理及消毒工作。

（6）剖检后，剖检者的双手先用肥皂洗涤，再用消毒液泡洗，然后用 0.2% 高锰酸钾液洗涤，以消除粪便和尸腐遗留的臭味，再用 2% ～ 3% 草酸溶液洗涤退去棕褐色，最后用流水冲洗。

七、剖检后尸体的无害化处理

无害化处理是以物理、化学或生物的方法，对染疫动物、动物产品及其排泄物等进行消毒处理，使病原失活，确保其对动物、环境，尤其是人类健康不构成危害的过程。

剖检后的动物尸体及其污染物等，应严格遵照《中华人民共和国动物防疫法》和《病死及病害动物无害化处理技术规范》两个国家规范进行操作处理。避免成为疾病，特别是疫病的传染源。

对所有病死畜禽尸体及其排泄物、被污染或可能被污染的饲料、垫料和其他物品，都必须进行无害化处理。对病死畜禽尸体体表、生前圈舍、活动场地要在彻底清扫、冲刷的基础上，进行全面彻底的喷洒消毒。在畜禽尸体运输过程中，对运载工具底部要用密闭的防水物品铺垫，上部充分遮盖，运输完毕后，运载工具应进行彻底清洗和消毒。

1. 掩埋法

掩埋法是依据相关法律文件规定把动物尸体以及相关产品投入化尸窖或者掩埋坑中，进行覆盖、消毒（污染物上面撒上石灰或 10% 石灰水、3% ～ 5% 来苏儿），发酵或分解动物尸体及相关动物产品的方法。

2. 焚烧法

在焚烧容器内把动物尸体以及相关动物产品，在富氧或无氧条件下进行氧化反应或者热解反应的方法叫焚烧法。

上述掩埋法和焚烧法目前既不符国家的相关法律规定，也不适用于当前的实际情况。掩埋法需要大的场地也无法彻底的处理尸体，容易破坏环境；而焚烧法容易对空气造成二次污染，对环境也造成一定程度的污染。因此，除极特殊情况外，一般尽量不要采用。

3. 化制法

在密闭的高压容器内，通过向容器夹层（或容器）输入高温饱和蒸汽，在干热、压力或高温作用下，处理动物尸体以及相关动物产品的方法叫化制法。

4. 发酵法

首先把动物尸体以及相关动物产品和稻糠及木屑等辅料按照要求摆放好，然后再利用动物尸体以及相关动物产品产生的生物热或者加入特定的生物制剂，进行发酵或分解动物尸体以及相关产品的方法叫发酵法。

化制法和发酵法是目前比较适合当前国情和国家相关法律（或条例）规定的无害化处理方法，虽然这两种方式投入较大，但无害化处理比较彻底，而且还有较高的产品附加值（肉骨粉、动物油脂或有机肥等）。

单元二　病理组织石蜡切片制作与染色技术

一、病理组织石蜡切片制作技术

（一）病料采取

1. 被检病料的采取

根据诊断需要，确定取材的部位和数量，从大体标本上切取适当大小的组织块。经修整后的组织，其长 × 宽 × 厚以 1.5cm×1.5cm×（0.2 ～ 0.3）cm 为宜。切取的组织要按不同部位分别给予不同的编号或标记，以便镜检时查对。病料采取后立即放入 10% 福尔马林溶液内固定，有特殊要求须在标本固定前进行处理。

2. 取材的注意事项

动物死后，取材越早越好。切取组织的刀具应锋利，为了防止组织结构变形和损伤，避免前后拉动或用力挤压组织，严禁使用有齿镊子。小标本（如穿刺材料等）常用易透水的薄纸包好，以免处理过程中丢失。取材应避免过多的坏死组织或凝血块，组织块上如有血液、黏液、粪便等污物，应先用清水仔细冲洗干净。一般来讲，应切取病变组织和正常组织交界处。取材时应注意除去被检组织周围的其他组织，否则会对以后的切片和观察带来一定影响。取材完毕，应对被检组织进行核对确无错误时，记录相关情况和注明取材日期。取材完毕，组织标本应按序妥善存放，并加足固定液备用。

（二）组织固定

1. 固定的意义

将组织浸入某些化学溶液（固定液），使细胞主要结构基本保持原来的生活状态，此过程称固定。凡病理组织检验的各种组织器官均需经过固定。但固定对组织器官也有不良的影响。

固定有利于保持细胞形态和特殊成分与生活时相似，防止自溶与腐败。组织细胞内的不同物质经固定后产生不同的折光率，对染料产生不同的亲和力，经染色后易于区别。组织经固定后，细胞正常的溶胶状态变为凝胶状态，故细胞组织硬度增加，便于制片。

2. 固定方法的选择

（1）**细胞内成分与固定剂的关系**　组成细胞的主要成分是蛋白质、脂类和糖类。根据不同研究目的应选用不同的固定剂和固定方法，例如要保存细胞内糖原可选用 Carnoy 液固定；要检查 T 淋巴细胞表面抗原，因其属不稳定抗原，极易被固定液破坏，因此，常采用冰冻切片。

（2）**常用的固定方法**

① 蒸气固定法。主要用于某些薄膜组织以及血液或细胞涂片的固定。一般要固定组织中的可溶性物质，可选用蒸气固定法；小而薄的标本，也可用锇酸或甲醛蒸气固定。

② 注射、灌注固定法。某些组织因体积过大或固定剂难以进入内部，或需要对整个脏器，甚至整个动物进行固定，可选此方法。

③ 浸入和滴加固定法。主要用于细胞涂片、组织压印片或触片的固定。应用浸入法时，可将新鲜细胞涂片或组织压印片或触片直接浸入固定液内。如条件可能，最好将每个病例单独固定以免交叉污染。

④ 微波固定法。可用于许多组织细胞的常规固定。微波固定的组织具有核膜清晰、染

色质均匀、组织结构收缩小等优点，目前已经用于病理诊断。但应严格控制固定温度、时间，否则会影响组织固定质量。

3. 固定注意事项

（1）**固定液的量**　固定组织时，固定液的量要充足，一般为组织块总体积的 4～5 倍以上。而且应在组织切取后，将其立即或尽快放入适当的固定液中。

（2）**组织块的大小**　可根据组织类型而不同。但原则上厚度不应超过 4mm，以 3mm 左右较为适宜。

（3）**固定时间**　大多数组织固定 1～2 天。固定时间与使用固定液种类、组织块大小、温度等有关，不同固定液有其不同的固定时间，一般至少固定 24h。

（4）**固定温度**　大多数组织可在室温（20～25℃）下固定，需要进行低温固定时，应适当延长固定时间。加热可使蛋白质快速凝固，但一般不提倡加热，尤其是需要作特殊检查（如抗原、酶等）的组织，严禁加热。因为加热可使其破坏或加速组织自溶。

4. 常用固定液

用于固定器官组织或细胞的化学物质，称固定液或固定剂。由单一化学物质组成者，称固定剂或单纯固定液；由多种化学物质混合组成者，称混合固定液或复合固定液。

常用单纯固定液为甲醛溶液。市售的为 40% 甲醛水溶液，又称福尔马林溶液；此液久存可形成白色沉淀，即副醛（三聚甲醛或多聚甲醛），可过滤后使用。一般作为固定剂时，使用 10% 福尔马林，是用水和 40% 甲醛按 9：1 比例混合而成，实际上为含 4% 甲醛水溶液。

除此以外，1%～3% 重铬酸钾水溶液用于固定高尔基体和线粒体有良好效果，但有溶解染色质的缺点。皮肤组织用苦味酸或其混合固定液固定，易制作完整切片。1%～2% 的锇酸水溶液是组织细胞超微结构研究必需的固定剂，常用于后固定。乙醇可与水无限相容，有固定兼脱水作用，常用于糖原固定。丙酮广泛用于酶组织化学方法中各种酶的固定，其作用基本与乙醇相同。

（三）固定组织的洗涤

1. 洗涤目的

将组织块放入广口瓶内置于水池中，用自来水冲洗即为洗涤。固定液长期留在组织内又会影响组织染色，甚至有的固定液可在组织内产生沉淀物或结晶而影响观察，有些还可继续发挥作用使组织发生某些化学改变。洗涤可将残留在组织内的固定液清洗干净。

2. 洗涤原则

固定后的组织块冲洗，一般情况下是置于水龙头下以自来水流水冲洗，这样可使组织中的固定液不断溢出，冲洗更干净、更彻底。

（1）各种以水配制的固定液与所有含铬酸、重铬酸钾的固定液都必须用流水冲洗。经重铬酸钾固定的组织须流水冲洗 12～24h；或经亚硫酸钠溶液浸泡后再流水冲洗，或 1% 氨水溶液洗几次后再流水冲洗。如果用甲醛固定液固定的组织，固定时间不长时可不用流水冲洗，只要多洗几次后直接进入 60%～70% 乙醇内脱水即可。如果固定时间较长，就必须充分水洗后再脱水，否则容易形成福尔马林结晶残留在组织内，造成人为的假象而影响切片结果的观察。

（2）如固定液为乙醇或乙醇混合液，一般不需要用水冲洗，其组织块的洗涤应用与固定液浓度相等的乙醇换洗或者直接进入脱水程序。

（3）经含苦味酸的固定液固定的组织块，无论其固定液是水溶性，还是乙醇溶性，都应充分冲洗。水溶性固定液固定的组织一般须冲洗12h，再进入70%乙醇洗涤，乙醇固定液固定的组织块可直接进入70%乙醇洗涤。

（4）用锇酸及含锇酸的固定液固定的组织，必须用流水彻底冲洗干净（10～24h或更长），因锇酸使组织发黑影响染色，而且锇酸与乙醇可在组织内产生沉淀而造成假象。

（四）脱水、透明、浸蜡和包埋

1. 脱水

脱水是借助某些溶媒置换组织内水分的过程。组织经固定和水洗后，含大量水分，水与石蜡不能混合。因此，在浸蜡和包埋前必须进行脱水。脱水剂必须能与水以任意比例混合，脱水剂的选择，应根据固定剂选用，否则无法得到满意结果。

（1）乙醇　是最常用的脱水剂之一。它可与水随意混合，脱水能力较强，并且可硬化组织。乙醇的穿透速度很快，对组织有较明显的收缩作用。为避免组织过度收缩，在用乙醇作为脱水剂时，应从低浓度开始，然后再依次增加其浓度。一般从70%开始，经80%、90%、95%，尔后至100%乙醇。对于少数柔嫩组织应从50%（甚至30%）开始。如进行糖原和尿酸盐结晶染色，标本应直接用100%乙醇固定。一般情况下，组织经上述处理，即可达到脱水要求。但大量组织块同时脱水时，为达到满意效果，常经过95%乙醇和100%乙醇各两次。为了防止组织过度硬化而造成切片困难，组织块在100%乙醇中放置时间不宜过长。100%乙醇经应用后，很难保证无水，因此应在100%乙醇容器内加入硫酸铜吸收水分。硫酸铜遇水变蓝后，即应更换无水硫酸铜或更换100%乙醇。但放入容器的硫酸铜最好不要与组织块接触，可在硫酸铜表面加一块滤纸。

脱水时间与组织块大小有关，对于1.5cm×1.5cm×（0.2～0.3）cm的组织块，常规脱水时间为：70%乙醇3～5h或过夜，80%、95%、95%、100%、100%乙醇各2～4h。对于小块组织，80%～100%乙醇30～45min即可。脂肪组织和疏松结缔组织应延长脱水时间，脂肪必须溶解掉。否则石蜡不能渗入脂肪细胞和纤维组织，无法切出好的切片，而且染色时也容易脱片。

（2）丙酮　丙酮的脱水作用与乙醇相似，但对组织的收缩作用比乙醇更明显，因此一般很少单纯应用丙酮作脱水剂。在快速脱水或固定兼脱水时才应用，脱水时间1～3h。丙酮可作为染色后的脱水剂，用于DNA和RNA染色。

（3）正丁醇和叔丁醇　正丁醇是无色液体，脱水能力较弱，可和水、乙醇和石蜡混合，因此，用该物质脱水的组织块可直接浸蜡和包埋。叔丁醇无毒，可与水、乙醇、二甲苯混合。可单独使用，也可与乙醇混合使用，是目前常用的一种脱水剂。与正丁醇相比，它不易使组织收缩或变硬，而且脱水后可不经透明直接浸蜡，浸蜡前先经过叔丁醇和石蜡1∶1混合液。电镜标本制作时常用作中间脱水剂。

2. 透明

为使石蜡能够充分浸入组织块，组织脱水后，必须经过一种既能与乙醇相混合，又能溶解石蜡的溶剂，通过这种溶剂的媒介作用，达到石蜡浸入组织块的目的。在此过程中，因组织块中的水分被溶剂（如二甲苯）取代，组织块变得透亮，故称透明。组织染色后，也要进行透明。用作透明的化学试剂主要有：二甲苯、苯、甲苯、氯仿等。

（1）二甲苯　最常用的透明剂，它对组织的收缩性强，易使组织变硬变脆。

（2）苯和甲苯　与二甲苯的性质相似。与二甲苯相比，苯组织收缩较小，不易使组织变脆。但透明速度较慢，且易挥发，人吸入苯易引起中毒，操作应在通风橱或空气流通处进行。适应于致密结缔组织、肌肉及腺体等组织的透明。

（3）氯仿　氯仿也不易使组织变脆变硬，但透明能力比二甲苯差，且极易挥发和易吸收水分，用作透明剂时，多用于大块组织（厚1cm甚至以上）的透明，而且应在容器内放置无水硫酸铜。

3. 浸蜡

组织经透明后，在熔化的石蜡内浸渍的过程，称浸蜡。为使石蜡充分渗入组织块中，常需经过2～3次石蜡浸渍才能完成。第一次石蜡中加入少量二甲苯或用低熔点的软蜡，然后再浸入高熔点的硬蜡效果更好。一般动物组织脱水、透明和浸蜡时间为：

① 75% 乙醇　　　　　　　　　2～4h
② 85% 乙醇　　　　　　　　　2～4h
③ 95% 乙醇 Ⅰ 和 Ⅱ　　　　　各2～4h，共4～8h
④ 无水乙醇 Ⅰ、Ⅱ　　　　　各1h，共2h
⑤ 二甲苯 Ⅰ 和 Ⅱ　　　　　各15~20min　共30~40min
⑥ 石蜡 Ⅰ（56～58℃）　　　2h
⑦ 石蜡 Ⅱ（58～60℃）　　　1～2h

4. 包埋

组织块经包埋剂（石蜡、火棉胶、树脂等）浸透，包埋冷却成块的过程，称包埋。以石蜡为包埋剂的包埋过程，又称石蜡包埋。

（1）**石蜡包埋的优缺点**　石蜡包埋法是目前在组织切片技术中使用最多的一种包埋方法。经过包埋，可使组织达到一定硬度和韧度，有利于切成薄片，能连续切片，包埋在石蜡中的组织块可永久保存。但其缺点是组织在脱水、透明过程中会产生收缩，容易变硬、变脆，制片过程较长，不能做快速诊断。

（2）**石蜡包埋步骤**　先将熔化的石蜡倒入包埋框内，然后用加温的镊子速将浸好蜡的组织块放入包埋框内，当石蜡尚未凝固时，插入写有标本编号的小标签纸，等待包有组织的石蜡块自然冷却凝固变硬后取下包埋框，就完成了组织块的包埋，得到了其内包有组织的"蜡块"。

（3）**包埋时注意事项**　如果石蜡中有杂物时应进行过滤后再使用。包埋时应注意组织块有无特殊包埋面（如分层组织、皮肤等），组织包埋面必须平整；包埋蜡的温度应与组织块温度接近，否则易使组织块与周围石蜡脱裂。包埋一般用56～58℃的石蜡，也应根据气温条件作相应调整，以组织块具有合适的硬度为宜、能切出高质量的切片为标准。同时注意过硬组织一般用较硬的石蜡包埋；而柔嫩组织多选用硬度较低的石蜡；包埋速度要快，特别是冬天气温低，石蜡凝固快，在操作时动作要迅速，否则组织块容易与石蜡脱裂，在组织块周围与石蜡之间形成一圈白色裂痕，造成切片时组织块从蜡块中脱出；包埋完毕，蜡块稍微凝固后，可移入冷水或冰箱加速凝固；工业石蜡，密度疏松，应反复多次熔化和冷却，使其密度增加。

（五）切片及其附贴

组织切片法包括石蜡切片法、冰冻切片法、火棉胶切片法、石蜡包埋半薄切片法、树脂包埋半薄切片法和大组织石蜡切片法等。常用切片工具有组织切片机、切片刀和一次性刀片等。以下以石蜡切片法为例加以叙述。

组织经石蜡包埋后制成的蜡块，用切片机制成切片的过程，称石蜡切片法，是病理诊断最常用的制作切片方法。切片前应先切去组织标本周围过多的石蜡，此过程称"修块"。但也不能留得太少，否则易造成组织破坏，连续切片时分片困难。一般切片的厚度为 4～6μm，根据实际情况也可适当增厚或减薄。欲观察病变的连续性可制作连续切片。石蜡包埋组织块能长期保存，因此石蜡切片仍是目前各种切片制作方法中最常用、最普遍的一种。

1. 切片前的准备

（1）固定后的标本经脱水、透明、浸蜡和包埋后，制成蜡块。高质量的蜡块和锋利的切片刀是保证切片质量的关键。检查切片刀是否锋利，简便的方法是用头发在刀刃上碰一下，如一碰即断，说明刀刃锋利。用显微镜观察可确定刀刃是否平整，有无缺口。

（2）准备清洁载玻片、恒温烤片装置，以及大、中号优质狼毫毛笔和铅笔。

2. 切片制作过程

（1）将修好的组织块先在冰箱中冷却，然后装在切片机固定装置上。将切片刀装在刀架上。将蜡块固定，调整蜡块与刀至合适位置，并移动刀架或蜡块固定装置，使蜡块与刀刃接触。

（2）切片多使用轮转式切片机，使用时左手执毛笔，右手旋转切片机转轮。先慢慢切出蜡块中的标本，直到组织全部暴露于切面为止，大标本应注意切全；但小标本注意不要切得太多，以免无法切出满意的用于诊断的切片。组织蜡片切出后，用毛笔轻轻托起，然后用无钩（齿）眼科镊子夹起，正面向上放入展片箱或热开水上（40℃左右），待切片展平后，即可进行分片和捞片。为了减少切片刀与组织块在切片过程中产生的热量，使石蜡保持合适的硬度，切片时可经常用冰块冷却切片刀和组织块，尤其在夏季高温季节更为必要。

（3）轮转式切片机切取组织，是由下向上切，为得到完整的切片，防止组织出现刀纹裂缝，应将组织硬、脆部分放在上端（如皮肤应将表皮部分向上。而胃、肠等应将浆膜面朝上）。

（4）捞片时注意位置，在载玻片上应留出贴标签的位置，并注意整齐美观。捞起切片后，立即写上编号。

（5）切片捞起后，吸取切片周围的多余水即可烤片。一般在 40～50℃烤箱内烤 60min 即可，也可用烤片器烤片。血凝块和皮肤组织应及时烤片。但对脑组织（较大组织等）待完全晾干后，才能进行烤片。否则可能产生气泡影响染色。

3. 切片时注意事项

组织块固定不牢时，切片上常形成横皱纹。切片刀要求锋利且无缺口，切片自行卷起多由切片刀不锋利所致，切片刀有缺口时，易造成切片断裂、破碎和不完整。骨组织切片时，用重型刀较好。

4. 切片刀和切片机

切片刀放置的倾角以 15° 为好。倾角过大切片上卷，不能连在一起。过小则切片皱起。应注意维护切片机，防止因螺丝松动产生震动，切片时会造成切片厚薄不均。遇硬化过度的肝、脑、脾等组织时，应轻轻切削，防止组织由于震动产生空洞现象。

二、苏木素 - 伊红染色技术

（一）苏木素 - 伊红染色的基本原理

苏木素 - 伊红的染色方法，简称 HE 染色方法。是生物学、医学和动物医学领域里应用最广泛的染色方法。该方法的染色效果较好，可清楚显示正常和病变组织的形态结构。因此病理工作者需学习和掌握该种染色技术。

1. 细胞核着色原理

细胞核内的染色质主要是脱氧核糖核酸（DNA）两条链上的磷酸基呈酸性，很容易与带正电荷的苏木素碱性染料染色。苏木素在碱性溶液中呈蓝色，所以细胞核被染成蓝色。

2. 细胞质着色原理

伊红是一种化学合成的酸性染料，在水溶液中解离成带负电荷的阴离子，与蛋白质的氨基正电荷（阳离子）结合而使细胞质染色，细胞质、红细胞、肌肉、结缔组织、嗜伊红颗粒等被染成不同程度的红色或粉红色，与蓝色的细胞核形成鲜明对比。伊红是细胞质的良好染料。

3. 染色中二甲苯、乙醇和水洗的作用

（1）二甲苯的作用　石蜡切片的常规染色必须先用二甲苯脱去切片中的石蜡，其作用是二甲苯可溶解切片中的石蜡，使染料能够进入细胞和组织，因为石蜡的存在妨碍水和染料进入细胞。染色后二甲苯起透明切片的作用，以利于光线的透过。

（2）乙醇的作用　乙醇用于苏木素染色前由高浓度向低浓度逐渐下降处理切片，是为了洗脱用于脱蜡的二甲苯，使水能进入细胞和组织中，因为纯乙醇可和二甲苯互溶，二甲苯经过两次纯乙醇的洗涤完全被除去，再经过95%、80%乙醇使水分逐渐进入切片，以免引起细胞形态结构的人为改变。

组织切片经伊红染色后，通过水漂洗，再经80%、90%、95%逐渐向100%乙醇过度是为了逐渐脱去组织中的水分，为二甲苯进入细胞创造条件，这时必须彻底脱水，否则二甲苯不能进入细胞，组织切片透明度达不到光学显微镜观察时透光度的要求，在显微镜下不能显示清晰的细胞和组织结构。

（3）水洗的作用　在脱蜡经乙醇处理之后，用水洗切片，使切片中进入水，才能使苏木素染液进入细胞核中，使细胞核着色。染色之后的水洗作用是为洗去未与组织结合的染液。分化以后的水洗则是为了除去分化液和脱下的染料，中止分化作用。在伊红染色之后也可用水洗去未结合的染液，以防止大量伊红染液进入脱水的乙醇中。

4. 分化和蓝化作用

（1）分化作用　苏木素染色之后，用水洗去未结合在组织中的染液，但是在细胞核中结合过多的染料及胞质中吸附的染料必须用1%盐酸乙醇溶液脱去，才能保证细胞核和细胞质染色的分明，称染色分化。因为酸能破坏苏木素的醌型结构，使色素与组织解离。分化要适当不可过度，通常10～30s。

（2）蓝化作用　分化之后苏木素在酸性条件下处于红色离子状态，在碱性条件下则处于蓝色离子状态而呈蓝色。所以分化之后用水洗除去酸而中止分化，再用弱碱性水溶液使苏木素染上的细胞核变呈蓝色，称蓝化。一般多用自来水浸洗即可变蓝，也可用稀氨水或温水变蓝。

（二）组织石蜡切片HE染色程序

① 二甲苯Ⅰ脱蜡	10～15min
② 二甲苯Ⅱ脱蜡	10～15min
③ 100%乙醇Ⅰ、Ⅱ	1min×2次
④ 95%乙醇Ⅰ、Ⅱ	1min×2次
⑤ 80%乙醇	1～2min
⑥ 70%乙醇	1～2min
⑦ 自来水洗	2min
⑧ 苏木素染色	5～15min

⑨ 自来水洗　　　　　　　　　　　　　　1min
⑩ 1% 盐酸乙醇　　　　　　　　　　　　10 ～ 30s
⑪ 自来水洗　　　　　　　　　　　　　　10 ～ 30min
⑫ 伊红染色　　　　　　　　　　　　　　8 ～ 10min
⑬ 自来水洗（乙醇溶性伊红可省去此步骤）　30s
⑭ 蒸馏水洗（乙醇溶性伊红可省去此步骤）　30s
⑮ 70% 乙醇　　　　　　　　　　　　　　10 ～ 30s
⑯ 85% 乙醇　　　　　　　　　　　　　　30s
⑰ 95% 乙醇 Ⅰ　　　　　　　　　　　　 1 ～ 2min
⑱ 95% 乙醇 Ⅱ　　　　　　　　　　　　 1 ～ 2min
⑲ 无水乙醇 Ⅰ　　　　　　　　　　　　 2 ～ 5min
⑳ 无水乙醇 Ⅱ　　　　　　　　　　　　 2 ～ 5min
㉑ 二甲苯 Ⅰ　　　　　　　　　　　　　 5 ～ 10min
㉒ 二甲苯 Ⅱ　　　　　　　　　　　　　 5 ～ 10min
㉓ 中性树胶或加拿大树胶封片

（三）HE 染色注意事项

常规石蜡组织切片 HE 染色后应具有良好的质量。切片完整，厚度 4 ～ 6μm，薄厚均匀，无褶无刀痕。细胞核、胞质染色分明，红蓝适度，透明洁净，裱美观。因此在切片制作与染色时应注意以下事项。

1. 脱蜡

石蜡切片必须经过脱蜡后才能染色，脱蜡前切片要经烘烤，这样使组织与玻璃片粘贴牢固。组织切片脱蜡应彻底，脱蜡好坏主要取决于二甲苯的温度和时间，所有的时间都是指新的二甲苯在室温 25℃ 以下时，如果二甲苯已经用过一段时间，切片又比较厚，室温低则应增加脱蜡时间，脱蜡不净是影响染色的重要原因之一。

2. 染色

苏木素染色后，不宜在水中和盐酸乙醇停留过长，切片分化程度应在镜下观察，分化过度，应水洗后重新在苏木素中染色，再水洗分化，使切片在自来水或稀氨水中充分变蓝。新配的伊红染色快，切片染色不宜过长，应根据切片数量多少逐步延长染色时间，切片经伊红染色后，水洗时间要短。

3. 脱水

切片经过染色后，通过各级乙醇脱水，首先从低浓度到高浓度，低浓度乙醇对伊红有分化作用，切片经低浓度时间要短，在高浓度时逐步延长脱水时间，脱水不彻底，切片发雾，显微镜下组织结构模糊不清。

4. 透明与封片

切片染色脱水后必须经二甲苯处理，使切片透明，才能用树胶封片。

组织切片常用封片胶有：中性树胶、光学树胶、加拿大树胶和合成树脂（DPX）等。封片时，树胶不能太稀，也不能太稠；其量不能滴加的太多，也不能太少；太稀或太少切片容易出现气泡，不要使树胶溢出载玻片四周太多。标签要附贴牢固。封片时不能对着切片呼气。

（马春霞）

课程学习资源

（1）中国大学（MOOC课）网站—《动物病理学》— 河南省精品在线开放课程

（2）河南省高校精品课程共享平台 —《动物病理》课程

参考文献

［1］ 周铁忠，陆桂平．动物病理．3版．北京：中国农业出版社，2010．

［2］ 陈宏智，杨保栓．畜禽病理与病理诊断．郑州：河南科学技术出版社，2012．

［3］ 高丰，贺文琦．动物疾病病理诊断学．北京：科学出版社，2010．

［4］ 陈怀涛．兽医病理学原色图谱．北京：中国农业出版社，2010．

［5］ 高丰．动物病理解剖学．北京：科学出版社，2003．

［6］ 赵德明．兽医病理学．北京：中国农业出版社，2005．

［7］ 马学恩，王凤龙．兽医病理学．北京：中国农业出版社，2019．

［8］ 马学恩．家畜病理学．4版．北京：中国农业出版社，2007．

［9］ 陈怀涛，赵德明．兽医病理学．2版．北京：中国农业出版社，2012．

［10］ 步宏，李一雷．病理学．9版．北京：人民卫生出版社，2018．

［11］ 蔡宝祥．家畜传染病学．4版．北京：中国农业出版社，2004．

［12］ 朱坤熹．兽医病理解剖学．2版．北京：中国农业出版社，2000．

［13］ 钱峰．动物病理．北京：化学工业出版社，2012．

［14］ 马德星．动物病理解剖学．北京：化学工业出版社，2011．

［15］ 曾云根，徐公义．兽医临床诊疗技术．2版．北京：化学工业出版社，2015．

［16］ ［美］James，F.Zachary，M.Donald，Mcgavin、兽医病理学．5版．赵德明，杨利峰，周向梅，译．中国农业出版社，2013．